# 이기는 생각

WINNING THOUGHTS
WINNING THOUGHTS
WINNING THOUGHTS

# 이기는 생각

| 제5차 산업혁명과 군사적 폴리매스 |

김태형 지음

좋은땅

# '이기는 생각'하기

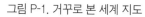

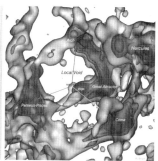

그림 P-1. 거꾸로 본 세계 지도 그림 P-2. 툴리 박사의 우주 지도[1]

위의 두 가지 그림은 모두 지도지만 우리가 일반적으로 알고 있던 지도와는 다르다. 왼쪽의 그림은 거꾸로 본 세계 지도이다. 2017년 6월, 김영춘 당시 해양수산부 장관은 취임식에서 '거꾸로 세계 지도'를 내걸었다.[2] 기존에 우리가 알고 있던 세계 지도를 거꾸로 돌려놓고, 우리나라 해양진출의 성과들을 표시했을 뿐이다. 그런데도 기존의 세계 지도와는 느낌이 매우 다르다.[3]

기존의 세계 지도는 북쪽을 위로 두고 있어서 이를 바라보는 우리의 관심이 주로 광활한 대륙에 집중되는 경향이 있다. 육지 대부분이 북반구에 있기 때문일 것이다. 하지만 '거꾸로 세계 지도'를 보면 드넓은 바다가 보인다. 양쪽에 태평양을 품고 있는 한반도는 왠지 모르게 예전보다 더 중요하게 느껴진다. 군인의 관점에서는 우리가 현재 대치하고 있는 북한 외에도 또 다른 경쟁 세력들이 보인다. 저자는 육군이지만, 해양력의 중요성을 다시 한번 실감하게 된다.

두 번째 그림은 우주를 지도화한 것이다. 하와이 대학 천체연구소의 브렌트 툴리R. Brent Tully 박사는 위 그림과 같이 우주를 3차원으로 표현했다. 우리 은하는 로컬보이드Local Void라는 공동空洞의 가장자리에 있다. (지도에서 화살표 세 개가 출발하는 지점이다.) 로컬보이드 끝과 끝의 거리만 해도 1억 5천만 광년이나 된다. 지도를 보고 있자니 눈이 어지럽다. 그런데, 우주가 과연 3차원뿐일까? 1995년, 미국의 물리학자 에드워드 위튼Edward Witten 은 M이론을 통해 우주가 11차원으로 이루어져 있다고 주장한 바 있다.[4]

이보다 더 나아가서, 다중우주론자들은 우리 우주 외에 다른 우주들이 무수히 많이 존재한다고 주장한다. 미국 MIT 물리학과의 맥스 테그마크 Max E. Tegmark 박사가 주창한 4단계 분류법에 따르면, 1단계에서는 우리 관측범위 밖에 다른 우주가 존재한다. 2단계는 우리 우주와 물리법칙이 전혀 다른 새로운 우주가 팽창inflation을 통해 계속 생성된다. 3단계는 양자역학 이론이 말하듯 빛의 유무에 따라 입자와 파동이 결정되고, 이로 인해 세계는 수많은 우주로 갈라진다. 4단계는 시뮬레이션 우주이다. 추상적인 수학 세계의 여러 가지 공식처럼, 입자와 장field, 파동, 에너지 등의 함수를 통해 무수히 많은 우주를 만들어 낼 수 있다.[5] 어렵지만, 한마디로 말해 우리가 사는 우주 이외에도 다른 우주들이 셀 수 없이 많이 존재한다는 것이다. 이제는 해양력뿐만 아니라 항공력, 우주력도 매우 중요하다고 느껴진다.

이런 이야기들이 아직은 와닿지 않을지도 모르겠다. 하지만 코페르니쿠스가 처음 지동설을 주장했을 때에도 대다수 사람은 그를 손가락질했다. 현대인들은 지구가 태양을 중심으로 움직인다는 것을 상식으로 알고 있지만, 당시 사람들은 하늘이 지구를 중심으로 움직인다고 생각했다. 이제 우리는 생각을 달리할 때가 되었다. 당장 눈앞에 보이지 않는다고 말도 안 되는 상상으로만 치부할 일이 아니다. 저자는 앞으로 우주를 지배하는 세력이 세상을 지배한다고 생각한다. 어쩌면 인간과의 경쟁이 아니라, 공상과학영화에서 나오듯, 우주생명체와 경쟁하는 시대가 올 수 있다.

자, 생각을 유연하게 할 준비가 되었다면 이제 이기는 것이 무엇인지, 이기는 생각이 무엇인지를 고민해 볼 때이다. 이를 위해 먼저, 이 세상의 원리를 살펴보자.

세상은 너무나도 빠르게 변화한다. 2016년 다보스포럼에서 클라우스 슈밥Klaus Schwab 박사가 4차 산업혁명을 주창한 이후 주요 선진국들은 4차 산업혁명 핵심 기술을 발전시켜 나가는 데 열을 올리고 있다.[6] 그 덕분에 인공지능, 클라우드, 사물인터넷, 5G를 넘어서 6G 통신기술에 이르기까지 다양한 기술들이 하루가 다르게 발전한다. 한편, 2019년 말에 발생한 코로나19 팬데믹은 전 세계를 공포로 몰아넣었다. 많은 분야의 학자들이 포스트 코로나 시대에 대한 다양한 예측을 쏟아 내며 이에 대비해야 한다고 주장하고 있다.

그리스 철학자 헤라클레이토스Heraclitus of Ephesus는 "세상에 변화하지 않는 것은 오직 모든 것이 변화한다는 사실뿐이다."라고 말하기도 했다.[7] 그렇다. 세상 만물이 변화한다는 것은 부정하기 어렵다. 그러나 이렇게 빠른 변화 속에서도 절대 변하지 않는 것들이 있다. 인간의 존엄성, 윤리, 화합과 상생 등이 그러한 가치들에 속할 것이다.

뉴스를 보면 인간의 존엄성을 훼손한 끔찍한 범죄가 끊이지 않고 있다. 그러한 범죄를 저지르고도 전혀 반성의 기미가 없이 태연하게 행동하는 범죄자들이 TV 뉴스에 등장하기도 한다. 오히려 피해자를 조롱하거나 피해자에 대한 분노를 표출하는 때도 있다. 총기 소지가 자유로운 미국에서는 해마다 많은 국민이 특별한 이유가 밝혀지지 않은 총기 난사 사건으로 사망하고 있다.[8] 코로나 19 팬데믹이 발생한 이후에는 아시아계 혐오 범죄 또한 잇따랐다.[9]

국제관계에서도 마찬가지다. 터키·시리아·이란·이라크 국경 지역에서 생활하는 쿠르드족은 국가 없이 유랑하며 수천 년에 걸쳐 위 국가들로부터 탄압을 받고 있다. 터키로부터 공습과 지상군 공격을 끊임없이 받아 그동안 많은 사상자가 발생했다.[10] 2019년 4월에는 중국이 중국의 '범죄인 인도 법안' 추진을 반대하는 홍콩 민주시위(이른바 제2의 우산혁명) 세력을 무력으로 제압했다. 이도 모자라, 친親중국 인사들을 홍콩 정부 주요 요직에 임명하고, 중국에 '충성 서약'을 하지 않는 공무원들을 해고했다.[11]

북한은 주민들이 기아로 죽어 가는데도 지속해서 핵 및 미사일 개발에 몰두하고 있다. 일본은 주변국들의 만류에도 불구하고 원전 오염수를 해상으로 방류하기도 했다.[12] 탈레반은 아프가니스탄 정부를 전복시키고 정권을 장악한 후 국민의 자유를 억압하고 여성들의 인권을 짓밟았다.[13] 2014년 크림반도를 강제 합병한 러시아는 2022년 여러 명분을 내세워 또다시 우크라이나를 침공했다.[14] 이러한 비인도적, 비윤리적 조치들이 그들에게는 좋은 해결책으로 여겨졌을지 모르겠다. 하지만, 그들이 해결책으로 생각한 조치들은 다른 국가들의 공분을 샀다. 그리고 화살이 되어 다시 그들에게 되돌아가고 있다.

국제사회에서 일어나는 이 모든 문제에는 여러 복합적인 이유가 작용했을 것이다. 하지만 의사결정을 내린 리더는 책임을 벗어날 수 없다. 소설을 통해 20세기 초중반의 많은 분쟁을 예측했던 허버트 조지 웰스Herbert George Wells는 다음과 같이 말했다. "미래를 지배하는 법칙은… 교육받은 유능한 계급들을 양성하고 공고히 해야 한다. 그렇지 않으면 전쟁에서 패할 것이다."[15] 우리에게는 조직의 미래를 위해 남들보다 더 멀리 보고 지혜로운 의사결정을 내릴 수 있는 리더가 필요하다. 그러한 리더가 많이 존재할 때 그 조직이 발전할 수 있다는 것 또한 절대 불변의 진리다.

세상은 이렇게 '항상 변화하는 것'과 '절대 변하지 않는 진리'가 조화를 이루고 있다. 그것이 바로 세상 돌아가는 이치다.

전쟁의 본질에도 시대에 따라 변화하는 것이 있고, 절대 변하지 않는 것들이 있다. 서구권 국가에서는 이를 전쟁방식의 본질the nature of warfare과 전쟁 자체의 본질the nature of war로 구분하고 있다. 인류의 발전과 시대의 변화에 따라 전쟁의 수단이나 방법들은 함께 변화한다. 한편, 전쟁 자체의 본질, 즉, 인간의 상호작용 속에서 오는 불확실성과 마찰 등은 절대 변하지 않는다. 무수히 많은 문제를 일으킨다고 해서 인간의 상호작용 자체를 통제할 수는 없다. 하지만, 또 다른 문제를 초래하지 않는 해결 방법은 존재한다. 그래서 깊은 통찰을 가진 리더가 필요한 것이다.

우리는 항상 승리를 위해 고군분투하지만 무엇이 승리인지 깊게 고민하지 않는다. 이기는 생각을 하려면 무엇이 이기는 것인지부터 알아야 한다. 그런데 대부분 '이기는 것'을 '상대를 짓누르고 올라서는 것'으로 어렴풋이

정의하고, 어떻게 하면 남을 밟고 올라설지 그 방법을 고민하는 데 치중한다. 미 육군 전쟁대학U.S. Army War College의 바톨로미스J. Boone Bartholomees 교수는 "승리는 기본적으로 '사실이나 조건'이 아니라 '개인의 주관적 인식이나 평가'라고 말했다.[16] 이런 관점에서 보면 승리는 꼭 제로섬zero-sum일 필요는 없다. 모두가 윈윈win-win할 수도 있는 것이다.

이러한 고민에 대한 해결은 앞서 설명한 '항상 변화하는 것'과 '절대 변하지 않는 것'에 대한 인식에서 출발한다. 항상 변화하는 사회 속에서 살아남기 위해서는 경쟁이 일어나기 마련이다. 그래서 누군가가 승리하면 누군가는 패배하는 경우가 많다. 반면 '절대 변하지 않는 진리'에 대해서는 모두가 승리자가 될 수 있다. 그 정도의 차이는 다르겠지만 말이다. 우리는 승리를 정의할 때 이 두 가지 모두를 염두에 두어야 한다. 이 둘은 서로 다르면서도 조화롭다.

이제 우리 군은 무엇을 고민해야 할까? 군의 존재 목적은 안보를 지키는 것이다. 이를 위해 전통적·비전통적 위협에 대비하면서 위기를 관리하고, 만약 전쟁이 일어난다면 반드시 승리하도록 준비하고 훈련해야 한다. 가장 중요한 것은 눈앞의 위협이 우리를 해치지 못하도록 하는 일이다. 우리 군이 6·25 전쟁 이후 지난 70여 년간 북한의 위협에 대비하기 위해 전력투구해 온 이유이다.

하지만, 장기적으로 볼 때 이 같은 노력만으로는 부족하다. 미래의 불확실성 속에서 우리 국가의 안보를 지키기 위해서는 어떠한 위협에도 대응할 수 있어야 한다. 아예 우리나라에 위해를 가할 꿈조차 못 꾸도록 해야한다. 우리 군이 미래 전장을 주도하는 초일류 군대로 거듭나야만 가능한 일이다. 즉, '제로섬'의 관점이 아닌 '윈-윈'의 관점에서 누군가가 우리를 적대시할 수 없을 정도로 탁월해져야 하고, 더 나아가 적대시하고 싶지 않고 그럴 이유도 없도록 만들어야 한다.

이렇게 초일류 군대로 거듭나기 위해서는 먼저, 변화에 적응하는 것이 아닌 변화를 주도할 수 있어야 한다. 남들이 이미 하는 것들을 따라가는 사람들은 이류가 될 수 있을지언정 일류가 될 수는 없다. 모두가 4차 산업혁명을 이야기할 때 우리는 그다음 산업혁명을 정의하고 이를 선도해 나아가야 한다. 모두가 지구 외기권 개발에 집중할 때 우리는 보다 먼 우주로 나가야 한다. 그 기술들을 우리 국가가, 우리 군이 주도할 수 있어야 한다.

한편으로는, 급변하는 환경 속에서도 절대 변하지 않는 가치들을 이해하고 이를 체득하려는 노력이 끊임없이 이루어져야 한다. 그럼으로써 문제의 본질을 꿰뚫고 가장 바람직한 해결책을 찾아내는 지혜와 통찰을 길러야 한다. 이러한 인재들이 많아질 때 우리 군은 어느 군대와도 비교할 필요가 없는 절대적인 초일류 강군이 될 수 있을 것이다.

스티브 잡스Steve Jobs는 자신이 세운 회사인 애플에서 쫓겨났었다. 그가 다시 애플에 복귀했을 때 "Think Different"라는 슬로건을 내세웠다.[17] 그리고, 다양한 것들을 연결하고 융합하는 창의성을 발휘해 아이폰을 개발했다.

이러한 창의성은 단순히 기술적 감각에서만 나온 것이 아니다. 2001년 뉴스위크와의 인터뷰에서 "내 모든 기술을 바꿔 소크라테스와 오후를 함께 보내고 싶다."라고 말할 정도로 그는 인문학에 빠져 있었다.[18] 그 속에서 그는 인간에 대해, 그리고 우리가 지켜야 할 가치에 대해 깊이 사유하면서 최첨단 기술과 인문학적 소양을 연결할 수 있는 능력을 한층 끌어올렸으리라 추측해 본다. 그가 2005년 스탠퍼드대 연설에서 말한 "connecting the dots"가 바로 이런 연결일 것이다.[19]

이 책을 통해 우리는 변화를 주도해야 할 분야들과 그 변화 속에서도 반드시 지켜야 할 가치들을 깨달을 수 있을 것이다. 그리고 그 속에서 '무엇이 진정한 승리인지'를 알아 가게 될 것이다. 저자는 이러한 생각들이 조화를 이룰 때 진정으로 초일류 강군을 이끌어 갈 리더가 될 수 있다고 믿는다.

작가 채사장은 "진리에 도달하는 데 가장 중요한 조건은 용기"라고 말했다.[20] 그가 말한 용기란 우리가 쥐고 있던 세계관을 내려놓을 용기를 일컫는 것이다. 이제는 우리를 가둬 두고 있는 여러 고정 관념을 내려놓고 생각을 전환할 때이다. 그것이 바로 '이기는 생각'의 출발일 것이다.

# 추천사

前 육군참모총장 예비역 대장 김용우

부단한 혁신이 없는 군대는 전장에서 결코 승리할 수 없고 국민으로부터의 지지도 받을 수 없다는 것은 역사를 통해 입증된 명백한 진리이다. 본인도 육군참모총장으로 재임 시절, '도약적 변혁'의 필요성을 강조하고 이를 구현할 수 있는 비전과 방책들을 제시한 바 있다. 무엇보다 우리를 가두고 있는 생각의 틀을 깨고 먼 미래를 내다보며 부분이 아닌 전체의 맥락에서 형(型)과 질(質)을 바꾸는 근본적이고 급진적인 변혁이 필요하다는 점을 주장하였다.

이번에 탁월한 지력과 통찰력을 지닌 김태형 중령으로부터 『이기는 생각(Winning Thoughts)』라는 제목의 책을 발간한다는 소식을 듣고 그 내용을 정독할 수 있는 기회를 가지면서, 마음속으로부터 깊은 희열과 감동을 느꼈다. 무엇보다 여기서 제시된 내용들이 평소 본인이 생각한 것들과 너무나 일치되었기 때문이다. 또 이러한 생각들이 우리 군을 이끌어갈 후배들에게 전해지고 그들이 군사적 폴리매스가 되고자 하는 열망을 갖게 된다면, 우리 모두가 꿈꾸는 "한계를 넘어서는 초일류 군대"도 머지않아 이룰 수 있을 것이라는 기대를 한껏 품을 수 있었기 때문이다.

저자가 이 책을 통해 이루고자 제시한 목표는 매우 간명하다. 그러나 그의 논리는 매우 치밀하고 정교하며 이를 뒷받침하는 자료는 놀라우리만큼 다양하고 방대하다. 특히 이 책에는 군사 분야뿐만 아니라, 기초과학, 사회과학, 응용과학, 의학, 인문학 등 많은 분야의 지식들이 서로 연결되어 있어 우리의 사고와 학습의 지평을 어디까지 넓혀 가야 하는지도 보여 주고 있다. 가히 역작(力作)이라 하지 아니할 수 없는 이유이다.

저자는 우리 군이 미래 초일류 강군으로 발전해 나가기 위해서는 무엇보다 "이기는 생각"을 가져야 하며, 이 생각은 크게 두 가지 축 즉, '항상 변화하는 것(contingencies)'과 '절대 변치 않는 것(continuities)' 사이에서 조화를 이루어야 한다고 강조한다. '항상 변화하는 것'은 시대에 따라 발전을 거듭하는 전쟁의 양상과 과학기술이며 따라서, 다가올 5차 산업혁명을 미리 예측하고 특히 우주발전에 노력을 기울임과 동시에 이를 뒷받침하는 '건설적 사고'를 견지한다면, 우리 군이 감히 넘볼 수 없는 확고한 경쟁우위에 설 수 있다는 점을 흥미진진한 설명으로 이끌어 간다.

또한 '절대 변치 않는 것'은 전쟁의 본질과 인간의 본성과 같은 것이며, 이것들을 꿰뚫고 전·평시에 탁월한 성과를 내기 위해서는 군사적 폴리매스(Polymath)를 배출하고 리더십 이니셔티브를 발휘할 수 있도록 해야 한다고 말한다. 아울러 어떻게 평범한 독자들이 그 높은 경지에 이를 수 있는 지를 자세히 안내해 주고 있다. 또 진리와 본질을 이해하고 차이를 식별해 내는 '맥락적 사고'를 구비한 인재를 키워야 절대우위의 '초일류 강군'이 될 수 있다고 설득하고 있다.

400여 페이지와 790여 개에 달하는 주석이 그다지 부담스럽지 않다. 마

/ 목차 /

치 선생님이 하나하나 차근차근 가르쳐 주듯이 매우 쉽고도 친절하게 알려 주고 있기 때문이다. 그러므로 군사전문가로 성장하기를 열망하거나 변화와 혁신을 꿈꾸는 사람은 누구든지 이 책을 사랑하게 될 것이며 그래서 늘 가까이하게 될 것임을 확신한다. 또 이 책이 우리 군을 진정하고도 지속 가능한 변화와 혁신으로 이끌어 가는 길라잡이가 되기를 기대한다. 우리에게 이런 멋진 책을 선사한 김태형 중령의 노고를 진심으로 격려하고 치하한다.

제1부

# 우시아와 이데아

인류 역사 속의 전쟁을 살펴보면 시대의 흐름에 따라
항상 변화하는 것과 절대 변하지 않는 것이 공존해 왔다.
이러한 전쟁의 본질 속에서 앞으로 전략의 미래는 어떻게 될 것인가?

# 1

# 우시아와 이데아:
# '변하는 것'과 '변하지 않는 것'

## 아리스토텔레스 vs. 플라톤

고대 서양 철학자 중 생각나는 인물을 말하라고 하면 가장 많은 사람들이 소크라테스Socrates, 플라톤Plato, 아리스토텔레스Aristotle를 말할 것이다. 이들의 인연은 사제관계로 맺어져 있다. 소크라테스는 플라톤의 스승이고, 또 플라톤은 아리스토텔레스의 스승이다. 소크라테스는 우리에게도 친숙한 '산파술'로 당대의 소피스트들sophists을 당황시켰다.[21] 그는 단 한 권의 저서도 남기지 않았으나, 그의 사상은 플라톤과 아리스토텔레스의 유명한 저서들에 담겨 현재에 이르기까지 많은 이들에게 회자되고 있다.

소크라테스라는 대스승으로부터 그 명맥이 이어져 온 만큼, 플라톤과 아리스토텔레스의 사상은 분명 비슷한 점이 있다. 소크라테스는 진리가 상대적이라고 믿던 소피스트들과 논쟁하면서, 그들이 안다고 생각하지만 결코 알지 못한다는 점을 일깨워 주고 절대 진리가 존재한다는 주장을 펼쳤다. 플라톤과 아리스토텔레스 또한 소크라테스처럼 절대적인 진리가 존재한다고 믿었던 절대론자였다. 공동체 사회의 시민으로서 갖추어야 할

공동선을 강조한 점도 이 두 철학자의 비슷한 점이다.[22]

　이들 모두가 절대론자였기는 하나, 무엇이 절대 진리인지에 대한 견해는 '하늘과 땅' 차이였다. 다음 그림을 보자. 라파엘로 산치오Raffaello Sanzio가 그린 「아테네 학당School of Athens」이다. 한가운데 있는 두 사람 중 왼쪽이 플라톤, 오른쪽이 아리스토텔레스이다. 이 둘의 손을 자세히 들여다보면 플라톤은 손가락을 위로 향하고 있고, 아리스토텔레스는 손바닥을 아래로 향하고 있다.

그림 1-1. 아테네 학당[23]

　플라톤은 우리가 사는 세상 너머 어딘가에 절대 진리가 있다고 생각했다. 반면, 아리스토텔레스는 우리가 실제 사는 이 땅에 진리가 있다고 믿었다. 그는 이 세상이 끊임없이 변화하고 발전하면서 점차 절대 진리로 완성되어 간다고 주장했다.[24] 말 그대로 '하늘과 땅' 차이다.

　이 두 철학자의 차이를 좀 더 자세히 살펴보면, 먼저 플라톤 사상의 핵심은 '이데아Idea'론으로 이해할 수 있다. 플라톤은 자신의 저서 『국가Politeia』에서 '동굴의 비유'를 통해 이데아를 설명했다. 사람들은 동굴 속에서 어릴 적부터 사지와 목을 결박당한 상태로 살고 있다. 이들 뒤에는 담장이 있는데, 담장 위에 인형극을 하듯 여러 물체가 즐비해 있다. 사람들은 뒤로 돌아 물체를 직접 보지 못한다. 그래서 단지 벽에 나타나는 물체의 그림자만 볼 수 있다.[25]

여기서 동굴 안은 가짜 세계이면서 현실의 세계이다. 우리가 감각으로 인식할 수 있는 '가시계可視界, visible world'이다. 반면, 동굴 밖이 진짜 세계, 바로 이데아의 세계이다. 우리가 감각이 아닌 이성으로 인지할 수 있는 '가지계可知界, intelligible world'이다. 이렇듯, 이데아는 현실 세계가 아닌 이상적이고 관념적으로 존재하는 세상이다. 현실적인 감각이 아니라, 이성적인 사유think를 통해서만 알 수 있다. 사물이나 존재의 겉모습이 아니라, 그 내면에 들어 있는 본질이나 실체만이 진짜다. 플라톤에게 있어 현상계가 '물질'로 이루어진 세계라면, 이데아는 '정신'적으로만 도달할 수 있는 세계다.

이제 아리스토텔레스의 이론을 살펴보자. 플라톤이 아카데미아에서 제자들을 가르칠 때, 아리스토텔레스도 그 제자 중 한 명이었다. 철학philosophy은 '학문sophie을 사랑한다philo'는 뜻이다. 학문을 사랑하는 사람들은 삼삼오오 모여 특정 주제에 관해 이야기 나누기를 즐겼다. 당시 많은 철학자는 이렇게 오직 '대화'를 통해서만 철학이 가능하다고 생각했다. 소크라테스와 소피스트들이 그러했듯, 질문과 답변을 통해 서로의 생각을 주고받으며 사상을 발전시켜 나갔다. 하지만 아리스토텔레스는 대화만큼이나 책 읽기도 좋아했다. 다른 철학자들이 보기에 '책벌레' 아리스토텔레스는 이상한 사람으로 여겨졌을 것이다.

아리스토텔레스는 플라톤의 저서들을 읽고 또 읽으며 플라톤의 사상에 대해 깊이 사유했다. 급기야 플라톤의 논거에 오류들을 찾아내기 시작했다. 그러고는 플라톤의 이데아론과는 유사한 듯하면서도 큰 차이가 있는 '우시아Ousia'론을 펼치게 되었다. 여기서 말하는 우시아는 끊임없이 생성하고 변화하면서 발전하는 운동 속에 있으며, 차츰 완성되어 가는 존재들의 세계이다. 우시아 속의 사물들은 질료, 형상, 작용, 목적으로 이루어진다. 이를 4원인설이라 부른다. 즉, 사물이 무엇으로 이루어지고(질료인), 어떻게 생겼으며(형상인), 무엇이 이를 만들어 내고(작용인), 무엇에 쓰이는가(목적인)로 그 사물의 본질을 알 수 있다.[26]

다시 돌아가서, 이데아와 우시아를 비교해 보자. 이데아는 절대 변하지 않는 진리와 같은 것이다. 이 땅에서 감각으로 느낄 수 있는 것이 아니라 이성적 사유를 통해서만 도달할 수 있는 초월적인 개념이다. 한편, 우시아는 결국 이 땅에서 끊임없이 변화하고 발전하면서 본질을 찾아가는 개념이다. 역사학자 존 개디스(John Lewis Gaddis)는 절대 변하지 않는 진리를 '연속성continuities', 항상 변화하는 것들을 '우발성contingencies'이라 칭했다.[27]

그런데, 이 두 가지 이론이 단순히 상반되는 것은 아니다. 플라톤이 말한 이데아가 의미 있는 이유는 현실 세계가 존재하고 그 안의 사람들이 이데아를 깨닫지 못하기 때문이다. 아리스토텔레스의 우시아 안에서는 만물이 끊임없이 생겨났다가 사라지고 또 변화하지만, 점차 발전해 나가면서 이상적인 진리를 찾아간다. 즉, 이데아와 우시아는 항상 함께 존재하며, 우리가 이를 인정하고 조화를 추구할 때 비로소 우주 만물의 이치를 이해할 수 있을 것이다.

이 책 또한, 전쟁에 관한 이데아와 우시아를 찾으려는 노력에서 출발한다. 저자는 전쟁에 있어 '절대 변하지 않는 것'과 '끊임없이 변화하는 것'이 함께 공존해 왔다고 가정한다. 이를 각각 전쟁의 이데아와 우시아라고 할 수 있겠다. 이 두 종류를 대하는 우리의 자세는 조화로우면서도 한편으로는 달라야 한다. 그런데 이 두 가지의 조화와 균형을 방해하는 것이 있다. 바로 우리의 고정관념과 그것을 만들어 내는 환경이다.

## 매트릭스 안의 세상

대한민국의 학구열은 그 어느 나라와 비교해도 뒤처지지 않는다. 그런데 도가 지나쳐 성적 지상주의가 만연하다. 시험은 생각하는 능력보다는 암기능력을 평가한다. 그래서 주로 선택형이나 단답형이다. 물론 최근에는 그 추세가 서술형으로 많이 바뀌고, 구술평가가 강화되고 있다. 하지만 서양 선진국들보다는 여전히 부족하다.

부모들은 누구나 자녀가 좋은 대학에 합격하기를 바란다. 자녀의 내신 성적, 수능 성적을 끌어올리기 위해 학원이나 과외에 거금을 들이는 것도 마다하지 않는다. 선생님들도 대부분 어떻게 하면 시험을 잘 볼 수 있는지에 초점을 두고 학생들을 가르친다. 과목 또한 마찬가지다. 모두가 성적에 비중이 높은 국어, 영어, 수학에 집중한다. 상대적으로 철학과 윤리를 포함한 인문학, 그리고 자연과학, 사회과학, 예술 등은 인기가 별로 없다. 이런 환경 속에서 자라 성인이 된 이들은 생각하는 방법에 익숙하지 않다. 암기한 것을 줄줄 이야기하는 데 좀 더 익숙하다.

군 교육도 마찬가지다. 군 간부의 양성과정은 짧게는 3개월, 길게는 4년이다. 보수과정은 짧게는 3개월, 길게는 1년이다. 군이 상당한 시간과 비용을 교육에 투자하고 있음에도 얼마나 효과가 있을지에는 다소 의문이 든다. 저자는 앞서 말한 교육 과정들을 다 이수했다. 저자가 어떻게 공부했나를 돌이켜 보면, 생각하고 고민한 시간보다 암기하느라 밤을 지새웠던 시간이 훨씬 많았다는 것을 부인할 수 없다. 이러한 암기 위주 교육방식으로는 진정한 인재를 길러 내기 어렵다.

여기 또 다른 문제가 있다. 임관 후 이루어지는 보수교육 교재들은 대부분이 군사 교범이다. 그마저도 주로 직접적인 전투에 관한 교범만 다루는 것이 일반적이다. 전쟁윤리나 전쟁법, 리더십 등이 차지하는 비중은 극히 적다. 학생장교 입장에서 그러한 과목에 집중하다가는 군 교육기관에서 좋은 성적을 받기 힘들다.

군사 교리는 이론으로부터 나온다. 그것도 단순히 군사 이론으로부터만 도출된 것이 아니다. 다양한 학문 분야에 기초하여 얻어 낸 결과물이다. 전쟁 수행부터 소규모 교전에 이르기까지 군사학이 다루는 내용들은 모든 학문과 연결되어 있다. 그렇다면 그 이론들은 또 어디에서 왔는가? 바로 역사다. 학자들은 역사적 사실을 바탕으로 여러 가지 사회적 현상들에 대해 가설을 세우고 연구하여 이론을 만들어 낸다.

군사 교리는 실전에서의 검증을 통해 다시 이론, 역사로 환원되어야 한다. 현존하는 군사 교리를 적용하면서 겪은 사건은 다시 역사가 되고, 이를 토대로 기존의 이론이 수정되거나 새로운 이론이 창출된다. 이 과정을 통해 군사 교리는 더욱더 실용적으로 발전해 간다. 이러한 선순환이 이루어지려면 우리는 각각의 군사 교리가 만들어진 배경을 알아야 한다.

그런데 우리 군사 교범에는 주석이 없다. 도대체 어떤 이론을 통해서, 어떤 역사적 배경에서 이러한 교리가 도출되었는지 그 출처를 알 수 없다. 우리 스스로 그 과정을 알아내려고 노력하지도 않고 교범을 비판 없이 수용하는 경우가 많다. 이러한 모습이 암기 위주의 교육방식과 결합하면 그야말로 제대로 된 주입식 교육이 된다. 그러면 고착된 생각의 틀을 깨고 상자 밖으로 나오지 못한다.

우리는 이러한 환경의 늪에 빠져 있다. 영화 「매트릭스」에서 사람들의 의식은 매트릭스 속 세상에 갇힌 채 인공지능의 에너지원으로 이용된다. 어쩌면 우리는 매트릭스처럼 그저 주어진 환경의 늪에 빠져 아무런 의심 없이 살아가고 있는지도 모른다. 우리를 둘러싼 환경이 그러했고, 그 환경에 익숙해져 버린 우리는 깊이 생각하는 것을 좋아하지 않게 되었다. 빠져 나오려고 하지만 그 방법을 몰라 허우적대다가 더욱 깊이 빠져든다. 이제 우리는 더 큰 문제에 직면한다.

국가 안보를 책임져야 할 군 간부들은 어떻게 해야 미래 강군을 만들어 갈 수 있을지 그 방법을 연구해야 한다. 하지만, 우리는 다른 군대에 대한 벤치마킹benchmarking은 잘할지 몰라도, 무언가를 새롭게 개척해서 세계를 선도해 나가는 일은 잘하지 못하는 듯하다.

현재 우리 군이 추진하고 있는 국방개혁은 우리가 직면한 다방면의 문제점들을 심도 있게 검토하여 내세운 전략이다. 이는 전 세계적으로 쟁점이 되는 제4차 산업혁명 기술에 상당 부분 의존하고 있다. 하지만 우리에게 필요한 것은 제4차 산업혁명을 뛰어넘는 그 무언가이다. 그러면서도 우주와 세계라는 시스템 속에서 불필요한 피해를 최소화하고, 미래에 또다시 붉어질 분쟁의 씨앗을 억제할 수 있어야 한다. 누구도 우리 군을 우습게 보지 않고, 더 나아가서는 우리 군을 존경하게 만들어야 한다. 우리 군의 사례들이 다른 나라 군대의 교육 과정에 소개되고 또 연구되도록 위상을 만들어 내야 한다.

그러기 위해서는 탁월한 지혜와 통찰을 지닌 리더들이 필요하다. 그 리더가 되는 일이 바로 이 책을 읽는 우리 모두의 역할이다. 어떤 특별한 존재만이 그렇게 될 수 있는 것이 아니다. 우리는 그 일을 '평범한 우리와는 상관없는 일'로 치부해서는 안 된다. 우리가 환경의 늪을 극복하고 건설적 · 맥락적 사고 능력을 길러야 하는 이유이다.

## 종합적 사고: 건설적 사고와 맥락적 사고의 조화

건설construction이란 사전적 의미로 '건물, 설비, 시설 따위를 새로 만들어 세움', 또는 '조직체 따위를 새로 이룩함'을 뜻하는 단어다.[28] 반대말은 파괴destruction로 '때려 부수거나 깨뜨려 헐어 버림', 또는 '조직, 질서, 관계 따위를 와해하거나 무너뜨림'을 의미한다.

건설적 사고constructive thinking는 학자마다, 또 이를 적용하는 학문 분야마다 정의하는 바가 조금씩 다르다. 하지만 일반적으로 조직이나 환경에 대해 건설적인 방향으로 생각하는 것을 의미한다.[29] 기존의 방식에 반대하거나 상식을 뒤엎는다는 점에서는 파괴적 사고destructive thinking와 유사하다. 그러나 그 결과는 매우 다르다. 건설적 사고는 기존의 방식이나 상식을 깨고 새롭고 더욱 발전적인 결과를 창출하는 원동력이 된다. 반면, 파괴적 사고는 기존의 방식이나 상식을 무너뜨리는 데 그친다. 발전적 대안이나 나아가야 할 방향을 제시하지 않는다.

이러한 건설적 사고의 핵심은 비판적 사고와 창의적 사고이다. 비판적 사고는 일반적으로 어떤 판단이나 주장에 잘못이 없는지 엄격하게 따져 보는 것이다. 비판적 사고를 할 줄 아는 사람들은 기존의 방식이나 수립되어 있는 계획에 만족하지 않는다. 끊임없이 결함이 없는지를 꼼꼼히 살펴본다. 즉, 기존의 비효율적이거나 잘못된 방식을 타파하는 데 유용하다. 그런 다음에는 창의적 사고가 필요하다. 건물을 부수었으니 이제는 더 멋지게 지을 차례이다. 새로운 방식으로 전보다 더욱 발전적 결과를 끌어낸다.

한편, 맥락적 사고contextual thinking는 어떤 사물이나 현상을 볼 때 그것의 내용contents만이 아닌 상황의 전체적인 맥락context을 보려 노력하는 사고 방식이다. 즉, 상황에 따라 유연한 생각을 하는 것뿐만 아니라 얼핏 대립적으로 보이는 것들을 균형감 있게 생각할 수 있는 능력이다.[30] 여기서 맥락context이란 '어떤 사물이나 대상들이 서로 연결되어 있는 관계'를 의미한다.[31] 그러한 상호관계를 모두 고려하는 것이 맥락적 사고인 것이다. 맥락적 관점에서 보면, 지난번에 효과가 좋았던 조치가 이번에는 그렇지 않을 수 있다.[32] 즉, 맥락적 사고는 '그때는 맞고 지금은 틀리다.' 또는 '여기서는 맞고 저기서는 틀리다.'를 인정하는 것에서부터 출발한다고 볼 수 있다.

맥락적 사고를 잘하기 위해서는 시스템적 사고systems thinking와 디자인적 사고design thinking 능력을 갖추어야 한다. 시스템적 사고는 나무가 아닌 숲을 보는 사고방식이다. 이를 통해 문제를 단편적으로 바라보지 않고, 모든 요소가 복잡하게 얽혀 있는 시스템을 전체적으로 파악할 수 있다.[33] 디자인적 사고는 문제를 보다 포괄적으로 정의하고, 근본적인 해결책을 찾아가는 사고방식이다.[34] 시스템적 사고로 전체와 부분을 파악했다면, 디자인적 사고를 통해 더욱 근본적으로 문제를 정의하고 해결책을 찾아 나갈 수 있는 것이다.

이러한 건설적 사고와 맥락적 사고는 앞서 이야기한 전쟁의 우시아와 이데아적 속성에 대응하기 위한 필수적인 사고법이다. 건설적 사고는 우리의 과학科學, science적 능력을 향상시켜 다른 나라의 군대보다 '경쟁우위'를 점할 수 있는 기본 바탕이 될 것이다. 한편, 맥락적 사고는 우리의 술術, art적 능력을 키워 다른 나라와 비교할 수 없는 '절대우위'에 우리 군을 올려

놓을 것이다. 우리는 이 두 가지 사고법을 통해 어떠한 사물을 대하더라도 종합적으로 생각하고 판단할 수 있는 능력을 기를 수 있다.

이 두 가지 사고법은 언제나 조화를 이루어야 그 효과가 증대될 것이다. 항상 변화하는 우시아 속에서, 건설적 사고는 새로운 과학 법칙들을 발굴해 낸다. 그것들은 새로운 법칙이 나오기 전까지 한동안 가장 권위 있는 진리로 작용할 것이다. 반대로, 이데아의 세상 속 진리는 변하지 않는다. 그러나 그 진리를 둘러싼 상황은 여전히 변화한다. 맥락적 사고는 절대 진리를 토대로 변화하는 상황 속에서도 항상 새로운 판단을 할 수 있는 능력을 길러 줄 것이다. 역설적이지만 이러한 조화가 바로 종합적 사고이다.

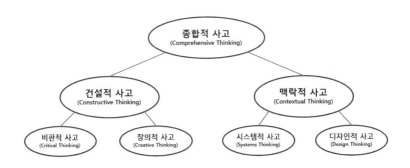

그림 1-2. 종합적 사고: 건설적 사고와 맥락적 사고의 조화

## 경쟁우위와 절대우위

경제학 용어 중 절대우위, 비교우위, 경쟁우위라는 말이 있다. 먼저, 절대우위absolute advantage는 한 경제주체가 어떤 활동을 다른 경제주체에 비해 적은 비용으로 할 수 있는 상태를 말한다.[35] 쉽게 말해, 내가 김밥을 직접 만드는 비용이 친구에게 사는 비용보다 더 싸다면 김밥을 그냥 만들면 된

다(여기서 말하는 비용에는 내 노동비용까지 포함된다). 그러면 굳이 더 비싼 돈을 주고 살 이유가 없다.

비교우위comparative advantage는 한 경제주체가 수행하는 어떤 활동의 기회 비용이 다른 경제주체에 비해 낮은 상태를 말한다.[36] 여기서 기회비용이란 여러 가능성 중 하나를 선택했을 때 그 선택으로 인해 포기해야 하는 가치 전체를 의미한다.

다시, 내가 김밥을 만드는 비용이 친구에게서 사는 것보다 더 저렴하다는 것은 김밥에 있어서 내가 친구보다 절대우위에 있다는 뜻이다. 이제 김밥을 잘 싸서 소풍할 차례다. 소풍에서 장기자랑을 해야 하는데 연습할 시간이 부족하다. 그래서 나는 김밥을 만들 시간에 장기자랑 연습을 하기로 했다. 김밥은 그냥 친구에게 구매할 생각이다. 나는 김밥에 있어 친구에게 절대우위를 가지고 있었지만, 장기자랑 준비 때문에 김밥을 만들어 절약할 수 있는 기회비용을 포기했다. 그리고 장기자랑 연습을 포기하고 김밥을 나에게 판매한 친구는 이제 김밥에 있어 나에게 비교우위를 가지게 되었다.[37]

한편, 마이클 포터Micheal Porter가 주창한 경쟁우위competitive advantage는 '경쟁 기업과 비교하여 더욱 좋은 가치를 소비자들에게 제안함으로써 유리한 경쟁 지위를 확보하는 것'을 말한다. 포터는 고전적 의미에서 특정 분야에 집중하고 제품을 차별화하여 남보다 더 싸게 팔면 경쟁우위를 확보할 수 있다고 설명했다.[38] 또한, 국가 차원의 경쟁우위는 장기적 차원에서 인재를 양성하는 것이 매우 중요하다고 주장했다.[39]

포터가 말한 경쟁우위의 핵심은 다른 기업들보다 더 많은 소비자의 사랑을 받는 것이다. 그가 주장한 많은 전략은 이를 위한 방법론이라고 볼 수 있다. 앞서 비교우위와 다른 점은 경쟁우위가 단순히 생산과 판매의 효율성만을 기초로 하는 것이 아니라는 점이다. 경쟁우위는 다른 기업들이 갖지 못하는 무엇인가 특별한 가치를 만들어 냄으로써 다른 기업들과의 경쟁에서 유리한 위치를 차지하는 전략이다.

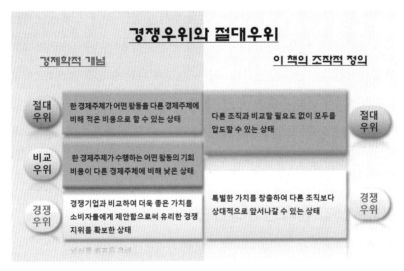

그림 1-3. 경쟁우위와 절대우위

이러한 경제 이론들을 소개한 것은 이 이론들이 미래의 군사전략 방향을 결정하는 데에도 개념적으로 도움을 줄 수 있기 때문이다. 이 책에서는 절대우위와 경쟁우위의 개념을 사용했다. 하지만 경제적 의미보다는 단어 자체의 더욱 근본적인 의미에 집중하고자 했다. 이 책에서 말하는 두 용어의 핵심은 '남보다 앞서가는 상대적 우위이냐, 모두를 압도하는 절대적 우위이냐'이다. 경쟁우위는 다른 군대보다 상대적으로 앞서 나갈 수 있는 특별한 가치를 창출해야 한다는 의미이다. 절대우위는 다른 군대와 비교할 필요도 없이 모두를 압도할 수 있도록 우리 군이 스스로 묵묵히 발전해 나가야 함을 강조하는 용어다. 다른 군대가 따라올 수 없을 정도의 절대적인 우위를 달성함은 물론, 더 나아가 다른 군대로부터 존경을 받을 수 있는 상태를 의미한다. 책을 읽으면서 용어로 인한 오해가 없길 바란다.

전쟁의 본질은 두 가지 상반된 면을 가진다. 하나는 '항상 변화하는' 전쟁 수행방식의 본질이며, 다른 하나는 '절대 변하지 않는' 전쟁 자체에 내재한 본질이다. 경쟁우위의 전략을 통해 우리 군은 항상 변화하는 전쟁 방식의 본질 속에서 과학기술의 변화와 혁신을 선도해 나갈 수 있을 것이다. 절대 우위의 전략은 변하지 않는 전쟁의 본질 속에서 우리 군이 흔들림 없이 세상의 중심에 우뚝 설 수 있도록 도울 것이다. 이 두 전략이 조화를 이룰 때 우리는 초일류 강군으로 거듭날 수 있을 것이다.

## 이기는 생각: 전략 그 이상의 것

미래의 전쟁은 누구도 정확하게 예측할 수 없다. 누군가가 어느 한 부분을 맞출 수 있을지는 몰라도 그마저도 우연일 가능성이 크다. 이 책 또한 전쟁의 미래를 예측하려는 노력보다는 미래의 불확실성이 더욱 증대될 것임을 인정하는 쪽을 선택했다.

이 책은 예측할 수조차 없는 미래의 불확실성 속에서 전쟁의 본질을 탐구하고자 한다. 전쟁은, 다른 모든 사회현상이 그러하듯, 항상 변화하는 것과 절대 변하지 않는 것이 조화롭게 공존하고 있다. 이를 이해하고 그속에 녹아들어 본질을 꿰뚫을 수 있는 리더가 많이 존재할 때 그 군대는 성공적인 조직으로 발전할 수 있다. 하지만 환경의 늪에 빠진 많은 이들이 이를 자각하지 못하고 전쟁을 표면적으로만 바라본다. 그러다 보니 전쟁속에 있는 본질적인 문제를 제대로 인식할 수 없다. 이는 우리의 미래 전략개념을 잘못된 방향으로 인도할 수밖에 없다.

우리는 환경의 늪을 극복하고 매트릭스에서 벗어날 수 있도록 건설적 사고와 맥락적 사고 능력을 길러야 한다. 건설적 사고는 항상 변화하는 본질에 시시각각 효과적으로 대응하고 상황을 주도하는 능력을 키워 줄 것이다. 맥락적 사고는 절대 변하지 않는 본질을 이해한 가운데 조직을 하나로 뭉치게 하고 보다 근본적인 해결책을 찾도록 도울 것이다. 이들을 바탕으로 경쟁우위 전략과 절대우위 전략을 조화롭게 구현해 나간다면 우리 군은 전쟁의 두 가지 본질 속에서 세상을 지배하게 될 것이다.

현재 우리 군 간부들은 눈앞에 놓인 많은 업무에 파묻혀 있다. 그래서 강한 군대가 되기 위해 본질적으로 무엇이 중요한지를 생각할 여유가 없다. 우리는 이제 깨달아야 한다. 한 발 뒤로 물러서 숲을 바라봐야 한다. 우리 군은 한편으로는 미래 과학기술을 선도하고, 다른 한편으로는 절대 가치를 지키며 국내외적으로 존경받는 조직으로 발전해야 한다. 우리는 리더로서 그 중심에 서야 한다. 이것이 바로 저자가 이 책을 쓰게 된 이유다.

이를 위해 1부에서는 이 책의 큰 사고의 틀framework이 되는 각종 개념과 비유들을 간략히 개관했다. 2부에서는 본격적으로 전쟁의 본질 중 변화하는 것contingencies에 대해 알아볼 것이다. 그동안 인류가 어떻게 발전해 왔는지를 살펴보면서, 특히 산업혁명이 전쟁에 어떠한 영향을 끼쳤는지 분석해 볼 것이다. 그 과정에서 인간의 욕망과 산업혁명의 상관관계를 규명하고, 이를 토대로 제5차 산업혁명의 방향을 예측해 볼 것이다.

이에 더해, 여전히 블루오션이라 할 수 있는 우주 분야에 대해 논할 것이다. 저자는 제5차 산업혁명과 우주 분야가 우리 군이 경쟁우위를 확보하기 위해 지금부터 선제적으로 연구해야 할 분야라 생각한다. 우주 분야는 이

미 많은 나라가 그 기술을 발전시켜 나가고 있다. 따라서, 현존하는 기술을 따라가는 것도 중요하지만 현재 아무도 가지지 않은 기술을 개발하려는 더 큰 도전을 해야만 한다.

그런 다음, 이를 위해 필요한 건설적 사고와 경쟁우위 전략을 설명할 것이다. 건설적 사고 능력을 키운다는 것은 비판적 사고와 창의적 사고를 적절하게 활용할 수 있음을 의미한다. 건설적 사고 능력이 선행되면 우리는 경쟁우위 전략을 추진하면서 큰 원동력을 얻게 된다. 우리 군이 미래 5차 산업혁명과 우주국방을 선도하기 위해서는 미래 목표와 비전을 올바르게 설정하고 이를 달성하기 위한 세부 개념을 발전시키는 것이 중요하다. 또한, 미래 최첨단 과학기술을 선도할 수 있는 역량을 갖추는 데 자유롭고 건설적인 환경이 반드시 구축되어야 한다.

3부에서는 전쟁의 변하지 않는 본질continuities을 논할 것이다. 먼저, 인간의 속성을 자세히 살펴보고 전쟁과 인간의 관계를 고찰할 것이다. 인간은 태생적으로 비논리적이다. 스스로 논리적이라고 생각할수록 더 논리적이지 못하게 된다. 이러한 특성을 토대로 호모 사피엔스로서의 인간이 전쟁을 지속할 수밖에 없는 이유를 살펴볼 것이다. 또한, 그 안에서 전쟁 윤리가 왜 중요한지, 분쟁의 올바른 해결을 위해 무엇을 고려해야 하는지 알아볼 것이다.

전쟁은 국력의 모든 요소가 통합되어 수행된다. 그 속에서도 중추적 역할을 수행하는 군의 리더들은 뭔가 특별해야 한다. 전쟁은 국가의 운명과 사람의 목숨이 달린 일이기 때문이다. 전쟁을 승리로 이끄는 통찰력과 결단력을 가진 리더, 바로 그러한 리더를 클라우제비츠는 군사적 천재라 불렀다. 이 책은 군사적 천재와 비슷한 맥락으로 '군사적 폴리매스'라는 용어를 사용했다.

군사적 폴리매스가 되기 위한 첫걸음은 먼저 자기 자신을 제대로 돌아보는 일이다. 그다음은 많이 알아야 한다. 단, 군사학에 한정하지 않고 다양한 분야를 학습하고 사색해야 한다. 그렇게 해야만 우리는 단편적 지식이 아닌 놀라운 지혜를 얻을 수 있다. 이를 바탕으로 우리는 리더십을 발휘해 조직의 노력을 한 방향으로 결집할 수 있어야 한다. 단순히 억압적 지시가 아니라 조직 구성원이 주인의식을 가지고 자발적으로 조직을 함께 이끌어 가도록 도와줘야 한다.

이러한 문화와 분위기가 형성될 때 우리의 노력은 불확실한 미래 전쟁을 대비하는 데 필요한 맥락적 사고 능력으로 이어질 것이다. 시스템적 사고와 디자인적 사고를 통해 전체 속에서 문제의 근원을 파악하고 장기적 관점에서 이를 해결하는 능력을 갖추게 될 것이다. 맥락적 사고는 절대우위 전략을 추진하는 토대가 될 것이다. 절대우위 전략은 자신 스스로와의 긴 싸움이다. 그렇기에 우리의 능력에 한계를 설정하면 안 된다. 온갖 스트레스와 큰 충격에도 쉽게 다시 일어설 수 있는 회복탄력성을 길러야 한다. 그리고 어떠한 상황에서도 최악의 상황을 회피하면서 최고의 선택을 할 수 있는 상태를 만들어 나가야 한다.

마지막 4부에서는 2부와 3부에서의 논의를 정리하면서 초일류 강군이 되기 위해 특히 유념해야 할 사항들을 재강조할 것이다. 우리는 환경의 늪이라는 매트릭스를 빠져나와 진짜 세상을 바라보고, 과학과 술의 조화를 추구해야 한다. 더 나아가 우리 국가의 다른 조직들, 다른 국가의 군대들과도 상생을 추구함으로써 보다 본질적으로 문제를 해결해 나가야 한다.

이 책의 구성을 그림으로 나타내면 다음과 같다.

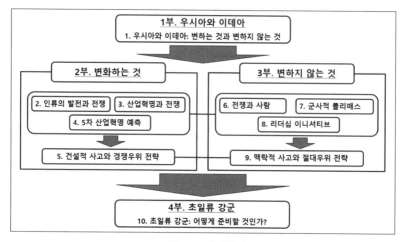

그림 1-4. 책의 구성

변화하는 것과 변하지 않는 것. 이원론처럼 보이지만 결국 일원론적 사고이다. 우리가 만물은 변화한다는 사실을 받아들이고 이를 토대로 경쟁우위를 점유해 나가려는 노력은 결국 궁극적인 승리를 가져다줄 것이다. 만물이 변화한다는 사실은 곧 변하지 않는 진리가 된다. 또한, 세상에는 인간으로서 함께 공유하는 절대적인 가치들이 있다. 그런데 이 가치들은 다른 관점으로 볼 때 개인마다 그 중요성이 다르게 인식될 수 있다. 즉, 변하지 않는 진리도 상대적일 수 있다는 뜻이며, 이는 곧 사람에 따라 또는 맥락에 따라 변화한다고 볼 수도 있다.

그러므로 이 책이 '변화하는 것'과 '변하지 않는 것'이라는 두 가지 대비되는 개념을 사용했다고 해서 이원론적 사고에 빠지지 않길 바란다. 이 두 가지 개념과 그에 따른 전략이 서로 조화를 이룰 때 우리는 '이기는 생각'을 할 수 있을 것이며, 그렇게 되면 초일류 강군으로 도약하는 길이 우리 앞에 열릴 것이다.

'변화하는 것'을 기술할 때에는 과거 인류의 오랜 역사부터 현재로서는 상상하기 힘든 머나먼 미래까지를 모두 포괄했다. 사건 하나하나를 구체적으로 깊이 있게 다루기보다는 개괄적인 맥락 속에서 유의미한 해석을 도출하려 노력했다. 그러다 보니, 특정 사건이나 학문적 이론들에 대한 충분한 설명을 책 한 권에 다 담을 수 없었다. 책의 뒷부분에 저자가 연구한 저서 및 논문, 기타 자료들을 충실하게 주석으로 제시했으니 더 깊은 연구를 원하는 분들은 참고하기 바란다.

책을 읽으며 '당장 눈앞의 변화도 따라가기 힘든데 너무 먼 미래를 이야기하는 것 아니냐.'라고 반문할 수도 있다. 혹은, 현존 과학기술 추이를 고려할 때 앞으로도 실현하기 힘든 과학기술들이라 생각할 수도 있다. 하지만 보다 장기적 관점으로 바라봤으면 한다. 그리고 우리 스스로의 잠재력을 한정 짓지 않길 바란다.

이 책을 쓰기 시작한 시점부터 출간하기까지 총 5년 6개월이 소요되었다. 그동안 세상은 많이 변했고, 책의 내용도 바뀌어야 했다. 그러면서 가까운 미래에 의미가 퇴색될 내용은 아예 제외했다. 이 책이 최소 특이점singularity이 올 때까지는 쓸모 있는 책으로 남길 바라는 마음에서였다.[40] 저자가 의도한 것은 독자들의 생각을 넓혀 주고 연구의 방향성을 제시하는 것이다. 그런 의미에서는 특이점이 지난 이후에도 이 책의 기본 철학만큼은 계속 의미 있게 기억되면 좋겠다.

한국군 교리와 미군 교리는 매우 유사하다. 해방 이후 한국군의 교리, 조직, 훈련, 무기체계 등이 미 군사고문단의 조언을 받아 설계되었고, 6·25 전쟁 때부터 지금까지 한미연합방위체제가 유지되고 있기 때문이다. 한국군은 교리를 대외로 공개하지 않는다. 반면, 미군은 교리를 공개하고 있으며 구글에 검색하면 쉽게 찾아볼 수 있다. 따라서, 보안 목적상 이 책에서 사용하는 각종 군사용어 및 군사적 내용은 오픈 소스open source인 미군 교리를 주로 참고자료로 활용했다. 일부 한국군 교리에 관한 사항들은 보안에 위반되지 않는 범위 내에서 언급했다. 현재 우리 군이 추진하고 있는 국방혁신과 관련한 사항들도 대중에게 공개된 자료들만 제시하다 보니 세부적인 내용은 책에 담지 못했다.

이 책은 전쟁의 본질을 논하고 우리 군이 초일류 강군으로 발전하기 위한 방향을 제시한 책이다. 그런데도 전쟁이나 전략에 관한 기존의 책들과는 그 형식이나 다루는 내용이 다르다. 전통적인 전쟁 사례나 이론을 체계적으로 연구하는 형식을 따르지도 않았고, 일부는 전쟁과 연관성이 적은 듯한 이론이나 사례라고 느껴질 수도 있을 것이다. 그래서 오히려 독자들이 흩어져 있는 여러 개념을 서로 연결하여 유의미한 결과를 창출해 내는 방법을 찾을 수 있을 것이라 믿는다. 설사 그렇지 않더라도, 적어도 그러한 노력을 기울일 다짐을 하게 되리라 확신한다.

조직의 리더, 혹은 리더를 꿈꾸는 사람이라면 누구나 이 책이 도움이 될 것이다. 어떠한 조직이건 인간과 인간, 조직과 조직 간의 상호작용에 노출되어 있다. 우리는 경쟁, 충돌, 화합, 협력 등 다양한 상호작용 속에서 살고 있다. 군만이 이러한 상호작용에 노출되어 있는 것이 아니다. 국가 간에 전쟁이 있다면, 우리 일상 속에는 경쟁이 항상 존재한다. 협력도 마찬가지다. 모든 조직과 그 조직에 몸담은 모든 사람은 평생 크고 작은 경쟁과 협력을 해야 한다. 어떻게 변할지 예측하기 힘든 미래에 복잡한 상호작용 속에서도 항상 승리하는 리더가 되고 싶은 사람들에게 이 책은 '이기는 생각'을 할 수 있도록 큰 영감을 줄 것이다.

제2부

# 변화하는 것:
# Contingencies

'전쟁 방식'이나 '전쟁 형태'의 본질은 시대의 상황에 따라 변화한다. 그리고 그것을 변화시켜 나가는 주체는 바로 전쟁을 수행하는 우리 자신이다. 변화를 선도하느냐, 뒤따라가느냐 또한 우리에게 달려 있다. 우리는 지금 변화하는 세상, 우시아에 살고 있다.

# 인류의 발전과 전쟁

## 전쟁의 기원

몽고메리Burnard L. Montgomery 장군은 『전쟁의 역사』에서 전쟁을 기원전 7,000년경부터 시작된 것으로 보았다.[41] 그러나 실제 전쟁이 시작된 시기를 정확히 판단하기는 어렵다. 일부 학자들은 약 50만 년 전 인간이 언어를 사용하기 시작하면서 전쟁이 시작되었다고 주장한다.[42] 언어 덕분에 본격적인 조직 생활이 시작되었다고 보기 때문이다. 그들의 주장은 약 160만 년 전에 출현한 호모 에렉투스가 약 50만 년 전부터 언어를 사용하기 시작했다는 점을 근거로 하고 있다.

물론 그전까지 소규모의 싸움들은 있었을 것이다. 인류 태초의 조상이라 불리는 오스트랄로피테쿠스 시절부터 수렵과 채집활동을 하며 먹이의 소유를 놓고 싸우는 일들이 자주 발생했다. 하지만 이는 소규모 집단 간 벌어지는 잠깐의 먹이 쟁탈전이었을 뿐, 그 이상 그 이하도 아니었다. 전쟁이라 불릴 만큼 조직적인 살상 활동은 없었을 것이라는 게 이들의 견해다.

다른 학자들은 약 10만 년 전 네안데르탈인과 호모 사피엔스가 출현하면서 전쟁이 본격적으로 시작되었다고 본다.[43] 우리는 중고등학생 시절 인류가 단계적으로 진화했다고 배웠다. 인류는 오스트랄로피테쿠스Australopithecus, 호모 하빌리스Homo habilis: 재간둥이, 호모 에렉투스Homo erectus: 직립인간, 네안데르탈인Neanderthal: 호모 에렉투스의 후예, 호모 사피엔스Homo sapiens: 지혜로운 인간에 순차적으로 이르면서 진화한 것이라고 말이다. 하지만 최근 많은 인류학자와 고고학자들은 이 같은 주장이 잘못되었다고 말한다.

최근의 고고학적 유물의 발견과 이에 대한 많은 분석은 인류의 여러 종이 공존해 있었음을 말해 준다. 물론 이들이 최초 출현했던 시기는 제각각이었다. 약 300~400만 년 전에 아프리카 지역에서 오스트랄로피테쿠스가 출현했고, 도구를 사용할 줄 알던 호모 하빌리스는 약 250만 년 전에 나타났다. 그 후 약 160만 년 전 직립보행을 할 수 있었던 호모 에렉투스가 나타나서 세계 전역으로 퍼져 나갔다. 약 10만 년 전에는 네안데르탈인과 호모 사피엔스가 출현했으며, 호모 사피엔스 사피엔스는 4~5만 년 전쯤에 나타났다.

그중 유일하게 살아남은 건 호모 사피엔스뿐이다. 유발 하라리Yuval N. Harari에 따르면, 호모 사피엔스는 뇌의 크기가 더 큰 네안데르탈인을 이기고 현생 인류로 자리 잡았다. 호모 사피엔스는 언어와 문자를 사용하면서 '상상'이라는 것을 하기 시작했다. 이는 각종 신화와 우상숭배를 가능하게 했고, 다른 집단에 대한 적개심을 불러일으키도록 만들었다. 상상은 부족을 똘똘 뭉치게 했으며, 부족의 이익을 위해 다른 부족들을 조직적으로 해치는 것도 가능하게 만들었다. 유발 하라리는 이러한 상상 능력을 뒷담화와 거짓말이라 표현했다.[44]

여기서 우리가 주목해야 할 점은 '언어', '문자', '상상'과 같은 단어다. 우리는 전쟁이라는 단어를 보면 먼저 '폭력', '무기'와 같은 단어들을 떠올리게 된다. 이 단어들은 전쟁과 깊은 연관이 있지만, 전쟁이 왜 일어나는지를 설명하기에는 뭔가 부족하다. 동물들도 서로 싸운다. 먹이를 두고 싸우기도 하고, 종족 번식을 위해 싸우기도 한다. 하지만 동물들이 전쟁을 벌이지는 않는다. 오직, 상상하고 이를 언어와 문자로 서로 공유할 수 있는 인간만이 전쟁을 벌인다.

결국, 인간의 상상력으로부터 파생되어 만들어진 여러 감정 즉, 믿음, 소속감, 부러움, 미움, 분노 등이 전쟁을 일으키도록 부추긴다. 우리가 합리적으로 전쟁을 결심하고 수행한다고 믿는 것은 어찌 보면 환상이다. 존 스토신저John G. Stoessinger는 국가가 전쟁하는 이유 중 하나로 정치지도층의 그릇된 상황인식과 판단을 들었다.[45] 유발 하라리에 따르면 국가, 명예, 돈 등도 모두 인간이 상상으로 만들어 낸 것들에 불과할 뿐, 실제 존재하지 않는 것들이다. 인간은 스스로가 상상으로 만들어 낸 것들을 위해서 전쟁을 일으킬 수 있다는 것이다.

그렇다고 전쟁이 허황된 것이라는 뜻은 아니다. 우리의 생명과 재산이 위협받는 상황이라면 그것을 지키기 위해 전쟁이라는 수단이 불가피할 수도 있다. 다만 여기서 이 이야기를 하는 이유는 우리가 전쟁을 논할 때 반드시 인간의 속성을 자세히 연구해야 한다는 점을 강조하기 위해서다. (인간의 속성에 관한 사항은 3부에서 좀 더 논의하겠다.)

## 농업혁명, 도구의 발달, 그리고 전쟁

미래학자 앨빈 토플러는 인류의 발전단계를 세 가지의 물결로 표현했다. 제1의 물결은 바로 농업혁명agricultural revolution이다. 인류가 수렵과 채집 생활을 벗어나 농사를 짓기 시작한 때부터 산업혁명이 일어나기 전까지의 기간을 말한다. 토플러는 이 기간을 대략 1만 년 전에 시작된 것으로 판단했다. 제2의 물결은 산업혁명industrial revolution이다. 증기기관이 만들어진 때부터 컴퓨터가 나오기 전까지의 기간이다. 약 1700년경부터 1950년 무렵까지의 기간을 말한다.[46]

우리가 살아가고 있는 현재가 앨빈 토플러가 주장하는 제3의 물결이다. 즉, 컴퓨터, 인터넷, 스마트폰이 일상화된 지금이다. 약 1950년부터 시작하여 현재를 지나 미래까지도 정보화혁명information revolution, 즉 제3의 물결 속에 있다고 볼 수 있다. 그의 분류에 따르면 요즘 핫이슈인 4차 산업혁명 또한 정보화시대의 연장선이다.

인류는 농업혁명이 시작되면서 정착을 하게 되었다. 땅에 밀을 심고 수확을 거두면서 토지와 곡물을 소유하기 시작했다. 사유재산이 생겨난 것이다. 이제는 지켜야 할 것이 훨씬 많아졌다. 농사를 지어야 하니 사람이 더 많이 필요했다. 정착 생활로 아이들을 많이 낳기에 안정적인 환경이 조성되자 인구는 급격히 증가했다. 토지를 소유하는 자와 그 토지에서 농사를 짓는 자가 구분되었다. 계층이 생겨났고, 빈부격차가 심해졌다. 토지 소유주들은 부족 또는 마을의 리더가 되었다. 그들은 자신의 것을 빼앗기지 않기 위해 다른 부족의 침략을 막아야 했다. 때로는 다른 부족의 것을 빼앗아야 했다.

이러한 변화는 전쟁 도구의 발달과 맞물려 전쟁의 치명성을 증가시켰다. 초기 인류의 조상들은 수렵과 채집 생활을 했다. 그 과정에서 먹이 쟁탈을 위해 많이 싸웠다. 처음에는 맨손으로 싸우다가 점차 나뭇가지, 돌과 같은 주변 도구들을 사용하기 시작했다. 시간이 좀 더 지나서는 이러한 나뭇가지, 돌 등을 다듬어서 사용하기 좋게 만들었다.

덴마크의 고고학자 크리스티안 유리겐센 톰센Christian Jurgensen Thomsen은 고대 역사를 석기, 청동기, 철기시대로 구분했다.[47] 이 분류에 따르면 수렵과 채집 생활의 시대는 구석기시대 또는 그보다 더 이전에 해당한다. 이는 260만 년 동안 계속되었고 인간은 점차 오랜 수렵과 채집 생활을 청산하고 농사를 짓기 시작했다. 톰센은 이 시기에 인류가 신석기 시대로 접어들었다고 판단했다. 농사를 짓기 위한 도구가 발달하면서 인간의 무기 제작 기술 또한 한층 발달하게 되었다.

약 4,000년 전 즈음 청동기 시대가 시작되었다. 돌의 시대에서 금속 시대로의 전환이 점진적으로 이루어지던 시기였다. 이는 전쟁의 엄청난 변화를 의미했다. 돌로 만든 무기를 사용할 때 보다 훨씬 더 빠르게 많은 사람을 죽일 수 있게 되었다.

하지만 청동기 시대 초창기부터 이러한 변화가 나타난 것은 아니었다. 현재까지 발견된 세계 최초의 동검은 노보스보보드나야 검이다.[48] 순수 구리로 만든 이 검은 강도가 그리 세지 않았다.

그러던 중 사람들은 구리에 주석을 섞으니 훨씬 더 단단해진다는 사실을 알게 되었다. 주석은 당시에 구하기가 매우 어려웠으므로 그 가치는 매우 높았다.[49] 고대 도시 마리의 궁정 기록에 따르면 주석의 가치는 같은 무게 은의 10배라고 할 정도였다. 그러나 주석의 채석 기술이 발달하면서 가치가 크게 하락했다. 이때부터 청동검의 발전은 급속도로 이루어지게 된다.

우리나라에서도 진주 대평리에서 청동기 시대 유적지 중 하나인 환호가 발견되었다. 환호는 외부의 침략을 막기 위한 목적으로 둥그렇게 호를 파 놓은 시설을 말한다. 넓게 호를 파고 그 한가운데는 매우 좁게 만들어서 발이 빠지면 나오기 힘들어지도록 해 놓았다. 이 환호 뒤쪽으로 환호의 둥근 원을 따라 통나무 기둥을 세운 흔적을 볼 수 있다. 학자들은 통나무 기둥에 울타리를 쳐서 이중 방어막을 설치했으리라 예측한다. 이곳에서는 사람의 뼈도 발견이 되었는데, 학자들은 청동 화살촉을 맞고 사망한 것으로 분석하였다. 전남 여수시 오림동에는 고인돌에서 암각화가 발견되었다. 거기에는 창을 든 사람과 칼을 든 사람이 그려져 있다. 전문가들은 이 그림이 창과 칼을 숭배하던 당시 사람들의 생활상을 나타낸다고 분석했다.[50]

전 세계에서 고루 발견된 유적들과 더불어 대한민국에서 발견된 청동기 유적의 분포를 보면 이 시기에 침략과 방어, 즉 전쟁이라 불릴 만한 행위들이 더욱 많이 벌어졌음을 알 수 있다. 그전까지는 맨손이나 나무, 돌을 이용해서 싸웠지만, 금속을 사용하게 된 이상 이제는 단순한 싸움이 아니었다. 대량으로 사람을 죽일 수 있게 되었다. 이러한 측면에서는 집단 간의 갈등이 활발해졌던 청동기 시대를 전쟁의 빈도가 가속화된 시기라고 볼 수 있다.[51]

이처럼, 농업혁명은 인간이 본격적으로 전쟁을 하는 계기가 되었으며, 도구의 발달과 새로운 물질의 발견은 더욱 강력한 무기의 탄생으로 이어졌다. 이로 인해 전쟁은 더 자주 발생하고 그만큼 더 많은 사람이 죽게 되었다. 그 전쟁에서 지지 않기 위해 인간은 더욱 강력한 무기를 만들고 싸워 이기는 방법, 즉 전술을 고안해 냈다. 이렇듯 사회의 변화, 전쟁, 무기의 발달은 서로 영향을 주고받으며 변모해 갔다.

## 전쟁의 세대: 인력전, 화력전, 기동전, 비대칭전

전쟁에서 이기기 위한 전술의 변화는 계속되었다. 그러나 획기적인 변화를 가져오기까지는 오랜 시간이 걸렸다. 원시사회에서 고대사회로 접어들면서 다양한 전술이 등장하기는 했지만, 기본적으로 칼과 창을 사용하는 보병이 중심이었다. 인력에 의한 근접전이 주된 전쟁의 형태였다. 이를 지원하기 위해 활을 사용하는 궁병전술, 말을 타고 싸우는 기병전술, 성을 함락시키기 위한 공성전술 등이 발달한 정도였다.

물론, 시대와 장소에 따라 약간의 변화는 있었다. 그리스 페르시아 전쟁 당시 마라톤 전투에서는 아테네의 밀티아데스가 펼친 유인 및 포위 전술이 빛을 발했다.[52] 포에니 전쟁도 비슷했다. 한니발의 카르타고군이 로마군을 격파한 칸나에 전투에서 유사한 전술이 사용되었다.[53] 테베의 에파미논다스는 레우크트라 전투에서 사선진 전술로 스파르타를 격파했다. 고대 그리스 시대부터 존재했던 팔랑스는 다양한 변화를 겪으며 팍스 로마나Pax Romana 시대에 이르러 그 위용이 최고조에 달했었다.[54]

무기에 큰 변화의 바람이 불기 시작한 것은 중세시대에 화약이 등장하면서부터였다. 중국 당나라 시절 도가道家의 연단술사들에 의해 우연히 화약이 발명되었다.[55] 송나라 시절로 접어들면서 화약은 군사적으로 연구되기 시작했다.[56] 13세기에는 중국의 화약 기술이 아랍과 유럽에 전해졌다. 이는 활강총의 개발로 이어졌다. 총기의 발달은 유럽의 기사제도가 약화하는 결과를 초래했다. 기사 한 명을 양성하는 데 많은 돈과 시간이 필요했다. 값비싼 무기와 장비를 갖춰야 함은 물론, 검술과 창술을 익히려면 오랜 시간 수련해야 했기 때문이다. 하지만 총기는 한 달이면 충분히 숙달 가능했고, 누구나 쉽게 배울 수 있었다. 더는 기사를 양성할 필요가 없

었다.[57]

이렇듯 전쟁 방식에 다양한 변화가 있었지만 결국, 인력에 의한 근접전투 테두리 내에서의 변화였다. 이러한 전술에서는 병력의 충격력을 발휘하기 위한 선과 대형의 유지가 중요했다. 인력이 주가 되는 전쟁 양상은 근대사회에 이르기까지 지속되었다.

주목할 만한 변화는 과학기술이 급격히 발달하면서 두드러지기 시작했다. 이러한 변화에 대해 윌리엄 린드William S. Lind는 근대로부터 현대에 이르기까지 전쟁을 4세대로 분류했다. 1989년 논문에서 린드는 4세대 전쟁 이론을 통해 전쟁 패러다임이 변화하고 있음을 주장했다.[58]

그의 주장을 좀 더 자세히 살펴보자. 1648년 30년 전쟁이 막을 내리면서 웨스트팔리아 조약이 체결되었다. 이 조약으로 합스부르크 왕가의 거대 신성로마제국이 붕괴하고 여러 주권국가로 나뉘게 되었다. 그전까지의 유럽 국가들은 신성로마제국의 제후국 형태로 존재했으며, 각 군대는 신성로마제국과 교황이 통제하는 모습이었다. 주권국가가 나타났다는 것은 각각의 주권국가가 이제는 자신만의 군대를 조직하고 유지할 수 있는 배타적 권리를 지니게 되었음을 의미한다.[59]

린드는 근대 주권국가가 등장한 이 시기부터 나폴레옹 전쟁까지를 1세대 전쟁으로 분류했다. 국가는 이제 자신만의 군대를 소유하게 되었다. 군대에 대한 통제력을 강화할 필요성이 커졌다. 그래서 정교한 계급구조, 주민들과의 구분을 위한 제복 등이 만들어졌다. 더 강한 군대를 만들기 위한 노력도 활발해졌다. 활강식 소총rifled musket의 정확도와 발사속도가 증가했다. 이를 활용한 전술이 고대 팔랑스와 유사한 밀집대형과 함께 연구되었다. 나폴레옹 전쟁에 이르러서는 대규모 징집과 함께 사단, 군단 등의 제

대가 만들어졌으며 선형 전술과 인력에 의한 기동 전술이 발달하기 시작했다.[60]

프랑스 혁명과 나폴레옹 전쟁은 유럽에 많은 변화를 불러일으켰다. 포병 출신인 나폴레옹Napoleon Bonaparte은 포병에 의한 화력전을 매우 중요시했다. 이러한 영향으로 유럽에서는 각종 화포와 그에 따른 포병 전술이 급속히 발전했다. 유럽 각국에 프랑스를 모방한 국민군대가 등장했으며, 과거 용병 전투가 성행하던 시기와 달리 전쟁에서 사상자가 대량으로 발생했다.[61]

1870년 보불전쟁 당시 프로이센의 몰트케Helmuth Karl Bernhard von Moltke 장군은 통신 및 철도 기술을 본격적으로 전장에 도입했다. 군대의 규모는 더욱 커지고 계층은 더욱 세분되었다. 철도를 이용한 신속한 기동과 포병 화력 지원의 통합 운용이 승리의 열쇠가 되었다. 제복도 위장 기능을 갖춘 전투복으로 변모하기 시작했다. 소총 기술도 점차 발달하여 제1차 세계대전에 이르러서는 후미장전식 강선총과 기관총이 전장을 지배했다. 각국의 군대는 사상자를 줄이기 위해 참호를 파고 소모전을 벌였다. 린드는 이렇게 나폴레옹 전쟁 이후부터 제1차 세계대전까지 화력이 주가 되었던 시기를 2세대 전쟁으로 분류했다.[62]

린드가 제시한 3세대 전쟁은 속도를 강조한 기동전이다. 제2차 세계대전 당시 독일의 전격전은 빠른 기동력과 충격력이 제1차 세계대전의 산물인 선형 진지에 얼마나 효과적인지를 보여 주었다. 독일군은 전차와 기계화보병, 근접항공지원 등을 통해 빠르게 아르덴 삼림지대를 통과하여 프랑스의 후방지역을 점령할 수 있었다.[63]

이러한 기동력에 대한 강조는 작전술의 발전과 더불어 전차, 항공기, 헬기, 정밀유도미사일의 발달을 촉진했다. 미국은 제2차 세계대전 이후 소련과의 핵 개발 경쟁이 가속화되면서 이에 대한 대응책으로 '상쇄전략Offset Strategy'[64]을 구상했다. 1953년부터 1차 상쇄전략을 펼친 이후, 미국은 1970년에 컴퓨터와 네트워크 기술을 토대로 한 2차 상쇄전략을 발표했다. 그후 약 20여 년간 축적된 군사과학기술로 1991년 걸프전과 2003년 이라크전에서 순식간에 적을 제압하는 모습을 보여 주었다. 이러한 3세대 전쟁의 주요 과학기술과 전술은 현재까지도 유효하다.

린드는 3세대 전쟁이 전장을 지배하는 동안 4세대 전쟁이라는 새로운 유형이 나타났다고 주장했다. 중국 혁명전쟁과 베트남 전쟁이 바로 그것이다. 이들의 가장 큰 특징은 국가와 비국가단체, 전쟁과 정치, 전투원과 비전투원 사이의 경계선이 허물어졌다는 점이다. 전쟁의 주체는 국가뿐아니라 테러집단과 같은 비국가 행위자까지도 확장되었다. 이들은 이데올로기나 명분을 위해 죽음도 불사하고 테러를 저지르기도 한다. 일반적인 국가에 비해 상대적으로 군사력이 약하기 때문에 적대 국가의 사회 혼란과 전쟁 의지 말살을 목적으로 게릴라전, 분란전, 테러, 심리전 등을 감행한다. 그들은 재래식 무기로부터 생화학무기, 자살폭탄테러에 이르기까지 수단을 가리지 않는다.[65]

4세대 전쟁에 대한 또 다른 연구자인 토머스 햄즈Thomas X. Hammes는 4세대 전쟁에서의 비국가행위자들은 절대 서두르지 않는다는 점을 강조했다. 4세대 전쟁을 수행하는 이들은 전략적, 작전적, 전술적 수준 전반에 걸쳐 하나의 목표를 지향한다. 바로 장기전을 통해 적대 국가 국민에게 염전사상厭戰思想을 뿌리내리고 정치지도자의 전쟁 수행 의지를 약화시키는 것이다.[66]

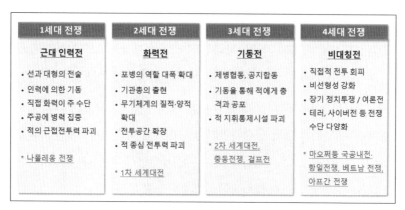

| 1세대 전쟁 | 2세대 전쟁 | 3세대 전쟁 | 4세대 전쟁 |
|---|---|---|---|
| **근대 인력전** | **화력전** | **기동전** | **비대칭전** |
| • 선과 대형의 전술<br>• 인력에 의한 기동<br>• 직접 화력이 주 수단<br>• 주공에 병력 집중<br>• 적의 근접전투력 파괴<br><br>* 나폴레옹 전쟁 | • 포병의 역할 대폭 확대<br>• 기관총의 출현<br>• 무기체계의 질적·양적 확대<br>• 전투공간 확장<br>• 적 중심 전투력 파괴<br><br>* 1차 세계대전 | • 제병협동, 공지합동<br>• 기동을 통해 적에게 충격과 공포<br>• 적 지휘통제시설 파괴<br><br>* 2차 세계대전,<br>중동전쟁, 걸프전 | • 직접적 전투 회피<br>• 비선형성 강화<br>• 장기 정치투쟁 / 여론전<br>• 테러, 사이버전 등 전쟁 수단 다양화<br><br>* 마오쩌둥 국공내전·<br>항일전쟁, 베트남 전쟁,<br>아프간 전쟁 |

그림 2-1. 전쟁 세대의 변화[67]

최근에는 5세대 전쟁이 어떠한 모습으로 전개될 것인가에 관한 연구도 이루어지고 있다. 토머스 햄즈는 2004년 발간된 그의 책 『The Sling and the Stone』에서 이 같은 5세대 전쟁 개념을 제시했다.[68] 그는 5세대 전쟁이 4세대 전쟁과 매우 유사하지만, 개인 또는 매우 소규모의 단체가 자신만의 신념이나 동기부여에 의해 파괴성을 추구하는 형태의 전쟁이 되리라 예측했다.[69]

또, 미 육군의 셰넌 비비Shannon Beebe 소령은 5세대 전쟁을 미래에 대한 구체적인 계획 없이 단순히 '절망감'을 겪은 사람들이 일으키는 무질서와 폭력의 혼돈이라고 규정했다.[70] 이를 토대로 도널드 리드Donald J. Reed는 베트남 전쟁을 4세대 전쟁으로, 9·11 테러 이후의 대테러전쟁을 5세대 전쟁으로 구분했다.[71] 한국에서는 이수진, 박민형 국방대학교 교수가 5세대 전쟁 개념을 정립하고 이것이 한국 안보에 주는 함의를 연구하기도 했다.[72]

한편, 이러한 전쟁의 세대 구분에 대한 비판도 많다. 기준 자체가 일관성이 없고, 특히 4세대 전쟁은 전혀 다른 기준을 적용하고 있다는 것이다.[73]

안툴리오 에체바리아Antulio J. Echevarria는 4세대 전쟁은 세대의 변천이 아닌 단순히 게릴라전의 한 모습에 불과하다고 주장했다. 따라서 미군이 4세대 전쟁의 잘못된 신화에 빠져 전략과 교리에 영향을 끼치도록 해서는 안 된다는 것이다.[74] 김태영 예비역 육군 대령은 4세대 전쟁이 1~3세대의 전쟁에서도 존재했던 전쟁 일부분에서 나타난 지엽적인 모습이라고 평가했다.[75] 저자 또한 이러한 비판에 상당 부분 동의한다.

전쟁은 칼로 무를 자르듯이 시대적으로 세대를 구분할 수 없을뿐더러, 특정 전쟁을 한 가지 세대로 규정할 수 없다. 예를 들어, 린드가 3세대 전쟁으로 분류한 2차 세계대전은 꼭 기동전이 주가 되었다고 볼 수만은 없다. 병력의 집중과 화력의 적극적인 운용 또한 매우 큰 비중을 차지했기 때문이다. 베트남 전쟁 또한 자세히 들여다보면 네 가지 유형 중 어느 형태가 주가 되었는지 바라보는 이마다 의견이 엇갈릴 수 있을 것이다.[76]

그래도 이러한 전쟁의 세대 구분은 시도 그 자체로 의미가 있다. 정치, 사회, 경제, 과학기술 등의 변화와 더불어 전쟁이 어떻게 변화해 가고, 또 그 반대로 전쟁의 변화가 사회 변화에 어떠한 영향을 미쳤는지를 들여다볼 수 있기 때문이다. 특히, 과학기술은 전쟁의 세대를 변화시키는 데 큰 역할을 했다. 따라서, 산업혁명의 발전을 고찰해 보고 이러한 발전이 전쟁에 어떠한 영향을 주었는지를 분석해 보는 것이 중요하겠다. 이를 통해 앞으로 다가올 또 다른 산업혁명과 미래의 전쟁에 대해 어렴풋한 그림을 그릴 수 있을 것이다.

# 3

# 산업혁명과 전쟁

전쟁 방식의 변화는 당시의 시대적 변화와 밀접한 관계가 있다. 앨빈 토플러는 "우리가 전쟁하는 방식이 부를 창출하는 방식을 투영하고 있다."라며 전쟁과 시대적 변화가 서로 영향을 주고 있음을 강조하기도 했다.[77] 그렇다면, 근대사회부터 본격화된 산업혁명은 인간의 전쟁 수행 방식의 변화와 어떻게 서로 영향을 주고받았을까?

산업혁명은 약 1760년경 영국에서 시작된 산업기술의 혁신을 일컫는 말이었다. 주로 공장에서의 생산기술과 관련된 혁신이 주된 분야였다. 증기와 수력을 이용한 동력 생산, 공장의 자동화를 통해 수공업에서 기계로의 전환, 화학약품과 철강 제조과정의 혁신 등이 이루어졌다. 이러한 혁신은 유럽을 거쳐 전 세계로 퍼져나갔으며 세상을 크게 변화시켰다.[78]

산업혁명이라는 용어를 정확히 누가 먼저 사용했는지는 알 수 없다. 기록상으로는 1845년 엥겔스Frederich Engels가 그의 저서 『The Condition of the Working Class in England』에서 언급한 바 있다.[79] 이후 토인비Arnold Toynbee가 1884년 『Lectures on the Industrial Revolution of the Eighteenth Century in

England』에서 이를 보다 구체화하면서 본격적으로 사용되기 시작했다.[80]

제레미 리프킨Jeremy Rifkin은 산업혁명을 3차로 구분했다.[81] 2015년에는 클라우스 슈밥이 4차 산업혁명 개념을 제시했다. 그가 2016년 다보스포럼에서 4차 산업혁명 개념을 더욱 구체화하면서 많은 이들이 산업혁명을 4단계로 구분하게 되었다.[82]

## 증기혁명과 전쟁

지금까지의 산업혁명을 4단계로 구분하는 주장이 다수라고는 하나, 세부적인 구분 방법에는 여러 주장이 공존한다. 이 책에서는 산업혁명의 단계에 대한 여러 주장을 소개하기보다는 일반적인 견해를 중심으로 기술하겠다. 여기서 산업혁명을 살펴보는 이유는 산업혁명 자체에 대해 알아보기 위함이 아니다. 산업혁명과 더불어 일어난 여러 분야의 변화가 전쟁의 양상 변화와 어떠한 상관관계가 있는지를 알아보는 것이 주된 목적이다.

1차 산업혁명은 약 1760년에서 1840년 사이에 영국에서 시작된 새로운 생산과정으로의 전환을 일컫는 말이다.[83] 이 시기에 발달한 대표적인 기술로는 증기기관의 발명과 수력발전, 방직기와 방적기, 기계화 등을 들 수 있다.[84] 1차 산업혁명 이전까지는 가내 수공업이 주된 생산 방식이었으나 이러한 기술들의 발달로 기계화된 공장이 점차 들어서기 시작했다.

1차 산업혁명 이전의 영국은 중세 봉건사회였다. 당시에는 공유지와 사유지가 구분되어 있었다. 공유지는 이를 사유하는 개인이 없었고, 일반적인 평민들이 농사를 지어 생계를 유지하는 공간이었다. 한편, 사유지를 소유한 영주와 지주들은 농노를 거느리고 있었다. 농노들은 영주 또는 지주들과 주종관계를 형성하고 주인의 땅에서 농사를 지어 주었다. 물론 이 농노들은 우리가 '노예' 하면 대표적으로 떠올리는 조선 시대의 노비 개념은 아니었다. 그들은 자신이 땀 흘려 재배한 농산물에 대해 임금을 받았다. 일정 부분 사유재산 또한 인정되었으며 그에 따른 세금도 냈다. 하지만 그들은 거주 이전의 자유가 없었으며, 직업을 마음대로 바꿀 수도 없었다.[85]

그러던 중 18세기 초반 들어 유럽은 500년 만의 엄청난 한파를 맞이했다. 1708년에서 1709년에는 'Great Frost직역하면 '엄청난 서리'를 뜻함' 라 불릴 정도로 추운 겨울 날씨가 유럽을 덮쳤다.[86] 그러자 영국에서는 추운 겨울을 따뜻하게 보내기 위한 모직물wool이 유행했다. 금세 모직물의 수요는 급증했고, 농노를 부려 농사를 짓던 많은 영주와 지주들은 점차 양을 기르는 목축업의 비중을 늘려 나가기 시작했다. 자신이 소유한 토지 중에 농지의 비중이 줄어들자 영주와 지주들은 더는 대규모의 농노가 필요하지 않게 되었다. 그들은 많은 농노를 풀어 주었다.[87]

이는 의외의 변화를 가져왔다. 농노들은 당장 생존을 위해 일자리를 찾아 도시로 모여들었다. 자연스레 농노라는 신분에서 벗어나게 되었고, 거주 이전의 자유도 얻게 되었다. 자본주의의 3요소인 토지, 노동, 자본 중 노동이 자유롭게 활성화되는 계기가 되었다.

공유지에도 변화가 일어났다. 영주와 지주들은 양들을 키우기 위해 울타리를 쳤다. 이를 인클로저Enclosure 운동이라고 하는데, 이 과정에서 그들은 주변의 공유지를 침범해 나갔다. 더 많은 부를 축적하기 위함이었다.[88] 이로 인해 공유지에서 경작하던 빈농들은 영주와 지주들에게 경작하던 땅을 빼앗기고 농노들처럼 도시로 옮겨 갔다.[89]

도시로 이동한 농노와 빈농들의 삶은 매우 열악했다. 처음에는 일자리를 구하기도 쉽지 않았다. 그나마 공장의 수가 늘어나면서 일자리가 많아지게 되었다. 과거에는 농장에서의 주인과 농노의 관계가 생산활동의 주 메커니즘이었다면, 이제는 공장에서의 고용주와 근로자의 계약관계가 주가 되었다. 많은 사람이 공장에서의 모직물 가공에 투입되었다. 그러자 점차 영주와 지주들이 농업을 통해 쌓았던 부의 크기를 훨씬 초월한 공장의 자본가 계급이 등장했다.[90]

영국은 17~18세기에 들어서면서 동인도회사를 통해 켈리코calico라고 불리는 인도산 면직물cotton을 수입하기 시작했다. 사람들은 무겁고 거친 모직물보다 가볍고 부드러운 면직물을 선호하기 시작했다. 1750년에는 약 250만 파운드를, 1800년에는 약 5,200만 파운드를 수입하기에 이르렀다. 이에 영국 정부는 자국의 모직물 산업 보호를 위해 수입을 금지하거나 국내 소비를 제한하는 정책을 입안하기도 했다. 하지만 18세기 중반 면직물 제조업은 GDP의 8%, 제조업 일자리의 16%를 차지하게 되었다. 19세기 중반에 들어서는 많은 자본가가 면직물 제조업에 투자했고, 면직 산업은 모직 산업을 상당 부분 대체했다.[91]

이는 산업혁명에 있어 또 다른 큰 전환점이었다. 더욱 빠르게 옷감을 생산하기 위해 실로 옷감을 짜는 방직기 개발 노력이 이루어졌다. 1733년에 이르러 존 케이John Kay는 '나는 북flying shuttle'이라는 방직기를 발명했다.[92] 그러자, 이제는 실의 생산 속도가 옷감 제작 속도를 따라가지 못했다. 이에 1764년 제임스 하그리브스James Hargreaves는 '제니 방적기spinning jenny'라는 이름의 실을 뽑는 기계를 개발했다. 1769년에는 리처드 아크라이트Richard Arkwright가 수력 방적기water frame를 개발했다.

1770년대에는 새뮤얼 크럼프턴Samuel Crompton이 이 두 가지 방적기의 장점을 모두 살려 '뮬 방적기spinning mule'를 개발했고, 이는 향후 약 100년 동안 방적 산업 기계화의 기초가 되었다.[93] 이 발명은 공장의 가동 속도를 더욱 증가시켰고 산업혁명을 더욱 가속화했다. 이를 두고 에릭 홉스봄Eric Hobsbawm은 "산업혁명을 말하는 이라면 누구나 면화를 이야기한다."라고 말하기도 했다.[94]

새로 발명된 방직기와 방적기를 가동하려니 더 많은 에너지가 필요했다. 스코틀랜드의 제임스 와트James Watt가 1770년대에 발명한 증기기관이 이를 해결해 주었다. 그는 10여 년간의 실험 끝에 증기기관을 완성했다.[95] 물론 18세기 초반에 초기 형태의 증기기관이 존재했다. 그러나 와트의 증기기관은 같은 양의 연료를 태워 기존 증기기관의 최대 10배에 달하는 에너지를 생산할 수 있었다. 이렇게 면직물 생산이 활발해지자 이제 영국 내수 시장만으로는 감당이 안 됐다. 영국에게는 더 많은 식민지가 필요하게 되었다.

증기기관의 발달에 따라 식민지 지배 활동도 더욱 쉬워졌다. 증기기관은 석탄을 때서 물을 끓여 발생하는 증기로 에너지를 얻는 방식이다. 석탄을 효율적으로 운송하고 또 공장에서 생산된 가공품을 대량으로 운송하기 위해 증기기관차와 철도가 발달하게 되었다. 철도가 닿는 곳에는 공장이 우후죽순으로 생겨났다. 증기기관은 선박에도 활용되었고, 영국은 생산된 면직물을 빠르고 효율적으로 식민지에 운송할 수 있었다.

이러한 사회현상은 17~18세기 당시 생존에 대한 사람들의 욕구를 충족하는 과정에서 나타났다고 볼 수 있다. 사람들은 사회 시스템 전반의 변화가 불러온 생존 위협을 새로운 것을 발명하면서 극복해 갔다. 그 사회 현상들이 모여 1차 산업혁명을 만들어 냈고, 이는 100년여 가까이 지속하면서 인간의 생존 욕구를 충족시켰다.

영국에서 산업혁명이 일어나던 기간에 프랑스는 또 하나의 역사적 전환점에 직면해 있었다. 바로 1789년의 프랑스 혁명이다. 1760~1770년대 프랑스는 7년 전쟁과 미국의 독립전쟁에 참여했으나 별다른 소득 없이 물러나야 했다. 오히려 막대한 전쟁비용 지출로 인해 경제적으로 어려움을 겪게 되었다. 게다가 1780년대에는 전국적으로 흉년이 들어 시민들의 식량 문제가 심각했다. 루이 16세는 이러한 문제를 해결하지 못하고 있었다.[96]

루이 16세는 이윽고 일반 시민들 외에도 귀족들에게까지 세금을 부과하려 했다. 귀족들은 이를 거부했고, 조세에 관한 논의는 삼부회에서 해야 한다고 주장했다. 삼부회는 성직자, 귀족, 제3신분 이렇게 세 개 신분으로 구성된 의사결정체계이다. 이는 신분별 투표를 시행하여 두 개 신분 이상의 표결에 따르는 방식이었다.[97] 귀족들은 성직자들과 많은 이해관계를 함께하고 있었다. 그래서 삼부회를 소집하면 자신들의 의도대로 의사결정을 할 수 있으리라 생각했다. 1789년, 루이 16세는 무려 175년 만에 삼부회를 소집하기에 이르렀다. 삼부회는 약 1,200여 명의 대표가 선출되었다. 그중 제3신분의 대표가 절반 이상을 차지했다.[98]

한편, 배고픈 프랑스 시민들은 서로 모여 국가 지도부나 정치에 대해 비판을 하기 시작했다. 이렇게 프랑스 시민들이 모였던 장소들을 일컬어 훗날 독일의 사회학자 위르겐 하버마스Jurgen Habermas는 공론장Public Sphere, 독일어: Offentlichkeit이라 명명했다. 프랑스 시민들은 주로 독서클럽, 카페, 살롱 등지에서 공론장을 벌이곤 했다. 그들은 정부의 무능함을 비판하고 계몽주의를 토론하며 새로운 정치 체계를 갈망했다.[99]

삼부회에 참여한 제3신분 대표들 또한 마찬가지였다. 세 개 신분 중 제3신분 대표의 수가 가장 많았지만, 삼부회의 의사결정 방식은 성직자와 귀족에게 유리할 수밖에 없었다. 제3신분 대표들은 신분별 표결이 아닌 대표 모두가 동등한 한 표씩을 행사해야 한다고 주장했다. 이러한 주장은 받아들여지지 않았다. 이윽고 그들은 삼부회를 부정하고 자신들이 프랑스 국민을 대표한다는 국민의회Assemblee nationale를 결성하기에 이르렀다. 그들은 루이 16세의 방해에도 불구하고 1789년 6월 20일 베르사유 궁전 인근의 테니스 코트에서 프랑스에 헌법이 제정될 때까지 해산하지 않겠다는 서약을 했다테니스 코트의 서약: Tennis Court Oath.[100]

파리에서는 루이 16세가 외국 용병들을 고용해 국민의회를 해산시키려 한다는 소문이 돌았다. 이에 같은 해 7월 14일, 분노한 파리 시민들이 바스티유 감옥을 습격하여 죄수들을 풀어 주고 무기를 탈취하는 사건이 발생했다. 이제는 루이 16세도 국민의회를 인정할 수밖에 없었다. 국민의회는 8월 4일 봉건제 폐지를 선언했고, 8월 26일에는 인간과 시민의 권리선언을 발표했다. 이를 통해 국민의회는 국가의 주권은 국민에게서 나오며, 만인이 평등함을 공표했다. 영국에서의 1차 산업혁명이 그러했듯 프랑스 혁명 또한 프랑스 시민들의 생존에 대한 욕구가 주된 원동력이라고 볼 수 있을 것이다. 이제 프랑스의 왕정체제가 무너지고 새로운 체제, 즉 국민국가가 탄생하게 되었다.[101]

국민국가 출현과 함께 군 조직에도 많은 변화가 나타났다. 과거 용병제가 점차 사라지고 대규모 국민군대가 출현했다. 군 조직 규모가 커지면서 군단, 사단 등 중간 제대의 편제가 생겨났다. 과거 용병의 이탈을 방지하는 데 중점을 두었던 선형의 밀집대형 대신 생존성에 주안을 둔 산개대형이 보편화되었다.[102]

이러한 변화는 군사적 천재라 칭송받는 나폴레옹을 만나 더욱 가속화되었다. 프랑스 혁명의 영향을 받아 시작된 1792년 프랑스 혁명전쟁은 변방 코르시카섬 출신 나폴레옹에게 자신의 능력을 세상에 알릴 절호의 기회가 되었다. 프랑스의 혁명정신은 유럽의 기존 질서를 뒤흔들었고, 이 혼란을 틈타 나폴레옹은 툴롱 전투, 마렝고 전역 등에서 전과를 올리며 차츰 권력을 장악해 갔다.[103]

나폴레옹은 대규모 국민군대를 효율적으로 운용하는 방안을 모색했다. 먼저, 혹독한 훈련을 통해 보병의 기동속도를 분당 70보에서 120보까지 향상했다. 전역campaign에서의 승리에 결정적으로 기여하는 국면을 '결정적 전투'로 선정하고 그곳에 전투력을 집중했다. 또한, 빠른 기동력을 바탕으로 적이 예상치 못한 시기에 적의 병참선을 공격하여 보급을 차단했다.[104] 그는 1805년부터 1806년간 이루어진 일련의 전역들(울름, 아우스터리츠, 예나, 아우어스태트 전역)에서 이 전술을 훌륭히 적용했다.

클라우제비츠Carl von Clausewitz와 조미니Baron Henry Jomini는 이러한 나폴레옹의 모습을 바라보며 각자의 독특한 군사 사상을 발전시켰다.[105] 클라우제비츠는 전쟁의 본질을 매우 복잡하고 예측 불가능한 것으로 보았다. 전쟁은 정치의 연속으로 다른 수단과 복합적으로 연결되어 서로 영향을 끼치기 때문에 전쟁을 정확히 이해하기는 매우 어렵다는 것이다. 나폴레옹과 같이 혜안Coup do'eil을 지닌 군사적 천재만이 전쟁에 내재한 많은 문제를 해결할 실마리를 찾을 수 있다고 주장했다. 마치 아무것도 볼 수 없는 어둠에서 희미하게 나오는 한 줄기 빛을 보듯이 말이다. 이외에도 클라우제비츠는 전쟁의 삼위일체, 중심, 기만, 기습, 작전한계점 등 현대 군사 교리에도 반영된 많은 개념을 창출해 내었다.[106]

한편, 조미니는 전쟁을 과학적으로 분석하고 이해할 수 있다는 자신감을 내비쳤다. 그는 변하지 않는 전쟁의 승리 공식이 있다고 보았고, 이를 나폴레옹 전쟁을 통해 도출했다. 군인들에게도 익숙한 결정적 지점, 작전선, 전투력 집중, 군수지원 등 자신이 제시한 여러 원칙을 잘 지킨다면 누구든 나폴레옹처럼 군사적 천재가 될 수 있다고 주장했다.[107]

프로이센의 몰트케 장군은 점차 발전하는 산업기술과 나폴레옹 전쟁에서 나타난 전쟁 양상을 자세히 분석하고 이를 전쟁에 적용했다. 그는 전략적 대★우회기동을 강조했다. 그러려면 철도사업의 확장이 필요하다고 주장했다.[108] 프로이센의 위치에서 우회기동을 통해 프랑스군의 측방을 공격하기 위해서는 병력을 대량으로 수송해야 했다. 이때, 제한된 도로망을 이용하기보다 철도 관련 기술력을 활용하는 것이 훨씬 효율적이라는 주장이었다.

그는 새뮤얼 모스Samuel F. Morse에 의해 발명된 전신telegraph 기술 또한 적극적으로 활용했다.[109] 군대가 철도를 활용해 신속히 우회기동을 하게 되면 부대 간의 간격은 더욱 멀어질 수밖에 없었다. 그는 원활한 지휘통제를 위해 전신을 활용한 원거리 의사소통체계를 구축하고자 했다. 당시의 전신은 모스부호를 활용했기 때문에 짧은 메시지를 보내고 이를 해석하는 데도 많은 시간이 걸렸다. 몰트케는 이러한 전신의 특성상 명령 자체가 간명해야 한다고 판단했다. 여기서 태동한 개념이 바로 임무형 지휘mission command, 독일어로 auftragstaktik: 임무형 전술이다.[110]

한편, 1차 산업혁명에서 공장의 발달은 소총과 화포의 개량을 촉진했고, 무기의 생산 속도를 증가시켰다. 프로이센에서는 니들건niddle gun이라 불리는 드라이제Dreyse 후장식 소총을 개발해서 보오전쟁1866부터 보불전쟁1870~1871에 이르기까지 사용했다.[111] 프랑스군은 보불전쟁에서 이보다 더

사거리가 길고 분당 발사속도가 빠른 체스폿Chassepot 소총을 사용했다.

비슷한 시기에 일어났던 미국의 남북전쟁1861~1865도 1차 산업혁명의 영향을 받았다. 나폴레옹의 전쟁방식은 1814년에서 1848년 사이에 미 육사West Point로 전해졌다. 당시 미군 내부에서는 영국군의 전술을 받아들이자는 연방주의자와 프랑스군 전술을 받아들이자는 민주주의자가 치열한 내부토론을 했다. 결국, 프랑스군 전술을 채택하면서 조미니의 이론이 관심을 받게 되었다.[112] 미 육사에서 조미니의 이론을 주로 연구했던 당시 전쟁 리더들은 조미니가 제시한 원칙들을 전장에 적용했다. 또한, 유럽에서 발달한 전신, 철도, 후장식 소총과 화포 등을 적극적으로 활용했다. 공장의 빨라진 생산능력은 이러한 변화를 부추겼다.

미국 남북전쟁에서 북군의 수장을 맡은 장군은 미국-멕시코전쟁1846~1848의 영웅인 윈필드 스캇Winfield Scott 장군이었다. 그는 나폴레옹이 그러했듯이, 남부군의 병참선을 차단하기 위해 미시시피강 유역을 통제하는 '아나콘다 작전'을 계획했다. 그는 공장의 생산능력을 최대로 활용하여 해군력 증강에 힘썼다. 그 결과, 1860년 당시 42척이던 주력 함선을 1862년 282척의 증기함과 102척의 범선으로 증강시켰다.[113]

율리시스 그랜트Ulysses S. Grant 장군은 빅스버그 전역(1862~1863) 당시 이러한 해군력과 보병의 신속한 기동력을 이용해 대우회기동을 실시했다. 기동 간에는 철도의 요충지인 잭슨시市를 중간의 결정적 지점으로 판단하고 이를 점령하여 적의 병참선을 차단했다. 포병 화력을 적극적으로 활용하여 미시시피강 너머로부터 빅스버그 요새를 지속해서 타격했다. 일부 보병들은 유럽에서 들어온 후장식 소총을 사용했다. 이러한 노력을 통해 빅스버그를 함락하고 미시시피강에 대한 통제력을 확보했다.[114]

몇 가지 사례만을 살펴보았지만, 1차 산업혁명과 그 당시 사회적 현상, 그리고 전쟁은 서로 영향을 끼쳤다. 그리고 그 저변에는 인간의 생존 욕구가 바탕이 되었다. 1차 산업혁명 이전 영국을 포함한 유럽인들은 경제적 위기 속에 있었다. 평민들은 기존의 정치체제나 경제체제 아래에서 더는 의식주 문제를 해결하고 생존을 이어 가기 힘들었다. 이는 1차 산업혁명을 촉발했고, 반대로 산업혁명은 사회를 변화시켰다. 기본적인 생존에 대한 인간의 욕구는 조금이나마 충족되어 갔다.[115] 그리고 이러한 변화는 전쟁 속에 자연스럽게 스며들었다. 그 전쟁들은 또 산업발전에 영향을 미치고, 사회를 다시 변화시켜 나갔다.

## 전기혁명과 전쟁

　1차 산업혁명과 프랑스 혁명을 통해 유럽인들의 경제난이 획기적으로 개선되었다고 볼 수는 없다. 노동자 계층이 먹을 것이 없어 굶주리는 일은 전보다 줄었지만, 주로 빵과 감자밖에 달리 먹을 것이 없었다.

　어떤 면에서는 더 열악해진 부분도 있었다. 도시의 공장 노동자들은 좁은 방에서 함께 살았고, 심지어는 두 가족이 한 침대를 나눠 쓰기도 했다.[116] 임금도 많지 않았다. 때로는 현금이 아닌 공장의 생산품으로 임금을 대신 받았다.

　자본가들은 좀 더 값싼 노동력을 얻기 위해 여성과 어린이들을 고용했다. 그들은 잠자는 시간과 식사 시간을 제외하고 열심히 일해야 했다. 인권은 무시되기 일쑤였다. 일례로, 영국 의회가 1833년에 통과시킨 공장법을 보면 어린이 노동시간에 관한 내용이 있다. 이 법안은 14세에서 18세 사이 노동자는 하루 최대 12시간을, 9세에서 13세 사이 노동자는 일일 최대 8시간을 넘지 않도록 했다.[117] 이를 보면 당시 어린이들의 인권이 얼마나 유린당하고 있었는지를 알 수 있다.

노동자들은 비위생적인 시설에서 일하면서 질병에 쉽게 노출되었다. 노동자 계층의 수명은 귀족 계층과 비교하면 훨씬 짧았다. 공장에서 일하던 중 다치는 일도 많았다. 요즘 같으면 산업재해로 보상을 받겠지만 당시에는 그러한 제도도 발달하지 못했다. 기본적인 생존 문제는 이전에 비해 나아졌을지 몰라도, 노동자들의 안전은 여전히 위협받고 있었다. 인간성의 상실 속에서 자연스레 안전에 대한 사람들의 욕구가 점차 증가했다. 자본주의의 발달과 함께 나타나던 일부 부작용들은 마르크스Karl Heinrich Marx와 엥겔스 같은 공산주의 사상가를 출현시켰다.[118] 이 사상은 훗날 세계 곳곳에서 많은 비극을 만들어 냈다.

생존에 관한 욕구가 어느 정도 해결되면 인간은 편리함을 추구하기 마련이다. 이러한 안전과 편의성에 대한 인간의 욕구는 1차 산업혁명을 통해 이룬 기술들만으로 채울 수 없었다. 이제 이를 뛰어넘는 무언가가 필요했다. 다행히, 1차 산업혁명에서 나타난 각각의 기술들은 점차 시너지 효과를 내며 함께 발전해 나갔다. 철도의 발달로 원재료나 완제품, 각종 장비나 도구들을 대량으로 빠르게 수송할 수 있게 되었다. 사람들은 그 재료와 도구들로 철도망을 더욱 발달시킬 수 있었고, 더 많은 도로를 닦을 수 있었다. 이러한 기반 시설의 발달은 2차 산업혁명을 앞당기는 기초가 되었다.

한편, 영국에서 시작된 1차 산업혁명의 파도는 독일, 프랑스, 이탈리아 등 인접 유럽 국가들과 머나먼 미국, 일본까지 전파되었다. 이 나라들은 영국의 1차 산업혁명 기술을 빠르게 모방하고 발전시켰다. 오히려 영국의 기술력보다 한발 앞서 나가 획기적인 발전을 이루기 시작했다. 2차 산업혁명 시대가 시작된 것이다.

2차 산업혁명의 시기에 대한 견해 또한 학자마다 다르다. 일반적으로는 1870년에서 1차 세계대전이 발발하던 해인 1914년까지로 여겨진다.[119] 1차 산업혁명이 증기기관, 수력발전 등을 토대로 이루어졌다면, 2차 산업혁명은 전기, 전화, 철강, 자동차, 해양력, 화학 등을 주축으로 세상을 변화시켰다.

전기 발생 원리의 발견은 2차 산업혁명의 핵심이라고 볼 수 있다. 이 시기에 전기가 다양한 분야에 활용됨으로써 세상은 놀랍게 변화했다. 그 원리를 맨 처음 밝혀낸 사람은 마이클 페러데이Michael Faraday이다. 그는 실험을 통해서 전류가 전도체에 흐르는 원리를 알아냈고, 물리학에서 전자기장 개념의 기초를 설립했다.[120]

전기를 활용한 전구 개발은 1816년 영국의 험프리 데이비Humphrey Davy가 최초였으나 이를 실용화하지는 못했다. 1860~1870년대에 이르러 영국의 조셉 스완Joseph W. Swan이 백열전구를 한창 연구했다. 그의 발명품은 뉴캐슬의 거리와 웨스트민스터 시에 있는 어느 극장의 어둠을 밝혀 줬다. 이후 백열전구 생산 공장이 영국 런던과 미국 뉴욕에 설립되어 대량생산이 가능해졌다. 토머스 에디슨Thomas A. Edison은 스완의 전구를 토대로 필라멘트를 텅스텐으로 바꾸고 전구 안에 가스를 주입해 이를 대중화하는 데 성공했다. 그 외에도 에디슨은 전력을 실생활에 활용하는 여러 가지 방안들을 고안해 냈다.[121] 밤거리와 건물이 밝아져 치안, 생산성 증가에 큰 도움이 되었다.

흔히 발명왕이라 불리는 에디슨은 전화기도 개발했다. 그는 1876년 1월 14일에 특허청에 전화기 특허를 신청했다. 하지만 전화기의 원리와 도면만 제출했고 실물을 제출하지 못했다. 그러는 사이, 한 달 뒤인 2월 14일에 그레이엄 벨Alexander Graham Bell이 실물 전화기까지 제작하여 특허를 신청했다. 같은 날 약 2시간 뒤에 엘리샤 그레이Elisha Gray 또한 특허를 신청했지만, 결국 전화기의 특허권은 벨에게 돌아갔다.[122]

전기, 전화와 더불어 철강 산업 또한 2차 산업혁명을 가속했다. 과거 대장장이들은 숯을 이용하여 철을 제련했으나, 용광로가 개발되면서 과거와는 비교할 수 없을 정도로 빠르게 제철이 가능해졌다.[123]

제철 산업은 모터 기술과 만나 자동차 산업을 발달시켰다. 최초의 자동차는 1482년에 레오나르도 다빈치가 설계한 태엽 자동차였다. 물론, 실현되지는 못했다. 그 후 1771년 프랑스의 공병 대위 출신 니콜라스 조셉 쿠노Nicholas Joseph Cugnot가 최초의 증기기관 자동차를 만들었다. 18세기 후반에는 증기기관 버스도 출현할 정도였지만 프랑스의 르노Lenoir와 독일의 니콜라우스 오토Nicholaus Otto가 휘발유 엔진을 만들어 내면서 점차 증기기관 자동차는 사라져 갔다.[124]

이후 칼 벤츠Karl Bentz가 '말馬 없이 달리는 마차'를 만들겠다는 일념으로 1886년 휘발유 엔진을 결합한 자동차를 만들어 냈고, 이에 대한 특허를 획득했다. 그는 고틀립 다임러Gottlieb Daimler와 손잡고 자동차 산업을 발전시켰다. 한편, 페르디난드 포르쉐Ferdinand Porshe는 스포츠카와 전기차를 제작했다. 1895년에는 프랑스의 고무생산업자 미쉘린Michelin이 공기 주입식 고무 타이어를 개발했다. 미국의 헨리 포드Henry Ford는 컨베이어벨트를 활용해 자동차의 대량생산에 성공했다. 이렇게 많은 사람에 의해 발전을 거듭한 자동차 생산기술은 훗날 전차戰車, tank를 만들어 내는 기초로 작용했다.[125]

제철 산업은 조선업 또한 촉진했다. 철강을 재료로 전보다 훨씬 튼튼한 배가 제작되었다. 1835년 프란시스 스미스Francis Pettit Smith가 만든 현대식

스크루 프로펠러는 선박의 항해 속도를 크게 증가시켰다. 이러한 기술력은 전함戰艦, battle ship의 발달로 이어졌다.[126]

화학 산업 또한 2차 산업혁명 당시 폭발적으로 발전한 분야였다. 1차 산업혁명 이후 섬유산업이 발달하면서 천연염료로는 그 수요를 감당할 수 없었다. 그러던 중 1856년 영국의 대학생이었던 윌리엄 퍼킨William H. Perkin이 아닐린에서 보라색 염료를 추출하는 방법을 개발하는 데 성공했다. 그 후로 많은 화학자가 다양한 인공 염료를 개발하기에 이르렀다.[127]

19세기 후반부로 들어서면서 화학 산업은 염료 추출이라는 제한적인 영역에서 벗어나 점차 그 저변을 확대해 나갔다. 인공 염료 개발은 영국에서 시작되었지만, 정부 주도의 체계적인 화학 산업 발전은 독일이 선도했다. 그중 프리츠 하버Fritz Haber와 칼 보쉬Karl Bosch는 암모니아를 활용하여 화학 비료를 대량생산하는 공정을 개발했다. 그들은 암모니아를 화약 제조에도 활용했으며 심지어 독가스도 개발했다.[128]

이렇듯 2차 산업혁명이 많은 과학기술의 혁신과 사회의 발전을 가져왔으나, 그만큼 부정적인 효과도 많이 나타났다. 1차 산업혁명의 특징을 증기기관과 기계화라고 한다면 2차 산업혁명은 전기와 대량생산이 그 주된 특징이라 볼 수 있다. 농업 중심 사회에서 공업 중심 사회로 변모하면서 농노 신분 해방이 이루어졌고, 부르주아와 노동자 계급이 나뉘면서 그 갈등이 시작되었다. 자본가들은 물건을 더 많이 팔기 위해 아동 노동을 착취하고 원가를 절감시켜 물건 가격을 낮추었다. 인간성의 상실 현상은 1차 산업혁명 당시보다 더욱 심해졌다. 이러한 상황 속에서 마르크스와 엥겔스가 발전시킨 공산주의 사상의 인기는 더욱 높아졌다.

한편, 유럽 각국에서는 대량생산으로 인해 수많은 공산품이 쏟아져 나와 내수 시장에서는 이를 감당하기 어려워졌다. 이러한 공급과잉 현상 속에서 유럽 열강들은 넘쳐나는 공산품을 판매하기 위해 너도나도 식민지 개척에 뛰어들었다. 중세 대항해시대부터 지속해 오던 제국주의가 1, 2차 산업혁명을 거치며 더욱 기승을 부리게 되었다.

비스마르크Otto von Bismarck는 1871년 보불전쟁에서의 승리와 함께 독일의 통일을 선포했다. 그러고는 한동안 주변국과 마찰을 일으키지 않도록 줄타기 외교를 했다. 하지만 19세기 후반으로 갈수록 독일의 청년층은 제국주의를 갈망했다.[129] 결국, 비스마르크는 남태평양 일대와 아프리카 등지에 식민지 확보 정책을 추진하게 되었다. 1888년에 즉위한 빌헬름 2세Wilhelm II는 강력한 해군을 양성했다. 그 후로 식민지 확보 노력이 더욱 거세졌으며, 영국과의 마찰이 붉어지기 시작했다.[130]

독일은 비스마르크 시절부터 삼국동맹1882년/Triple Alliance: 독일, 오스트리아, 이탈리아을 맺었다.[131] 빌헬름 2세가 즉위하면서 베를린Berlin, 비잔티움Byzantium, 바그다드Baghdad를 철도로 잇는 식민지 정책인 3B 정책을 추진했다. 이는 카이로Cairo, 케이프타운Capetown, 캘커타Calcutta. 1995년에 Kolkata로 개명함를 잇는 영국의 3C 정책과 충돌했다. 독일의 정책에 위협을 느낀 영국, 프랑스, 러시아는 삼국협상1907년/Triple Entente을 결성하여 이를 견제하고자 했다.[132] 이 같은 갈등은 추후 1차 세계대전 발발의 여러 원인 중 한 가지로 작용했다.[133]

1차 세계대전은 그 외에도 당시 유럽 열강들의 민족주의, 사회적 다윈주의, 군사주의 등이 복합적으로 얽혀 발발했다. 존 스토신저John G. Stoessinger나 리쳐드 해밀턴Richard F. Hamilton, 홀져 허윅Holger H. Herwig과 같은 학자들은 빌헬름 2세의 잘못된 가정과 섣부른 판단, 영국과 프랑스 지도자들의 미온한 초기 대처 등을 그 원인으로 꼽기도 했다.[134] 어쨌든, 유럽 열강들의 제국주의, 신흥 강대국인 독일과 오랜 기간 패권국이었던 영국 간의 갈등이 그 주된 원인으로 작용한 것은 부정할 수 없다. 이를 두고 그레이엄 앨리슨Graham T. Allison은 투키디데스 함정Thucydides Trap이라 칭하였다.[135]

1914년 이렇게 발발한 1차 세계대전에서 1, 2차 산업혁명의 많은 과학기술은 전쟁에서 사용된 무기와 전술에 큰 영향을 미쳤다. 1차 세계대전 발발 당시 독일의 참모총장은 몰트케Helmuth Johannes Ludwig von Moltke였다. 보불전쟁의 영웅 몰트케Helmuth Karl Barnhard von Moltke의 조카로 통상 소小몰트케라 불린다. 몰트케의 전임 참모총장이었던 슐리펜Alfred Graf von Schlieffen은 우익 대 좌익의 비율을 7:1로 한 슐리펜계획을 수립했다. 그는 회전문의 원리로 동쪽의 러시아가 동원되기 이전에 신속하게 서쪽의 프랑스를 점령하여 전쟁을 종결짓고자 했다.[136]

슐리펜계획은 전쟁계획이라기보다는 군사작전계획에 가까웠다. 국력의 제 요소에 대한 고려보다는 군사력 운용에 초점이 맞춰져 있었다. 뒤늦게 산업혁명을 겪으며 과학적 사고에 심취해 있던 독일은 슐리펜계획 또한 수학적 계산과 과학기술 활용을 기초로 수립했다. 군수공장에서 무기와 장비의 생산능력, 철도와 차량 등의 수송시간 및 능력 등을 가장 중요한 요소로 여겼다. 통제선을 활용하여 공격부대의 점령시간과 후속하는 군수지원 물자의 도착 소요 시간 등을 잘 짜인 시간표처럼 세부적으로 작성했다.[137]

몰트케는 슐리펜과 같이 양면 전쟁의 위험성을 예견했다. 하지만 이를 극복하는 방법은 달랐다. 그는 슐리펜계획의 우익 대 좌익 비율을 7:1에서 3:1로 수정하고 동쪽에서의 러시아군 공격에 대비하기 위해 예비대도 일부 확보했다. 하지만 실제 전황은 계획대로 흘러가지 않았다. 결과론적인 이야기이지만, 오히려 수정 전의 슐리펜계획은 공세에 성공했을 수도 있다. 실제 독일의 공세가 시작되었을 때 프랑스가 조프르Joseph Joffre의 17계획Plan XVII에 따라 남부 알자스-로렌 지방을 공격했기 때문이다. 만약 독일이 우익을 강화했다면 슐리펜의 회전문이 제대로 작동했을지도 모르겠다.

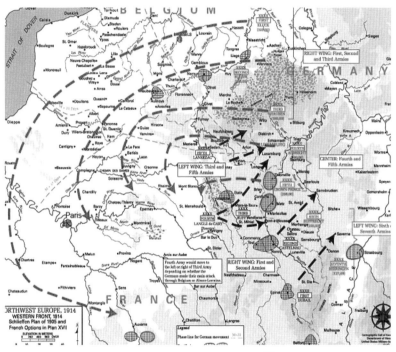

그림 3-1. 슐리펜계획과 17계획[138]

독일이 벨기에를 침공하자 영국은 바로 독일에 선전포고했다. 독일은 벨기에 영토에서부터 영·프 연합군의 강한 저항에 부딪혔다. 3:1로 약해진 우익은 몰트케가 예상했던 것보다 강했던 적에 고전할 수밖에 없었다. 게다가, 최초 남부 알자스-로렌 지방에 집중하던 프랑스도 독일 주공이 벨기에 일대임을 알아차리고 북부로 일부 병력을 전환했다. 러시아는 신속한 동원으로 독일의 동측방을 위협했다. 양면 전쟁을 피할 수 없게 된 독일의 상황은 더욱 어려워졌다.[139]

상황이 어렵기는 연합군 측도 마찬가지였다. 결국, 전쟁 발발 한 달 만에 전선은 교착되었다. 치열한 전투로 상당한 피해를 본 양측은 모두 참호를 구축하기 시작했다. 방어가 비교적 취약한 참호의 끝부분에서 서로 공격을 주고받다 보니 결국 북해에서 스위스 국경에 이르기까지 참호선이 형성되기에 이르렀다. 참호전은 산업혁명 기술과 맞물려 철조망과 지뢰, 기관총의 발달로 이어졌다.[140]

참호전을 타개하려는 노력이 계속되던 가운데, 1차 세계대전 말미에는 영국 해군이 전차를 개발했다. 영국육군은 솜 전투에서 최초로 이를 활용했다. 신무기의 존재를 감추기 위해, 물을 담을 때 쓰는 탱크tank라 불렀다.[141] 독일은 신속한 기동과 제병협동전투를 통해 적 참호의 약한 부분을 뚫고 후방까지 진격하는 후티어Hutier 전술을 개발했다.[142] 프랑스의 꾸로Henry Gouraud 장군은 이에 대응하기 위한 종심방어전술을 내놓았다. 이러한 전술들은 2차 세계대전에도 영향을 미쳤다.

한편, 화학 산업의 발달은 전쟁 역사에 치명적인 무기를 출현시켰다. 바로 프리츠 하버가 최초로 개발한 독가스이다. 독일은 1915년 4월 이프르 전투에서 최초로 독가스를 사용했다. 이로 인해 4월 22일 오후 약 5,000여 명의 사망자가 발생했고, 15,000여 명이 가스에 중독되었다.[143]

각국은 산업혁명 기술을 전쟁에 지속 응용하며 항공기, 잠수함 등을 개발했다. 1차 세계대전 당시 항공기는 주로 정찰 활동과 전략폭격에 운용되었다. 정찰기가 촬영한 적 후방의 병력, 시설 등의 사진은 폭격기의 표적 할당에 매우 효과적으로 사용되었다. 해상에서는 독일이 유보트를 개발하

고 무제한잠수함작전을 펼쳐 영국과 미국 상선의 해상 보급을 차단했다.[144]

그림 3-2. 초기 전차(솜 전투), 화학무기(이프르 전투), 유보트

　1차 세계대전이 종료된 후 유럽은 잠시 평화를 되찾은 듯했다. 그러나 패전국들에 대한 과도한 보복은 또 다른 불씨를 만들었다. 국제 대공황, 히틀러의 등장, 제국주의의 만연을 겪으며 유럽은 다시 전쟁의 소용돌이에 휘말렸다. 전간기Inter-war period: 1차와 2차 세계대전 사이의 기간 동안 유럽의 열강들은 너도나도 전차, 항공기, 기관총 등 신무기 개발에 열을 올렸다. 프랑스는 독일과의 국경 지역에 마지노선Maginot line을 구축했다.[145] 독일도 가만히 있지 않았다. 1차 세계대전 직후 바이마르 공화국 시절부터 젝트Hans von Seeckt가 추진했던 비밀 재군비를 이어 나갔다. 이를 통해 몰래 군을 현대화시키고, 소련의 도움을 받아 정예 간부들을 훈련시켰다.[146]

　1935년 히틀러의 나치 독일은 독일군의 재무장을 선언했다. 준비를 마친 독일은 기존의 평화조약들을 휴지 조각처럼 찢어 버리고 1939년 9월 1일 별다른 위협 없이 폴란드를 침공했다.[147] 독일이 폴란드를 침공하자 영국과 프랑스는 이틀 뒤인 9월 3일 독일에 선전포고했다. 하지만 1차 세계대전 참호전의 악몽 속에서 선불리 독일을 공격하지 못했다. 영국과 프랑스의 대對독일 선전포고에도 불구하고 독일이 프랑스를 침공한 1940년 5월 10일까지 약 8개월여 동안에는 전쟁이 없었다. 이 기간을 가짜 전쟁

Phoney War이라 부른다.[148]

영국과 프랑스가 주춤하는 동안 독일은 폴란드 침공에서의 손실을 점차 만회해 갔다. 1940년 5월 10일 독일이 아르덴 삼림지대를 통해 프랑스를 공격하면서 본격적으로 2차 세계대전이 펼쳐졌다. 독일군은 이른바 전격전Blitzkrieg이라 불리는 전술을 통해 프랑스의 마지노선을 비웃듯 신속하게 프랑스의 중심부를 향해 진격했다.[149] 1차 세계대전에서 등장했던 전차는 이제 몰라보게 발전했다. 전간기에 만들어진 경전차들이 전장에서 소모되면서 각국은 점차 중전차에 초점을 두고 공장을 가동했다. 독일의 티거, 소련의 T-34, 미국의 서먼 전차는 전장에서 그 위용을 떨쳤다.

항공기도 비슷한 상황이었다. 전쟁 중에도 다양한 기종들이 등장했으며, 연합국과 추축국 양측 모두 상대방의 새로운 항공기들이 등장할 때마다 고전을 치러야 했다. 그 종류 또한 전투기, 폭격기, 정찰기, 호위기, 초계기 등 매우 다양해졌다. 무기의 생산 속도도 매우 빨라졌다. 전쟁 초기에는 독일이 가장 빨랐으나 전쟁 후반부로 갈수록 독일은 자원 부족에 시달렸다. 1943년에 이르러 연합국은 독일군보다 전차와 항공기에서 3배, 화포에서 6배나 많은 양을 생산했다.[150]

항공기의 발달은 전함 위주의 해양전술을 항공모함 위주로 변모시켰다. 함대 결전이 주가 되었던 과거의 해양전투와 달리 이제는 항공모함에서 함재기를 발진시켜 상대의 항공모함을 격침하면 결정적 승기를 잡을 수 있었다. 독일의 개량된 유보트는 여전히 바다에서의 맹위를 떨쳤다. 1차 세계대전 당시 유보트의 효과를 목격한 다른 국가들도 전간기 동안 잠수함 개발에 박차를 가했다. 그 결과 2차 세계대전에서는 영국, 미국, 일본 등 여러 나라가 잠수함을 활용했다. 특히, 미국은 약 260대의 잠수함을 태

평양 전쟁에 투입했고 약 1,560대의 적 함정을 침몰시켰다.[151]

한편, 1939년부터 제안된 미국의 핵개발 계획, 이른바 맨해튼 프로젝트가 2차 세계대전 막바지에 그 빛을 발했다. 레슬리 그로브스Leslie R. Groves Jr. 육군 소장의 지휘하에 당대의 내로라하는 과학자들이 이 프로젝트에 참여했다. 줄리어스 오펜하이머Julius R. Oppenheimer, 닐스 보어Niels Bohr, 엔리코 페르미Enrico Fermi, 리처드 파인만Richard Feynman 등 굴지의 과학자들이었다. 이 프로젝트를 통해 실제로는 불가능할 것만 같았던 핵무기가 탄생하게 되었다. 핵분열이 일으키는 엄청난 에너지를 다루는 이 프로젝트는 두 차례의 산업혁명을 거치며 형성된 당시 과학 이론과 기술의 최고 집약체라고 볼 수 있다.[152]

미국은 1945년 8월 6일 별칭 리틀보이Little Boy, 우라늄 폭탄를 히로시마에, 9일에는 팻맨Fat Man, 플루토늄 폭탄을 나가사키에 투하했다. 그야말로 일본의 무조건 항복을 끌어내 2차 세계대전을 종결짓는 결정적 두 방이었다. 이를 본 소련, 영국, 프랑스, 중국은 앞다투어 핵 개발에 매진했으며, 나중에는 이스라엘, 인도, 파키스탄에 이어 북한까지 핵 개발의 대열에 동참하기에 이르렀다. 핵무기의 등장은 공멸의 위험을 가져다주었고, 냉전의 시대를 여는 계기가 되었다. 그와 더불어, 운반수단인 미사일과 이에 대응하기 위한 미사일 방어체계의 발달을 촉진했다.[153]

이렇듯 2차 산업혁명은 전쟁에 많은 영향을 미쳤다. 1차 산업혁명으로 생존에 관한 문제가 어느 정도 해결되자 인류는 안전의 욕구가 강해졌고 편의성을 추구하게 되었다. 이는 전기, 전화, 유류, 철강, 화학, 물리, 선박, 자동차, 항공기 등의 과학기술 발전으로 이어졌다. 2차 산업혁명은 현재 우리가 누리고 있는 많은 편리한 기술들을 등장시켰다.

공장은 더욱 자동화되었고 대량생산능력은 더욱 높아졌다. 대량생산을 통해 생산품은 기하급수적으로 늘어났고 서구 열강들에게는 식민지 확보가 더욱 중요해졌다. 이러한 제국주의는 결국 두 차례의 세계대전으로 이어졌다. 안전과 편리성의 욕구를 충족시켜 줬던 과학기술과 대량생산능력은 이제 전쟁 무기의 개발과 생산에 결정적 역할을 하면서 다시 인간의 생존과 안전을 위협했다.

한편, 2차 산업혁명을 통한 공장의 기계화는 인간을 컨베이어벨트 앞에서 단순 노동만을 담당하는 존재로 전락시켰다. 공장의 노동은 점차 분업화되었으며, 노동자들은 기계의 부품처럼 움직였다. 이렇게 인간성의 상실은 심해져 갔다.

## 디지털혁명과 전쟁

공장의 기계화, 분업화와 함께 1, 2차 세계대전을 겪으며 인류는 생존과 안전이 과학기술만으로는 완전히 보장될 수 없음을 알 수 있었다. 이는 동시에, 상실된 인간성을 회복하고자 하는 욕구를 자극했고, 전 세계에 인권운동이 활발히 일어나는 계기가 되었다. 사람들은 서로에게 따뜻함을 느끼길 원했다. 인류는 가족, 친구 등 서로를 보듬어 주고 아껴 주는 그런 울타리가 필요했다. 사람들끼리 교류하고 소통하면서 느낄 수 있는 소속감이 절실했다.

이러한 욕구들은 3차 산업혁명이 일어나는 촉발요인이 되었다고 볼 수 있다. 3차 산업혁명을 한마디로 표현하면 디지털혁명, 또는 정보화혁명이다. 산업혁명은 항상 혁명을 이끄는 대표적인 기술발전이 있었다. 1차 산업혁명 때에는 증기기관과 기계화였고, 2차 산업혁명 때에는 전기, 화학,

석유, 철강 분야의 기술발전이었다. 디지털 혁명, 정보화 혁명으로 불리는 3차 산업혁명을 대표하는 과학기술은 바로 컴퓨터와 인터넷의 개발이다.

컴퓨터는 2차 세계대전과 함께 태어났다. 맨해튼 프로젝트를 통해 핵 개발에 성공한 미국은 1945년 8월 일본에 두 발의 핵폭탄을 투하했다. 이때는 핵폭탄을 폭격기에 싣고 목표지점 상공까지 날아가 핵폭탄을 떨어뜨려야 했다. 폭격기를 운용하니 조종사의 생존성이 취약했다. 장거리 비행을 위해서는 연료도 많이 필요했다. 이러한 문제점을 해결하기 위해 미사일 개발이 활발히 진행되었다. 미국의 지도층은 이 같은 연구가 국민의 안전을 보장하는 데 필요한 조치라고 여겼다.[154]

무거운 핵폭탄 탄두를 운반하기 위해서는 미사일 또한 몸집이 커야 했다. 이 커다란 미사일이 멀리까지 날아서 원하는 목표지점에 정확히 도달하려면 매우 정밀한 계산이 필요했다. 미사일의 탄도, 즉 미사일이 발사되어 상승하는 가속 단계로부터 중간 단계, 목표지점으로 하강하는 종말 단계까지 정밀하게 계산하지 않으면 무고한 사람들이 핵폭탄의 어마어마한 위력에 노출될 수 있기 때문이다. 그래서 이를 전문적으로 계산하던 사람들이 있었는데 그들을 '계산하는 사람', 즉 컴퓨터human computers라고 불렀다.[155]

하지만 사람의 계산은 한계가 있었다. 정확도도 문제였지만 방대한 데이터를 수집하여 계산하는 속도가 더욱 큰 문제였다. 미군 탄도연구소는 이를 해결하기 위해 에니악ENIAC: Electronic Numerical Integrator And Calculator이라는 30t짜리 거대한 기계를 개발했다. 이 기계는 전자관식으로 기존의 계전기식보다 약 1,000배 이상 빠른 계산을 했다. 그러나 사람이 계산순서를 일일이 배선반에 배선시키고 스위치를 눌러 계산해야 했다. 기억장치나 입

력장치도 없던 이 기계가 컴퓨터의 시초가 되었다.[156]

그림 3-3. 휴먼 컴퓨터[157]와 에니악[158]

이렇게 군사적 목적으로 개발된 컴퓨터는 그 이후 많은 기업과 공학도들에 의해 연구되었다. 1976년에 이르러 스티브 잡스와 스티브 워즈니악Steve Wozniak이 이끄는 애플Apple은 Apple1이라는 상용 컴퓨터를 공개했다.[159] 1981년에는 IBM이 개인용 컴퓨터 5150Persnal Computer 5150을 개발했다. 이는 크기도 소형이었고 빌 게이츠Bill Gates의 마이크로소프트Microsoft가 개발한 컴퓨터 운영체제 윈도우Window를 토대로 누구나 쉽게 사용할 수 있었다. 컴퓨터는 그동안 공공기관에서만 사용되었는데, 이로써 개인용 컴퓨터PC: Personal Computer의 시대가 열리게 된 것이다.[160]

컴퓨터가 등장하면서 인간의 뇌가 지닌 능력을 훨씬 초과하는 계산 문제도 쉽게 해결할 수 있게 되었다. 인간이 다 기억할 수 없는 많은 양의 데이터도 컴퓨터에 저장해 놓고 필요할 때 꺼내 볼 수 있었다. 국가 공공기관, 기업, 대학의 연구기관들은 컴퓨터를 적극적으로 도입하여 효율성을 크게 높였다.

그러자 이제는 컴퓨터 내에 저장된 방대한 데이터를 빠르게 공유하는 데 관심이 쏠렸다. 인터넷의 아버지라 불리는 존 리클라이더John C. R. Licklider MIT 교수는 1962년 전 세계 컴퓨터를 모두 연결하는 개념을 제안했다. 이른바 은하 네트워크Galactic Network였다. 현재 우리가 사용하는 인터넷과 기본적인 개념이 같다.[161]

2차 세계대전을 통해 과학기술의 중요성을 느낀 미국은 1958년 국방부 산하에 다르파DARPA: Defense Advanced Research Projects Agency라는 독립 연구조직을 두었다. 이 다르파의 주도하에 여러 연구기관이 힘을 모아 1969년 아르파넷ARPAnet: Advanced Research Projects Agency network이라는 정보공유 네트워크를 구축했다. 이를 통해 최초 4개의 호스트 컴퓨터를 연결시켰고, 1971년까지 23개의 컴퓨터가 연결되어 데이터를 주고받았다.[162]

이 아르파넷에 연결하는 컴퓨터 수가 늘어나면서 프로토콜, 소프트웨어, 전자우편서비스 등 관련 분야의 발전이 폭발적으로 나타났다. 이때까지는 한정적인 컴퓨터만 상호 연결할 수 있는 폐쇄적 구조였다. 이것이 현대의 인터넷처럼 개방형 구조를 갖게 된 데에는 패킷교환 방식의 개발이 큰 역할을 했다. 그리고 1987년 UUNET이라는 회사가 아르파넷에서 영감을 얻어 이를 상업화하고자 했다. 이후 인터넷 관련 회사들이 연이어 만들어졌다.[163]

이윽고 1989년 우리에게 익숙한 월드와이드웹WWW: World Wide Web이 등장했다. 1990년에는 몬트리올 맥길대학교에서 최초의 인터넷 검색엔진 아키Archie가 개발됐다. 월드와이드웹은 1991년부터 대중에게 배포되었으며, 사람들의 편리성을 충족하기 위해 다양한 브라우저가 등장했다. 인터넷의 발달과 함께 컴퓨터의 사양 또한 발달했다. 컴퓨터와 인터넷은 서로 승수효과를 내며 지속 발전해 나갔고 급기야 내 손안의 컴퓨터, 스마트폰의 개발까지 이르게 되었다.[164]

3차 산업혁명을 두고 앨빈 토플러는 제3의 물결The Third Wave이라 표현했다. 앨빈 토플러는 인류 역사를 통틀어 농경사회를 제1의 물결, 1, 2차 산업혁명을 제2의 물결이라 칭했다. 그가 1, 2차 산업혁명을 제2의 물결로 묶었지만, 3차 산업혁명을 제3의 물결로 구분한 데는 이유가 있다. 1, 2차 산업혁명은 모두 물질 혁명이었다. 과학기술을 이용해 더욱 좋은 제품을 더 많이 생산할 수 있었다. 그러나 3차 산업혁명은 디지털, 정보화 혁명이다. 즉 1, 2차 산업혁명이 현실 세계에서의 혁명이었다면 3차 산업혁명은 컴퓨터와 인터넷이라는 가상세계를 만들어 낸 혁명이었다.[165]

사람들은 가정마다 컴퓨터를 갖게 되었다. 인터넷을 통해 멀리 떨어진 가족, 친구들과 가상세계에서 서로 편하게 연락할 수 있게 되었다. 이메일을 주고받거나, 실시간 채팅, 화상통화도 가능해졌다. 인터넷상에서 모임도 생겨났다. 비슷한 관심사나 취미를 가진 사람들끼리 대화할 수 있었다. 우리나라에서도 2000년대 초반 싸이월드나 아이러브스쿨 등을 통해 오랜 친구를 찾아 추억을 되살리려는 문화가 유행하기도 했다. 컴퓨터와 인터넷은 현대인들에게 결핍된 소속감과 사랑을 느끼는 데 많은 도움을 주었다.

3차 산업혁명은 각종 과학기술의 융합이 만들어 낸 결과였다. 1, 2차 산업혁명 시대에는 발명이 중요했다. 엄청나게 많은 특허가 쏟아져 나왔고, 당시의 발명품들은 대부분 현재 없어서는 안 되는 것들이 되었다. 하지만 3차 산업혁명 시대에는 발명보다 혁신이 더욱 중요해졌다. 이미 있는 것들을 어떻게 통합하고 연결하여 또 다른 의미를 만들어 내느냐가 중요해졌다.

2차 산업혁명 시대 GEGeneral Electrics의 설립자 토머스 에디슨은 '상상이 현실이 된다imagination at work.'라는 표어를 내걸었다. 이러한 정신으로 에디슨은 발명가로서 많은 것들을 발명했다. 3차 산업혁명 시대 애플의 스티브 잡스는 '다르게 생각하라Think different'라고 외쳤다. 잡스가 만든 아이폰은 발명품이 아니었다. 당시에 나온 많은 과학기술을 하나로 모은 것이었다. 아이폰의 주요 기술인 마이크로칩, 인터넷, GPS, 터치스크린은 미 국방성, 다르파, 미 중앙정보국CIA: Central Intelligence Agency이 개발한 기술들이다.[166]

과학기술에 대한 접근성도 쉬워져 많은 벤처 기업이 3차 산업혁명의 중심으로 뛰어들어 혁신의 주체로 자리 잡았다. 인터넷이 전 세계를 묶어 글로벌 경제가 형성되었다. 우리는 해외직구를 통해 머나먼 나라에서 판매하는 물건을 온라인으로 손쉽게 살 수 있게 되었다.

1, 2차 산업혁명으로 붉어졌던 인간성의 상실 문제도 점차 해결되어 갔다. 당시 산업은 인간의 생존에 필수적인 식량 문제를 해결하고, 더 편리한 제품을 만드는 데 집중했다. 철저히 제품 중심으로 흘러가다 보니 오히려 그 본질인 사람이 소외되었다. 이제 3차 산업혁명 시대에는 사람이 중요해졌다. 서비스라는 개념이 확대되었고 서비스 산업이 급부상했다.

하지만 첨단 기술을 매개로 광범위한 사회적 문제가 등장했다. 모든 시스템이 컴퓨터 기반으로 이루어지다 보니 컴퓨터가 고장 나면 시스템 자체가 작동되지 않았다. 인터넷의 발달로 이러한 시스템은 컴퓨터 바이러스에 취약해졌다. 개인의 사생활 침해 문제나 저작권의 문제, 사이버 테러 등도 큰 문제로 대두되었다. 사회관계망서비스SNS: Social Network Service의 발달은 사람들 간의 실시간 연결을 실현했지만 소위 말하는 악플이 사람들의 정신을 괴롭히는 무서운 수단이 되었다.

이러한 흐름 속에서 전쟁의 양상에도 변화가 생겼다. 군사적 목적으로 연구되었던 컴퓨터와 인터넷은 민간 기업과 연구기관에 의해 더욱 발전했고 그 발전된 기술은 또다시 군에 도입되어 더 크게 발전해 갔다. 특히 미군은 세계최강이라 불리는 명성에 걸맞게 첨단 기술을 가장 잘 활용했다.

미국은 2차 세계대전 이후 한국전쟁1950~1953과 베트남전쟁1960~1975에서 전략적 승리를 얻지 못했다고 평가받는다. 특히 베트남전쟁 당시 개별 전투에서는 결코 적에게 뒤지지 않았으나 그러한 성과들을 적절히 연결하는 데 실패했다. 베트남 전쟁 당시 미국의 국방성 장관이었던 로버트 맥나마라Robert S. McNamara도 훗날 이 점을 인정했다.[167]

미 육군은 베트남 전쟁의 뼈아픈 교훈을 바탕으로 전략과 전술을 연결하는 작전술의 중요성을 인식하게 되었다. 1927년 러시아의 스베친Aleksandr A. Svechin이 『전략Strategy』에서 작전술이라는 용어를 공식적으로 처음 사용했다.[168] 1981년 미 육군은 이 개념을 발전시키기 위해 샘스SAMS: School of Advanced Military Studies라는 교육기관을 창설하고 정예 장교들을 작전술 전문가로 육성했다.

그들은 조미니의 과학적 사고와 클라우제비츠의 술術적 사고 간 균형을 추구했다. 전략목표를 달성하기 위해 전술 활동들을 조직 및 지도하는 능력을 배양했다. 이와 동시에 첨단 과학기술을 어떻게 하면 군사작전에 적용할 것인가를 고민했다. 미군이 수행한 주요 전쟁은 대부분 샘스 졸업생들이 작전을 기획하고 계획을 수립했다. 1989년 파나마 침공과 1991년 걸프전은 그들의 데뷔전이라고 볼 수 있다.[169]

한편, 1950년대 미국의 아이젠하워 대통령은 핵 개발 경쟁 속에서 상쇄전략Offset Strategy을 펼쳤다. 이를 통해 소련을 중심으로 한 바르샤바 조약기구Warsaw Pact를 견제하고 핵 억제를 달성했다. 상쇄전략은 과학기술을 통한 군사혁신으로, 지속적으로 군사적 우위를 차지하기 위한 전략이다. 이 시기에는 핵무기와 미사일, 방공체계 구축이 주된 관심사였다.

베트남 전쟁 이후 바르샤바 조약기구는 미국이 중심인 나토NATO: North Atlantic Treaty Organization보다 병력 규모 면에서 우세를 달성하기 시작했다. 이에 미국은 1975년부터 1989년까지 적국의 대규모 재래식 군대를 첨단 과학기술로 대응하는 2차 상쇄전략을 내걸었다. 그 결과 1991년 발발한 걸프전은 당시 군사과학기술로 태어난 최첨단 무기들의 각축장이 되었다.[170]

1977년 미 국방성 장관에 오른 자연과학자 헤럴드 브라운Herold Brown은 정보감시정찰ISR: Intelligence, Surveillance, and Reconnaissance 체계, 정밀유도무기 PGMs: Precision-Guided Missiles, 인공위성 기반의 정보통신 시스템 등을 상쇄전략의 주된 과학기술이라 칭했다. 이 구상은 다르파에서 추진해 오던 군사과학기술 연구를 적극적으로 활용한 결과였다. 단순히 과학기술을 받아들이기만 하지 않고 이를 상호 연결하여 전략적 목적에 부합하게 통합 운용하는 것이 더욱 중요했다.[171]

이러한 노력을 통해 미군은 방공조기경보시스템AWACS: Airborne Warning and Control System과 스텔스Stealth기, 토마호크 미사일, GPSGlobal Positioning System 등을 개발하게 되었다. 이로써 전장에서의 감시-결심-타격수단을 통합 운용할 수 있는 체계를 갖추었다. 이는 걸프전에서 미군을 중심으로 한 다국적군의 압도적 승리로 이어졌다.[172]

사막의 방패Operations Desert Shield와 사막의 폭풍 작전Operations Desert Storm을 통해 다국적군은 이라크군을 쿠웨이트에서 축출하고 항복을 받아 냈다. 불과 43일 만의 일이었다. 1,000시간의 공중작전을 통해 먼저 여건을 조성하고, 지상군을 투입한 지 100시간 만에 전쟁을 승리로 종결했다. 이 작전의 기획 및 계획수립에 참여한 샘스 졸업생들은 전략적 목표 달성을 위해 반드시 파괴해야 하는 적의 중심center of gravity을 면밀히 분석했다. 걸프전에서의 신속한 승리는 최첨단 무기체계를 동원하여 적의 전략적 중심인 후세인 정권의 전쟁 수행 의지를 꺾어 놓았기에 가능한 일이었다.

걸프전을 경험한 미군은 최첨단 기술을 활용하여 인명손실을 최소화한 가운데 결정적 승리를 쟁취할 수 있다고 믿었다. 이제 아무도 미국을 건드리지 못할 것으로 생각했다. 하지만 뜻밖의 일이 일어났다. 2001년 9월 11일, 네 대의 항공기가 납치당했고, 그중 두 대가 세계무역센터 쌍둥이 빌딩을 향해 부딪혔다. 한 대는 펜타곤으로 돌격했다. 나머지 한 대는 불행 중 다행으로 펜실베이니아주에 추락했다. 총 2,977명의 희생자와 19명의 테러범이 이 사건으로 사망했다.[173]

조지 부시George W. Bush 당시 미국 대통령은 9월 20일 테러와의 전쟁war on terrorism을 선포했다.[174] 아프가니스탄의 탈레반 정권이 테러세력으로 지목된 알카에다 지도층 인도를 거부하자 미국은 2001년 10월 7일 아프가니스탄을 침공했다. 항구적 자유작전OEF: Operations Enduring Freedom이라는 이름으로 미군은 공중폭격을 개시했다. 단 하루 만에 아프가니스탄의 주요 통신망과 방공망은 마비되었고 활주로의 공군 항공기들은 궤멸하였다. 북부동맹군의 남진과 미 특수전부대의 활약에 개전 한 달여 만인 11월 13일 수도 카불을 함락시켰다.

그때까지의 양상은 10년 전 걸프전과 별반 다를 것이 없었다. 개전과 동시에 최첨단 무기를 활용해 아프가니스탄의 주요 핵심노드를 공격하고 마비시켰다. 그 후 지상군을 투입하여 주요 거점을 점령해 나갔다. 12월 14일 미국은 종전선언을 하기에 이른다. 그들의 관심은 점점 이라크로 쏠리고 있었다. 하지만 테러조직은 우리나라보다 더 험준한 아프가니스탄의

산악지역 곳곳에 깊숙이 숨어 세력을 회복하기 시작했다.[175]

아프가니스탄 침공 전 미국은 UN 안보리 결의안을 통과시키며 테러와의 전쟁에 대한 정당성을 확보했다. 이와는 대조적으로, 2003년 이라크 침공은 국제사회로부터 정당한 명분을 얻지 못했다. 이라크의 대량살상무기WMD: Weapons of Mass Destruction를 제거하기 위한 침공이라 발표했지만, 결국 미국은 대량살상무기를 찾아내지 못했다.

이제 미국은 아프가니스탄과 이라크에서 양면 전쟁을 해야 했다. 이 두 전장에서의 전쟁 양상은 린드가 주장한 4세대 전쟁의 모습으로 흘러갔다. 아프가니스탄에서 그랬듯, 이라크에서도 미군의 최첨단 군사과학기술에 맞서 적들은 게릴라전과 테러전, 분란전 등으로 그들을 괴롭혔다.[176]

미군은 3차 산업혁명을 통해 발전시킨 최첨단 군사과학기술을 전쟁에 적용했다. 걸프전에서 이러한 군사과학기술은 매우 큰 효과를 냈다. 하지만 이번 전쟁 양상은 달랐다. 군사과학기술은 항상 진화하고 적들은 그 기술에 계속 적응해 나간다. 손무孫武는 '전승불복 응형무궁戰勝不復 應形無窮'이라 했다.[177] 내가 지난번에 썼던 전술을 이미 알고 있는 적에게 똑같은 전술로 승리하기란 어렵다. 최첨단 과학기술도 시간이 지나면 더는 최첨단이 아니다.

미군은 4세대 전쟁 양상에 대응하기 위해 대분란전COIN: Counter Insurgency 교리를 발전시켰다. 그리고 지난 10여 년간 아프가니스탄과 이라크에서 적용해 왔다. 하지만 전쟁에서 승리할 수는 없었다. 또다시 베트남 전쟁의 악몽이 재현되는 듯했다. 미국으로서는 현 상황을 돌파하기 위한 또 다른 혁신이 필요했다.

## 융합혁명과 전쟁

3차 산업혁명은 사람들에게 가상의 세계를 선물했다. 그 안에서 사람들은 서로 교류하면서 소속감과 안정감을 느낄 수 있었다. 이러한 욕구는 더심화되었다. 이제 사람들은 자신을 다른 사람들에게 알리고, 타인으로부터 인정받고 싶어 했다. 인스타그램, 페이스북, 트위터 등 자신의 상태를 표현하는 앱들이 세계적으로 인기를 끌기 시작했다. 사람들은 얼마나 많은 사람이 자신을 '팔로우' 하는지에 혈안이 되었다. 누군가는 자신이 올린 사진이나 글에 '좋아요' 수가 얼마나 되느냐가 그날의 기분을 좌우하기도한다고 고백했다. 친구가 평소와 다르게 조금 무성의한 댓글을 달면 신경이 쓰여 다른 일에 집중하기 어렵다고 토로하는 이도 있다.

한편, 사람들은 지금보다도 더 편리하고 세련된 제품을 계속해서 원했다. 기업들은 이러한 욕구에 부합하기 위해 앞다투어 새로운 제품을 출시하고 부가 기능을 탑재했다. 이는 스마트폰만 보더라도 쉽게 알 수 있다. 이 순간에도 무수히 많은 종류의 스마트폰이 개발되고 있다. 자고 일어나면 새로운 스마트폰 기종이 출시될 정도다. 아무리 신형 스마트폰을 산다고 해도 한 달도 채 지나지 않아 구형 모델이 되어 버린다.

4차 산업혁명은 이렇듯 빠른 변화 속에서 시작되었다. 4차 산업혁명이라는 용어는 클라우스 슈밥이 2015년 포린 어페어Forien Affairs에 기고한 글에서 처음 나타났다.[178] 그 후 이듬해 1월 20일 스위스 알프스의 조그만 스키리조트, 다보스Davos에서 열린 세계경제포럼에서 본격적으로 논의됐다.[179]

4차 산업혁명의 핵심은 융합convergence이다. 즉, 물리적 세계와 디지털 세계가 하나로 이어지고 서로 영향을 미치는 새로운 기술혁신이다. 이는 로봇공학, 인공지능, 나노테크, 양자컴퓨팅, 생명공학, 사물인터넷, 5G, 클라

우드, 빅데이터, 3D프린팅, 자율주행차 등을 통해 구현된다.[180]

제레미 리프킨Jeremy Rifkin과 같은 일부 학자들은 4차 산업혁명은 그저 3차 산업혁명의 연장선일 뿐이라고 주장하기도 한다.[181] 예전에 2차 산업혁명 또한 1차 산업혁명과 별반 다를 것이 없다는 의견이 많았다. 하지만 일정 시간이 흐른 뒤부터는 이 두 산업혁명 간 명확한 구분 선이 있다는 의견이 널리 인정받게 되었다.

클라우스 슈밥은 4차 산업혁명이 우리의 삶과 일, 인간관계의 방식을 근본적으로 변화시킬 것이라고 주장했다. 우리는 이 새로운 혁명의 속도와 깊이를 알 수 없으며, 그 범위와 규모, 복잡성 등은 과거 인류가 겪었던 그 무엇과도 다르다는 것이다. 그러면서 4차 산업혁명이 3차 산업혁명과 다르다는 점을 속도, 범위와 깊이, 시스템 충격으로 구분해서 설명했다.[182]

먼저, 속도 측면에서 4차 산업혁명은 기존 산업혁명의 선형적 속도가 아닌 기하급수적 속도로 진행되고 있다. 둘째로, 범위와 깊이 측면에서, 기존의 산업혁명이 '무엇을', '어떻게'에 대한 혁명이었다면, 4차 산업혁명은 우리가 '누구'인지에 대해서도 패러다임의 전환을 가져온다. 마지막으로, 이러한 4차 산업혁명은 국가 간, 기업 간, 산업 간 시스템뿐만 아니라 사회 전반의 시스템에 충격을 주어 총체적인 변화를 유도할 것이다.

좀 더 들어가 보면 그 차이는 더욱 확연해진다. 1, 2차 산업혁명은 현실 세계에 대한 혁명이었다. 우리는 1, 2차 산업혁명을 통해 더 좋은 옷과 음식을 더 많이 구할 수 있게 되었다. 3차 산업혁명은 디지털 세계에 대한 혁명이었다. 컴퓨터와 인터넷이 발명되면서 현실이 아닌 디지털 세계를 돌아다니며 원하는 정보를 주고받을 수 있게 되었다. 4차 산업혁명은 이 두 세계를 연결하는 혁명이다. 이제는 오프라인offline의 현실과 온라인online의 가상세계가 서로 융합되었다. 하드웨어hardware와 소프트웨어software, 그리고 생체기술biology의 통합이 이를 가능하게 만들었다.[183]

과거에는 지하철 안의 사람들이 신문, 책, 잡지 등을 보는 경우가 많았으나 이제는 대부분 스마트폰만 보고 있다. 우리의 몸은 지하철을 타고 있지만, 정신은 스마트폰 속의 온라인 세상에 있다. 지하철 표를 살 필요도 없어졌다. 스마트폰에 있는 모바일 결제 서비스를 이용해서 결제하면 된다. 이때, 지문이나 홍채 인식 같은 생체인식기능을 활용한다. 삼성의 빅스비Bixby나 애플의 시리Shiri와 같은 인공지능 비서도 생겼다.[184]

우리는 스마트폰으로 무수히 많은 사진을 찍는다. 스마트폰 출시 초창기만 해도 용량이 꽉 차 과거 사진을 지우거나 다른 저장장치에 저장해야만 새로운 사진을 찍을 수 있었다. 이제는 그 사진들을 용량에 크게 구애받지 않고 보관할 수 있다. 스마트폰 용량 자체가 커진 이유도 있지만, 인터넷상의 가상공간인 클라우드cloud가 대중화되었기 때문이다. 이제는 사물인터넷IOT: Internet Of Things 기술을 통해 스마트폰으로 집안의 물건들을 통제할 수도 있다. 더운 날 집에 들어가기 전 에어컨을 미리 작동시켜 놓거나 전등을 켜 놓을 수도 있다. 차량이나 드론drone도 원거리에서 통제할 수 있다. 심지어 자율주행차량까지 상용화가 시작되었다.[185]

이러한 현실 세계와 디지털 세계의 융합 현상을 좀 더 잘 이야기해 주는 것이 바로 메타버스meta-verse이다. 닐 스티븐슨Neal Stephenson이 1992년 소설 『스노 크래시Snow Crash』에서 이 단어를 처음 사용했다. 메타버스는 초월을 의미하는 메타meta와 우주를 의미하는 유니버스universe의 합성어이다. 학자마다 메타버스를 정의하는 방법은 다양하지만, 일반적으로 현실과 가상의 공간 어느 한 국면에만 머물지 않고 이를 초월하여 상호작용하는 그런 세

계를 의미한다. 미국의 미래가속화연구재단ASF: Acceleration Studies Foundation에
서는 메타버스를 증강현실AR: Augmented Reality, 라이프로깅Lifelogging, 거울세계
Mirror World, 가상세계Virtual World 이렇게 네 가지 범주로 분류했다.[186]

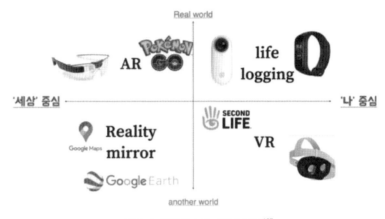

그림 3-4. 메타버스의 4가지 유형[187]

이 분류는 다음의 두 가지 조건에 의해 구분된다. 첫째, 특정 공간이 현
실이 증강된 형태augmentation인지, 혹은 가상의 모의 형태simulation인지, 둘째,
그 공간이 세상의 외부환경 중심world-focused인지, 혹은 개인의 정체성 중심
인지 여부다. 이러한 조건을 토대로, 먼저 증강현실은 현실에 외부 환경정
보를 증강하여 제공하는 형태이다. 그 예로, 몇 년 전 유행했던 게임 '포켓
몬고'를 들 수 있다. 라이프로깅은 개인들의 현실 생활에서 이루어지는 정
보를 플랫폼platform에 업로드하고 이를 통합 관리할 수 있는 기술이다. 우
리가 흔히 사용하는 스마트워치가 그 예에 해당한다.

거울세계는 가상공간에서 외부의 환경정보를 통합하여 제공하는 플랫폼
이다. 구글 어스Google Earth의 3차원 지도는 우리가 생활하는 현실 공간을 그

대로 구현했다는 점에서 거울세계에 해당한다. 마지막으로, 가상세계는 가상공간에서 다양한 개인들이 활동할 수 있는 기반을 제공하는 플랫폼이다. 이렇듯 이 모든 것이 이미 우리가 생활 속에서 경험하고 있는 것들이다.

메타버스의 발전은 앞으로 무궁무진할 것이다. 실리콘밸리에서는 메타버스를 활용해 가상공간에서 차량을 시험 운용하거나 건축물, 도시를 건설해 보고 최적의 설계를 찾는 방식을 추진하고 있다. 심지어 전자파, 물분자, 공기 흐름까지도 구현하여 어떠한 상황에도 인터넷이 살아있는 스마트시티를 구축하는 데 이 메타버스 기술을 활용하고 있다.[188]

이러한 세상을 만드는 데 가장 큰 역할을 한 기업들을 꼽으라면 구글, 애플, 페이스북, 아마존을 들 수 있다. 2012년 12월 1일자 이코노미스트Economist지에서는 가파의 세계The realms of GAFA: Google, Apple, Facebook, and Amazon라는 그림을 게재했다.[189]

그림 3-5. 가파의 세계[190]

구글은 검색엔진 구축, 온라인 지도 제작, 클라우드 구축, 유튜브 플랫폼 구축, 인공지능 개발 등에 막대한 자금을 쏟아부었다. 이는 무료로 이용할 수 있는 서비스들이지만 여기서 발생하는 부가가치는 어마어마하다. 구글의 이러한 서비스들을 기반으로 무수히 많은 앱이 개발되고 있다. 또한, 개인 정보를 포함한 막대한 데이터, 즉 빅데이터를 확보해 나가고 있다. 미래에 데이터는 곧, 돈이다.

애플은 스마트폰과 컴퓨터 시장에서 높은 점유율을 유지하고 있다. 스마트폰과 인공지능, 사물인터넷, 클라우드, 5세대5G: 5th Generation를 넘어 6세대 통신기술까지 융합해 나가고 있다. 페이스북은 라이프로깅을 구현하는 소셜미디어가 일상생활화되면서 막대한 고객정보를 축적해 나가고 있다. 아마존은 온라인 플랫폼을 구축하여 어느 오프라인 매장보다도 훨씬 거대한 백화점을 운영하고 있다. 그리고 빅데이터로 고객들에게 맞춤형 서비스를 제공한다. 이 기업들이 더 무서운 것은 기업 간 협력을 통해 폭발적으로 발전하고 있다는 점이다.

이렇게 모든 것이 융합되어 가는 현상은 우리의 삶뿐만 아니라 전쟁의 양상도 바꾸어 가고 있다. 미국의 3차 상쇄전략a third offset strategy이 그 대표적 예이다. 냉전 시기 두 차례의 상쇄전략을 통해 소련과의 대결에서 승리한 미국은 9·11 테러라는 끔찍한 사건을 겪게 되었다. 미국은 곧바로 테러와의 전쟁을 선포했고, 이후 약 10여 년간을 중동에 집중했다. 그사이 북한은 핵과 미사일 개발을 지속했다. 중국과 러시아는 국방과학기술의 혁신을 거듭하는 등 미국에 큰 위협을 안겨 주었다. 특히, 중국은 도련선 전략을 통해 남중국해를 비롯한 태평양 지역의 미국 진입을 차단하고자 했다. 미국이 이른바 반접근/지역거부A2AD: Anti-Access/Area Denial라 칭한 바로

그 전략이다.[191]

이에 오바마 행정부는 '아시아로의 회귀pivot to Asia'라는 기치를 내걸고 다시 중국, 러시아, 북한 등의 문제에 관심을 돌렸다.[192] 2014년 8월, 로버트 워크Robert Work 당시 미 국방성 부장관은 국방대학교 연설에서 3차 상쇄전략을 추진해야 한다고 주장했다. 이후 같은 해 11월, 척 헤이글Chuck Hagel 당시 국방성 장관은 3차 상쇄전략 추진을 위한 새로운 국방혁신구상a New Defense Innovation Initiative을 공식 발표했다. 이번 상쇄전략은 과거 두 차례의 혁신에 비해 조직 혁신과 작전 혁신의 중요성이 강조되었으나 결국, 핵심은 과거와 마찬가지로 과학기술 혁신이었다.[193]

이러한 3차 상쇄전략은 4차 산업혁명의 바람을 타고 더욱 가속화되었다. 미 육군은 2018년 8월 24일 텍사스 오스틴에서 미래사령부AFC: Army Futures Command를 창설했다. 미래사령부가 텍사스 오스틴 대학에 위치하고 있다는 사실은 매우 흥미롭다. 미 육군은 미래사령부가 군사조직임에도 불구하고, 민간과의 협업과 창의성 발현을 위해 과감히 민간 대학 캠퍼스 내에 이를 위치시켰다.[194] 미래사 창설을 명시한 미 육군 일반명령 2018-10호는 '미래전력의 현대화 사업을 이끌고, 부상하는 기술을 통합'하는 미래 사령부의 임무를 담고 있다.[195]

미래사령부는 총 6개의 중점 사업을 추진하고 있다.[196] 먼저, 장거리 정밀화력LRPF: Long-Range Precision Fires이다. 이는 이미 2차 상쇄전략을 통해 걸프전에서 그 위력을 보여 줬던 장거리유도무기(PGM)의 연장선이다. 그러나 타격 거리와 정확도가 현저하게 높아진 것이 특징이다. 두 번째는 차세대 전투차량NGCV: Next Generation Combat Vehicle이다. 현재 운용 중인 M1 전차와 M2 장갑차보다 훨씬 더 개선된 능동형 방호능력을 바탕으로 한다. 그러면서도 차체는 경량화하여 훨씬 더 넓은 작전반경을 지닐 것이다. 또한, 주포는 레일건 또는 레이저 무기로 보강될 전망이다.

아파치 계열의 헬기를 대체할 미래 수직이착륙기FVL: Future Vertical Lift도 미래사령부의 혁신 분야이다. 기존의 회전익 항공기들보다 속도, 고도, 작전반경 측면에서 현저히 향상된 성능을 보일 것이다. 네 번째로는 네트워크Networks 분야를 혁신할 것이다. 인공지능AI: Artificial Intelligence과 기계학습Machine Learning을 바탕으로 현재의 C4ISRCommand, Control, Communication, Computer, Intelligence, Surveillance, and Reconnaissance 시스템을 훨씬 더 강화할 것이다. 이로써 적의 각종 전자전 공격과 해킹으로부터 네트워크를 보호하면서 적시적인 의사소통을 구현할 수 있을 것이다.

대공 및 미사일 방어체계AMD System: Air and Missile Defense System의 탐지율과 요격율 또한 향상될 것이다. 항공기나 미사일 방어뿐 아니라 포병화력, 드론에 대한 탐지 및 요격능력도 갖출 것이다. 마지막으로, 전투원Soldiers들의 치명성lethality을 향상할 것이다. 방탄복과 방탄모, 근력 보조 장치, 전투용 군장, 차세대 무전기 등이 전투원들에게 지급될 것이다.

미 육군은 이러한 기술들을 활용해 지상, 공중, 해상뿐 아니라 우주와 사이버 영역까지 작전 능력을 확대해 나가려고 노력 중이다. 이것이 바로 다영역작전MDO: Multi-Domain Operations이다. 이를 통해 미 육군은 합동군의 일원으로서 모든 작전 영역에서 미국을 위협하는 동등한 수준의 적들near-peer adversaries들을 어떻게 격퇴할 것인지 그 해법을 찾고자 한다.[197]

다영역작전은 총 5단계(경쟁 - 침투 - 분리 - 전과확대 - 재경쟁)로 수행된다.[198] 먼저, 경쟁compete 단계에서는 적의 첩보활동 및 정찰활동에 대해 대응함으로써 적과의 정보전에서 승리하고, 궁극적으로 적대국의 의지를 분쇄한다. 침투penetrate 단계에서는 적의 장거리 화력 시스템을 무력화하고 기동부대를 제압하여 미 원정군을 투사하기 위한 여건을 조성한다.

분리dis-integrate 단계에서는 적의 반접근/지역거부 능력이 통합될 수 없도록 분리하고, 중·장거리 화력 시스템을 무력화하면서 미 원정군을 적국 근처로 투사한다. 그다음 전과확대exploit 단계에서는 적의 중·단거리 화력 시스템을 무력화하고 적 지상군을 고립시켜 결정적 승리를 달성한다. 마지막 재경쟁re-compete 단계에서는 앞선 군사작전을 통해 달성한 최종 상태를 바탕으로 적국보다 유리한 조건으로 경쟁에 다시 돌입한다.

이러한 과정에서 미 육군은 미래사령부가 개발한 6대 핵심전력을 적극적으로 투사할 것이다. 인공위성 기반의 네트워크를 바탕으로 미군의 지휘통제시스템은 보호한 가운데 적의 지휘통제 및 화력운용 시스템은 조기에 무력화시키도록 할 것이다. 고고도 감시체계와 대공 및 미사일 방어체계를 통해 미군의 피해를 최소화한 가운데 장거리 정밀 유도무기로 핵심 표적을 타격할 것이다. 적국으로 원정군을 기동시킨 이후에는 수직이착륙기, 차세대 전투차량 등을 활용해 전투력을 투사할 것이다. 투입되는 각개 전투원들은 인공지능과 로봇 기술을 결합하여 치명성을 높인 전사들로, 미군에게 최종 승리를 안겨 줄 핵심전력이 될 것이다.[199]

우리 육군도 4차 산업혁명 기술을 접목하여 아미 타이거 4.0을 추진하고 있다.[200] 여기서 타이거TIGER는 'Tranformative Innovation of Ground forces Enhanced by the 4th industrial Revolution technology'의 약자이다. 이는 육군의 상징인 호랑이를 뜻하는 동시에 4차 산업혁명 기술로 강화된 지상군의 혁신적 변화를 의미한다. 2018년 김용우 당시 육군 참모총장에 의해 시작된 이 혁신은 꾸준히 추진되고 있다.

아미 타이거 4.0은 크게 여섯 가지 측면을 중점으로 두고 있다. 인공지능, 드론봇 전투체계, 워리어 플랫폼, 차세대 기동체계, 치명적 타격체계, 초연결 네트워크가 바로 그것이다. 이러한 혁신을 구현하기 위해 우리 육군은 필요한 조직구조를 개편하고 연구개발 비용을 확충하고 있다. 또한, 미 육군이 미래사령부를 오스틴 대학에 위치시켜 민간과의 협업을 중요시한 것에 착안하여, 다양한 방법을 통해 민·군·산·학·연의 협업을 지속하고 있다.

| 구 분 | 1차 산업혁명 | 2차 산업혁명 | 3차 산업혁명 | 4차 산업혁명 |
|---|---|---|---|---|
| 시 기 | 18C 중반 ~ 19C 중반 | 19C 후반 ~ 20C 초반 | 20C 중반 ~ 20C 후반 | 21C 초반 |
| 특 징 | 기계화 혁명 * 물리적 세계 | 대량생산 혁명 * 물리적 세계 | 디지털 혁명 * 디지털 세계 | 융합 혁명 * 물리 + 디지털 세계 |
| 주 요 과학기술 | 증기기관, 수력발전, 방직기 / 방적기 | 전기, 전화, 철강, 자동차, 조선, 화학 | 컴퓨터, 인터넷 | AI, 양자컴퓨팅, IOT, 5G, 클라우드, 빅데이터, 메타버스 |
| 원동력 | 생리적 욕구 | 안전의 욕구 | 소속 및 애정의 욕구 | 존중의 욕구 |
| 전쟁과의 관 계 | 국민군대, 포병, 후장식 활강총, 철도, 전신, 임무형지휘, 기동전 * 나폴레옹 전쟁, 보불전쟁 | 기관총, 전차, 항공기, 항공모함, 잠수함, 대량살상무기, 제병협동전투, 美 1차 상쇄전략 * 1, 2차 세계대전, 6.25전쟁, 냉전 | 아파치 헬기, 스텔스, 정밀유도무기, 네트워크중심전, 美 2차 상쇄전략 * 걸프전, 아프간전, 이라크전 | A2/AD, 美 우주사령부, 미래사령부 창설, 韓 아미 TIGER 4.0 추진, 다영역작전, 美 3차 상쇄전략 * 나고르노-카라바흐 전쟁, 가자지구 전투 |

그림 3-6. 산업혁명과 전쟁의 관계

이러한 변화는 비단 미군이나 한국군에만 일어나고 있는 일이 아니다. 최근 실제 벌어지고 있는 주요 국제분쟁에서도 최신 과학기술이 활용되고 있다. 2020년에 아르메니아와 아제르바이잔 사이에서 일어난 나고르노-카라바흐 전쟁Nagorno-Karabakh War에서는 공격 드론, 센서, 장거리 포병, 미사

일 등 최신식 무기가 실전에서 운용됐다.[201]

2021년 가자지구 전투에서는 하마스의 카삼Qassam 로켓 공격과 자살폭탄 드론 공격을 이스라엘의 대공방어 시스템인 아이언돔Iron Dome이 90% 이상 격추했다. 하마스는 다양한 종류의 단거리 로켓과 더불어 자살폭탄 드론까지 개발했다. 그러나, 2011년 최초 실전 배치된 이스라엘의 아이언돔은 진화를 거듭하여 이제 단거리 로켓과 드론까지 막아 낼 수 있게 되었다.[202]

E.H. 카Edward H. Carr는 "역사란 과거의 사건들과 서서히 등장하고 있는 미래의 목적들 사이의 대화"라고 말했다.[203] 이런 점에서 앞서 살펴본 인간의 욕구와 네 차례의 산업혁명, 전쟁 양상 간의 상관관계 연구는 앞으로 다가올 또 다른 형태의 산업혁명과 미래 전쟁을 예측하기 위한 시도에 많은 도움이 될 것이다.

# 5차 산업혁명 예측

네 차례에 걸친 산업혁명은 번쩍하고 한순간에 생겨난 것이 아니었다. 시대적 요구와 인간의 필요 때문에 점진적으로 발전한 것이었다. 이는 인간사회의 다른 모든 분야와 떼어서 생각할 수 없는 복합적인 변화였다. 전쟁의 방식도 물론 마찬가지였다.

산업혁명을 통해 개발된 기술들은 전쟁 지도자들에 의해 적극적으로 활용되었다. 반대로, 전쟁에 이기기 위한 인간의 노력은 산업혁명의 기술 발달을 촉진했다. 1차 산업혁명 시기에 증기기관 철도, 전신의 발달과 전쟁에서의 기동전, 임무형 지휘의 발달이 그러했다. 2차 산업혁명 시기에 전기의 발달과 무기의 대량생산, 전차와 항공기의 등장 등 또한 마찬가지였다. 3차 산업혁명 시기의 정보통신기술 발달은 컴퓨터 네트워크 작전, 장거리 정밀타격 기술과 더불어 발전했다. 4차 산업혁명 시기라 일컬어지는 지금, AI와 빅데이터, 사물인터넷 등은 새로운 전쟁 방식을 열어 가는 중이다. 그 과정에서 4차 산업혁명의 과학기술은 진화를 거듭하고 있다.

우리는 4차 산업혁명의 물결을 따라잡기 위해 최신 과학기술을 열심히 연구한다. 하지만 따라가기만 하는 국가는 초일류가 되기 힘들다. 우리가 그들을 따라잡을 때쯤 초일류 국가들은 이미 다음 단계에 접어들기 때문이다. 4차 산업혁명의 선두주자 반열에 오르는 것도 중요하지만 우리에게 더 중요한 것은 그다음 단계의 비전을, 그리고 방향을 잡아 나가는 일이다. 그렇다면 4차 산업혁명 다음은 무엇일까? 우리가 만약 그다음 단계를 5차 산업혁명이라 부르게 된다면 우리는 어떻게 이를 준비해야 할 것인가? 먼저 무엇이 세상을 5차 산업혁명으로 이끌게 될 것인지, 그리고 5차 산업혁명이 어떠한 모습으로 나타나게 될 것인지를 어렴풋이나마 예측해 보는 것이 중요하겠다.

## 인간의 욕구

산업혁명은 인간의 필요와 욕구 때문에 나타났다. 산업혁명으로 변화된 사회는 다시 인간의 삶을 변화시켰다. 인간은 자신도 모르는 사이 변화에 적응하고 다시 무언가 새로운 것을 필요로 했다. 그것은 또 다른 산업혁명으로 이어졌다.

인간은 욕구와 떼려야 뗄 수 없는 존재이다. 그렇다 보니 인간의 욕구에 관한 연구는 고대 철학에서부터 이어져 왔다. 플라톤은 인간이 다양한 욕구를 지닌 존재임을 인정했다. 하지만 이상주의를 추구했던 그는 욕구를 선하지 못한 것으로 보았다. 그는 욕구와 이성을 말과 마부에 비유했다. 욕구라는 말을 이성이라는 마부가 다스려야 한다는 것이다. 이성으로 욕구를 억제하기 위해서는 지혜, 용기, 절제, 정의의 네 가지 덕이 필요하다고 보았다.[204]

아리스토텔레스의 아들 니코마코스는 아버지의 윤리 강의록을 정리해서 책 『니코마코스 윤리학』으로 엮었다. 이 책에서는 삶의 형태를 세 가지로 구분하고 있다. 바로, 향락, 정치, 관조contemplation/meditation이다. 향락은 육체적 쾌락을 의미한다. 식욕, 성욕, 수면욕과 같이 감각적인 욕구이다. 아리스토텔레스는 이러한 욕구만을 추구할 때 가장 저급하고 인간답지 못한 삶을 사는 것이라고 주장했다. 정치는 명예나 명성을 쌓는 데 집중하는 욕구를 말한다. 이는 남으로부터 인정을 받고 높은 권력을 갖고 싶어 하는 욕구이다. 자족적self-sufficient이지 않고 남에 의해 채워질 수밖에 없으므로 최선은 아니다. 관조는 사물이나 현상을 침착하게 바라보고 그 의미를 이성적으로 고찰해 보는 것이다. 이것이 바로 인간이 추구해야 할 최고의 욕구이자 덕이다. 그는 이성과 실천이 균형을 이루는 중용mesotes을 통해 궁극적으로 행복에 이를 수 있다고 보았다.[205]

한편, 견유학파大儒學派, Cynicism의 대표적 인물인 디오게네스는 사회적 관습에서 벗어나야 한다고 주장했다. 인간의 자연스러운 기본욕구를 사회적 관습 때문에 억압해서는 안 된다는 것이다. 심지어 그는 시장 한복판에서 자위행위를 하기도 했다. 견유학파는 영어로 Cynicism인데, 여기서 cynic은 개를 뜻하는 말이다. 디오게네스는 자신을 스스로 개라고 칭했다. 그는 통나무 속에서 생활했으며, 가진 것이라고는 옷 한 벌과 컵 한 개뿐이었다. 그러나 물을 핥아 먹는 개를 보고 컵조차 필요 없다고 여겨 버렸다고 한다. 그의 사상은 도덕과 규율을 강조하는 세상에 매우 냉소적이었다. 냉소적이란 뜻의 영어단어 cynical은 이 cynicism에서 비롯되었다.[206]

혼란이 정점으로 치달았던 헬레니즘 시대에는 스토아학파와 에피쿠로스학파가 꽃을 피웠다. 키티온의 제논Zeno of Citium이 창시한 스토아Stoa: 채색 강당에서 유래. 이 강당에서 제논이 철학을 가르침학파는 금욕주의를 추구했다. 그들에게 있어 가장 행복한 상태는 더는 욕구가 없거나 욕구를 추구하지 않는 상태였다. 그들은 어떠한 외부적인 상황에서도 동요하지 않는 의연한 상태, 주관적인 감정으로부터 자유로운 상태, 즉 '아파테이아apatheia'를 이루어야 한다고 주장했다.[207]

반대로, 에피쿠로스Epikuros학파는 쾌락주의를 추구했다. 그러나 그들이 말한 쾌락은 일시적인 것이 아니라 지속하는 것이었다. 배고플 때 음식을 먹으면 쾌락을 느끼지만, 배가 부르면 먹는 것이 더는 즐겁지 않다. 오히려 괴롭기까지 하다. 이렇듯 몸으로 느끼는 감각적 쾌락은 일시적이다. 이것이 바로 쾌락의 역설이다. 그래서 그들은 욕망을 줄여 작은 것에도 만족과 쾌락을 느낄 수 있는 상태를 추구했다. 그러면 공포로부터 자유로운 상태 즉, '아타락시아ataraxia'와 육체적 고통이 없는 상태 즉, '아포니아aponia'를 이루어 지속 가능한 쾌락에 도달할 수 있다고 믿었다.

이러한 쾌락이나 욕구에 관한 연구는 중세와 근대에 들어서도 계속되었다. 17세기 토머스 홉스Thomas Hobbes는 행복이 정신적 만족이라는 주장을 인정하지 않았다. 우리에게는 욕구만이 있을 뿐 철학자들이 주장하는 완전한 도덕이나 선은 존재하지 않는다고 말했다. 그래서 원시사회는 서로가 욕구를 충족하기 위해 싸우는 '만인에 대한 만인의 투쟁bellum omnium contra omnes'상태라고 주장했다.[209] 바뤼흐 스피노자Baruch Spinoza도 인간의 본질은 욕망이라고 말했다. 욕망은 인간이 자신의 파괴를 부정하고 계속해서 실존하려는 노력이다. 욕망은 상태에 따라 변할 수 있고, 사람들의 욕망은 서로 대립하게 된다. 욕망에 이끌리다 보면 인간은 자신이 원하는 방향성을 잃고 만다.[210]

18세기 데이비드 흄David Hume은 도덕이 감정의 산물이며, 이성은 열정의 노예라고 말했다.[211] 이러한 흄의 주장은 공리주의로 이어졌다. 제러미 벤담Jeremy Bentham은 인간을 지배하는 것은 이성이 아니라 쾌락과 고통이라고 주장했다. 그는 쾌락의 가치를 계산하여 최대다수의 최대행복을 이룰수 있다는 양적 공리주의를 표방했다.[212] 이에 존 스튜어트 밀John Stuart Mill은 쾌락의 가치가 지닌 질적 측면도 계산해야 한다며 질적 공리주의를 주장했다. "배부른 돼지보다 배고픈 소크라테스로 사는 것이 낫다."라고 말하며 육체적 쾌락보다 지적·도덕적 쾌락을 더 중시했다.[213] 한편, 임마누엘 칸트Immanuel Kant는 1785년 『도덕 형이상학의 기초』에서 벤담의 공리주의를 비판했다. 벤담이 1780년 『도덕과 입법의 원리』를 발표하고 5년 뒤의 일이었다. 칸트는 욕구에 따라 행동하는 것은 동물과 다를 게 없다고 여겼다. 그는 목적으로서의 도덕, 즉 정언명령定言命令, categorical Imperative을 추구해야 한다고 주장했다.[214]

프로이트Sigmund Freud는 성욕을 뜻하는 리비도libido의 개념을 주장했다. 그에 의하면 인간은 갓난아이 시절부터 어른이 되어서까지 다섯 단계의 리비도를 가지고 있다. 구순기, 항문기, 남근기, 잠복기, 성기기가 바로 그것이다. 이 리비도의 이동에 따라 쾌감을 느끼는 부위나 방법이 달라진다. 프로이트는 그 단계에 맞는 적절한 욕구 충족이 이루어지지 않으면 그 단계에 머물고자 집착하는 상태에 놓이게 된다고 주장했다.[215]

이렇듯 인류 역사에서 인간의 욕구에 관한 연구는 지속해서 이루어졌다. 다양한 주장과 이론들이 있지만, 이 연구들이 공통으로 이야기하는 것은 인간이 욕구를 충족하려는 방향으로 생각하고 행동한다는 점이다. 개인의 절제력에 따라 차이는 있지만, 결국 욕구가 개인의 생각과 행동을 이끈다는 점을 부정하기 힘들다.

욕구가 개인의 생각과 행동을 이끈다는 것은 다시 말해 욕구가 동기motivation가 된다는 뜻과 같다. 인간의 욕망에 관한 연구는 동기부여 이론의 발달에 큰 영향을 미쳤다. 동기부여 이론은 교육학, 경영학, 심리학 등에서 고루 연구되었다. 주로 동기의 형태에 따라 내용이론content theories, 과정이론process theories, 보강이론reinforcement theories 등으로 나뉜다. 내용이론은 주로 조직 구성원 각자의 욕구 자체에 초점을 맞춘다. 과정이론은 욕구가 실제 행동으로 연결되는 과정에 집중한다. 보강이론은 실제 일어난 특정 행동이 지속할 수 있는 조건 등을 주로 다룬다.[216]

내용이론은 욕구 자체에 집중하고 있으므로 욕구이론needs theories이라고도 불린다. 대표적으로는 매슬로우Abraham H. Maslow의 욕구 5단계, 허즈버그Frederick Herzberg의 2요인, 앨더퍼Clayton P. Alderfer의 ERG, 맥클레랜드David C. McClelland의 성취동기 이론 등이 있다. 이 이론들은 인간이 지닌 욕구가 어떻게 행동에 영향을 미치는지 다뤘다. 우리는 이를 통해 욕구가 산업혁명에 주는 영향에 대해 생각해 볼 수 있다.

먼저 매슬로우는 실험을 통해 인간이 보편적으로 지닌 공통의 욕구를 찾아내고 이를 다섯 단계로 계층화했다.[217] 그 단계는 최하위의 생리적biological and physiological 욕구로부터 안전safety 욕구, 소속 및 애정belongingness and love 욕구, 존중esteem 욕구, 자아실현self-actualization 욕구까지 이어진다. 생리적 욕구는 인간이 생존을 위해 꼭 필요한 것들을 바라는 욕구이다. 산소, 수면, 성욕, 의식주에 대한 욕구 등이 이에 해당한다.

두 번째 안전의 욕구는 신체적 위험으로부터 자유롭고 싶은 욕구이다. 우리는 늦은 밤 어두운 골목길을 혼자 지나가는 것을 꺼린다. 혹시나 범죄의 위험이 있을까 걱정을 하기 때문이다. 다음으로 소속 및 애정 욕구는 다른 사람들과 인간적 관계를 맺고 어딘가에 소속되어 사랑을 주고받으면서 안정되기를 바라는 욕구이다. 우리가 친구를 사귀고 싶어 하고, 단란한 가정을 이루고 싶어 하는 것도 이러한 욕구가 있기 때문이다.

존중의 욕구는 자신을 스스로 인정하고 또 남으로부터 인정받길 원하는 욕구이다. 내적으로 자존감이 낮아지면 우리는 불안하고 불쾌한 감정을 느낀다. 외적으로도 마찬가지다. 어린이들은 자신의 행동에 어른들이 칭찬해 주길 바란다. 어른들도 누구나 남들이 우러러보는 사람이 되는 것을 마다하지 않는다. 그래서 우리는 항상 명예와 권력을 추구한다.

최상위 욕구인 자아실현 욕구는 자신이 지닌 잠재력을 극대화하여 자기완성을 이루고자 하는 욕구이다. 이 단계에서는 누가 자신을 인정해 주는지는 별로 중요하지 않다. 스스로 자기완성을 이루는 것에 관심이 집중되기 때문에 주변 시선을 신경 쓰지 않는다. 우리가 성인군자라 부르는 옛 선인들이 바로 이 자아실현을 이룬 사람들이다.

매슬로우에 따르면, 이러한 다섯 단계의 욕구는 하위 단계로부터 상위 단계로 발달한다. 또한, 반드시 하위 단계의 욕구가 성취되어야만 상위 단계의 욕구가 발현될 수 있다. 그는 하위 욕구가 충족되면 더는 그로 인한 동기가 유발되지 않기 때문에 상위 욕구에서 하위 욕구로 되돌아가지는 않는다고 주장했다.

한편, 허즈버그는 인간의 욕구를 만족과 불만족이라는 두 가지 측면으로 바라봤다. 그는 충족되지 못하면 불만족을 초래하는 요인을 위생hygiene 요인, 충족되면 만족을 느끼게 하는 요인을 동기motivation 요인이라 칭했다. 그에 따르면 작업조건, 직장의 안정성, 회사의 정책, 급여 등의 위생요인은 아무리 개선되어도 만족을 줄 수는 없으며, 단지 부족했을 때 불만족만을 초래할 뿐이다. 직무 자체가 주는 흥미, 성장 가능성, 직무의 도전성, 인정, 성취감 등의 동기요인이 충족되어야 만족을 불러일으킬 수 있다.[218]

이를 매슬로우의 욕구 5단계설과 비교하자면 하위욕구인 1단계 생리적 욕구, 2단계 안전 욕구, 3단계 소속 및 애정 욕구 등이 위생요인에 해당한다. 4단계 존중 욕구와 5단계 자아실현 욕구는 동기요인에 해당한다고 볼 수 있다. 매슬로우는 하위계층의 욕구가 충족되면서 단계별로 다음 상위계층의 욕구가 발현된다고 보았다. 반면, 허즈버그는 위생요인과 동기요인이 불만족과 만족이라는 각기 다른 측면에서 작용한다고 주장했다.

앨더퍼는 매슬로우가 제시한 욕구 5단계 이론의 문제점을 지적하고 이를 보완해서 인간의 욕구를 3단계로 구분했다.[219] 첫 번째 단계가 존재 Existence 욕구, 두 번째 단계가 관계Relatedness 욕구, 마지막 단계가 성장Growth 욕구이다. 이 세 단계 욕구의 알파벳 앞글자를 따서 ERG 이론이라 부른다. 대략 보면 존재 욕구는 매슬로우의 1단계 생리적 욕구와 2단계 안전의 욕구에 해당한다. 관계욕구는 매슬로우의 3단계 소속 및 애정의 욕구와 4단계 존중의 욕구와 일맥상통한다. 성장욕구는 매슬로우의 4단계 존중의 욕구와 5단계 자아실현 욕구에 해당한다고 볼 수 있다.

앨더퍼의 이론은 이 욕구들이 중첩해서 나타날 수 있음을 인정했다는 점에서 매슬로우와 다르다. 즉, 동시에 두 개 이상의 욕구가 발현될 수 있다는 것이다. 또한, 상위 욕구가 충족되지 않았을 때는 다시 하위 욕구가 발현될 수 있다고 주장했다. 이를 회귀regression이라 부른다.

맥클레랜드 또한 매슬로우의 욕구 5단계 이론이 모든 인간의 욕구를 정형화하고 이를 계층화했다는 것을 비판했다. 그는 개인의 욕구가 후천적으로 학습된다고 보았다. 그는 인간에게 다양한 욕구가 존재하지만 그중 매슬로우 이론에서의 상위 욕구가 동기부여에 매우 중요하다고 믿었다. 그는 생존 욕구와 같은 기본적 욕구를 인정하면서도 인간의 욕구를 크게 성취achievement 욕구, 권력power 욕구, 친교affiliation 욕구로 구분했다. [220]

| 구 분 | 매슬로우 욕구 5단계 | | 앨더퍼 ERG | 허즈버그 2요인 | 맥클레랜드 성취동기 |
|---|---|---|---|---|---|
| 5단계 | 자아실현 욕구 | | 성장 욕구 (Growth) | 동기 요인 (Motivation) | 성취 욕구 (Achievement) |
| 4단계 | 존중의 욕구 | 내적존중 | | | 권력 욕구 (Power) |
| | | 외적존중 | | | |
| 3단계 | 소속 및 애정의 욕구 | | 관계 욕구 (Relatedness) | | 친교 욕구 (Affiliation) |
| 2단계 | 안전 욕구 | 신분보장 | | 위생 요인 (hygiene) | - |
| | | 물리적 안정 | | | |
| 1단계 | 생리적 욕구 | | 존재 욕구 (Existence) | | - |

그림 4-1. 욕구이론 비교[221]

매슬로우 이론으로 보자면 성취 욕구는 5단계 자아실현 욕구, 권력 욕구는 4단계 존중의 욕구, 친교 욕구는 3단계 소속 및 애정의 욕구와도 유사하다. 맥클레랜드에 따르면 세 가지 욕구가 인간의 전체 욕구에서 차지하는 비중이 80%라고 말했다. 이 중에서도 특히 최상위 욕구인 성취 욕구가 조직의 발전과 목표 달성에 가장 크게 이바지한다고 주장했다.

다시 산업혁명 이야기로 돌아가 보자. 이 책에서 총 네 번의 산업혁명이 어떻게 인간의 욕망과 연결되는지를 살폈다. 산업혁명 단계에 영향을 미친 인간의 욕구는 앞서 설명한 욕구 이론들과 상당한 접점을 찾을 수 있다. 이러한 가정을 토대로 연구를 진행하면서 저자의 의견과 유사한 기고

문을 발견했다. 이민화 교수 등 13명이 2018년『개방형 혁신저널』에 함께 기고한 논문이다. 이 기고문은 4차 산업혁명에 어떻게 대응할 것인가에 대한 주제를 다루고 있는데, 이때 매슬로의 욕구 5단계 이론과 산업혁명 간의 관계를 설명했다.

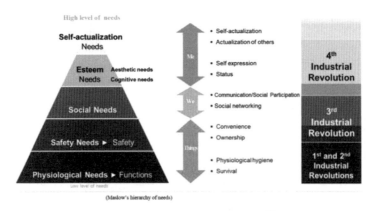

그림 4-2. 욕구단계와 산업혁명 관계[222]

위 그림은 욕구가 하위 욕구에서 상위 욕구로 변함에 따라 새로운 산업혁명이 일어났음을 설명해 준다. 인간의 가장 하위 욕구인 생리적 욕구와 안전 욕구는 주로 1차와 2차 산업혁명에 영향을 주었다. 3차 산업혁명은 안전 욕구와 소속 및 애정의 욕구에 영향을 받았다. 이제 사람들이 느끼는 존중의 욕구가 4차 산업혁명을 가속하고 있다.

이러한 구분은 복잡한 현상을 너무 단순화한 것일 수 있다. 사실 매슬로우의 욕구 5단계 이론 자체가 그렇다. 매슬로우의 이론이 인간의 욕구나 동기에 관한 많은 연구의 이론적 토대가 되었으나, 이러한 단순화로 인해 많은 비판을 받고 있기도 하다. 먼저, 인간의 욕구를 계층으로 구분할 수 있다는 점 자체에 대한 회의적 시각이 있다. 욕구의 계층을 이차원적으로 구분한 것은 복잡한 인간의 욕구를 지나치게 단순화시킨 것이라는 이야기다.

또한, 욕구는 모든 사람이 다 똑같이 느끼지 않는다. 더군다나 어떤 욕구를 더 상위 욕구로 느끼느냐는 더욱 다를 것이다. 우리는 살다 보면 배가 고파도 이를 참고 몸매 관리에 신경을 쓰기도 한다. 그리고 잠을 줄여 가면서 공부를 하기도 한다. 이렇듯 상위의 욕구가 하위의 욕구를 억누를 수도 있다. 때로는 여러 가지 욕구가 동시에 나타나 행동에 복합적으로 영향을 미치기도 하는데, 매슬로우의 이론은 이를 인정하지 않는다.

허즈버그, 앨더퍼, 맥클레랜드 등도 이러한 비판을 토대로 자신만의 이론을 발전시켰다. 그래도 전체적인 방향성만큼은 변하지 않았다. 고차원적 욕구의 비중이 커질수록 다음 단계의 산업혁명이 나타나고 있다는 점이 중요하다. 허즈버그의 이론을 빗대자면, 4차 산업혁명으로 불만족을 유발하는 위생요인들은 예전보다 많이 해소되었다. 더 나아가 매슬로우가 이야기한 4단계 존중의 욕구 또한 많이 충족되고 있다. 이제 불만족의 해소보다는 만족의 실현을 지향하는 고차원적 욕구의 비중이 더욱 커질 것이다. 그중에서도 자아실현의 욕구는 다음 차례 다가올 산업혁명의 주요 동인이 될 것이다.

## 5차 산업혁명: 초자아혁명

지금까지 살펴본 바로, 우리는 인간의 욕구가 산업혁명을 일으키는 주요 원인 중 한 가지로 작용했음을 알 수 있었다. 1차 산업혁명 시절에는 사람들이 그야말로 먹고사는 생존 문제에 가장 민감했다. 18세기 유럽의 이

상기온으로 따듯한 옷의 수요가 많아지자, 농사를 짓던 많은 지주가 양을 기르는 목축업으로 전향했다. 농노들은 일자리가 없어져 도시로 향했고, 우후죽순 생겨나던 공장에 취직했다. 증기기관, 방직기, 방적기 등의 발명으로 손수 옷감을 짜던 가내수공업은 점차 사라지고 공장에서 자동으로 옷을 생산하는 것이 가능해졌다.

1차 산업혁명으로 인간의 생존 욕구는 비교적 많이 해소되었다. 도시가 발달하면서 범죄에 취약해진 도시 빈민층은 안전하고 안정된 삶을 가장 중요하게 생각했다. 2차 산업혁명은 이러한 문제점들을 상당 부분 해소해 주었다. 전기의 발명으로 늦은 밤거리는 이전보다 밝아졌다. 공장에도 전기가 사용되면서 대량생산이 가능해졌고, 인간은 더욱 편리하게 생활할 수 있게 되었다.

1, 2차 산업혁명을 거쳐 도시화, 핵가족화가 진행되면서 사람들은 소외감을 느끼게 되었다. 분업으로 인해 인간은 마치 공장의 기계 부품과 같은 역할을 할 뿐이었다. 컴퓨터와 인터넷이 출현하면서 3차 산업혁명이 시작되었고, 인류는 현실 세계가 아닌 디지털 세계에서 정보를 주고받을 수 있게 되었다. 이는 인간의 사회적 욕구를 충족시켰다. 컴퓨터와 인터넷을 통해 멀리 떨어져 있는 가족이나 친구들과 쉽게 소통할 수 있었다. 이 시기에는 서비스의 수요가 폭발했다. 일상에 지친 사람들은 먹는 것 입는 것, 그 이상을 원했다. 누군가로부터 위로받고 싶어 했다.

컴퓨터와 인터넷은 발전을 거듭하며 편리함을 극대화했다. 사람들은 가족이나 친구들과의 소통에서 그치지 않고, 온라인상의 불특정 다수에게 자신을 드러내기 시작했다. 스마트폰이 개발되었고, 페이스북, 트위터, 인스타그램 등의 SNS 앱이 인기를 끌었다. 다른 사람들이 온라인상에서 주는 존경과 존중의 표현에 떨어진 자존감을 회복했다. 얼리 어답터early adopter들은 최첨단 장비를 구매했다. 그것만으로도 다른 사람들로부터 부러움의 눈초리를 받을 수 있었다. 이러한 추세는 5G, 6G와 같은 통신기술, 클라우드, 사물인터넷, AI 등의 발달을 가속했다. 이렇게 찾아온 4차 산업혁명은 물리적 세계와 디지털 세계의 연결 혁명이었다.

조벽 고려대학교 석좌교수는 앞선 시대들을 웰빙well-being, 힐링healing시대로 정의하면서 이제는 빌리빙believing 시대가 도래할 것이라고 말했다.[223] 그는 물질의 결핍이 웰빙의 시대를 낳았고, 정신의 결핍이 힐링의 시대를 열었다고 주장했다. 이제는 남이 아닌 자신을 믿고 어려움을 극복해 나가려는 시도가 계속될 것이며, 이것이 바로 빌리빙이라고 말했다.

이를 다시 욕구 이론과 함께 생각해 보면 다음과 같다. 물질의 결핍은 생존과 안전의 욕구를 증폭시켰고, 사람들은 잘 먹고 잘사는 웰빙을 추구하게 되었다. 이것이 바로 1, 2차 산업혁명의 시대이다. 그다음으로 정신의 결핍은 애정, 존중의 욕구를 자극했으며, 이에 지친 마음을 달래 줄 힐링 문화가 자리 잡았다. 3차 산업혁명으로부터 현재 진행 중인 4차 산업혁명에 이르기까지 힐링이라는 단어는 우리에게 포근함을 선사한다.

이제 과학기술의 발전은 더욱 가속화될 것이다. 인간의 자아실현에 대한 욕구가 점차 강해지면서 인간 자체가 신의 영역까지 다가가고자 하는 노력이 더해질 것이다. 그렇게 되면 인간은 정말 못 하는 것이 없게 될 수도 있다. 무슨 일을 하든지 자신을 믿고 나아가면 원하는 바를 이룰 수 있는 세상이 올 수도 있다. 이렇게 자신을 믿는 것이 빌리빙이다. 유발 하라리는 이러한 미래 인간의 모습을 인간Homo과 신Deus의 합성어, 호모데우스Homo Deus라 명명했다.[224] 우리가 지금 논하고자 하는 5차 산업혁명은 바로 호모

데우스의 시대이다.

5차 산업혁명이 시기상조라고 생각할 수도 있다. 4차 산업혁명이 선진국들 사이에서 화두인 지금, 개발도상국들은 3차 산업혁명이, 후진국들은 아직 2차 산업혁명이 진행 중이다. 우리는 아프리카에서 기아로 매일 수많은 사람이 죽어 간다는 뉴스를 자주 접한다. 그들에게는 생존만이 중요할 뿐이다. 하지만 선진국들은 이미 4차 산업혁명의 고속열차에 올라타 있다. 5차 산업혁명은 어떠한 형태로든 반드시 온다. 먼저 고민하고 이끌어 나가지 않으면 결코 초일류가 될 수 없다.

4차 산업혁명이 물리적 세계와 디지털 세계를 연결했다면, 5차 산업혁명은 과연 어떤 모습일까? 5차 산업혁명은 인간이 곧 플랫폼이 되는 초생명화를 이루어 낼 것이다. 플랫폼platform이란 'plat구획된 땅'과 'form종류, 서식, 형체'의 합성어이다. 본래 물리적 의미로 '역에서 기차를 타고 내리는 곳', '강단', '대臺'를 의미했다.[225] 이것이 3차 산업혁명에 들어서면서 컴퓨터를 사용하기 위해 기반이 되는 소프트웨어, 운영체제를 일컫는 말로 확장되었다. 군에서는 특정 무기체계를 개발할 때 기본 골격이 되는 기반체계를 플랫폼이라고 부르기도 한다. 특히 해군과 공군은 특정 플랫폼을 기반으로 다양한 버전의 선박이나 항공기를 개발한다.

5차 산업혁명 시대에는 바로 인간이 이러한 플랫폼이 될 것이다. 이는 인간이 생물학적 한계를 뛰어넘어 트랜스휴먼transhuman이 된다는 것을 의미한다. 첨단과학기술과 생명공학 등을 이용하여 인간의 신체적, 인지적 능력을 향상하고자 하는 운동을 트랜스휴머니즘transhumanism이라 부른다.[226] 이는 기계공학적 트랜스휴먼, 생명공학적 트랜스휴먼, 마지막으로 영적 트랜스휴먼 이렇게 세 가지 측면으로 나누어 생각해 볼 수 있다.[227]

1970~1980년대 전 세계적으로 유행했던 「600만 달러의 사나이」라는 미국 드라마가 있었다. 극 중 우주 비행사인 오스틴은 비행 사고로 중상을 입게 된다. 이후 최첨단 과학기술로 야간 투시력을 가진 줌렌즈 눈, 불도저 급의 힘을 지닌 팔, 고속 질주와 엄청난 점프 능력을 갖춘 다리를 이식했다. 1980년대 후반에는 로보캅이 등장했다. 2000년대 들어서는 마블 코믹스의 만화 캐릭터를 소재로 한 영화 아이언맨 시리즈와 어벤저스 시리즈가 폭발적인 인기를 끌었다. 이들이 바로 기계공학적 트랜스휴먼의 예시이다.

기계공학적 트랜스휴먼은 인간의 몸에 최첨단 기계를 이식한 존재이다. 그 분야는 뇌로부터 팔, 다리 등 매우 다양하게 연구되고 있다. 스마트폰이 보편화된 지 불과 15년이 채 안 된 지금, 우리는 이미 스마트폰 없이 살던 때를 상당 부분 잊었다. 2010년 이후에 태어난 세대는 스마트폰이 없는 세상을 상상할 수조차 없을 것이다. 그만큼 우리는 스마트폰을 마치 우리의 몸과 같이 여긴다. 이러한 현상을 영국의 대표 대중매체 「이코노미스트」는 포노 사피엔스Phono Sapiens라고 칭했다.[228]

스마트폰은 우리 뇌보다 훨씬 똑똑하다. 우리는 스마트폰으로 우리가 원하는 정보를 무엇이든지 얻을 수 있다. 그러나 여전히 단점은 있다. 와이파이가 안 되거나 데이터 전송이 잘 안 되는 지역에서는 내가 원하는 만큼 빠른 속도로 필요한 정보를 얻을 수 없다. 또 일일이 검색을 해야 한다. 예전에는 손으로 검색했지만, 요즘은 그나마 AI 비서를 통해 음성 검색도 가능하다. 그리고 화면도 봐야 한다. 길을 걸을 때도 마찬가지다. 스몸비smombie: smart phone과 zombie의 합성어라는 용어까지 나올 정도다.

우리는 곧 이러한 수고를 덜게 될 것이다. 일론 머스크는 뉴럴링크

Neuralink라는 회사를 설립하여 뇌-기계 인터페이스BMIs: Brain Machine Interfaces를 개발 중이다.[229] 쉽게 말해, 스마트폰의 유심칩과 메모리칩을 우리의 뇌 안에 이식하는 것이다. 이제 생각만으로도 브레인칩 속의 정보를 바로 떠올릴 수 있을 것이다. 더 나아가 인터넷 클라우드에 저장된 모든 정보를 바로 검색하여 목적에 맞게 통합하고 연결할 수 있을 것이다. 자연지능과 인공지능의 결합, 바로 하이브리드 지능hybrid intelligence이다. 캐나다의 문명비평가 마셜 매클루언Herbert Marshall McLuhan은 '미디어는 감각의 연장prolongation'이라고 밝힌 바 있다.[230] 이제 이러한 브레인칩은 두뇌의 연장이 될 것이다.

뇌과학과 기계의 만남은 신체의 마비 증상을 해결하게 될 것이다. 뇌졸중으로 전신마비가 된 지 이미 14년이 지난 캐시 허친슨Cathy Hutchinson은 뇌에 브레인게이트라는 칩을 삽입하고 뇌파를 이용해 로봇 팔을 움직이는데 성공했다. 인간의 몸에 다른 신체 부위들을 기계와 결합한 사례는 더욱 많다. 흑백밖에 구분하지 못하는 희소병, 전색맹을 앓고 있는 닐 하비슨Neil Harbisson의 직업은 놀랍게도 아름다운 그림을 그리는 아방가르드 예술가이다. 그는 색을 소리의 주파수로 변환해서 골전도로 알려 주는 '아이보그Eyeborg'라는 장치를 뇌에 장착하고 멋진 그림을 그려 내고 있다.[231] 그게 벌써 이미 20여 년 전 일이다. 2013년 보스턴 마라톤 테러로 한쪽 다리를 잃은 무용수는 MIT 연구팀의 바이오닉 의족을 장착하고 다시 무대에 올라 전 세계에 감동을 안겨주기도 했다.[232]

최근에는 폴더블foldable, 롤러블rollable 디스플레이가 활발히 연구되고 있다. 이는 단순히 화면을 접을 수 있느냐 혹은 둘둘 말 수 있느냐의 문제가 아니다. 이러한 기술들이 지향하는 바는 결국 웨어러블wearable, 즉 인간의 피부에 장착 또는 이식해서 우리의 몸과 공생symbiosis할 수 있도록 하기 위함이다. 이 모든 것이 현재 점차 나타나고 있는 일들이다. 영화 「아이언맨」의 수트suit는 회를 거듭하며 진화했다. 「아이언맨 2」에서는 주인공의 가슴에 원자로를 부착해 엄청난 에너지를 갖게 됐다. 「아이언맨 3」에서는 신체 부위별 수트가 자유자재로 움직일 수 있었다. 영화 「어벤저스: 인피니티 워」에서 토니 스타크가 스파이더맨에게 선물한 수트는 나노 기술이 적용된 특수금속재질로, 뇌 신경과 연결할 수 있는 최첨단 수트였다. 이는 비단 영화 속의 환상이 아니다. 기술이 더욱 발전하여 안정성이 확보되면 금세 상용화될 것이다.

두 번째는 생명공학적 트랜스 휴먼이다. 기계공학적 트랜스 휴먼은 인간의 몸에 기계를 결합한 것이지만, 생명공학적 트랜스 휴먼은 인간의 유전정보, 성장, 번식 등을 통제하여 신체의 능력을 향상하는 것이다. 최근 뇌의 신경가소성neuroplasticity에 대한 관심이 높아졌다. 인간의 생각과 감정, 행동만으로 뇌의 구조와 기능을 변화시킬 수 있다는 과학적 원리이다.[233] 이와 더불어 일명 스마트 알약smart drugs라 불리우는 누트로픽스nootropics에 대한 연구가 활발해졌다. 누트로픽스는 인지력, 기억력, 창의력, 동기유발 등 뇌의 전반적인 기능을 개선하는 제품을 지칭하는 개념이다.[234] 실제 많은 기업들이 누트로픽스를 개발하여 시중에서 판매하고 있으며, 앞으로 그 기능은 계속 발전할 것이다.

생명공학의 발전은 질병의 치료를 획기적으로 발전시킬 것이다. 더 나아가 인간에게 장수를 선물하거나 가장 최적의 유전자만을 뽑아 완벽한 인간을 만들어 낼 수도 있을 것이다.

질병으로 손상된 장기를 다른 사람의 장기로 대체할 수 있는 기술은 이미 널리 활용되고 있다. 하지만 유전적으로 부작용이 없는 장기 기증자가 나올 때까지 기다려야 하는 치명적인 단점이 있다. 기증자가 제때 나오지 않아 죽음을 맞이해야 하는 일이 허다했다. 최근 생체 물질로 인공장기를 만드는 기술인 3D 바이오프린팅3D bioprinting 연구가 활발해지고 있다.[235] 이와 접목하여 앞으로 인간의 장기를 재배하는 장기농장 또는 공장까지 생겨난다면 이 같은 문제도 조만간 해결될 수 있을 것이다.

한편, 2021년 우리나라의 기초과학연구원IBS: Institute for Basic Science은 면역 거부반응이 없는 인공 근육을 만드는 데 성공했다. 임상시험을 통해 근육 손상 부위에 이 인공 근육 조직을 이식한 결과 손상되었던 근육 조직이 점차 재생되었다. 근육 손상 치료를 위한 맞춤형 인공 근육 제작이 가능해질 날이 가까워지고 있다.[236]

앞으로는 세포의 노화를 방지하거나 오히려 더 젊어지게 만드는 것까지 가능해질 것이다. 미국의 메이오 병원Mayo Clinic 연구진은 인체 임상시험을 통해 그 가능성을 입증했다. 몸속에서 아무런 기능도 하지 못한 채 사라지지 않는 좀비 세포를 제거함으로써 노화를 억제하고, 심지어 세포를 다시 젊게 만드는 개념이다. 그들은 임상시험에서 평균연령 70세인 14명의 폐 섬유화증 환자들에게 3주간 9회의 약물을 복용시켰다. 그 결과 실험 참가자들은 보행속도와 기타 신체 기능 시험 등에서 의미 있는 개선 효과를 보였다.[237] 서울대학교 생명과학부 연구팀은 노화 세포가 잘 죽지 않지만 특정 자극에 반응한다는 점을 찾아냈다. 이에, 노화 세포를 죽이기보다는 노화 세포의 활성을 제어할 수 있는 기술을 연구하여 노화를 극복할 가능성을 열었다.[238]

죽은 뇌를 살리는 연구도 진행 중이다. 1949년 포르투갈의 안토니우 모니스Antonio Egas Moniz는 2만 명의 환자에게 뇌엽 절제술을 성공해 노벨 생리의학상을 받았다.[239] 미국 예일대 연구팀은 죽은 돼지의 뇌세포에 인공혈액을 주입하여 약 36시간 동안 살리는 데 성공한 바 있다.[240] 미국의 바이오쿼크Bioquark사는 2016년부터 줄기세포 연구를 통한 죽었던 뇌 살리기 프로젝트에 들어갔다. 이는 뇌의 신경세포 활동을 재개시키는 연구로, 미국의 국가보건기구National Institutes of Health의 승인을 받아 진행되었다.[241]

더 나아가서는 아예 자녀의 유전자를 선택적으로 조작하여 원하는 형질을 갖춘 2세를 얻을 수 있을 것이다. 맞춤형 아기designer baby가 그 한 예이다. 맞춤형 아기는 필요한 유전적 형질만 포함하고 질병과 관련된 유전적 형질은 제거하여 만들어진 유전자 조작 아기이다.[242] 2018년도에 허젠쿠이He Jiankui라는 중국의 과학자는 태아 상태의 쌍둥이를 유전자 편집을 통해 에이즈 면역을 가지고 태어나도록 하는 데 성공했다.[243]

이러한 유전자 편집이나 조작을 가능케 하는 기술이 있다. 바로 크리스퍼CRISPR: Clustered Regularly Interspaced Short Palindromic Repeats다. 크리스퍼는 DNA의 정보를 담고 있는 요소와 DNA를 잘라 편집할 수 있는 절단 효소로 구성된다. 케빈 데이비스는『유전자 임팩트』라는 책에서 크리스퍼를 통해 인류가 할 수 있는 많은 일을 이야기했다. 먼저, 암과 수천 가지 유전질환을 치료할 수 있다. 또한, 코로나19와 같은 대 감염질환을 진단하는 휴대용 도구도 만들 수 있다. 영양소가 풍부한 작물을 개발할 수도 있다. 인체에 이식이 가능한 장기를 재배할 수도 있다. 그는 사람의 배아 DNA를 편집해 인간 유전자의 종류가 바뀌도록 할 수도 있다고 이야기한다.[244]

이러한 생명공학의 발전은 기계공학적 트랜스휴먼과 연결되어 앞으로 폭발적인 성과를 이루어 낼 것이라 예측된다. 삼성, 구글, 애플, 아마존과 같은 굴지의 기업들이 이 생명공학 분야를 핵심사업으로 추진하고 있는 이유이기도 하다.

마지막으로 5차 산업혁명 시대에는 영적으로 탈바꿈한 트랜스휴먼이 등장할 것이다. 이는 5차 산업혁명 기술에 의해 직접 나타나는 것이 아니다. 5차 산업혁명을 등에 업은 인간의 능력이 신에 가까워지면서 간접적으로 영향을 받아 나타나는 현상이라고 볼 수 있다.

과거에 인간은 신을 믿었다. 눈에 보이지 않는 것을 믿으면서 인간은 이야기와 담론, 문화를 형성해 갔다. 농경사회를 거치며 큰 조직도 생겨났고, 그들을 하나로 뭉치게 해 주는 신의 존재는 그들의 마음속에서 더욱 큰 자리를 잡아 갔다. 하지만 앞으로 5차 산업혁명 기술이 발달하여 인간의 수명이 늘어나고 자신이 원하는 대로 유전자를 조작할 수 있는 세상이 온다면 이야기는 달라질 수 있다. 그들은 자신이 신의 능력에 가까워졌다고 생각하고 신이 아닌 오직 자기 자신만을 믿게 될 것이다. 기계로 인해 물리적인 어려움이 없어지고 두뇌와 신체가 늙어 가는 두려움을 겪지 않게 되면 그들에게 신은 필요하지 않은 존재로 전락할 것이다.

이러한 현상은 인간의 본질이 뒤바뀌는 일이라고 볼 수도 있다. 호모 사피엔스가 다른 종들과의 경쟁에서 홀로 살아남을 수 있었던 이유는 그들이 상상하고 이야기를 만들어 낼 줄 아는 능력을 지녔기 때문이었다.[245] 최첨단 과학기술과 생명공학 기술을 다 가진 채 오직 자신만을 믿는다면 이제 다른 사람들과 상상을 공유하고 이야기를 만들어 낼 필요도 없어질 것이다. 무엇이 진실인지 혼란스러운 시대, 각자가 자신만의 진실을 지닌 시대가 도래할 수 있다는 것이다.

혹자는 순수한 인간성이란 애초부터 존재하지 않는다고 말하기도 한다. 인간은 항상 새로운 도구를 발명해서 함께해 왔기 때문이다. 우리는 도구를 이용해서 농사를 짓고 전쟁을 했으며 수차례의 산업혁명도 이루어 냈다. 분명 10만 년 전 인류와는 확연히 다른 삶을 살고 있지만 우리는 여전히 우리 자신을 '인간'이라 부른다. 앞으로의 기술발전도 마찬가지다. 레이 커즈와일Ray Kurzweil은 2045년까지 인공지능이 인간의 지능을 뛰어넘는 순간, 즉 특이점이 도래할 것이라 말했다.[246] 그것에 맞춰서 인간성도 변화할 것이라는 게 이러한 학자들의 주장이다.[247]

하지만 인간은 분명 한계에 부딪힐 것이다. 자연과 신의 섭리 파괴로 더 큰 재앙이 올 수도 있다. 성경에 나오듯 또 다른 노아의 홍수 사건이나 바벨탑 사건을 겪을지도 모른다. 이러한 관점에서 5차 산업혁명은 매우 위험하다. 저자는 신을 믿는다. 그래서 아무리 인간이 발전을 거듭하고 신의 영역에 가까이 간다고 하더라도 결국 신이 될 수는 없다고 생각한다. 어쩌면 인간이 오랜 시간 공들여 이루어 낸 모든 발전과 혁명조차 신에게는 단지 극히 작은 부분일지도 모른다. 그런 의미에서 저자는 유발 하라리의 호모데우스라는 용어가 적절하다고 생각하지 않는다. 다만, 여기서 이 주제를 고찰하는 이유는 이러한 논의가 앞으로 다가올 미래에 대비하는 개념이 아닌, 미래를 선도하기 위해서 꼭 필요하기 때문이다. 우리가 선도하지 않더라도 5차 산업혁명은 결국 다른 누군가에 의해 우리 앞에 나타날 것이다.

우리에게 필요한 것은 다른 형태의 영적 진화이다. 이제 머리를 쓰는 일은 AI가 다 할 것이다. 인간이 AI와 차별화될 수 있는 것은 감정과 영혼이다. 과거에는 지능지수IQ: Intelligence Quotient가 높으면 성공할 가능성이 크다고 여겼다. 하지만 실제 결과는 달랐다. 오히려 타인의 감정을 잘 헤아리는 사람들, 사회적 기술이 높고 대인관계가 원만한 사람들이 더욱 성공했다. 그래서 2000년대 들어서면서부터 감정지수EQ: Emotional Quotient가 중요하게 여겨졌다. 이제 미래에는 기계가 가지고 있지 않은 영성지수SQ: Spiritual Quotient가 더욱 중요해지는 시대가 도래할 것이다.

영성지수의 개념을 처음 제시한 하워드 가드너Howard Gardner는 우리의 뇌에 지능지수나 감정지수로 측정할 수 없는 영역이 더 있다는 가정하에 연구를 진행했다. 그는 인간의 뇌는 총 아홉 가지의 다중지능을 지니고 있으며, 그중 아홉 번째 지수가 바로 영성지수라고 주장했다. 가드너에 따르면 영성지수는 다른 지능들의 가장 기본이 된다. 또한, 인간의 존재론적 의미, 삶과 죽음 등과 같이 인생에 대한 심오한 질문을 던질 수 있는 능력이다. 자신과 세상의 조화, 모든 실존하는 것들에 대한 통찰력 등이 이러한 영성지수에 해당한다. 영성지수가 높은 사람은 무엇보다도 의미 있는 삶에 가치를 두고, 자신과 더불어 공동체 모두가 행복한 삶을 영위할 수 있도록 노력한다.[248]

이 책에서 강조하는 SQ는 두 가지 믿음에서 출발한다. 첫 번째는 앞서 설명한 자기 자신에 대한 믿음이다. 그다음은 인간이 아무리 진화하더라도 결국 자연의 한 부분이라는 믿음이다. 신을 믿건 믿지 않건 그것은 다음 문제이다. 인간이 절대적 능력을 지닌 존재가 아니라는 믿음을 절대 잃지 말아야 한다. 그렇기에 인간은 자연과, 또 그 자연 속의 다른 사람들과 조화를 이루며 살아가야 한다.

5차 산업혁명 기술이 발전할수록 첫 번째 믿음은 더욱 커질 테지만 두 번째 믿음은 갈수록 줄어들 것이다. 이를 의식적으로 키워 나가야 한다. 노자는 『도덕경』에서 "성인은 쌓아 놓지 않고 사람들을 위해 베풀지만, 더욱 많이 가지게 된다聖人不積 旣以爲人 己愈有: 성인부적 기이위인 기유유"고 말했다.[249] 5

차 산업혁명은 인간의 한계를 극복한 초자아hyper-self[250]를 만들어 내겠지만 그 초자아는 자연이라는 전체를 결코 벗어날 수 없다. 자연에 순응하고 다른 사람들과 더불어 살 때 우리는 비로소 완전한 자아실현에 이르게 된다. 즉, 위의 두 가지 믿음이 공존하며 균형을 이룰 때 5차 산업혁명을 인간에게 이로운 방향으로 이끌어 나갈 수 있을 것이다. 이 믿음의 균형이 '빌리빙'이다.

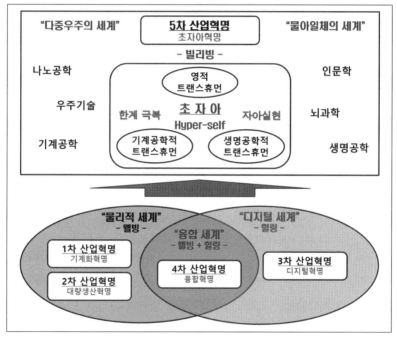

4-3. 5차 산업혁명으로의 전환

인간은 이러한 5차 산업혁명을 통해 스스로가 플랫폼이 되어 자아실현의 욕구를 충족하려 할 것이다. 이것이 바로 우리가 선점해야 할 분야이다. 4차 산업혁명은 이미 늦었다. 그냥 새롭게 개발되는 기술들을 재빠르게 따라가면 된다. 우리는 한 발 앞을 내다봐야 한다. 인간이 플랫폼이 되는 그 시대로 우리가 앞장서 나아가야 한다.

5차 산업혁명을 이야기하는데 중요한 사항을 한 가지 빠뜨렸다. 바로, 위 그림 속에 들어 있는 우주universe이다. 앞으로 메타버스의 세계와 진짜 우주의 기술, 그것도 다중우주를 여는 기술이 만나게 되면 또 다른 폭발적 발전이 이루어질 것이다. 많은 선진국이 우주 개발에 열을 올리고 있는 이유이다.

## 우주: Heart Land vs. Rim Land

인류의 역사는 점령의 역사다. 서로의 것을 빼앗고 빼앗기며 인류는 발전해 왔다. 인류가 기록으로 남기기 시작한 고대 페르시아 전쟁으로부터 1, 2차 세계대전에 이르기까지 당시 강대국들은 침략을 통해 더 넓은 땅과 바다를 지배하고자 했다. 지금까지도 세계 곳곳에서는 크림전쟁, 중국의 남중국해 점령, 카슈미르 분쟁, 나고르노-카라바흐 전쟁, 이스라엘-팔레스타인 전쟁 등 조금이라도 영토와 영해를 넓히고자 많은 분쟁이 일어나고 있다.

1, 2차 산업혁명은 열강들의 식민지 경쟁을 부추겼다. 공장에서의 대량생산이 가능해지면서 창고의 재고품은 쌓여 갔다. 이 재고품들을 팔기 위해서는 새로운 시장이 필요했다. 열강들에게 시장을 확보하기 위한 가장 손쉬운 방법은 약소국을 점령하는 것이었다.

이러한 열강들의 식민지 경쟁 속에서 지정학geopolitics이 꽃을 피우기 시작했다. 지정학이란 국가들의 정치와 외교정책, 국제관계에 대한 지리, 경제, 인구 등의 영향을 연구하는 학문이다.[251] 언론인이자 지정학자인 팀 마샬Tim Marshall은 『지리의 힘』에서 전 세계를 열 개의 구획으로 나누었다. 그리고 국가들은 자신이 처한 지리적 환경에 영향받아 현재의 모습으로 변화해 왔다고 설명했다.[252]

이 지정학에 매우 큰 영향을 끼친 두 가지의 이론이 있다. 바로 심장부 이론Heartland Theory과 주변부 이론Rimland Theory이다.

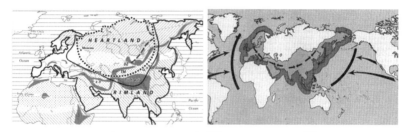

그림 4-4. 심장부 이론(좌)[253]과 주변부 이론(우)[254]

먼저, 심장부 이론은 영국의 할포드 매킨더Halford J. Mackinder가 1904년 "역사의 지리적 축The Geographical Pivot of History"이라는 기고문에서 처음 소개했다.[255] 그는 세계를 크게 두 부분으로 분류했다. 먼저 아프리카와 유라시아를 묶어 세계 섬World Island이라 지칭했다. 그 외의 땅, 즉 아메리카 대륙, 호주, 일본, 영국, 오세아니아 등을 주변 섬Peripheral Islands이라 지칭했다. 그는 세계 섬이 핵심 지역이며 그 외 주변 섬은 천연자원이나 접근성 측면에서 핵심 지역과 비교하면 중요도가 낮다고 여겼다.

그는 세계 섬 중에서도 중부유럽과 동유럽 지역 일대를 심장부라고 지칭했다. 그리고 이 심장부를 지배하는 국가가 세계 섬을 지배할 것이며, 세계 섬을 지배하는 국가가 세계 전체를 재배할 것이라고 주장했다. 그 땅의 중심에는 바로 러시아가 있다.

독일 나치당 시절의 칼 하우스호퍼Karl Ernst Haushofer는 이 심장부 이론을 적극적으로 받아들였다.[256] 그는 독일의 영토확장을 주장한 프리드리히 라첼Friedrich Ratzel의 생활권lebensraum 개념을 구체화했다.[257] 히틀러 또한 『나의 투쟁Mein Kampf』에서 이 개념을 언급했다. 그는 게르만 민족이 생존에 필요한 공간을 더 확보하기 위해 열등한 인종인 슬라브족을 몰아내고 동유럽과 유라시아 대륙을 차지해야 한다고 주장했다.[258] 하우스호퍼는 괴벨스 Paul Joseph Goebbels와 함께 히틀러의 실질적인 오른팔이었다. 그는 매킨더의 심장부 이론과 라첼의 생활권 이론 등을 토대로 나치당의 소련 침략을 정당화하는 데 이론적 근거를 마련했다.[259]

심장부 이론은 미국의 해양전략가 알프레드 마한Alfred T. Mahan의 해양력 이론을 비판하면서 나온 것이었다. 1890년 마한은 『해양력이 역사에 미치는 영향The Influence of Sea Power upon History』을 통해 강력한 해양력을 지닌 국가가 세계의 지배자가 될 수 있다는 주장을 했다. 마한은 결정적 지점을 강조한 조미니의 사상을 바다에 적용했다. 그래서 해양력을 기초로 한 주요 수로, 운하 등의 확보를 중요시했다. 이를 위해서는 제해권command of the sea을 확보해야 한다고 주장했다. 그는 함대 결전을 통해 해양 병참선sea lines of communications을 유지하고 재해권을 확보할 수 있다고 보았다.[260]

당시 미국은 150여 년간 독립전쟁과 미국-멕시코전쟁, 남북전쟁 등 혼란한 시기를 거치면서 어느덧 광활한 영토를 지닌 강대국이 되어 있었다. 이제 미국은 자연스레 그 시선을 국내에서 해외로 돌렸다. 이 시기에 마한의 이론은 미국의 전략에 딱 맞아떨어지는 이야기였다. 하지만 매킨더는 당시 산업혁명을 통해 발달하던 장거리 철도를 보면서 해상 교통보다는 육

상교통이 무역의 중심이 될 것이라고 여겼다.[261]

한편, 미국의 지정학자 니콜라스 스피크먼Nicholas J. Spykman은 매킨더의 이론을 비판하고 마한의 이론에 손을 들어 줬다. 그는 1942년 발간한 『세계정치에서의 미국 전략America's Strategy in World Politics』에서 세계를 심장부, 주변부rimland, 그리고 그 외의 도서 및 대륙offshore islands and continents으로 나누었다. 여기서 그는 미국의 안보에 가장 위협이 되는 일은 다른 강대국이 유라시아 대륙의 주변부를 차지하는 것이라고 주장했다. 그렇다고 그가 유라시아 대륙 자체를 차지하는 것이 중요하지 않다는 의미는 아니었다. 오히려 유라시아 대륙을 통제하기 위해서는 해양력을 활용한 주변부의 확보가 더 중요하다는 주장이었다. 그는 미국이 이 주변부 지역을 차지한다면 세계를 지배할 수 있다고 보았다.[262]

그의 책이 출간되었던 1942년은 미국이 일본으로부터 진주만 공습을 받은 이듬해이다. 미드웨이 해전과 과달카날 전투를 거치면서 한창 일본에 반격하던 시기였다. 미국 시민들 사이에서는 일본에 대한 분노가 극에 달했었다. 그런데도 스피크먼은 2차 세계대전이 종료되면 일본과의 관계를 회복해야 한다고 주장했다. 일본이 주변부로서 지정학적으로 매우 중요한 가치를 지녔다고 여겼기 때문이다. 실제 미국은 2차 세계대전 이후 일본과 미일 안보조약을 체결했고, 일본은 현재까지 미국의 주요 해외 기지 중 하나로 자리매김하고 있다. 주변부 이론은 조지 케넌George F. Kennan의 봉쇄정책과 연계되어 미국이 일본뿐만 아니라 세계 곳곳에 항구와 군사기지를 건설하고 미군을 주둔시키도록 하는 근거가 되었다.[263]

하지만 심장부 이론 또한 여전히 유효하다. 2차 세계대전 이후 소련은 막대한 자원을 바탕으로 미국과 함께 양강으로 군림했다. 1989년 소련 체제 붕괴 이후 잠시 주춤했으나 러시아는 금세 다시 강대국으로 부상하고 있다. 최근에는 북극이 점차 녹으면서 북극의 천연자원에 관한 관심이 매우 높아졌다. 북극에는 석유, 금 등 많은 천연자원이 매장되어 있는 것으로 알려져 있다. 북극 점령 경쟁에는 다른 어느 나라보다 러시아가 유리하다. 북극에 지리적으로 가깝고, 약 40여 척 이상의 쇄빙선을 보유하고 있다. 러시아는 세계 유일의 원자력 쇄빙선 보유국이기도 하다.[264]

한편, 중국은 이 두 이론을 모두 다 적용하고 있는 듯하다. 중국의 시진핑 주석은 2013년 중국과 유럽을 잇는 세계적인 인프라를 구축하겠다는 신 실크로드新 Silk Road 구상, 이른바 일대일로一帶一路, One Belt One Road 전략을 선포했다.[265] 여기서 '일대'는 육상에서의 실크로드로 중국으로부터 중앙아시아와 러시아, 서남아시아를 거쳐 유럽과 지중해, 인도양에 달하는 무역로를 개척하겠다는 의미이다. '일로'는 해상에서의 실크로드로 중국으로부터 남중국해, 인도양과 남태평양을 거쳐 유럽에 이르는 해상 무역로를 장악하겠다는 뜻이다. 이를 위해 중국은 동중국해와 남중국해 일대에 암초를 인공섬으로 만들어 영유권을 주장하고 있다.

중국은 2016년 아시아인프라투자은행AIIB: Asia Infrastructure Investment Bank을 설립하여 일대일로 구축을 위한 자금 조달을 추진하고 있다.[266] 최근에는 약 80여 개 회원국이 일대일로 구상에 참여하는 등 거대한 프로젝트가 되었다. 이 전략의 성공 가능성은 차치하고서라도, 이론적으로 봤을 때 육상에서의 실크로드는 심장부 이론, 해상에서의 실크로드는 주변부 이론이 주장하는 바와 맞아떨어진다. 중국이 도련선 전략Island Chain Strategy과 중장거리 미사일, 항모, 스텔스기 개발 등으로 미국의 인도태평양 전략을 저지하려 하는 이유 중 하나이기도 하다.

이렇듯 이 두 이론은 현대 역사에 매우 큰 영향을 끼치고 있다. 물론, 이 두 이론이 가진 공통의 문제점이 있다. 바로 땅land에만 기초했다는 것이다. 해양력의 중요성을 이야기한 스피크먼도 결국 대륙의 주변부를 점령하는 궁극적인 목적은 유라시아 대륙에 대한 통제력을 갖기 위함이라 여겼다. 하지만 현시대를 풍미하는 강대국들의 주요 국가전략이 이 이론들로 어느 정도 설명이 가능하다는 사실만으로 이 두 이론의 가치는 충분하다.

이제 강대국들은 다른 곳에 눈을 돌리고 있다. 바로 우주다. 우주는 행성, 별, 은하계, 물질과 에너지를 포함한 모든 시공간을 통틀어 일컫는 단어이다.[267] 우주 공간은 아직 미지의 세계다. 과학적으로 끊임없이 연구되고 있음에도 우주가 얼마나 넓은지 우리는 아직 알지 못한다. 많은 국가가 우주 진출을 꿈꾸고 있지만, 아직 갈 길이 멀다. 뚜렷한 비전과 전략을 수립하는 것만으로도 어려움을 겪고 있는 국가들이 대다수이다. 막연히 우주선이나 인공위성 개발에 집중하고 있는 경우가 많다.

이제 우리는 우주에서의 주도권 확보를 위해 우주의 '심장부'와 '주변부'를 찾아야 한다. 그리고 이를 점령할 마땅한 전략을 수립해야 한다. 단순히 물리적 위치를 이야기하는 것이 아니다. 관념적이어도 좋다. 중요한 것은 우주의 중요성에 대한 우리의 인식이다. 이를 위해, 선진국의 우주 전략을 살펴보면서 우리나라가 우주로 나아가기 위해 무엇이 중요한지를 알아볼 필요가 있겠다.

우주 기술의 선두주자라고 하면 단연 미국과 러시아를 꼽을 수 있다. 이 두 국가 간 우주 경쟁의 시작은 2차 세계대전 직후로 거슬러 올라간다. 2차 세계대전 당시 독일의 V-2로켓이 독일 공군의 공습에 활용되어 런던과 앤트워프에서 약 9,000명의 살상 효과를 거두었다.[268] 2차 세계대전이 독일과 일본의 패망으로 종료되자 미국과 소련은 독일의 V-2 로켓 기술을 확보하기 위한 경쟁에 돌입했다.

V-2로켓을 개발한 독일의 베르너 폰 브라운Wernher von Braun 박사는 미군 진영에 자발적으로 투항했고, 미국은 브라운 박사를 중심으로 1,600여 명의 독일 과학자들과 로켓 개발에 박차를 가했다.[269] 한편 소련은 전쟁이 끝나기 전부터 자체 로켓 개발을 진행 중이었다. 전쟁이 종료된 후 세르게이 코롤레프Sergei Pavlovich Korolev가 축적된 기술력을 토대로 V-2 로켓의 잔해를 분석함으로써 자체 로켓 개발에 성공했다.[270]

경쟁 초반 승기를 잡은 쪽은 소련이었다. 소련은 막대한 자금력을 투입하여 R-7 로켓에 인류 최초의 인공위성 스푸트니크 1호를 쏘아 올리는 데 성공했다.[271] 1957년 10월 4일이었다.

미국은 육해공군 각자가 개발하다 보니 노력이 통합되지 못했다. 스푸트니크 위기Sputnik Crisis를 겪은 미국은 로켓 개발에 박차를 가해 같은 해 12월 6일 뱅가드Vanguard 로켓을 발사했다. 그러나 결과는 참담했다. 로켓이 발사대를 떠나기도 전에 폭발해버린 것이다. 다행히도 1958년 1월, 브라운 박사가 이끄는 육군의 인공위성 익스플로러 1호가 궤도 진입에 성공하며 구겨진 자존심을 조금이나마 회복할 수 있었다.[272] 소련이 5월 15일 스푸트니크 3호 발사에 성공하자, 미국은 더 다급해졌다. 스푸트니크 3호는 그 무게가 1톤에 달했고, 이는 곧 소련이 미국 땅에 1톤짜리 핵폭탄을 떨어뜨릴 수 있음을 의미했기 때문이다.[273]

이에 미국의 아이젠하워Dwight D. Eisenhower 대통령은 항공우주 분야 전담 연구기관 설립을 추진했다. 그 결과로 1958년 10월 1일 미 항공우주국NASA: National Aeronautics and Space Administration이 출범했다.[274] 그런데도 소련은

1960년대 초반까지 우주 경쟁에서 미국을 압도했다. 최초로 지구 중력을 벗어난 우주선 루나 1호를 쏘아 올린 것도, 루나 2호를 최초로 달에 충돌시킨 것도, 금성과 화성에 최초로 탐사선을 보낸 것도, 심지어 성별을 불문하고 최초로 우주에 사람을 보낸 것도 모두 소련이었다.[275]

아이젠하워의 뒤를 이은 케네디John F. Kennedy 대통령은 우주에서의 주도권 확보가 미국의 국익에 매우 중요한 일이라 생각했다. 그는 1962년 라이스 대학에서 한 연설에서 60년대가 가기 전에 달에 가게 될 것이라 선언했다.[276] 혁신적인 생각이었다. 오늘날 우리가 혁신에 도전하는 창의적인 생각을 '문샷 씽킹moon-shot thinking'이라 부르는 이유가 여기에 있다. 이러한 노력 끝에 1969년 7월 20일 미국의 닐 암스트롱Neil Armstrong이 달에 착륙하는 데 성공했다.[277]

이후 양국의 우주 경쟁은 다양한 분야로 발전해 갔다. 미국은 1976년 바이킹 1호를 화성에 착륙시켜 생명체를 탐사했다. 1989년까지 목성에 파이어니어Pioneer 10호, 토성에 파이어니어 11호, 천왕성과 해왕성에 보이저 2호를 보내 행성을 탐사했다. 1975년에는 데탕트détente 시대와 맞물려 미국의 아폴로와 소련의 소유즈Soyuz가 우주에서 도킹에 성공하는 역사적 사건도 발생했다.[278]

광활한 우주에 더 멀리 뻗어 나가기 위한 우주 정거장 연구도 활발히 진행되었다. 소련은 1970~1980년대에 살류트 우주 정거장을, 1980~1990년대에 미르 우주 정거장을 설치하여 사람이 체류 가능한 우주과학 실험실 건설을 꿈꿨다. 미국은 이에 더하여 우주 정거장까지 갔다가 지구로 되돌아올 수 있는 우주 왕복선을 개발하기에 이르렀다. 하지만 비용 문제와 잦은 사고로 프로젝트 시작 30여 년 만인 2011년 폐기되었다.[279]

미소 냉전체제가 붕괴하면서 우주 경쟁의 열기가 다소 식은 듯했다. 우주 개발의 선두주자가 된 미국에서도 우주에 대한 막대한 자금 소비를 반대하는 국민들이 많아졌다. 하지만 이제 세계 많은 국가가 우주의 전략적 가치가 높다는 사실을 점차 깊이 인식하면서 다시금 우주 경쟁이 불타오르고 있다. 또한, 우주 개발의 주체가 정부와 군에서 민간 산업체와 각종 연구기관까지 확대되었다. 2020년 11월에 일론 머스크Elon Musk의 스페이스X가 유인 우주선을 쏘아 올리는 데 성공했다.[280] 일례로, 스페이스X가 출시한 위성 기반 인터넷 서비스 '스타링크'는 2022년 전쟁으로 파괴된 우크라이나의 인터넷 시스템을 대체하여 의료, 군사 목적으로 긴요하게 사용되었다.[281] 이렇게 뉴스페이스new space 시대가 열리고 있다.

미국과 러시아보다 한발 늦게 출발한 중국도 이제는 어엿한 우주 강국의 반열에 올라서 있다. 러시아로부터 우주 관련 기술을 대거 들여온 중국은 2017년 우주 굴기를 선포했다. 2021년 중국은 화성에 탐사선을 성공적으로 안착시키기도 했다. 최근 중국 우주국은 70톤급 톈허天河 우주정거장 건설을 추진하고 있다. 이 같은 우주정거장이 완성되면 3명의 우주 요원을 상주시켜 정보활동을 할 것이라고 밝혔다.[282]

일본은 소행성 탐사 분야에서 최초의 타이틀을 거머쥐었다. 일본 정부는 민간차원의 우주기술발전을 도모하기 위해 일본우주항공연구개발기구JAXA: Japan Aerospace eXploration Agency가 개발한 우주 기술들을 일반 기업에 이전하고 있다. 또한, 우주 활동법을 기반으로 민간 기업이 인공위성 발사에 실패하더라도 보험금을 초과하는 비용은 정부가 보상해 주는 제도를 마련했다. 군사적으로도 2008년 우주 기본법에 우주 안보를 포함했고, 2020년에는 항공자위대 예하 우주 작전대를 창설했다.[283]

아랍에미리트UAE: United Arab Emirate도 2021년 화성 궤도에 탐사선을 진입시키는 데 성공했다. 세계 다섯 번째이다. 우리나라의 인공위성 관련 기업인 쎄트렉아이로부터 인공위성 제작기술을 배워간 지 불과 10년 만이었다.[284] 아랍에미리트는 100년 뒤 화성에 인류 정착촌을 건설한다고 밝히기도 했다.

인구 60만의 소국 룩셈부르크도 우주 분야 스타트업 국가로 떠오르고 있다. 룩셈부르크는 2018년 우주청을 설치하고 인재를 양성하고 있으며, 기술 상용화를 위해 국가적인 투자를 확대하고 있다. 또한, 국제협력을 통해 굴지의 민간 우주기업들의 투자를 적극적으로 유치하고 있다. 2021년 서울에서 열린 제3회 서경 우주 포럼에 참석한 마크 세레스 룩셈부르크 우주청장은 장기적 관점에서 균형된 우주 정책 목표가 중요함을 강조한 바 있다.[285]

많은 국가들의 이러한 노력에도, 미국은 국가 차원의 우주 전략 측면에서 단연 선두주자라고 볼 수 있다. 오바마Barrack Obama 대통령은 2010년『국가우주정책National Space Policy』를 발간했다.[286] 2011년에는 『국가안보우주전략National Security Space Strategy』을 발표했다. 이후 2018년 트럼프Donald Trump 대통령은 제1차 미국우주전략을 발표했으며, 2019년 12월 20일 美 우주군USSF: United States Space Force이 창설되기에 이르렀다.[287]

군사적 측면에서 살펴보면, 미소 냉전 시절 미국의 노력은 주로 정찰감시를 위한 위성 개발이 주안이었다. 1980년대에 들어서 소련-아프가니스탄 전쟁, 소비에트연방 소속 국가들의 결속력 약화 등으로 소련은 점차 약해져 갔다. 이 시기에 미국의 레이건Ronald W. Reagan 대통령이 전략방위구상SDI: Strategic Defense Initiative을 발표하면서 우주 개발의 초점이 소위 글로벌 스트라이크global strike라고 불리는 공격무기 개발로 이어졌다.[288] 걸프전에서 선보인 GPS와 정밀유도무기는 이러한 노력의 산물이었다. 이는 추후 미군의 네트워크중심전NCW: Network Centric Warfare 개념의 핵심 기술이 되었다.[289]

미군의 군사 우주 전략은 우주군이 창설된 이후 더욱 체계화되었다. 2020년 6월, 美 우주군은 우주군 기본교리인 『우주력Spacepower』을 발간했다. 이 교리에서는 우주를 '궤도비행의 영역the domain of orbital flight'이라 칭했다.[290] 우주 영역은 거의 진공상태에 가까운 환경이기 때문에 공기저항이 낮다. 덕분에 우주비행체는 특별한 추진력이 없이도 고속으로 움직일 수 있다. 또한, 물체가 오직 중력의 영향만 받기 때문에 지구를 중심으로 일정 궤도를 유지토록 할 수가 있다.

이러한 궤도비행을 통해 인공위성은 넓은 관측범위perspective를 확보할 수 있다. 우주에는 영공의 개념도 없고 국제법이 미치지 않는 지역이기 때문에 어느 곳이든지 위성을 보낼 수 있다. 한 장소에서 지구를 한눈에 관측할 수 있고, 반대로 광활한 우주 공간도 볼 수 있다. 이렇듯 美 우주군의 기본교리는 '궤도비행'의 관점에서 출발한다. 우주군은 이 궤도비행 기술을 통해 다섯 가지 핵심능력을 확보하고자 한다. 우주 안보, 전투력 투사, 우주 기동성 및 군수지원, 정보 유통, 우주 영역 인식이 바로 그것이다.[291]

이 교리가 시사하는 또 다른 주요 포인트는 우주전의 술術, art적 측면을 강조하고 있다는 점이다.[292] 첨단 과학기술의 정점인 우주전에서 술적 측면을 강조하는 것은 우주전 또한 목적이 충돌하는 서로 다른 사람들의 상호작용이 그 중심에 있기 때문이다. 이 교리는 우주작전을 물리적 차원, 네트워크 차원, 인지적 차원으로 구분한다.[293] 물리적 차원은 우주체계를 궤도부, 지상부, 그리고 이 둘을 연결하는 연결부로 나누고, 이 환경 속에서 운용되는 우주비행체의 운용까지 모두 포괄하는 개념이다. 네트워크 차원은 우주력을 지휘 및 통제하기 위한 데이터의 수집, 전송, 처리 과정을 포함한다.

인지적 차원은 물리적 차원과 네트워크 차원에서 작전이 이루어지는 가운데 배제되어서는 안 될 인간의 인지적 사고 영역을 말하는 것이다. 이 인지적 차원은 다시 우주전의 술적 측면과 연결될 수 있다. 인지적 차원에서 접근한다면 우리는 막연하게 현존하는 과학기술에만 의존하지 않을 것이다. 당장 기술적 한계가 있더라도 더 멀리, 더 넓게 우주 개발에 대한 사고력을 확장시킬 수 있을 것이다.

이렇듯 미국은 큰 틀에서의 우주 전략만 공개할 뿐, 정말 중요한 세부 사항들은 기밀로 하고 있다. 저자가 미국 육군 지참대에서 군사학 석사 공부를 하던 시절, 외국군들이 수강하지 못하는 수업이 딱 한 가지 있었다. 바로 우주 전략 수업이었다. 그만큼 우주는 미국이 전략적으로 중요하게 여기는 사안임을 알 수 있다.

뒤늦게 우주 경쟁에 뛰어든 우리나라도 짧은 시간에 많은 성과를 이루었다.[294] 6·25 전쟁 이후 전후복구사업에 힘써야 했던 우리나라는 국가 주도의 경제성장 정책을 통해 한강의 기적을 만들어 냈다. 하지만 1980년대까지만 해도 먹고사는 문제에 부딪혀 천문학적 예산이 소요되는 우주 산업에 관심조차 둘 수 없었다. 1989년 한국항공우주연구원(이하 항우연)이 설립되고 나서야 우리나라는 본격적으로 우주 개발에 뛰어들 수 있었다.

우리나라는 위성 분야에서 빠른 성장을 했다. 먼저 1992년 카이스트 인공위성연구소가 소형 실험 위성인 우리별 1호 발사에 성공했다. 이후 1999년에 항우연이 다목적 실용위성 아리랑 1호를 발사했고, 그 후 연속해서 무궁화 위성 등 개선된 실용위성을 발사하여 운용 중이다. 2010년에는 국내 최초 정지궤도 위성인 천리안을 발사하는 데 성공했다. 10년 후인 2020년 2월 19일에는 천리안 2B호를 발사했는데, 이는 환경 탑재체가 탑재된 세계 최초의 정지궤도 위성으로 기록되었다.[295]

한편, 우주 로켓 분야는 그 성장이 상대적으로 더뎠다. 2009년까지 우리나라에는 자체 개발한 발사체도 없었을뿐더러 발사체를 쏘아 올릴 플랫폼도 없었다. 그러던 중 2009년 전남 고흥에 드디어 나로우주센터를 설치하여 세계에서 열세 번째 우주기지 보유국이 되었다. 항우연은 2003년부터 우주발사체 개발에 들어갔는데, 2009년 나로호를 개발하여 첫 발사를 시도했으나 목표궤도 진입에 실패했다. 이후 두 번의 실패를 더 경험한 후 2013년 드디어 나로호를 성공적으로 궤도에 안착시켰다.

2021년 5월 미국에서 실시한 한미 정상회담에서는 미사일 협정의 사거리 제한이 해제되었다.[296] 우주선 개발에 제한이 사라진 것과 같다. 이제 본격적으로 우주로의 진출을 꾀할 시점이 되었다. 그 출발을 알리기라도 하듯 2022년 6월 21일 누리호KSLV-II 발사에 성공했다.[297] 이제 한국은 자체 기술로 1t 이상의 실용 인공위성을 우주발사체에 실어 쏘아 올린 7번째 국가로 기록되었다. 또한, 우리나라의 첫 달 탐사선인 다누리Korea Pathfinder Lunar Orbiter는 2022년 8월 5일 발사되어 달을 향해 순항 중이다.[298] 하지만 우리는 보다 넓은 관점에서 우주를 바라봐야 한다. 우리나라가 선진국들의 최신 우주 기술을 따라잡으면서도 어느 순간 그들보다 월등히 앞서기 위해서는 다음과 같은 세 가지 접근법이 필요할 것이다.

먼저, 단기적 차원에서 '지구 중심의 우주 개발'이다. 이는 궤도비행 관점에서의 물리적인 접근법이며, 비교적 단시간 내에 개발할 수 있다. 美 우주군 교리를 포함하여 많은 학자가 우주체계를 궤도부, 지상부, 연결부의 세 부분으로 구분한다. 궤도부는 지구 대기권 바깥의 궤도 영역을 말한다. 이 영역은 우주비행선이나 인공위성이 실제 운용되는 지역이다. 지상부는 우주비행체나 인공위성 발사를 위한 플랫폼이다. 발사장과 발사대를 포함하여 로켓을 쏘아 올리기 위한 모든 제반 노력이 투사되는 지역이다. 연결부는 궤도부와 지상부를 연결하는 영역이다. 전자기 스펙트럼을 활용하여 신호와 정보를 주고받을 수 있는 시스템을 일컫는다.

이 세 영역에 관한 연구를 토대로 많은 국가가 지구 중심의 우주 개발을 진행하고 있다. 미국, 러시아, 중국 등의 우주 개발 선진국들은 이미 일정 수준의 우주 개발 단계에 도달했다. 이에 비하면 우리의 기술력은 이제 막 걸음마 수준이라고 볼 수도 있다. 하지만 투자 기간 대비 우리나라가 이룬 성과는 매우 크다. 그만큼 우리는 금세 선진국들을 따라잡을 수 있을 것이다. 즉, 이미 개발된 기술들을 빠르게 습득하여 선진국들과 대등한 위치에 오르는 것이 중요하겠다. 이것이 단기적 차원에서 지구 중심의 우주 개발을 위한 전략 방향이 되어야 할 것이다.

다음으로 중기 차원에서는 '제한적 우주탐사'에 집중해야 한다. 우리 태양계에 존재하는 천체와 소행성 탐사에 대해 주도권을 확보해야 한다는 뜻이다. 이를 위해서는 먼저 달 탐사와 거주촌 설립을 최우선으로 추진해야 한다. 다른 천체와 소행성 탐사도 지속해서 수행하다 보면 그 노하우가 쌓여 달에서의 주도권 확보에 도움이 될 것이다. 중기 차원의 제한적 우주탐사에서 중요한 것은 바로 이 주도권 확보이다. 단기 차원의 '지구 중심의 우주 개발'과 중기 차원의 '제한적 우주탐사'에서는 지금도 계속 발전 중인 4차 산업혁명 기술이 큰 역할을 할 것이다.

마지막으로, 장기적 차원에서는 '확장형 우주탐사'가 중요하다. 이는 앞선 제한적 우주탐사의 연장선에서 생각할 수 있다. 태양계를 벗어난 다른 은하계에 관한 연구와 탐사를 통해 우주 영역에서의 선두주자로 우뚝 설 수 있다. 끈 이론이 주장하는 바와 같이 우주의 차원이 우리가 인식하는 4차원보다 훨씬 복잡하다는 점을 인정하고 연구를 거듭해야 한다.

또한, 양자역학의 미시세계와 우주라는 거시세계를 접목하기 위한 연구가 더욱 활발해져야 한다. 미국 브랜다이스 대학교Brandeis University의 마크 밀러Mark Miller 박사(당시는 박사과정 학생이었다)는 2006년 「뉴욕타임즈」에 기고한 글에서 뇌 신경망 구조와 우주의 구조를 비교한 사진을 게재했다. 이는 미시세계와 거시세계가 유사한 구조로 되어 있을 가능성을 시사하는 것이었다. 이후 관련 연구가 활발히 이루어져 원자구조와 태양계, 인간 홍채와 성운, 세포 분열과 행성 죽음, 뇌 신경세포와 우주 거대구조의 유사성에 대한 가설이 속속 등장했다.[299]

원자는 그 활발한 이동성으로 인해 그동안 정밀하게 관찰하기 어려웠다. 카오스 이론Chaos Theory이 말하듯, 원자의 이동성은 상하이에서 나비의 날갯짓이 뉴욕에서 태풍을 불러일으키는 나비효과를 발생시킨다. 그런데 최근 연구에서 원자를 약 -273.15℃ 극저온으로 결빙시켜 그 구조를 정확히 관찰하는 연구가 성공한 바 있다.[300] 이를 통해 미시세계의 원자로부터 관찰된 패턴이 거시세계의 우주에서 우리가 볼 수 있는 구조와 유사함이 밝혀졌다.

카오스 이론에서의 프랙탈fractal, 즉 작은 구조가 전체 구조와 비슷한 모습으로 끝없이 되풀이되는 형태가 미시세계와 거시세계를 연결하고 있다는 것이다. 밀러 박사의 사진으로 등장했던 가설들이 이제는 상당 부분 증명이 되고 있다. 이탈리아 프랑코 바자Franco Vazza와 알베르토 펠레티Alberto Feletti 박사의 연구가 그 예 중 하나이다. 연구에서 그들은 소뇌와 피질의 구조가 우주의 구조와 유사하다는 것을 밝혀냈다.[301]

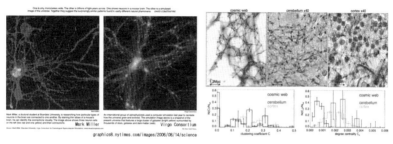

그림 4-5. 뇌 신경망과 우주 구조(좌)[302], 소뇌·피질·우주 구조(우)[303]

이러한 점에서 볼 때, 양자역학을 깊이 있게 연구하면서 우리가 아직 알지 못하는 우주의 진짜 모습을 알게 될 수도 있을 것이다. 다중우주의 세계가 열릴지도 모른다. 양자역학에서는 플랑크 상수Planck constant: $h=6.62607015×10^{-34}$ J·s라는 것이 있다. 하이덴베르크의 불확정성 원리에 따르면, 플랑크 상수보다 작은 값은 측정할 수가 없다. 그런데 카오스 이론에서의 프랙탈은 이보다 더 작아질 수도, 무한대로 커질 수도 있기 때문에 카오스 이론과 양자역학은 이 점에서 상충한다. 실제 한 연구에서는 양자역학을 이용해 나비효과를 실험해 본 결과 그와 같은 일은 전혀 일어나지 않았다. 즉, 현재까지 밝혀진 바로는 양자역학의 세상에서는 카오스 이론이 존재하지 않는다.[304]

양자역학은 어렵다. 노벨상 수상자인 미국의 물리학자 머리 겔만Murray Gell-Mann 이 "양자역학은 우리 중 그 누구도 제대로 이해하지 못하지만, 우리가 사용할 줄 아는 신비하고 당혹스러운 학문이다."라고 했을 정도다.[305] 닐스 보어는 "우리가 실제라고 부르는 모든 것들은 존재할 수 없는 것들로 이루어져 있다."라며 양자역학적 해석이 지금까지 우리가 믿던 실제와 많이 다름을 강조하기도 했다.[306]

만약 이 두 이론의 모순에 대한 해결책을 찾아내기만 한다면 우주 연구는 훨씬 더 수월해질 수 있을 것이다. 또한, 단순히 물리적 차원이 아닌 인지적·술적 차원에서 우주를 바라볼 수 있을 것이다. 인간이 곧 우주이고, 우주가 곧 인간이라는 명제가 성립되게 된다면 인간이 플랫폼인 5차 산업혁명과 우주 연구는 폭발적인 패러다임의 전환을 일으킬 것이다.

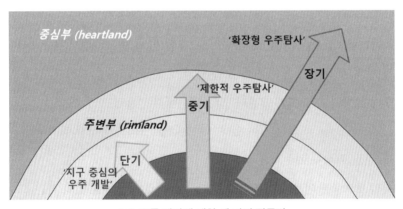

4-6. 우주 개발에 대한 세 가지 접근법

이 세 가지 접근법에는 각기 다른 조직과 인력이 필요할 것이다. 단기적 측면에서 지구 중심의 우주 개발, 중기 측면에서 제한적 우주탐사는 우주 영역에서의 관념적 '주변부'로 작용할 것이다. 장기적 측면에서 확장형 우주탐사를 통해 우리는 우주 영역의 관념적 '중심부'를 장악하고, 비로소 우주 자체(그것이 단일우주냐, 다중우주냐를 떠나)에 대한 주도권을 확보하게 될 것이다. 이는 물리적인 중심부가 아닌 궁극적으로는 모든 국가가 원하게 될 관념적인 중심부를 말하는 것이다. 그렇다고 무작정 대규모 조직과 인력을 투입할 수는 없다. 여기서는 거시적 차원에서의 대략적인 방향만을 제시할 뿐, 구체적인 환경 설계는 별도의 심도 있는 연구가 진행되어야 할 것이다.

## 미래 전쟁양상 예측

유발 하라리는 역사가 정확한 예측을 하는 수단은 아니라고 말했다.[307] 그에 따르면, 역사를 연구하는 것은 우리의 지평을 넓히기 위해서다. 우리의 현재 상황은 필연적인 것이 아니다. 우리 앞에는 우리가 상상할 수 없을 만큼 많은 가능성이 있다. 그는 인류의 역사 자체를 카오스 이론으로 설명했다. 카오스는 두 단계가 있다. 1단계 카오스는 예언에 반응하지 않는 카오스이다. 그래서 점차 정확한 예측으로 수렴해 갈 수 있다. 날씨는 많은 요인의 영향을 받기 때문에 예측하기 어렵다. 하지만 인류는 더욱 정교한 컴퓨터 모델을 만들어 그 요인들을 분석하고 인과관계를 찾아내 일기예보의 정확도를 높인다. 이러한 날씨 예측의 경우가 바로 1단계 카오스다.

이와 다르게 역사는 예언에 반응한다. 저명한 전쟁사학자 로렌스 프리드먼Lawrence Freedman은 "미래에 일어날 일은 미리 정해진 것이 아니라 인간의 결정에 따라 달라진다"고 했다.[308] 만약 어떤 뛰어난 주식 전문가가 일주일 뒤 특정 주식의 주가가 두 배 오른다는 것을 예측했다고 치자. 많은 투자자가 주식시장에 뛰어들어 그 주식을 구매할 것이다. 그럼, 그 주식은 당장 오늘 가격이 오를 수도 있다. 반대로, 그 전문가의 예측이 최근 몇 차례 완전히 빗나갔다고 치자. 그 경우에는 해당 주식을 보유한 사람들이 앞다투어 팔아 버릴 수도 있다. 그럼 주식가격은 폭락하게 될 것이다.

역사는 주식처럼 예언에 반응한다. 특정 사건을 예언하는 순간 그 결과가 바뀔 수 있다는 뜻이다. 그래서 내로라하는 전문가들조차도 예언을 적중시키는 일이 여간 어려운 것이 아니다. 이것이 바로 유발 하라리가 이야기한 2단계 카오스다.

예측은 그만큼 어렵다. 그렇다고 예측이 아예 무의미한 것은 아니다. 우리는 좋지 않은 일들이 일어날 가능성을 예측함으로써 우발상황에 대응할 수 있는 유연함을 기를 수 있다. 경제학 용어 중 블랙스완black swan과 그레이 리노gray rhino라는 표현이 있다. 블랙 스완이란 발생할 가능성이 극히 낮지만, 만약 발생하면 시장에 엄청난 충격을 주는 상황을 의미한다.[309] 블랙 스완은 예측이 매우 어렵다. 과거 유럽인들은 검은 백조가 존재한다는 사실을 몰랐다. 그러다 17세기 후반 호주대륙에서 검은 백조를 발견했다. 이에 착안하여 블랙 스완은 예측하지 못한 일이 실제 발생하는 상황을 뜻하게 되었다.

한편, 그레이 리노는 이미 알려졌거나 예측이 쉽게 되지만, 너무 빠르게 다가와 피하기 어려운 위험을 말한다.[310] 이러한 위험은 말 그대로 회색 코뿔소처럼 멀리서부터 흙먼지와 굉음을 내면서 다가온다. 그래서 쉽게 눈치챌 수 있지만, 너무 빨라서 대처하기 힘들다.

블랙스완과 그레이 리노를 사전에 방지하거나, 설사 막지 못한다고 할지라도 적절한 대응책을 마련한다면 우리는 비극적인 상황을 모면할 수 있을 것이다. 우리는 예측을 통해 미래에 대한 통찰력과 직관력을 키울 수가 있다. 그리고 그 통찰력과 직관력으로 블랙 스완과 그레이 리노를 사냥

할 수 있을 것이다.

예측은 우리가 단지 위기 상황에 대처하는 데 그치지 않고, 미래를 주도해 나갈 수 있는 원동력을 마련해 준다. 독일의 미래학자 르네 로르벡Rene Rohrbeck은 예측이 다음의 세 가지 역할을 한다고 주장한 바 있다. 바로, 기업 혁신을 위해 새로운 영역을 개척하는 전략가strategist, 그에 따른 새로운 아이디어와 개념을 창출하는 촉발자initiator, 기존 고정 관념을 무너뜨리는 반대자opponent이다.[311]

예측하는 사고과정과 행위과정은 혁신을 가능케 한다. 이를 통해 우리는 미래를 우리가 원하는 방향으로 개척하고 전략적 민첩성과 위기 대응 능력까지도 높일 수 있다. 지금까지 과거의 역사를 살펴보며, 5차 산업혁명을 예측하고 더 나아가 미래 전쟁 양상을 그려 보려는 이유가 바로 여기에 있다.

앞서 설명한 산업혁명과 전쟁 양상의 변화를 되짚어 보자. 1차 산업혁명과 함께 용병의 시대가 막을 내리고 국민군이 출현했다. 나폴레옹은 대규모 군대를 일사불란하게 지휘하기 위해 군단, 사단, 대대 등 제대를 더욱 세분화했다. 조직이 가벼워진 만큼 그는 분당 120보의 속도까지 낼 수 있도록 보병을 훈련시켰다. 이러한 빠른 기동을 바탕으로 그는 결정적인 시간과 장소에서 적보다 상대적으로 더 많은 병력을 집중했다. 포병 출신이었던 나폴레옹은 최신 과학기술을 활용하여 포병의 능력을 향상하고 전술도 다양화했다.[312]

나폴레옹의 전쟁 수행은 클라우제비츠와 조미니에 의해 이론화되었다. 클라우제비츠는 나폴레옹에게 매번 패배하면서 전쟁을 철학적 관점에서 깊이 사유했다. 그는 전쟁의 참담함을 몸소 체험하고 정치와 전쟁의 관계,

전쟁의 삼위일체, 중심, 결정적 전투 등에 대해 고민했다. 그 결과 『전쟁론』이라는 걸작이 탄생했다.[313]

조미니는 나폴레옹의 승리하는 기법을 『전쟁술』이라는 책에 담아 나폴레옹을 놀라게 했다. 전쟁에 대한 조미니의 과학적 접근은 유럽의 많은 국가와 미국까지 영향을 끼쳤다. 19세기 초중반 미 육사에서 조미니의 이론을 연구한 생도들은 훗날 미국-멕시코 전쟁1847~1848, 미국 남북전쟁1861~1865에서 나폴레옹의 전술을 실전에 적용했다. 조미니의 이론은 오늘날에도 여전히 전쟁의 원칙, 작전구상 요소 등 군사 교리로 활용되고 있다.[314]

철도의 발달은 기존보다 전투력을 훨씬 더 멀리까지 빠르게 투사할 수 있도록 해 주었다. 병력 수송뿐만 아니라 보급품의 대량 수송도 가능해졌다. 전신의 발달은 이렇게 멀리 떨어진 부대 간의 소통을 제한적으로나마 가능케 했다. 상·하급 제대 간의 의사소통 문제를 해결하고자 프로이센의 몰트케 장군은 임무형 전술을 고안해 냈다. 미군과 우리 군이 육군의 지휘 철학으로 삼고 있는 임무형 지휘의 시작이었다. 몰트케는 프로이센-오스트리아 전쟁1866에서 처음으로 후장식 강선소총을 선보였다. 이는 여러모로 열세였던 프로이센이 활강 소총으로 무장한 오스트리아군을 무너뜨리는 데 큰 역할을 했다.[315]

2차 산업혁명은 전쟁의 양상을 바꾼 또 하나의 원동력이었다. 1883년 하이람 맥심Hiram S. Maxim이 발명한 맥심 기관총은 유럽의 각종 식민전쟁, 러일전쟁, 제1차 세계대전 등을 거치며 계속 진화했고 많은 이들의 생명을 앗아 갔다. 나폴레옹 전쟁으로 공격 제일주의가 만연하던 시기에 일어난 제1차 세계대전은 이 기관총으로 인해 더 큰 피해가 발생할 수밖에 없었다. 제1차 세계대전 중 서부전선은 모두를 참호전과 소모전의 수렁 속에

빠뜨렸다.[316]

전차와 항공기의 개발은 병과와 군종이 더욱 다양화되는 계기가 되었고, 이제 군대는 육해공군의 합동작전을 고민하지 않을 수 없게 되었다. 공장의 대량생산은 이러한 현상을 더욱 강화했고, 적 병참기지 및 공장에 대한 항공기 전략폭격 개념이 대두되었다. 바다에서는 항공기의 발달과 함께 항공모함이 모습을 드러냈다. 또한, 잠수함이 개발되어 독일의 유보트가 연합군을 끈질기게 괴롭혔다.[317]

제2차 세계대전이 발발하자 전간기inter-war period 동안 발전된 각종 무기와 전술이 전장에 나타났다. 제1차 세계대전에서 참호전의 교훈을 얻은 프랑스는 마지노선을 구축했고,[318] 독일은 후티어전술을 모티브로 하여 폴란드와 아르덴 삼림지대에서 전격전을 선보였다.[319] 각국은 상대국의 병참기지와 군수공장, 도심지 등을 전략 폭격했다. 독일의 유보트는 여전히 연합군과 민간 선박을 괴롭혔다. 여기서 사용된 기관총, 전차, 항공기, 항공모함, 잠수함 등은 더욱 개량되어 그 파괴력이 놀라울 만큼 향상되었다. 전쟁 막바지에 미국이 일본에 투하한 두 발의 핵탄두가 보여 준 위력은 이제 본격적인 핵 개발 경쟁 시대를 예고했다.[320]

3차 산업혁명의 시작을 알리는 컴퓨터의 발달로 핵 및 미사일 개발이 급속도로 이루어졌다. 컴퓨터는 인간의 머리로 할 수 없는 복잡한 계산을 해내어 핵 및 미사일 기술의 혁신을 가져왔다. 소련은 금세 미국의 핵 및 미사일 능력을 따라잡았고, 미국은 상쇄전략으로 이에 맞섰다. 양국의 핵전략은 점차 상호확증파괴MAD: Mutually Assured Destruction와 핵 억지 전략으로 구체화하였다. 핵 사용 시 공멸의 위험을 느낀 미국과 소련은 소련이 붕괴할 때까지 냉전 속에서 양극 체제를 유지했다.[321]

3차 산업혁명은 디지털 혁명답게 전쟁을 네트워크 중심전으로 이끌었다. 컴퓨터, 인터넷의 발달과 함께 전쟁 지휘 및 정보공유를 위한 C4I 시스템이 획기적으로 발전했다. 우주 기술을 활용한 인공위성은 새로운 정찰 수단으로써 실시간 정보를 파악하고 전달할 수 있었다. 걸프전에서는 아파치 헬기와 스텔스기, GPS를 활용한 JDAM 등의 정밀 유도무기가 적을 압도했다. 미국의 2차 상쇄전략이 실전에서 효과를 입증한 순간이었다.[322]

컴퓨터와 인터넷의 발달은 다양한 정보에 대한 접근을 쉽게 만들었다. 각종 대중교통 수단에 대한 정보나 간단한 폭탄 제조법 등을 손쉽게 구할 수 있었다. 세계 곳곳에 존재하는 테러집단이나 자생적 테러리스트이른바 '외로운 늑대': lone wolf들이 마음만 먹으면 자신이 원하는 바를 이루기 위해 쉽게 사회를 공포로 몰아넣을 수 있었다.[323] 이렇게 알카에다에 의해 9·11 테러 사건2001.9.11.이 터졌고, 자생적 테러리스트들에 의해 보스턴 마라톤 폭탄 테러2013.4.15.가 발생했다.[324]

이를 린드의 전쟁 세대 개념으로 바라보면, 1차 산업혁명은 주로 1세대 인력전과 2세대 화력전, 3세대 기동전 측면에서 많은 영향을 끼쳤다. 2차 산업혁명은 2세대 화력전, 3세대 기동전을 획기적으로 발전시켰다. 3차 산업혁명은 2세대 화력전, 3세대 기동전을 한층 발전시켰을 뿐만 아니라, 4세대 전쟁이라 일컬어지는 게릴라전, 분란전, 테러 등이 더욱 쉽게 일어날 수 있는 기반이 되었다.[325]

다시 한번 밝히지만, 이러한 분류에 대해 비판하는 학자들도 많으며, 저자 또한 그들에 동의한다. 시기별로 전쟁의 세대를 칼로 무를 자르듯이 구분할 수 없다. 그리고 첨단 과학기술이 전쟁의 양상을 좌우한다는 기술결정론적 시각도 백 퍼센트 동의하지는 않는다. 전쟁은 무기가 전부가 아니다. 전쟁은 무수히 많은 마찰과 불확실성 속에서 전쟁의 주체인 인간과 또 그들이 고안해 낸 전략, 작전술, 전술이 함께 어우러져 나타나는 과정이자 결과이다. 다만 이러한 구분이 미래를 예측하기 위한 아이디어를 제공한다는 측면에서는 충분히 가치가 있다.

우리는 4차 산업혁명이 전쟁에 어떠한 영향을 끼칠지 아직 모른다. 5차 산업혁명은 더더욱 모른다. 이는 우리가 예측하고 대비해야 할 미래다. 여기서는 미래 전쟁 양상이 총 세 단계로 패러다임의 변화를 겪을 것으로 판단했다. 우리가 생각해 볼 점은 다음과 같다. 과학기술은 전쟁에 어떻게 적용될 것인가? 전략에는 어떠한 변화가 있을 것인가? 전쟁의 주체는 누가 될 것인가? 전쟁의 환경, 즉 전장의 모습은 어떻게 변화할 것인가?

먼저, 단기적 관점에서 미래 전쟁 양상은 4차 산업혁명과 밀접한 관련이 있을 것이다. 시기적으로는 2030년에서 2050년대까지 지속할 것으로 보인다. 미군은 2014년부터 중국, 러시아, 북한 등의 위협에 대응하기 위해 3차 상쇄전략을 추진하고 있다. 기존의 상쇄전략이 당시의 첨단 과학기술을 활용했듯, 이번 상쇄전략도 4차 산업혁명의 핵심 기술인 인공지능, 사물인터넷, 로봇, 드론 등을 활용한 초융합을 추구한다. 이제 빅데이터와 기계학습machine learning, 클라우드를 토대로 정보 저장 및 유통, 과거 사례 분석, 미래 예측이 원활해질 것이다. 이를 통해 적 위협에 대한 다양한 대응 방안을 미리 준비할 수 있을 것이다. C4ISR 체계에 사물인터넷을 접목해 미사일부터 개인 전투원에 이르기까지 모든 감시-결심-타격-평가 체계가 실시간 긴밀하게 연동될 것이다.[326]

제2차 세계대전 이후 가장 강력한 무기는 핵폭탄이었다. 처음에는 항공기에 싣고 목표 근처에서 자유낙하시키는 형태였다. 그러다 3차 산업혁명과 맞물려 미사일에 핵탄두를 탑재하는 기술이 개발되었다. 지금은 소형화 기술이 발달하고 미사일의 사거리와 정확도가 놀랍게 증가했다. 이제는 핵무기 자체보다 핵에너지를 응축시켜 이를 발산하는 형태의 플라즈마plasma 무기나 레이저 무기가 점차 발달할 것이다. 생산 비용과 정확도, 사거리, 위력 등을 종합적으로 고려 시 그 효율성이 매우 커질 것으로 예상한다. 그럴수록 반대로 인명피해와 전쟁 자체에 대한 반감이 거세질 것이다.

이렇게 4차 산업혁명 기술을 기반으로 한 군비경쟁이 계속되면서 전쟁의 양상을 원격전remote warfare으로 변모시킬 것이다.[327] 여기서 원격전이란 지상군의 투입을 최소화하는 전쟁 양상을 말한다. 지상군을 투입하는 대신 드론이나 로봇 등을 투입해 적 지도부를 타격하여 이로써 아군 병력의 희생을 최소화할 수 있다. 여기서 피·아 정치적 중심center of gravity[328]은 국민 또는 조직 구성원의 안전이다. 아군의 희생을 최소화하면서 적에게는 인명피해를 강요함으로써 전쟁의 승리에 가까이 다가갈 수 있을 것이다. 피·아 군사적 중심은 전쟁 지도부가 될 것이다. 핵심노드와 링크를 파괴하여 적 전쟁 지도부의 지휘능력을 무력화시킴으로써 전쟁 의지를 꺾을 수 있을 것이다.

원격전에서 전쟁의 주체는 여전히 인간이다. 전쟁 의지를 가진 자가 인간이기 때문이다. 공격의 대상 또한 인간이다. 4차 산업혁명 기술로 탄생한 각종 무기체계는 단지 수단일 뿐이다. 다만, 인공지능의 발달로 자율화가 점차 발달하여 의사결정의 일정 부분을 인공지능의 판단에 맡기기 시작하면 점차 인공지능도 전쟁의 주체가 되어 갈 것이다. 실제 미군과 우리 한국군은 인간과 인공지능의 협업적 의사결정체계를 발전시켜 나가고 있다.[329]

전장은 전통적인 육지, 해상, 공중 이외에도 사이버 영역과 우주 영역이 포함될 것이다. 육지, 해상, 공중에서의 전투는 여전히 결정적인 요소로 작용할 것이다. 하지만 사이버 영역과 우주 영역의 중요성이 현저하게 증가할 것이다. 먼저, 사이버 영역은 네트워크 중심전이 대두된 1990년대부터 매우 중요한 전장 영역으로 자리 잡기 시작했다. 아군의 의사결정체계는 보호하면서 적의 의사결정체계를 무너뜨리기 위한 정보작전과 전자전 개념이 발달했다. 군의 의사결정체계에 C4ISR과 인공지능의 역할이 더욱 증대될수록 이를 무너뜨리거나 보호하기 위한 해킹, 전자기펄스와 같은 사이버전의 중요성이 앞으로 더욱 커질 것이다. 또한, 적 전쟁 지도부뿐만 아니라 국민 또는 조직 구성원들의 인지cognition를 조작하기 위한 사이버 영역에서의 활동이 더욱 중요해질 것이다. 이를 통해 적의 전쟁 의지를 꺾고 염전사상厭戰思想을 심어 주기 위한 경쟁이 치열하게 벌어질 것이다.

강대국들 사이에서 치열한 경쟁이 벌어지고 있는 또 한 분야는 바로 우주 영역이다. 단기적으로 볼 때 우주 영역에서는 지구 근처에서의 인공위성 개발이 전쟁 양상 변화에 큰 역할을 할 것이다.[330] 국경이 존재하지 않는 우주에서 인공위성을 활용한 감시와 정찰, 정보공유, 실시간 결심과 타격, 평가 등의 능력을 갖춘 국가는 그렇지 못한 적에 비해 월등히 유리한 위치에 놓일 것이다. 유엔의 외기권 우주 조약에 따르면 달 및 천체를 포함한 외기권外氣圈에서의 무기 개발 및 사용이 금지되어 있다.[331] 하지만 어느 한 국가가 이를 어기게 되면 우후죽순으로 우주무기 경쟁이 일어날 수 있다.

우리가 먼저 조약을 어기면서 국제적 비난을 받을 필요는 없다. 다만, 우주무기 기술을 확보한 채로 기회를 보다가 다른 어느 국가가 먼저 조약을 위반했을 때에는 즉각 무기화가 가능하도록 미리 준비해야 한다. 이미 미국은 텅스텐 덩어리를 인공위성에서 지구로 자유낙하시키는 무기를 개발한 바 있다.[332] 이는 소행성 충돌의 위력을 가진 것이다. 외기권 우주 조약에 의해 실제 무기화되지는 못했으나, 미국은 이 외에도 상당한 수준의 우주무기 기술을 확보했을 가능성이 크다.

둘째로, 중기적 관점에서는 인간 대신 다른 객체를 활용해서 전쟁하는 대리전proxy war 형태가 나타날 것이다. 레이 커즈와일은 2045년이 되면 인공지능이 인간의 지능을 완전히 앞서게 될 것이라 주장했다. 이 시점을 특이점이라 한다. 특이점이 오면 전장에 투입된 기계는 인간 수준 이상의 판단력을 갖게 될 것이다. 따라서, 특이점이 온 후 2060년대가 되면 대리전 형태가 전쟁의 주된 양상으로 나타날 것이다.

사실 이러한 대리전 형태는 과거에도 있었다.[333] 중세시대 활발했던 용병전이 그러하다. 중세 봉건 지주와 영주들은 일정 규모의 용병을 유지하기 위해 상당한 비용이 있어야 했다. 용병의 피해는 곧 막대한 재정 지출을 의미했기에 이를 최소화하기 위해 제한전쟁을 선호했다. 전세가 어느 한쪽으로 확실히 기울면 더는 전투를 이어 가지 않고 협상에 돌입했다. 전투로 돈을 버는 용병들도 전투에 임하는 자세가 비교적 성실하지 못했다.

제2차 세계대전 이후 냉전에 접어들면서는 새로운 양상의 대리전이 펼쳐졌다. 미국과 소련 양상은 세계 곳곳에서 이념과 체제 갈등을 일으켰다. 미국과 소련이 직접 참전하지 않고 해당 지역 이웃 나라끼리 전쟁을 벌이는 경우가 빈번히 발생했다. 소련과 미국은 무기와 전쟁물자를 원조할 뿐이었다. 전쟁은 그들끼리 했어도 그 승패에 따라 정치적 이익을 취하는 것은 소련과 미국이었다. 관점에 따라 다르지만, 6·25 전쟁, 콩코 내전, 중동 전쟁, 키프로스 전쟁, 시리아 내전, 예맨 내전, 나고르노-카라바흐 전쟁 등이 이렇게 배후에 다른 세력이 존재하던 대리전이었다고 볼 수 있다.

앞으로 나타날 대리전은 과거 역사적으로 나타났던 대리전과 유사하면서도 한편으로는 매우 다른 성격을 지니게 될 것이다. 2060년 정도가 되면 인공지능을 비롯한 4차 산업혁명 기술은 완전히 인간세계에 녹아들 것이다. 한편, 무기의 치명성이 증대되면서 전쟁에서의 인명피해는 국민 또는 집단 구성원의 전쟁 염증을 유발할 것이다. 이는 전쟁 지도부의 입지 약화로 이어질 수 있다.

이러한 기술발전과 인명피해 최소화 노력이 맞물려, 2060년대 즈음에는 인공지능과 기계가 인간 대신 실제 전투를 시행하는 대리전 형태가 펼쳐질 것이다. 이것이 좀 더 발전되면 특정 알고리즘이 입력된 인공지능 메인 서버의 지휘 아래, 하위 인공지능 로봇들이 실제 전투를 하는 모습이 나타날 것이다.

여기에서도 여전히 전쟁의 주체는 인간이다. 하지만 실제 전투는 인공지능과 기계가 한다. 인명피해는 줄어드는 효과가 있을 것이다. 대리전이 완벽하게 구현된다면 전쟁으로 인한 인명피해가 아예 발생하지 않을 수도 있다. 다만, 인공지능과 기계에 대한 막대한 피해가 나타날 것이다. 커다란 비용을 투자하여 만든 인공지능과 기계가 파괴되면 그만큼 재정적 타격을 입게 된다.

피해를 최소화하기 위해 인류는 전쟁의 규칙을 만들 수도 있을 것이다. 마치 스포츠 경기처럼 제한된 공간에서 정해진 시간 동안 서로의 능력을 마음껏 뽐내는 것이다. 여기서 승리한 집단은 전쟁에서 승리한 것이 되고, 패배한 집단은 승리한 집단의 요구사항을 들어줘야 하는 상황이 펼쳐질 수도 있다. 만약 정해진 규칙대로 요구사항을 들어주지 않는다면 승리한 집단은 패배한 집단의 본토에 대한 공격을 감행하기도 할 것이다.

전쟁에서 사용되는 군사전략은 전쟁의 규칙에 따라 변화하고 발전할 것이다. 아군의 인공지능과 로봇의 피해를 최소화하는 가운데 적에게 최대한의 피해를 강요하여 아군의 의지를 관철하는 방향으로 군사전략이 연구될 것이다. 이러한 상황에서 피·아의 정치적 중심은 전쟁에 대한 국민의 열정이 될 것이다.

대리전 상황에서 국민은 마치 전쟁을 스포츠처럼 여기게 될 수도 있다. 조금 과장되게 표현하자면, 마치 월드컵 경기에서 국가대표팀의 승리를 응원하듯 인공지능과 로봇으로 이루어진 전쟁 국가대표에 열렬한 지지를 보낼 수도 있을 것이다. 군사적 중심은 인공지능과 로봇 자체가 될 수 있다. 이를 물리적으로 파괴할 수도 있고, 사이버전을 통해 적의 자산을 무력화시키거나 오히려 적의 자산을 아군의 의지대로 움직이도록 조종할 수도 있다.

전장은 육지, 바다, 공중, 우주, 사이버 영역 어느 곳이든 다 가능하겠지만, 쌍방이 약속한 장소에서 이루어지게 된다. 그 장소는 인간에게 직접적인 피해를 주지 않는 장소가 될 것이다. 인간의 거주지와 멀리 떨어진 바다나 공중에서 전쟁이 이루어질 수도 있다. 만약 우주 개발이 더욱 진척되어 지구로부터 먼 태양계 행성으로 진출하게 된다면 특정 행성에서 전쟁이 이루어질 수도 있다. 그렇지 않으면 지구에 피해를 주지 않는 범위 내에서 우주 한복판이 인공지능과 로봇의 전장이 될 수도 있을 것이다.

인류는 매우 어려운 도덕적 딜레마에 직면하게 될 것이다. 정해진 규칙대로 싸우다가 아군이 지게 되어 적의 정치적 요구사항을 수용할 수밖에 없는 상황을 맞이했다고 가정해 보자. 이때 우리는 적국의 본토를 침공하고 적 정치지도자와 전쟁 지도부를 직접 공격함으로써 전세를 뒤집고자 하는 유혹에 빠질 수 있다.

이로 인해 대리전 규칙에 대한 합의 자체가 처음부터 매우 어려운 과제가 될 것이다. 혹은, 제2차 세계대전 당시 나치 독일이 주변국과의 조약을 상황에 따라 휴지 조각처럼 폐기했던 것과 같이 전쟁의 규칙을 어기는 사례가 빈번히 발생할 수 있을 것이다. 대리전의 규칙을 따르면 결코 강대국을 이길 수 없는 약소국이나 비국가단체들은 그나마 보유하고 있는 최첨단 과학기술을 활용하여 4세대 전쟁 형태의 테러전, 분란전을 일으킬 가능성이 크다.

조금 더 먼 미래로 가 보자. 인류와 첨단 과학기술이 특이점을 지나 점차 더 발전하게 되면 이제는 말 그대로 인류와 첨단 과학기술이 모두 주체로서 공존하는 시대가 될 것이다. 그전까지는 인류가 주체가 되고 과학기술이 객체로서 공존하는 시대였다면 이제는 인류와 과학기술이 동등한 입장이 될 수 있다는 것이다.

특이점이 도래하면 인공지능은 인류의 지능을 뛰어넘게 된다. 그렇다고 인간도 가만히 있지는 않을 것이다. 앞서 5차 산업혁명을 인간이 플랫폼이 되는 혁명이라 이야기한 바 있다. 인간은 자신을 플랫폼으로 생명공학, 기계공학 등 모든 가용한 첨단 과학기술을 온몸에 장착하게 될 것이다. 아니, 단순히 장착이 아니라 한 몸처럼 자신의 몸에 자신이 원하는 과학기술을 융합시킬 것이다.

5차 산업혁명으로 인간은 신에 가까워지려 하고, 인공지능은 그런 인간에 가까워지려 하는 세상이 바로 특이점 도래 이후의 세상이다. 이 시기에도 인간 집단 간의 분쟁은 계속될 수 있다. 하지만 전에는 존재하지 않던 새로운 전쟁 또한 발생할 것이다. 바로 인간과 인공지능과의 전쟁이다. 특이점 도래 후 약 30여 년이 지난 2080년 정도가 되면 이제 서서히 인간과 인공지능의 갈등이 시작될 것이다.

스티븐 호킹Stephen Hawking 박사는 언젠가 인공지능이 인류를 멸망시킬 것이라고 주장했다.[334] 인공지능이 스스로 개량하고 능력을 도약시킬 수 있는 데 반해, 인류의 생물학적 진화 속도는 매우 느리기 때문이라는 것이 그의 생각이다. 일론 머스크와 빌 게이츠도 이 의견에 동의한 바 있다.[335] 우리는 인공지능이 코딩된 대로만 행동하리라 생각하기 쉽다. 하지만, 앞으로 인공지능이 무한히 반복되는 딥러닝deep learning을 통해 의식과 의지, 심지어 마음이나 감정까지 흉내 내게 될 수 있음을 섣불리 부정할 수 없다.

더 시간이 지나 이제 태양계를 벗어나는 수준까지 우주 개발과 탐험이 계속되면 우리는 그전에 알지 못했던 외계 생명체를 만나게 될 수도 있다. 그 외계 생명체 집단이 우리 인간에게 우호적일지, 혹은 적대적일지는 알 수 없다. 만약 적대적이라면 우리는 그들과의 전쟁을 피하기 어려울 것이다. 이때 인공지능이 누구의 편에 서게 될지도 미지수다. 혹은 인공지능이 독자적 세력을 구축하여 인간과 외계 생명체 집단에 모두 적대적 자세를 취할 수도 있을 것이다.

이러한 상황까지 전개가 된다면 우리 인류는 힘을 합쳐야 할 것이다. 또한, 특이점이 오기 전부터 우리는 인공지능이 인류와 적대적이지 않도록 우호적인 관계를 쌓는 방법을 모색해야 한다. 그러면 자연스럽게 인류와 인공지능과의 전쟁도 그 횟수를 줄이거나, 시기를 늦출 수 있을 것이다. 혹은 아예 전쟁 자체를 막을 수도 있을 것이다. 그렇지 못하면 인류는 다른 종족과의 사활이 걸린 이 전쟁war against other species을 피할 수 없을 것이다.

정리하면, 미래 전쟁은 단기적 측면에서 원격전의 양상을 보일 것이다. 4차 산업혁명과 단기적 우주 기술을 인간끼리의 전쟁에 접목하는 형태가 될 것이다. 이미 이러한 양상은 조금씩 나타나고 있다. 2050년 이후에는 대리전의 모습으로 전쟁이 전개될 것이다. 염전사상이 만연하고 4차 산업혁명이 심화하여, 이제는 인명피해 없이 인공지능과 기계를 용병처럼 활용하는 모습이 나타날 것이다. 마지막으로, 2080년 이후에는 5차 산업혁명으로 신에 가까워진 인간이 전혀 새로운 적을 맞이하게 될 것이다. 바로 인공지능과 외계 생명체이다.

이러한 미래 전쟁 양상을 도표로 표현하면 다음과 같다.

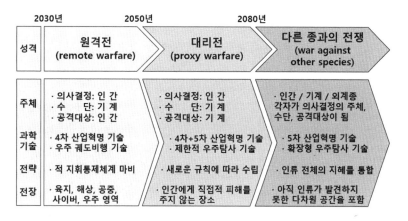

그림 4-7. 미래전 양상 시나리오

이 시나리오는 무수히 많은 가능성 중 하나일 뿐이다. 이해를 쉽게 하려고 시간 요소를 넣고, 또 전쟁의 과학기술, 주체, 전략, 전장의 모습 등을 단편적이고 극단적으로 표현했다. 단기, 중기, 장기적 관점에서 묘사한 전쟁 양상은 향후 특정 시점에 동시에 나타날 수도 있고, 시기적으로 앞뒤가 바뀌어 나타날 수도 있다. 혹은, 아예 일어나지 않을 수도 있다. 다시 한번 말하지만, 미래는 예측의 영향을 받아 쉽게 바뀐다.

그러므로 이 예측에 고착되면 안 된다. 많은 연구를 통해 오히려 다른 사람의 예측을 평가하고 자신만의 판단과 예측을 가지는 것이 중요하다. 저자의 예측도 절대 고정되지 않는다. 더 많은 연구를 하고 시대의 변화 양상을 모니터링하면서 실시간 예측을 수정해 나갈 것이다. 이 책을 쓰기 시작한 2017년 봄과 비교했을 때, 책을 출간한 2022년 겨울의 예측은 이미 많이 달라졌다. 전쟁은 복잡성, 우연성, 불확실성으로 가득 차 있다. 미래의 전쟁은 이러한 현상이 더욱 두드러질 것이다. 따라서 지속적인 연구와 상황변화에 따른 끊임없는 조정이 필요하다.

캐나다의 경영학자 헨리 민츠버그Henry Mintzberg 박사는 창발전략을 주장했다.[336] 성공하는 기업들은 한번 수립한 전략을 끝까지 고수하지 않고 상황변화에 따라 적절하게 변화시킨다. 그렇다고 전략을 대충 수립하지는 않는다. 최초 면밀한 상황판단과 가정 설정을 기초로 '의도된 전략intended strategy'을 수립한다. 그 후 최초 설정한 가정을 사실로 유효화해 나가며 전략을 '숙고한 전략deliberate strategy'으로 발전시킨다. 그렇다 해도 이 전략은 다양한 우발상황에 모두 대처하기 어렵다. 그럴 때마다 다양한 '창발 전략emergent strategy'을 신속하게 수립하며 전략을 수정해 나가야 한다. 미래 전쟁 양상에 대한 예측도 이렇게 유연해야 한다.

미국 간편결제서비스 페이팔PayPal의 창업자 피터 틸Peter A. Thiel 또한 민츠버그의 창발 전략과 같은 유연한 사고를 강조했다. 그는 복잡한 기업 경영환경에 민첩하게 반응할 수 있는 애자일agile 방식을 추구했다. 애자일 방식은 정해진 계획에 따라 획일적으로 움직이는 전통적인 개발 방식과 달리

개발 주기나 환경, 고객의 요구에 따라 유연하게 대처하는 방식이다.[337]

5차 산업혁명, 우주, 미래 전쟁이 너무 먼 이야기이거나 허무맹랑한 생각이라고 여길지 모른다. 그렇다면 여기 세 개의 그림을 보자.

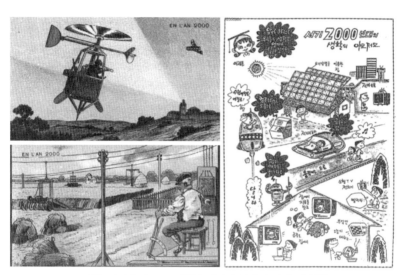

그림 4-8. 장 마크 코테[338]와 이정문 화백의 미래 예측[339]

이 그림들 속의 장면들은 현재 시점에서 보면 별로 어색하지 않다. 모두 실현된 기술들이기 때문이다. 하지만 놀랍게도 이 그림들은 이러한 기술이 나오기 아주 오래전에 그려졌다. 왼쪽 그림들은 1899년에 장 마크 코테 Jean-Marc Cote를 비롯한 프랑스 화가들이 동참해서 2000년의 모습을 상상하며 그린 그림이다. 오른쪽 그림은 이정문 화백이 1965년에 예측한 2000년대의 모습이다.

19세기 쥘 베른은『해저 2만리』에서 나트륨 수은전지 잠수함을 상상했고, 이는 1차 세계대전에서 실현되었다.『지구에서 달까지』에서는 인간의 달 탐사를 묘사했으며, 인류는 100여 년 후 아폴로 11호가 달에 착륙하는 장면을 보게 되었다. 1863년에 쓰인 『20세기 파리』에는 고층 유리빌딩, TV, 엘리베이터, 고속열차, 인터넷, 국제 금융시스템 등 현대를 살아가는 우리에게는 너무나도 익숙한 내용이 담겨 있다.[340]

예측은 블랙스완이나 그레이 리노 같은 위험요인이 나타나지 않도록 준비할 수 있게 돕는다. 또 한편으로, 예측은 각 분야의 전문가들이 미래 과학기술의 방향성을 잡아 나가는 데 도움을 준다. 장 마크 코테와 이정문 화백의 그림, 쥘 베른 등 SF소설 작가들의 글이 그러했듯 말이다. 마찬가지로, 이 책에서 묘사한 내용 또한 앞으로 충분히 실현될 수 있을 것이다. 그것도, 우리가 생각하는 것보다 훨씬 빠르게 우리에게 다가올지도 모른다.

# 5

# 건설적 사고와 경쟁우위 전략

## 특이점은 반드시 온다

SF영화를 보고 있으면 전혀 다른 세상의 이야기인 것 같다. 순식간에 수억 광년 거리를 넘나드는 우주 기술, 인간의 지능을 훨씬 초월하여 인간 위에 군림하는 인공지능, 신체를 개조한 슈퍼 인간. 이 책의 내용을 처음부터 잘 따라왔다면 그나마 '그런 일이 실제 일어날 수도 있겠구나' 하고 생각할 것이다. 사실, 그동안 SF영화 속의 머나먼 미래와 최첨단 과학기술에 관한 상상은 조금씩 현실이 되어 왔음을 부정할 수 없다.

1966년부터 1969년까지 미국에서 방영된 드라마 「스타트렉」 시리즈에서 커크 선장Admiral Kirk은 폴더폰을 사용했다. 실제 모토롤라Motorola 사는 이 드라마에 영감을 받아 1996년에 이르러 세계최초로 스타택StarTAC이라는 폴더폰을 개발했다.[341] 1968년 제작된 스탠리 큐브릭Stanley G. Kubrick 감독의 「2001: 스페이스 오디세이」라는 영화에는 태블릿 PC가 등장했다. 2002년 스티븐 스필버그Steven A. Spielberg 감독의 작품 「마이너리티 리포트」에는 홍채 인식이 기본적인 개인 정보 파악 수단으로 나왔다. 2009년 작 「아바타」

에서 제임스 캐머런James F. Cameron 감독은 투명 디스플레이를 선보였다. 지금은 익숙하지만 당시에는 상상하기 힘든 기술이었다.

과학기술 발전 속도는 점차 빨라지고 있다. 1965년 페어차일드 반도체 Fairchild Semiconductor 연구소장이었던 고든 무어Gordon E. Moore는 마이크로칩의 용량이 2년마다 2배가 되리라 예측했다. 이른바 무어의 법칙Moore's Law이 다.[342] 하지만 앞으로 나타날 과학기술의 발전 속도는 무어의 법칙으로도 설명이 어려울 것이다. 과학기술 발전 속도가 2년마다 2의 배수로 올라가는 것이 아니라 어느 순간 거의 수직에 가까운 속도로 상승할 것이기 때문이다. 이를 수확 가속의 법칙law of accelerating returns이라 한다.[343]

이 속도로 과학기술이 발전하다 보면 어느 순간 비非생물학적 지능, 즉 인공지능의 총합이 모든 인간 지능의 총합을 능가하는 시점에 이르게 될 것이다. 이것이 바로 '기술적 특이점'이다. 특이점은 본래 지리학, 수학, 복잡계 이론, 자연과학, 예술 등 다양한 분양에서 사용되는 용어다. 통상적인 과학적 정의로는 특정 물리량들이 정의되지 않거나 무한대가 되는 공간을 의미한다. 즉, 블랙홀의 중심이나 빅뱅이 일어나던 그 시점 등이 그 대표적 예라고 볼 수 있다. 수학자 존 폰 노이만John von Neumann이 이를 응용하여 논문에서 처음 기술적 특이점이라는 용어를 제시했고[344] 이후 레이 커즈와일이 이를 구체화했다.[345]

이 시점이 되면 인공지능은 스스로 새로운 발명품을 만들게 될 것이다. 그리고 그러한 발명품들은 대부분 인간의 지능으로는 그 원리를 이해할 수조차 없을 것이다. 이는 우리가 블랙홀의 특이점을 이해 못하는 것과 같다. 블랙홀의 특이점에서는 밀도와 곡률이 무한대가 되고 시간이 정지하게 된다. 인간의 지능으로는 도저히 이해할 수 없는 현상이다. 우리가 블랙홀이라는 용어를 많이 들어 봤고 또 자주 사용하고 있지만, 그 원리를 제대로 이해하고 있지는 못하다. 우리가 그것을 이해하는지 못하는지와 상관없이 블랙홀은 특이점의 순간에 시간과 공간 할 것 없이 모든 것을 빨아들인다.

기술적 특이점은 인공지능의 능력이 폭발적으로 증가하여 이제는 도저히 평범한 인간이 범접할 수 없는 수준에 이르게 되는 시점이다. 10만 년이 넘는 역사 속에서 인류는 눈부신 발전을 이루었다. 불의 이용, 화약의 발명, 증기기관, 전기, 컴퓨터와 인터넷에 이르기까지 그 속도가 점점 더 빨라졌다. 하지만, 기술적 특이점의 관점에서 보면 지금까지 인류의 사고력과 과학기술 발전은 거의 제자리걸음 수준일 뿐이다. 기술적 특이점 이후 인공지능의 성장은 수직 상승에 가까울 것이다.

2014년 개봉한 영화 「트랜센던스Transcendence」는 이러한 기술적 특이점을 잘 보여 주고 있다.[346] 기술적 특이점 이후 인공지능은 끊임없이 자신을 개발하여 인간의 마음까지도 묘사하게 된다. 또한, 엄청나게 많은 첨단과학 기술을 만들어 내고 이를 적용한 새로운 발명품을 쏟아 낸다. 하지만 등장인물들은 그저 그 기술에 놀랄 뿐, 그것이 어떠한 원리로 만들어졌는지 전혀 이해하지 못한다. 앞서 소개한 영화 「2001: 스페이스 오딧세이」의 시나리오 작업에 참여했던 아서 클라크Arthur C. Clarke는 이러한 현상을 예측하여 "충분히 발달한 과학기술은 마법과 구분할 수 없다"라고 말한 바 있다.[347]

2016년 우리나라 이세돌 9단과 구글의 알파고AlphaGo가 바둑 대결을 벌였다. 결과는 4대1로 알파고의 승리였다. 알파고는 기존의 바둑 인공지능과는 달랐다. 기존의 인공지능은 세계 수많은 바둑기사의 대국 결과만을 학습했다. 반면, 알파고는 딥러닝을 활용하여 스스로 대국 알고리즘을 만들었다. 이것이 이세돌 9단과의 대결에서 승리한 비결이다. 훗날 전 세계의 바둑 전문가들이 그 대결을 복기해 봤지만, 알파고의 수를 정확히 파악하지 못했다. 알파고가 인간의 지능으로는 해석할 수 없을 정도로 창의적인 경우의 수를 무한대로 만들어 냈기 때문이다. 한국의 고주연 프로는 알파고의 능력에 무기력감을 느꼈다며 알파고가 마치 수를 창조해내는 것 같았다고 말하기도 했다.[348]

레이 커즈와일이 구체화한 기술적 특이점은 GNR혁명을 통해서 일어난다. 여기서 GNR은 유전공학Genetic Engineering, 나노기술Nano Technology, 로봇공학Robot Engineering의 약자를 딴 이름이다.[349] 먼저, 유전혁명을 통해 인간은 유전적, 생물학적 한계를 극복할 수 있다. 지금의 유전공학 발전 추이를 보면 이는 충분히 가능성 있는 일이다. 하버드 의대 데이비드 싱클레어David A. Sinclare 박사는 『노화의 종말』에서 노화는 질병일 뿐이며, 죽음은 결코 불가피한 것이 아니라는 리처드 파인만의 주장에 동조했다.[350]

『아무도 죽지 않는 세상』의 이브 해롤드Eve Herold는 향후 몇십 년 내 모든 신체 부위를 인공장기로 대체할 수 있을 것으로 전망했다. 이제 아무도 죽을 필요가 없는 것이다. 그는 오히려 그러한 세상에서 죽을 권리에 대한 담론이 형성되어야 한다고 주장했다.[351] 아직은 우리가 인간에 대해 모르는 생물학적 비밀이 많이 있지만, 차츰 그 실마리가 풀릴 것이다. 이를 통해 질병과 노화를 방지하고 인간은 영생에 가까운 삶을 살 수 있는 날이 오게 될 것이다.

유전공학 자체만으로는 정밀한 인체의 세포와 DNA를 다루기 힘들다. 나노기술은 이를 해결해 주는 매우 중요한 요소가 될 것이다. 나노 핀셋을 이용하여 몸속의 불필요한 노폐물 등을 제거하거나 나쁜 병원균까지도 집어낼 수 있을 것이다. 더 나아가 DNA를 편집하여 2세의 형질을 부모가 원하는 대로 조작할 수 있도록 나노기술이 활용될 수 있을 것이다. 이것이 바로 앞서 설명한 클리스터, 쉽게 말해 유전자 편집이다.

로봇공학은 인공지능과 함께 폭발적인 발전을 이루게 될 것이다. 특이점이 도래하는 시점에는 우리의 신체와 이질감이 거의 없는 수준의 로봇이 개발될 것이다. 이는 장애를 입은 사람이나 장기가 손상된 사람들에게 큰 도움이 될 것이다. 로봇공학, 유전공학, 나노기술이 함께 적용되면 더욱 승수효과를 발휘하게 된다. 예를 들어, 인체의 세포에 각각 투입된 무수히 많은 나노봇이 인공지능을 탑재하고 있다고 가정해 보자. 나노봇은 장기 세포에 어떠한 문제가 발생한다면 스스로 판단해서 이를 가장 최선의 효율적인 방법으로 조치해 나갈 것이다. 또, 뉴런의 역할을 대신함으로써 우리는 인간의 지능을 압도적으로 뛰어넘는 인공지능을 가질 수 있을 것이다.

5차 산업혁명은 인간이 플랫폼이 되는 혁명이라고 했다. 그리고 플랫폼이 된 인간은 기계공학적 트랜스휴먼, 생명공학적 트랜스휴먼, 영적 트랜스휴먼 등 세 가지 측면으로 이해할 수 있다고 했다. 레이 커즈와일의 GNR혁명은 저자가 말한 5차 산업혁명과 일맥상통한다. 그중 유전공학은 생명공학적 트랜스휴먼, 로봇공학은 기계공학적 트랜스휴먼과 관련이 깊다. 나노기술은 이 두 가지 측면에 모두 해당한다. 물론 이러한 구분은 이해를 돕기 위한 도구일 뿐이다. 이 세 가지 기술이 융합되어 초자아hyper-self의 트랜스휴먼이 탄생하기 때문에, 각각을 구분하여 매칭시키는 것은 큰 의미가 없다.

아직 한 가지 종류의 트랜스휴먼이 남았다. 바로 영적 트랜스휴먼이다.

앞서 5차 산업혁명의 원동력 중 하나는 자아실현의 욕구가 될 것이라고 밝힌 바 있다. 자아실현의 욕구를 충족하기 위해서는 생명공학적, 기계공학적 트랜스휴먼의 측면만으로는 부족할 것이다. 자기 자신에 대한 믿음과 인간을 품고 있는 자연적 섭리에 대한 믿음이 필요하다. 이는 우리가 믿음을 가지고 강화해 나가야 할 절대 변하지 않는 가치이다. (절대 변하지 않는 가치에 관한 내용은 3부에서 다룰 예정이다.) 이러한 믿음을 지니고 앞선 GNR혁명을 받아들일 때 비로소 영적 트랜스휴먼이 될 수 있다.

수확 가속의 법칙에 따라 우리는 상상도 할 수 없을 정도로 빠른 변화에 노출될 것이다. 우리는 이러한 변화에 끌려가서는 안 된다. 오히려 그 변화를 주도해야 한다. 과거 1차 산업혁명과 2차 산업혁명 시기에는 암기를 잘하는 사람이 높은 평가를 받았다. 3차 산업혁명이 되자 암기보다는 인터넷과 컴퓨터를 활용해 정보를 검색하고 그 속에서 유의미한 연결을 이루어 낼 수 있는 사람이 뛰어난 사람으로 여겨졌다.

이제 4차 산업혁명과 5차 산업혁명에서는 급변하는 세상에서 살아남기 위한 민첩성agility과 적응력adaptation이 중요해질 것이다. 하지만 이 능력만으로 변화를 이끌어 갈 수는 없다. 첨단 과학기술 측면에서 경쟁우위를 확보해야만 우리가 변화를 선도할 수 있다. 이제 다가올 미래, 첨단 과학기술의 추세를 읽고 예측하여 변화를 주도하기 위해 뭔가 다른 사고 능력이 필요하다. 바로 비판적 사고와 창의적 사고를 바탕으로 한 건설적 사고 능력이다.

## 건설적 사고

'넌 항상 그런 식이야.', '일 처리를 그것밖에 못 해?', '좀 똑바로 해라!'

주위에서 이런 말을 자주 하는 상관을 본 적이 있을 것이다. 이런 말을 듣고 나면 일단 기분이 나쁘다. 자존심도 상한다. 그리고 잘 생각해 보면 무엇을 잘못했는지 명확하게 와닿지 않는다. 그러니 당연히 무엇을 고쳐야 하는지도 알 수 없다.

결국, 나아지는 건 없다. 이런 이야기를 듣는 사람은 더는 자신의 잘못에 집중하지 않는다. 자신을 비난하는 그 사람과 그 사람이 내뱉는 말과 표정, 태도에 집중한다. 둘 사이는 의만 상하게 된다. 이렇게 부하의 행동에 지적만 할 뿐, 구체적인 문제점이나 발전하는 방법은 가르쳐 주지 않는 상사가 많다. 이런 리더를 독성 리더toxic leader라 부른다.

한편, 독성 팔로워toxic follower 문제도 심각하다. 다음과 같은 말을 하는 부하나 동료들도 많이 봤을 것이다. '저렇게 해 봤자 어차피 안 돼.', '괜히 서로 힘들게 이걸 꼭 해야 하는지 모르겠어.' 이들은 그 일들이 분명 어떤 문제를 해결하려는 노력이라는 것을 안다. 그러나 애써 문제점 자체를 외면한다.

혹은 이렇게 말하기도 한다. '거 봐, 안 될 줄 알았어.' 어떤 일을 시작하기 전 토의 과정에서는 아무 말 없다가, 일이 틀어지면 그제야 그 일에 대한 부정적 의견을 쏟아내는 것이다. 이들은 상관의 지시나 조직의 방침에 불만만 늘어놓고 대안을 제시하지는 못한다. 이들은 모두 파괴적 언행을 하는 사람들이다.

이러한 파괴적 언행이 왜 빈번하게 나오는 걸까? 이런 말을 자주 하는 사람들은 생각 자체가 부정적인 경우가 많다. 남의 일에 비난은 잘하지만, 본인더러 직접 해 보라고 하면 선뜻 자신감 있게 해내지 못한다. 영국의 총리를 지낸 마거릿 대처Margaret H. Thatcher는 "생각을 조심해라. 말이 된다. 말을 조심해라. 행동이 된다. 행동을 조심해라. 습관이 된다."라고 말했다.[352] 그들의 부정적이고 파괴적이기만 한 생각이 말과 행동으로 표현된 것이다.

대처는 '습관을 조심해라 성격이 된다. 성격을 조심해라 운명이 된다. 우리는 생각하는 대로 된다.'라고 말을 이어 갔다. 파괴적 사고는 파괴적인 말과 행동, 습관과 성격이 되어 파괴적 운명으로 이어진다. 결국, 누군가의 인생은 그 사람이 어떠한 생각을 하느냐에 달려 있다.

이는 조직 차원에서도 마찬가지다. 조직은 결국 공통의 목표를 가진 사람들의 집합이다. 그들이 어떠한 생각을 하고 있느냐에 따라 조직 전체의 비전과 목표가 정해진다. 그리고 그 생각이 긍정적인지 부정적인지, 건설적인지 파괴적인지에 따라 조직이 나아가는 방향이나 목표의 달성 정도가 달라진다. 그래서 우리의 생각이 중요하다. 특히, 개인이나 조직의 변화를 이끌기 위해서는 건설적으로 사고하는 것이 매우 중요하다.

건설적 사고는 쉽게 말해 조직이나 환경에 대해 건설적인 방향으로 생각하는 것이다. 건설적 사고는 앞선 예시에서 제시한 파괴적 사고와 비슷하면서도 다르다. 이 두 가지 사고 방법은 기존의 방식에 반대하거나 상식을 뒤엎는다는 점에서 유사하다. 그러나 다음 단계에서 바로 차이점이 나타난다. 파괴적 사고는 기존의 방식이나 상식을 무너뜨리는 데 그치지만, 건설적 사고는 더욱 발전적인 결과의 창출을 지향한다.

그런 점에서 건설적 사고는 크게 두 단계로 나눌 수 있다. 먼저 기존의 방식과 상식을 무너뜨려야 한다. 문제의식을 느끼고 무엇이 잘못되었는지, 개선해야 할 부분은 없는지를 끊임없이 살펴야 한다. 그런 다음 그 문제를 어떻게 해결할지, 더 나은 방안은 무엇인지 고민하여 더욱 발전적인 결과를 창출해야 한다. 여기서 앞의 단계는 비판적 사고이고, 뒤이은 단계는 창의적 사고이다.

유발 하라리도 미래를 위해 꼭 필요한 교육으로 비판적 사고와 창의성을 꼽았다.[353] 그는 『21세기를 위한 21가지 제언』에서 미래에 벌어질 다양한 시나리오를 제시했다. 그러면서도, 독자들에게 그 시나리오를 문자 그대로 받아들이지 말라고 경고했다. 그만큼 미래는 예측하기 어렵다는 것이다. 모든 것은 변한다는 사실 외에는 모두 불확실할 뿐이다. 그러므로 변화만이 유일한 상수라고 그는 말했다. 그가 비판적 사고와 창의성이 미래 교육에 꼭 필요하다고 주장하는 많은 교육 전문가들에 동의한 이유다.[354]

비판적 사고와 창의적 사고를 잘하기 위해서는 기존의 고정 관념에서 벗어나야 한다. 우리는 어릴 적부터 여러 가지 지식을 공부해 왔다. 공부했다기보다 많이 외웠다는 표현이 더 정확할지도 모르겠다. 그러다 보니 지식을 비판 없이 수용하고 기존의 개념槪念에서 벗어나지 못하는 경우가 많다.

개념은 대다수 사람이 인정하는 보편적 관념이다. 개槪는 말이나 되에 곡식을 담고 그 위를 평평하게 밀어 양을 맞추는 방망이 모양의 도구를 일컫는 말이다.[355] 즉, 생각念을 대다수가 인정하는 방향으로 재단한다槪는 뜻으로 해석할 수 있다. 다시 생각해 보자. 우리는 무수히 많은 개념에 갇혀 있는가, 아니면 우리가 개념을 이끌어 가고 있는가? 개념은 단단한 상자와도 같아서 그 안에 갇히면 빠져나오기 힘들다. 그 틀을 깨려는 진취적인 마음이 있어야 비판적 사고와 창의적 사고를 할 수 있다.

비판적 사고란 '참'이라고 주장하는 진술이나 명제에 대해 그 의미를 파악하고, 주변의 증거와 추론을 분석하여 옳고 그름을 나누는 분별력을 말한다.[356] 어떤 인과관계에 대해 암기를 잘해 놓으면 그 인과관계의 원인 값이 나타났을 때 쉽게 결과 값을 도출할 수 있다. 이런 환경에서는 주입식 교육을 통한 암기가 중요하다. 하지만 4차 산업혁명에 본격적으로 진입하고 있는 현재와, 나아가 5차 산업혁명을 맞이하게 될 미래에서 더는 주입식 교육이 의미가 없다. 날이 갈수록 상황은 급속도로 변할 것이며 하나의 정답이란 없을 것이다. 이런 급변하는 불확실성의 환경 속에서는 어떠한 문제를 주더라도 이를 올바르게 분석하고 최적의 선택지를 찾아가기 위한 치열한 고민이 필요하다.[357]

스페이스X를 창업하고 우주 사업에 뛰어든 일론 머스크는 우리가 평소에 알고 있는 뚱뚱한 우주복과 둔해 보이는 헬멧이 마음에 들지 않았다. 그는 '왜 우주복은 모두 뚱뚱한가? 동일한 기능을 발휘하면서도 좀 더 멋진 우주복을 만들 수는 없을까?'라고 생각했다. 또, '우주복을 꼭 과학자들에게만 맡겨야 하는가?'라는 의문도 품었다. 그는 우주복에 대한 관점을 바꿨다. 현대의 기술력을 고려한다면 우주복의 디자인이 바뀐다고 해도 충분히 원하는 기능이 발휘되도록 우주복을 제작할 수 있을 것으로 생각했다.

2016년 그는 과감히 할리우드에서 유명한 영화 의상 디자이너 호세 페르난데스Jose Fernandez에게 우주복 디자인을 맡겼다. 페르난데스는 의뢰받은 우주복의 초안을 제작해서 머스크에게 보여 줬고, 머스크는 대만족했다. 하지만 그때까지도 페르난데스는 자신이 만든 우주복 디자인이 진짜 우주복에 쓰일 것이라고는 생각하지 못했다. 그는 그저 "스페이스X"라는 새로운 영화의 캐릭터가 입을 우주복을 제작하는 것인 줄로 알았다고 한다. 이 우주복은 과학자들의 손을 거쳐 전에 있던 어떤 우주복보다도 더 뛰어난 성능을 자랑하게 되었다.[358] 2020년, 스페이스X의 우주선 '크루 드 래곤Crew Dragon'에 승선한 우주 비행사들은 머스크가 의뢰하고 페르난데스 가 만든 멋진 스키니 우주복을 입고 국제우주정거장 도킹에 성공했다.[359]

그림 5-1. 호세 페르난데스의 우주복[360]과 크루 드래곤의 도킹 장면

머스크가 페르난데스에게 우주복 디자인을 의뢰한 사례는 기존의 틀을 깨고 더 발전된 방안을 추구했다는 점에서 비판적 사고의 좋은 예라고 볼 수 있다. '우주복은 기능에만 충실하면 된다.', '우주복은 과학자들이 만드 는 것이다.'라는 일종의 '참'이라고 주장되는 명제였다. 머스크는 그 명제의 의미를 면밀히 파악하고 결국 '참'이 아니라는 결론을 내렸다. 그리고 주변 의 증거와 추론을 집중적으로 분석하여 호세 페르난데스에게 우주복 디자 인을 맡기는 선택을 했다.

'수신, 제가, 치국, 평천하修身, 齊家, 治國, 平天下'라는 표현을 들어 보았을 것이 다. 몸과 마음을 닦아 수양하고 집안을 가지런하게 하며 나라를 다스리고 천하를 평정한다는 말이다. 이는 『대학』 "8조목"의 뒷부분에 해당한다. 이 말이 너무 유명해서인지 8조목의 앞쪽 네 가지에 관심을 두는 사람은 그리 많지 않다. 바로 격물, 치지, 성의, 정심格物, 致知, 誠意, 正心으로, 수신을 이루기 위한 전제조건이라 볼 수 있다.[361]

비판적 사고를 하기 위해서는 면밀한 관찰이 반드시 수반되어야 한다. 이 네 가지는 대관세찰大觀細察을 할 수 있는 핵심적인 방법론이라고 할 수 있다. 격물은 이치를 깨닫기 위해 사물에 파고들어 다가가는 것이고, 치지는 격물의 과정을 거쳐 그 이치를 바로 아는 지혜다. 성의는 이치를 깨닫게 된 후 마음에 품은 뜻을 이루려 함이며, 정심이란 성의 과정에서 마음을 바르게 함을 일컫는다. 머스크와 같이 비판적 사고를 할 수 있으려면 이같이 격물, 치지, 성의, 정심의 자세가 필요하다.

비판적 사고를 통해 문제점의 본질을 파악했다면, 이제 창의적인 개선 방안을 강구해야 한다. 이때 필요한 것이 창의적 사고력이다. 창의력이란 새로운 생각이나 개념을 찾아내거나, 기존에 있던 생각이나 개념들을 새롭게 조합해 내는 것과 관련된 정신적이고 사회적인 과정을 의미한다.[362] 창의적 사고는 이러한 창의력을 발휘하도록 하는 사고의 방식 또는 방법이다.

발명왕 에디슨은 모든 사물을 호기심으로 바라봤다. 그리고 항상 문제의식을 느끼고 더 좋은 방법이 없을까를 생각했다. 그는 분명 비판적 사고력이 있었음이 틀림없다. 에디슨은 거기서 그치지 않고 사람들에게 편리함을 줄 수 있는 새로운 제품이 무엇이 있을까를 고민했다. '새로운 생각이나 개념을 찾아내는' 창의적 사고력을 발휘한 것이다. 그 결과 그는 총 1,093개의 발명 특허를 출원했다.[363]

앞서 애플의 창업자 스티브 잡스가 어떻게 아이폰을 만들어 냈는지 설명한 바 있다. 그는 미 국방성, 다르파, CIA에서 개발 중이던 다양한 기술들을 집대성하여 아이폰을 탄생시켰다.[364] 그런 의미에서 그는 새로운 것을 발명했다고 보기는 어렵다. '기존에 있던 생각이나 개념들을 새롭게 조합해 내는' 창의적 사고력을 발휘했다고 볼 수 있다. 즉, 창의적 사고는 반드시 무에서 유를 창조할 수 있는 능력만을 의미하는 것은 아니다. 오히려 이전에 아예 없던 것을 만들어 내는 경우보다 이미 존재하던 것들을 잘 융합하여 훨씬 더 좋은 것들을 만들어 내는 경우가 더 많다는 점을 인식해야 한다.

우리 주변에는 자신이 창의적이지 않다고 생각하는 사람들이 많다. 그러나 그렇지 않다. 시드니 대학교의 앨런 스나이더Allan W. Snyder 박사는 모두가 창의성을 가지고 있다고 주장했다. 다만, 뇌에 걸려 있는 관념의 핸드브레이크 때문에 창의성이 발휘되지 못한다. 이 브레이크를 풀면 뇌의 창의성 또한 풀리게 된다.[365] 스탠퍼드 대학교의 티나 실리그Tina Seelig 박사도 『인지니어스』이라는 책에서 우리가 모두 창의적 사고력을 지니고 있다는 점에 동의했다. 그녀의 주장에 따르면 우리가 창의력을 발휘하지 못하는 것은 우리에게 내재한 창의적 사고력을 구체적으로 끄집어낼 도구와 방법을 모르기 때문이다.[366]

실리그는 핸드브레이크를 푸는 방법이 무엇인지 총 열한 가지 도구와 방법을 구체적으로 제시했다. 그중 몇 가지만 소개하면 다음과 같다. 먼저 리프레이밍reframing이다.[367] 이는 평소 사물을 바라보는 관점을 다르게 하고, 어떤 사물의 궁극적인 존재 목적이 무엇인지를 되짚어 보는 것이다. 다음은 아이디어의 연결이다.[368] 리프레이밍을 하다 보면 수많은 아이디어가 떠오를 것이다. 이를 그냥 머릿속에 스쳐 지나가도록 하지 말고 지속해서 서로 연결하고 발전시키도록 노력해야 한다. 다양한 환경과 관찰은 창의적 사고를 자극한다. 그래서 실리그는 구글, 픽사의 사무실처럼 상상력을 자극하는 공간을 구성하는 것이 중요하다고 주장했다.[369] 또한, 어느 곳을 가더라도 미리 도착해서 여기저기를 둘러볼 수 있는 여유를 가지라고 말했다.

다음은 일상의 과제를 게임화하는 것이다.[370] 뭐든 재미가 있어야 계속할 수 있다. 게임은 재밌다. 게임을 하는 과정에서 적절한 긴장감이 조성되고 결과에 따라 바로 피드백과 보상이 이루어지기 때문이다. 우리는 창의적 사고를 끌어내기 위해 스스로 적절한 피드백과 보상을 해야 한다. 조직 차원에서도 이러한 노력은 매우 중요하다. 일 년의 한두 번뿐인 정기평가에 그치면 안 된다. 직원들에게 창의적인 업무추진을 권장하고 그에 따른 즉각적인 보상과 피드백을 활성화해야 한다.

마지막으로 생각을 마음속에 오래 품지 말아야 한다.[371] 창의적인 생각은 걷다가도, 잠에서 깨었을 때도 불현듯 떠오르곤 한다. 이때 그 생각들을 그냥 흘려버리면 안 된다. 창의적이고 좋은 생각이라고 느껴질 때는 바로 적어야 한다. 그리고 가능한 한 빨리 주변 사람들과 공유하면서 그 생각을 발전시키도록 노력해야 한다. 주변 사람들의 시선을 의식해서 완벽을 추구하다 보면 결국 창의적인 아이디어는 시기를 놓쳐 묻히고 말 것이다.

비판적 사고와 창의적 사고는 뚜렷한 경계가 있다기보다는 상호보완적인 관계로써 작용한다. 다만 비판적 사고가 기존의 방식이 지닌 문제점을 찾아내는 데 조금 더 주안을 두고 있다면, 창의적 사고는 이에 대한 발전방안을 도출해 내는 데 유리하다. 이 두 가지 사고 방법을 잘 조화시킴으로써 건설적 사고 능력을 키울 수 있다. 건설적 사고 능력을 발휘할 수 있어야 궁극적으로 새로운 것을 창조하거나 기존에 이미 존재하던 것을 잘 연결 또는 융합할 수 있다. 그리고 우리가 남보다 한발 앞서 건설적 사고 능력을 발휘할 때, 다가오는 5차 산업혁명 경쟁에서 우위를 점할 수 있을 것이다.

## 경쟁우위 전략

경쟁우위란 마이클 포터가 제시한 경제학 용어로, 경쟁기업과 비교하여 더욱 좋은 가치를 소비자들에게 제안함으로써 유리한 경쟁 지위를 확보하는 것을 말한다.[372] 소비자들은 항상 새롭고 더 좋은 물건과 서비스를 원한다. 기업이 경쟁 사회에서 승리하려면 다른 기업보다 한발 빠르게, 더 좋은 물건과 서비스를 만들고 이를 소비자들에게 제공해야 한다. 이러한 경쟁 환경에서 필요한 것은 상대적인 우위이다. 말 그대로, 다른 기업의 재화나 서비스보다 한발 빠르고, 더 좋으면 된다.

경쟁우위를 확보하려면 역사, 경제, 문화 등 국제사회 전반의 흐름을 읽을 줄 알아야 한다. 그 흐름 속에서 개선할 점을 찾아내고 새로운 대안을 제시할 수 있어야 한다. 4차 산업혁명이 점차 발전해 가고 있는 현재 시점에서 우리나라보다 앞서고 있는 해외의 최첨단 과학기술을 효율적으로 우리 군에 활용할 수 있어야 한다. 이를 토대로 우리가 더 발전시킬 수 있는 분야가 있는지를 자세히 살피고 이를 적극적으로 추진해야 한다.

또, 어떤 분야에서는 선구자적 지위를 확보할 수 있어야 한다. 5차 산업혁명과 우주 분야가 바로 장기적 관점에서 우위를 확보해야 할 분야다. 기계와 메타버스의 플랫폼화에서 인간의 플랫폼화로 관점을 전환해야 한다. 우주 개발은 지구 주변에만 머물 것이 아니라, 달, 화성 등에 관한 탐사와 더 나아가 태양계 외부까지도 관심을 가져야 한다.

즉, 이미 개발된 과학기술을 효율적으로 도입하는 것과 남들이 아직 성공하지 못한 과학기술에 투자하는 것, 투-트랙으로 개혁이 이루어져야 할 것이다. 혁신적인 변화가 없으면 미래를 이끌어 갈 수 없다. 혁신을 통해 세상의 흐름을 읽고 그 속에서 앞서나가기 위해서는 비판적 사고와 창의적 사고의 적절한 조합, 즉 건설적 사고가 필수적이다. 이를 토대로 먼저 명확하게 목표를 설정해야 한다. 그런 다음 그 목표에 도달하기 위한 개념을 구체화해야 한다. 구체화한 개념을 실현하기 위해서는 환경을 설계하는 것이 매우 중요하다고 볼 수 있다.

## 1) 비전 설정: 국방개혁 5.0

마이클 포터는 그의 저서 『국가경쟁우위』에서 세계적으로 많은 경제정책이 단기간 경제적 변동에 몰두하고 있음을 지적했다. 특히 보조금, 보호, 중재된 합병 등 단기 효과만을 노리는 정책이 혁신을 억제한다고 주장했다. 좋은 정책은 단기적으로 부정적인 면을 동반하기 마련이므로, 외부의 압력에 아랑곳하지 않고 연속성을 지닐 수 있는 제도적 장치가 마련되어야 한다고 말했다.[373]

개혁은 장기적 관점에서 바라봐야 한다. 아무리 못해도 최소 중기 차원에서 20~30년은 내다봐야 한다. 개혁은 과학기술의 발전과 필연적으로 연결될 수밖에 없으므로 많은 예산이 소요된다. 개혁을 기획하고 추진하는 과정에서 무수히 많은 장애물이 기다리기 때문에 한 방향으로 노력을 결집하는 것도 어려운 일이다. 그래서 짧은 기간에 개혁이 이루어지기는 어렵다.

따라서, 국가와 군의 미래, 과학기술의 발전 양상을 멀리 내다보고 명확하게 목표와 비전을 설정해야 한다. 그런 다음 그 목표를 달성하기 위한 수단과 방법을 고민해야 한다. 그 과정에서 야기될 수 있는 위험과 그에 따른 완화방안도 빠뜨리면 안 된다. 이는 목표ends, 수단ways, 방법means, 위험risks이라고 불리는 요소로, 전략의 기본이다.

『원씽』의 저자 게리 켈러Gary Keller는 남다른 성과를 만들어 내는 사람들의 법칙으로 도미노 효과를 주장했다.[374] 처음 시작점에 서 있는 도미노는 자신보다 1.5배 크기 도미노를 넘어뜨릴 수 있다. 그렇게 크기를 1.5배씩 늘려가다 보면 5cm 도미노에서 출발한 물결이 18번째에서는 에펠탑, 31번째에는 에베레스트산, 57번째에 이르러서는 지구에서 달까지 다리를 놓아줄 만큼 높이의 도미노까지 쓰러뜨릴 수 있다. 기하급수의 원리이다.

멋지게 도미노를 성공하는 것은 그리 쉬운 일은 아니다. 도미노를 어디까지 놓을 것인지 신중하고 명확한 목표를 잡아야 한다. 도미노의 재질, 크기, 두께, 도미노 사이의 간격, 도미노를 놓을 바닥 등 수단과 방법을 잘 설정해서 줄을 세워야 한다. 이때 발생할 수 있는 위험들도 고려해야 한다. 동물이나 새가 도미노를 건드릴 수도 있다. 아니면, 자신이 도미노를 놓다가 그만 실수로 넘어뜨릴 수도 있다. 이에 대한 대책도 필요하다. 그렇게 잘 세팅이 되면 최초의 단 하나, 그것만 제대로 움직여도 다른 도미노들을 저절로 쓰러뜨릴 수 있다.

개혁도 마찬가지다. 장기적인 목표를 신중하고 명확하게 설정해야 한다. 그리고 그에 따른 개념 개발을 잘해야 한다. 그 개념 안에는 수단과 방법, 위험과 완화방안이 잘 녹아들어야 한다.

우리는 통상 목표를 세울 때 단기, 중기, 장기로 구분한다. 어떤 사람들은 단기 목표를 먼저 세우기도 하고, 또 어떤 사람들은 장기 목표를 먼저 세우기도 한다. 게리 켈러는 목표를 수립할 때 최종 목표를 먼저 설정하고 이를 달성하기 위해 점차 현재와 가까워지는 목표 순으로 설정해야 한다고 말했다. 궁극적으로 우리에게 무엇이 중요한지를 알아야 가치 있는 목표를 세울 수 있다. 오직 중요한 일만이 우리 삶을 결정짓는 요소로 작용한다.[375]

우리 군은 '국방혁신 4.0'을 추진하고 있다.[376] 국방혁신 4.0은 4차 산업혁명 과학기술 기반의 핵심 첨단전력을 확보 및 운용하고, 이를 위해 국방 전분야를 재설계 및 개조하여 경쟁우위의 AI 과학기술 강군으로 거듭나기 위한 혁신을 의미한다.

그림 5-2. 국방혁신 4.0[377]

이를 위해 우리 군은 국방 R&D 및 전력증강체계를 재설계하여 국방과학기술의 기반을 확장하고 핵심 첨단전력을 확보하겠다고 발표했다. 또한, 군구조와 운영을 최적화하고 새로운 군사전략 및 작전개념을 발전시키고자 하는 의지를 표명했다. 이렇게 목표를 설정하고 잘 추진해 나가면 분명 우리 군은 많은 발전을 이룰 것이다. 하지만 과연 초일류 강군이 될 수 있을 것인가에 대해서는 확실히 그렇다고 답하기 어렵다. 다른 많은 군대가 유사한 목표를 설정해서 추진하고 있기 때문이다.

우리는 먼저 비전을 세워야 한다. 그냥 'AI 과학기술 강군'이 아니라 '차세대 과학기술을 통한 초일류 강군'이 되고자 하는 비전이 있어야 한다. 'AI 과학기술 강군'은 비단 4차 산업혁명에 국한되어서는 안 된다. 5차 산업혁명과 장기적 관점에서의 우주 기술 개발이 병행되어야 한다.

그렇다고 지금의 국방혁신 4.0이 잘못되었다는 뜻은 아니다. 다만, 장기·중기·단기적 목표와 그에 따른 노력이 적절하게 균형을 이루어야 한다. 군의 전력, 예산 분야에서는 회계연도 + 5년 이후를 중기계획으로 본다. 하지만 개혁의 측면에서 보면 이는 단기적 수준이라고 봐야 한다. 그런 의미에서 현재의 국방혁신 4.0은 단기 또는 중기적 목표만을 제시하고 있다고 여겨진다. 우리는 더 멀리 봐야 한다.

## 2) 개념 설정: 패러다임 시프트와 선택적 변화

우리가 흔히 사용하는 '패러다임paradigm'이라는 용어가 있다. 토머스 쿤 Thomas S. Kuhn이 『과학혁명의 구조The Structure of Scientific Revolutions』라는 책에서 사용한 용어다. [378] 패러다임은 '나란히 보여 줌' 혹은 '비교해서 보여 줌'이란 뜻의 그리스어 '파라디그마paradeigma'에서 비롯된 말이다. 여기서 'para'는 '옆에, 넘어서'란 뜻이고, 'deigma'는 '보여 줌'이란 뜻이다. 파라디그마는 수사학, 철학 등에서 자주 사용되는 용어였는데, 토머스 쿤이 이를 과학 역사 분야에 적용하면서 패러다임이란 용어가 유명해지게 되었다.

그는 패러다임을 '어떤 한 시대 사람들의 견해나 사고를 지배하고 있는 이론적 틀이나 개념의 집합체'로 정의했다. 그에 따르면 과학은 점진적으로 발전하는 것이 아니다. 패러다임 시프트paradigm shift, 즉 이전 시대와 뚜렷한 차이를 만들어 내는 혁명을 통해 발전한다.

주역周易 계사전繫辭傳에는 '궁변통구窮變通久'라는 말이 나온다.[379] 문제가 생기면 새로운 대책을 마련하게 되고, 대책이 마련되면 문제가 해결된다. 문제가 해결되면 안정된 상태가 계속되고, 그것이 계속되다 보면 다시 새로운 문제가 나타난다. 주역은 아주 오래전에 이미 패러다임 시프트가 작동하는 원리를 꿰뚫었다. 이는 헤겔Georg Wilhelm Friedrich Hegel의 변증법dialectics 즉, 정·반·합正·反·合: thesis, antithesis, synthesis과도 일맥상통한다.[380]

4차 산업혁명이 화두인 지금 시점에 저자가 5차 산업혁명을 이야기하는 것도 이러한 이유에서다. 지금 시대와 뚜렷한 차이를 만들어 내야만 미래를 이끌어갈 수 있다.

한편, 재레드 다이아몬드Jared M. Diamond는 『대변동Upheaval』에서 국가와 개인이 위기에 대응하기 위해 '선택적 변화'가 중요함을 강조했다.[381] 위기에 대응하는 개인과 국가의 방법은 유사하다. 그는 위기에 대응하는 방법으로 12가지 측면에서의 선택적 변화를 제시했다. 여기서 핵심은 '선택적'이란 단어이다. 현재 보유하고 있는 정체성이나 시스템 중 바꿀 필요가 없는 부분이 무엇인지, 제대로 작동하지 않아 바꿔야 할 부분은 무엇인지 알아내는 것이 중요하다.

선택적 변화를 어떻게 해야 하는지 알기 위해서 과거 역사의 이해가 중요하다. 다이아몬드 교수는 부유한 산업국, 평균적인 국가, 가난한 개발도상국이 각자의 위치에서 지난 수십 년간 일어난 각종 위기에 어떠한 선택적 변화로 대응해 나갔는지 비교 설명했다. 우리는 4차 산업혁명에서 5차 산업혁명으로의 변화를 이끌고, 우주 개발 변두리 국가에서 우주 개발 선진국으로 도약해야 한다. 그런 의미에서, 앞서 인류와 전쟁의 역사, 네 차례의 산업혁명과 그동안의 우주 개발 역사를 살펴본 것이다.

다이아몬드가 주장한 '선택적 변화'의 개념은 우리가 5차 산업혁명과 우주 전략 방향을 잡는 데 도움 될 것이다.

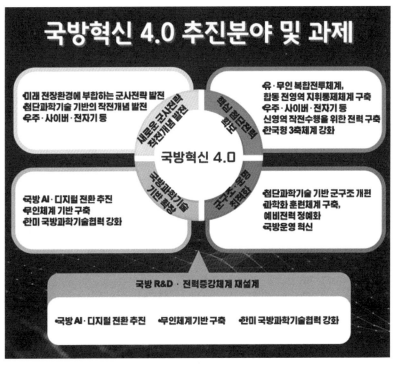

그림 5-3. 국방혁신 4.0 추진분야 및 과제[382]

우리 국방부는 국방혁신 4.0의 목표를 달성하기 위해 총 5개 분야 16개 과제를 내걸었다.[383] 내용을 살펴보면 모두 4차 산업혁명의 틀에서 벗어나지 못하고 있다.

이는 가까운 미래에 꼭 필요한 부분이다. 그러나 이러한 방향으로만 나간다면 결국 다른 선진국을 따라갈 뿐이다. 진정한 의미의 패러다임 시프트를 달성하기 위해서는 반드시 5차 산업혁명과 장기적 관점에서의 우주기술 개발을 바탕으로 한 개념설정이 되어야 한다. 그리고 국방개혁의 추진과제에 별도의 카테고리로 들어가야 한다. 그래야만이 그 개념에 따라 단기, 중기, 장기적 관점에서 세부 과제들이 도출될 수 있다. 이를 통해 비로소 먼 미래에 초일류 강군으로 가는 방향을 제대로 잡을 수 있다.

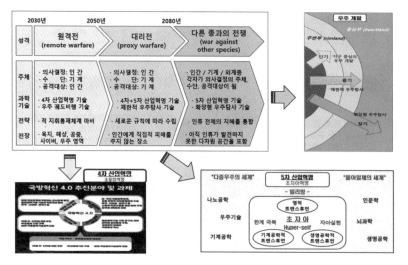

그림 5-4. 국방혁신 기본 개념 설정(안)

물론 결코 쉬운 일이 아니다. 선택과 집중은 항상 기회비용을 낳기 때문이다. 그래서 더 신중해야 한다. 그리고 결정했으면 정말 내실 있게 추진해야 한다. 선택적 변화를 통한 패러다임 시프트를 구현하기 위해서는 그에 걸맞은 환경 설계가 필요하다.

## 3) 환경설계

편안한 소파와 TV가 있는 거실은 오늘도 우리를 유혹한다. 당장 계획했던 일을 멈추고 이리 와서 쉬라고. 퇴근 후에 꼭 자기개발에 힘쓰리라 굳은 결심을 했지만 일을 마치고 집에 돌아오면 소파와 TV가 가장 먼저 눈에 들어오는 경험은 누구에게나 있을 것이다.

집안에 수험생이 있는 부모들은 자녀들 공부에 방해될까 TV도 마음껏 보지 못한다. 자녀들이 독서실에 가겠다고 하면 마다하는 부모는 거의 없다. 맹모삼천지교孟母三遷之敎[384]라 했던가. 일부 학부모들은 학군이 좋은 곳을 찾아 직장과도 먼 지역으로 이사하기도 한다. 요즘은 학원에 다니지 않는 학생이 거의 없다. 치열한 경쟁 분위기 속에서 성적이 오르길 바라는 학부모의 학구열 덕분이다.

환경은 우리의 생각과 행동을 지배한다. 지배까지는 아닐지 몰라도, 매우 큰 영향을 끼치는 것은 부정할 수 없다. 스터디언의 신영준 박사는 "목표 달성이 100%라면 환경설정이 25%나 차지한다."라고 말했다.[385] 그래서 우리는 원하는 바를 달성하기 위해 환경을 잘 구성해야 한다.

재레드 다이아몬드는 환경결정론적 시각에서『총, 균, 쇠』를 집필했다. 그는 유럽 국가들이 번영한 이유가 백인종의 유전적 우월함 때문이 아님을 주장했다. 유럽국가들은 운 좋게도 번영과 발전에 유리한 환경을 지녀 세계를 이끄는 선진국이 되었다는 것이다.[386] 아프리카나 아메리카 대륙은 남북으로 길게 늘어져 있다. 반면, 유럽대륙은 비교적 동서로 넓게 형성되어 있다. 이는 위도의 차이가 크지 않다는 것을 의미한다. 위도의 차이가 크지 않으면 기후, 식생, 토양이 비슷해서 농산물도 같은 종을 옮겨 심을 수 있다. 가축도 마찬가지다. 북극곰을 아프리카에 데려다 놓으면 금세 죽겠지만, 유럽에서 키우던 동물은 한국으로 데려와도 대부분 잘 키울 수 있다. 위도가 비슷하기 때문이다.

이는 농업혁명에 큰 영향을 끼쳤다. 토양은 비옥했고, 기후는 적절했다. 가축으로 활용할 수 있는 다양한 동물도 존재했다. 농업혁명으로 사람들이 부유해지자 교역을 위한 교통수단이 발달했다. 그로부터 비롯된 다양한 갈등을 해결하기 위해, 더 많은 것을 소유하기 위해, 또는 다른 여러 이유로 전쟁도 빈번히 벌어졌다. 전쟁은 기술의 발전을 더 가속화했다. 그 발전과 함께한 것이 바로 총, 균, 쇠였다.

대항해시대에 들어서 유럽 국가들은 앞다투어 식민지 확보 정책을 펼쳤다. 1532년에는 스페인 군대가 잉카제국을 공격했다. 당시 잉카제국 군대는 약 8만 명이었던 반면 스페인 군대는 168명밖에 안 되었다. 그런데도 스페인 군대가 쉽게 이길 수 있었던 것은 환경의 차이 덕분이었다는 것이 다이아몬드의 주장이다. 스페인 군대의 총소리는 잉카제국 군대를 혼비백산하게 했고, 갑옷과 칼은 그들의 대응 의지를 꺾어 놓았다.

하지만, 결정적으로 잉카제국을 멸망하게 했던 원인은 바로 균이었다. 유럽인들은 다양한 가축을 기르며 자연스럽게 병균에 대한 면역력이 강화되었다. 잉카제국 사람들은 그러지 못했다. 스페인 사람들이 가축과 함께 들여온 홍역, 장티푸스, 천연두 등의 질병은 결국 잉카제국 사람들의 약 90%를 사망하게 했다.

1994년 뉴욕시가 한창 범죄로 들끓던 당시, 시장에 취임한 루돌프 줄리아니Rudolph W. Giuliani는 범죄와의 전쟁을 선포했다. 그는 강력 범죄를 막기 위해 먼저 기초질서 위반자들을 강하게 처벌할 것이라 공표했다. 그는 지하철의 그라피티부터 지워 나갔다. 사람들은 처음에는 비웃었으나 3년이 지나자 뉴욕의 범죄율이 80% 정도가 줄어들고 치안이 확립되었다.

줄리아니의 범죄와의 전쟁은 '깨진 유리창의 법칙'을 잘 보여주는 사례이다. 1969년, 스탠퍼드 대학교의 필립 짐바르도Philip Zimbardo 박사는 유리창이 깨진 차와 멀쩡한 차를 각각 세워 두고 일주일 동안 관찰했다. 유리창이 깨진 차는 배터리, 타이어 등 주요 부품이 도난당하고, 차체도 훼손되었다. 물론, 멀쩡한 차는 여전히 깨끗했다. 이렇듯 환경의 차이는 결과에도 엄청난 차이를 만들어 낸다.[387]

그러면 우리는 어떠한 환경을 구축해야 할까? 먼저, 군 구성원들이 건설적 사고를 할 수 있는 환경을 만들어야 한다. 영국의 건축 공간환경위원회 CABE: Commission for Architecture and the Built Environment는 실험을 통해 넓고 쾌적한 공간이 환경에 미치는 영향을 확인했다. 그 결과, 넓고 쾌적한 공간은 그렇지 못한 공간에 비해 최대 10%의 학습능력 향상과 67%의 범죄 발생률 감소를 불러일으켰다.[388]

건물 디자인은 창의력 향상에도 영향을 끼친다. 건물의 구조를 사용자가 쉽게 바꿀 수 있으면 창의력은 올라간다. MIT의 빌딩20은 임시 건물로 약 55년간 사용되었다. 임시 건물이다 보니 내부 구조를 자주 바꿀 수 있었고, 복도가 길고 복잡해서 많은 사람과 우연히 만나는 경우가 많았다. 이러한 구조는 연구진들의 창의력을 자극했을 것이다. 55년 동안, 이 건물에서 아홉 명의 노벨상 수상자가 배출되었다.[389] 이에 영감을 얻은 마이크로소프트는 빌딩99라 불리는 회사 건물을 설계할 때 휴게실을 먼저 만든 후 그 주변으로 사무실을 위치시켰다. 휴게실에서 다양한 아이디어가 자유롭게 공유될 수 있도록 유도한 것이다.[390]

천장의 높이도 창의력에 영향을 준다. 미국 샌디에이고에 위치한 소크

생물학 연구소Salk Institute for Biological Studies는 세계적인 건축가 루이스 칸Louis I. Kahn이 설계했다. 이 건물의 천장 높이는 3.3m이다. 우연일지 모르지만, 이 연구소에서 노벨상 수상자가 다섯 명이나 탄생했다.[391] 효율성을 추구하는 군 건물은 대부분 정형화되어 있으며 천장이 2.4m 내외로 상당히 낮다. 앞으로는 우리 군도 건물을 신축할 때 다양한 형태로 지어야 한다. 인테리어도 다양하게, 천장 높이도 다양하게 말이다. 이와 더불어 쾌적함을 줄 수 있는 색상과 디자인을 적용해야 한다.

물리적인 환경설정만으로는 변화를 이끌 수 없다. 군의 조직문화와 분위기 또한 바뀌어야 한다. 우리는 창군 이래 이어져 온 조직 문화가 과연 올바른가 재점검해 봐야 한다. 히토쓰바시 대학의 노나카 이쿠지로戶部良一 박사는 태평양 전쟁 당시 일본 제국의 실패 원인을 조직의 경직성, 집단지성의 폐해와 같은 조직문화에서 찾았다. 그들은 무모한 반자이 돌격만세를 외치며 무작정 돌진하는 공격형태 등 러일전쟁에서의 승리 비결을 40년 후 태평양 전쟁에도 적용했다. 조직 자체의 자정작용이나 혁신을 위한 시스템이 부재했고, 그래서 그들은 실패했다.[392]

그저 남의 일이라고만 생각해서는 안 될 것이다. 우리의 작전환경도 6·25 전쟁 이후 엄청난 변화를 겪었다. 북한은 핵을 개발했고, 북한 이외의 잠재적 위협도 다양해졌다. 우리가 첨단 과학기술을 적용하려 노력하지만, 과연 전략과 전술, 조직문화에 어떠한 괄목할 만한 변화가 있었는가?

과학과 인문학의 조화를 강조하는 문화도 중요하다. 영성 혁명이라 불릴 수 있는 5차 산업혁명 속에서 인류가 기계보다 더 잘할 수 있는 것은 바로 정답이 없는 문제의 해결이다. 지식과 정보를 검색해 정답을 찾는 일은 인간이 인공지능을 결코 앞지르기 어려울 것이다. 그러나 그 지식과 정보를 연결하고 새롭게 의미를 부여하여 각자가 자신만의 고유 해법을 찾는 일은 인간만이 가능한 일일 것이다.

IBM에서 이사 선출을 위한 시험 문제로 고전『안티고네』이야기를 활용한 적이 있다고 한다. '안티고네'는 반대로 걷는 사람을 뜻한다. 안티고네는 왕의 명령을 어기고 죽은 오빠의 시신을 묻어 준다. IBM은 이사 후보들에게 '당신이 안티고네라면 어떤 결정을 내리겠는가?'라는 질문을 던졌다.[393] 정답은 없다. 각자의 해법만 있을 뿐이다.

실패를 두려워하지 않는 도전정신과 그에 대한 조직의 포용력도 중요하다. 1903년 12월 17일은 라이트 형제Wilbur and Orville Wright가 처음으로 동력 비행을 성공시킨 날이다. 그들은 4년간 집요하게 실험을 진행한 끝에 비로소 플라이어 1호를 비행하는 데 성공했다. 그런데 라이트 형제보다 9일 먼저 두 번째 동력 비행을 시도한 이가 있었다. 바로 물리학자 랭글리Samuel P. Langley 박사였다. 그는 정부의 지원을 받아 동력 비행을 연구했음에도 두 차례의 동력 비행 실험을 연구 시작 17년 만에 시도할 수 있었다. 결과는 실패로 돌아갔다. 여기서 무명 발명가인 라이트 형제와 저명했던 랭글리 박사의 차이가 드러난다. 라이트 형제는 조건이 충분히 충족되지 않아도 반복적으로 실험을 진행하며 오류를 개선해 나갔다. 반면, 랭글리 박사는 완벽한 엔진을 만들기 위해 철저한 계획을 수립하고 실험에서 한 치의 오차도 허용하려 하지 않았다.[394]

손자는 졸속拙速을 강조했다. 과학기술은 끊임없이 발전한다. 머릿속으로 생각만 하고 실행에 옮기지 않으면 금세 쓸모없는 생각이 되어 버릴 수도 있다. 우리에게는 아이디어를 자유롭게 개진하고 실행 가능성이 보이면 실험을 통해 증명해 보는 그런 문화가 필요하다. 그러기 위해서는 비판적 사고와 창의적 사고를 바탕으로 건설적인 대안을 주저 없이 제안할 수 있는 분위기를 만들어야 한다. 어떤 의견이 얼핏 보기에 정말 보잘것없어 보일지라도 상관과 주변 동료들은 이를 배척하면 안 된다.

앞서 문샷에 대해 이야기한 바 있다. 케네디 대통령은 소련과의 우주 경쟁에서 이기기 위해 이른바 문샷 프로젝트를 추진했다. 달에 사람을 보내는 프로젝트였다. 그 후 문샷은 혁신에 도전하는 창의적인 생각을 의미하게 되었다. 문샷은 국가적 프로젝트였다. 많은 연구진이 의견을 모으고, 이후 지속적인 검증을 통해 이룬 혁신이었다. 이러한 문샷은 꼭 필요하다. 현재 우리 국방부가 추진하고 있는 국방혁신 4.0, 육군의 아미 타이거 4.0은 문샷의 좋은 예라고 볼 수 있다.

하지만 우리에게는 다양한 아이디어 또한 필요하다. 조금은 성숙하지 못하더라도 말이다. 꼭 성공할 수 있을 것 같은 아이디어에만 얽매이면 안 된다. 얼핏 보면 쓸모없고 바보 같은 아이디어처럼 보이지만 실제로 실행하게 되면 세상을 바꿀 수 있는 아이디어들도 있다. 우리는 이런 아이디어들이 쓰레기통으로 사라져 가도록 그냥 두어서는 안 된다. 소수의 기발한 의견에 귀 기울이고 진지하게 가능성과 효과를 타진해 봐야 한다. 천재 물리학자 사피 바칼Safi Bhacall은 이러한 아이디어를 룬샷loonshot이라 일컬었다.[395]

군 지휘관들은 부대원들의 고충을 파악하고 해결하기 위해 마음의 편지를 받는다. 저자도 중대장, 대대장직을 수행하면서 매월 마음의 편지를 받았다. 불편한 점, 애로 및 건의사항 등 계속 부정적인 이야기만 쓰도록 하다 보니 부대원들의 사고방식 자체가 부정적으로 변하는 듯했다. 그래서 다른 사람을 구체적으로 칭찬하는 글도 쓰도록 했다. 그러다가 부대 발전을 위한 아이디어를 공모하기 시작했다. 처음에는 반응이 시큰둥했다. 분위기를 정착시키기 위해 실현 가능성이 매우 낮거나 사소한 아이디어도 작은 포상을 했다. 어느 하나 그냥 지나치지 않고 진지하게 검토했다. 그 결과 부대 전체에 아이디어 발굴이 활성화되었다. 이는 곧 부대의 전투준비태세, 교육훈련, 부대관리 전 분야에 걸친 발전으로 이어졌다.

이렇게 작은 아이디어에도 귀 기울이는 분위기가 반드시 형성되어야 한다. 더 나아가 조직 문화로 발전해야 한다. 1973년 4차 중동전쟁 당시 이스라엘의 바레브 모래방벽을 무너뜨린 것은 이집트 공병 대위 유세프Baki Zaki Youssef의 번뜩이는 아이디어였다.[396] 1979년 테헤란 미 대사관 직원 구출작전이 성공한 것 또한 토니 멘데즈Antonio J. Mendez라는 CIA요원의 참신한 의견이 받아들여졌기 때문이었다.[397]

우리에게는 경직된 문화를 개선하고 혁신의 추진력을 끌고 갈 힘이 필요하다. 1982년 미 국방성 장관 직책이 처음으로 생겼다. 로이드 오스틴 Lloyd J. Austin Ⅲ 국방성 장관은 2022년 11월 현재 28대 장관으로 재직 중이다. 한국은 1948년 초대 장관 이후 현재 이종섭 국방부 장관이 48대이다. 물론 대리acting 임무자까지 포함하면 미 국방성 장관 수도 많았다. 하지만 미 국방성이 130년 동안 28명의 장관을 배출한 반면, 우리 국방부는 75년 동안 47번이나 장관이 바뀌었다.

육군을 비교해도 마찬가지다. 미 육군 참모총장 제임스 맥콘빌James C. McConville은 40대 총장이다. 1903년에 첫 육군 참모총장이 임명되었으니 120년 동안 40명밖에 배출되지 않았다. 임기도 4년으로 정해져 있다. 하지만 75년의 역사를 지닌 우리 육군은 현재 50대 박정환 총장이 임무를 수행하고 있다. 미래 우리 군을 설계하고 그에 따라 발전시키는 것은 장관과 총장의 주된 역할 중 하나이다. 하지만, 1~2년밖에 안 되는 임기로는 어느 하나 꾸준히 추진하기 어렵다. 개혁을 추진하기에는 그 동력이 떨어질 수밖에 없다.

이와 더불어 다양한 분야의 전문가 집단을 군 내에서 양성하는 것도 매우 중요하다. 군의 역할은 과거 적의 침략을 방어하는 수준에서 점차 그 범위가 확대되고 있다. 이제는 비전통적 위협에도 대응해야 하고, 국가와 국민에 더욱 광범위한 서비스를 제공해야 한다. 과학기술 측면의 역할도 확대되길 기다리기보다 우리가 능동적으로 확대해 나아가야 한다. 이때, 민·군·산·학·연과의 협업이 무엇보다도 중요하다. 이를 통해 군도 발전하고 더 나아가 국가 전체가 발전할 수 있다. 이제는 과학기술 분야도 우리가 이끌어 갈 수 있어야 한다.

세상은 끊임없이 변화한다. 현대의 주류 과학은 빅뱅으로 우주가 탄생했고, 그 후 우주가 조금씩 팽창하고 있다고 주장한다.[398] 그 우주 속의 작은 점 지구에는 그동안 많은 생명체가 생겨났다 사라지기를 반복했다. 그중, 호모 사피엔스는 지구를 지배하고, 또 엄청나게 변화시켰다.

신체적 능력으로만 보면 호모 사피엔스는 그저 맹수들의 먹잇감에 불과했다. 그런 인간이 먹이사슬의 정점에 올라설 수 있었던 것은 바로 상상하는 능력 때문이었다. 이를 통해 그들은 서로 목표와 가치관을 공유할 수 있었고, 협업할 수 있게 되었다. 먹이를 찾아 떠돌아다니던 인간은 작물을 재배하는 법을 깨달아 농업혁명을 일으켰다. 더 큰 규모의 집단생활을 시작했고, 효율적인 농사를 위해 도구를 발달시켰다.

먹이를 사냥하던 무기는 이제 서로를 겨냥하는 데 사용되었다. 청동기, 철기의 발달과 더불어 무기는 더욱 정교하고 치명적으로 발전해 갔다. 화약의 발명은 이러한 현상을 더욱 가속화했다. 화포가 발달했고 전쟁의 잔혹함은 더욱 심해졌다.

인간은 필요를 해결하기 위해 끊임없이 세상을 변화시켰다. 가장 기본적이라 할 수 있는 생리적 욕구로부터 안전의 욕구, 소속의 욕구, 존중의 욕구에 이르기까지 자신의 욕구를 채우기 위해 새로운 것을 계속 만들어 냈다. 이는 네 차례에 걸친 산업혁명으로 이어졌다. 증기와 방직기, 방적기로 1차 산업혁명을, 전기와 컨베이어벨트로 2차 산업혁명을 이루어 냈다. 3차 산업혁명은 컴퓨터와 인터넷을 이용한 디지털 혁명이었다. 지금 한창 진행 중인 4차 산업혁명은 물리적 세계와 디지털 세계의 융합 혁명이다. 로봇공학, 인공지능, 나노테크, 양자컴퓨팅, 생명공학, 사물인터넷, 5G, 클라우드, 빅데이터, 3D프린팅, 자율주행차 등 4차 산업혁명의 다양한 분야가 연구되고 있다.

네 차례의 산업혁명을 겪으면서 인류의 전쟁 방식에도 많은 변화가 일어났다. 1차 산업혁명과 프랑스 혁명은 과거 용병제가 점차 사라지고 대규모 국민군대가 출현하는 데 영향을 미쳤다. 나폴레옹의 출현과 함께 군 조직 규모는 더욱 커졌고 군단, 사단 등 중간 제대의 편제가 생겨났다. 과거 용병의 이탈을 방지하는 데 중점을 두었던 선형의 밀집대형 대신 생존성에 주안을 둔 산개대형이 보편화되었다. 기동과 결정적 전투 개념이 대두되어 많은 군대에 전파되었다. 클라우제비츠, 조미니, 몰트케와 같은 걸출한 사상가도 등장했다.

2차 산업혁명을 통해 전기가 세상에 나왔고, 전화, 철도, 화학 등 많은 분야에서 눈부신 발전이 있었다. 공장의 대량생산으로 공산품은 넘쳐났으며, 유럽 열강들은 시장을 찾아 식민지를 확장했다. 그 과정에서 1차 세계대전이라는 끔찍한 전쟁이 일어나게 되었다. 기관총, 독가스 등 전에 비해 짧은 시간 안에 훨씬 많은 사람을 죽일 수 있는 무기가 등장했다. 피해가 커지자 어느새 방어 제일주의가 만연하게 되었다. 전쟁 후 프랑스는 독일의 공격에 대비해 마지노선을 구축했다. 1차 세계대전 전범에 대한 가혹한 처리는 독일의 민족주의와 프랑스에 대한 적개심을 더욱 불타오르게 했고, 이는 히틀러의 집권에 기여했다. 결국, 2차 세계대전이 발발했고, 이 기간에 전차, 항공기, 잠수함, 항공모함 등의 무기체계가 급속도로 발전했다.

2차 세계대전 말에 핵무기가 개발되었다. 3차 산업혁명은 핵무기 운반 수단 개발과 함께 시작됐다. 컴퓨터의 발달로 정밀한 계산이 가능해져 지구 반대편까지 미사일을 보낼 수 있게 되었다. 이는 냉전 시대 미국과 소련 두 열강의 핵 개발 경쟁으로 이어졌다. 미국의 상호확증파괴, 1차 상쇄전략이 바로 이 시기에 발표되었다. 시간이 지나 상호 공멸을 초래할 수 있음을 자각한 양측은 전략무기협정을 체결했다. 하지만, 위험한 줄다리기는 소련이 붕괴할 때까지 계속됐다.

인터넷은 거리와 상관없이 사람들이 실시간 정보를 교환할 수 있는 플랫폼으로 작용했다. 미국은 2차 상쇄전략으로 3차 산업혁명 기술을 적극적으로 활용했다. C4ISR, 정밀 유도무기, 방공조기경보시스템과 스텔스기, 토마호크 미사일, GPS 등 당시 최고의 기술이 걸프전에서 모습을 선보였다. 인터넷이 발달하자 누구나 정보를 얻기 쉽게 되었다. 기존에는 지식인들의 전유물이었던 각종 정보가 만인에게 공개되었다. 여기에는 폭발물의 제조나 무기 조립과 같은 정보도 포함되어 있었다. 테러단체나 외로운 늑대라 일컬어지는 자생적 테러범들은 이러한 정보를 활용해 테러를 감행했다. 소위, 4세대 전쟁의 양상이 활발하게 일어났다.

물리적 세계와 디지털 세계의 융합 혁명인 4차 산업혁명은 현재 진행형이다. 9·11 테러 이후 미국이 테러와의 전쟁에 집중하는 동안 미국과 대등한 수준의 대규모 군사력을 지닌 국가들의 위협이 증가했다. 미국은 중국, 러시아, 북한, 이란 등의 국가를 위협으로 상정했다. 그리고 이에 대한 대응책으로 4차 산업혁명 기술을 활용한 3차 상쇄전략을 발표했다. 이후 세계의 강대국들은 너도나도 앞다투어 4차 산업혁명 기술을 국방에 접목하기 위해 노력하고 있다. 우리나라도 마찬가지다.

하지만 이 수준에 머무르면 초일류 강군이 되기 어렵다. 우리는 4차 산업혁명 이후의 세상에도 관심을 가져야 한다. 인류의 최상위 욕구인 자아실현의 욕구는 인간을 플랫폼으로 하는 5차 산업혁명의 출현을 촉진할 것이다. 앞선 네 차례 산업혁명의 주체가 물리적 세계, 디지털 세계, 그리고 이 두 세계가 융합되는 제3의 공간이었다면, 5차 산업혁명의 주체는 인간 자체가 될 것이다.

5차 산업혁명은 인간을 기계적으로, 생물학적으로, 더 나아가 영적으로 변화시킨 트랜스휴먼으로 만들게 될 것이다. 인간의 능력은 놀랍게 발전할 것이며, 이는 우주로의 진출을 가속화할 것이다. 지금은 주로 지구 외기권 개발과 일부 태양계 주요 행성 진출에 집중하고 있지만, 앞으로는 태양계 전체, 혹은 태양계 이외의 우주로도 진출하기 위한 경쟁이 과열될 것이다.

이는 미래 전쟁 양상 또한 변화시킬 것이다. 단기적으로는 지상군의 투입을 최소화하는 원격전의 형태가 나타날 것이다. 그런 다음 인간 대신 다른 객체를 활용해서 전쟁하는 대리전의 양상이 주를 이룰 것이다. 특이점이 온 이후 장기적으로는 인간과 인공지능, 인간과 외계종족의 전쟁이 시작될 수도 있을 것이다.

특이점의 도래는 시간문제일 뿐, 반드시 오게 될 것이다. 우리는 이에 대비하는 수준을 넘어 5차 산업혁명과 우주 개발을 선도할 수 있어야 한다. 그래야만이 미래 전장에서 주도권을 확보할 수 있다. 첨단 과학기술을 선도하기 위해 우리는 건설적 사고 능력을 길러야 한다. 즉, 비판적 사고를 바탕으로 핵심적인 문제들을 파악해 내고, 창의적 사고를 통해 바람직한 해결책을 도출해 내야 한다.

동시에, 남들보다 상대적으로 더 앞서 나갈 수 있도록 경쟁우위 전략을 잘 수립해야 한다. 목표와 개념을 잘 설정해야 그다음 구체화된 계획을 세울 수 있을 것이다. 이 모든 것은 잠깐의 노력으로 결코 달성할 수 없다. 군의 체질을 바꾸고 환경을 제대로 설계해야만 가능한 일이다. 비판적 사고와 창의적 사고를 키울 수 있는 건물과 공간 디자인에 관한 관심부터, 룬샷을 촉진할 수 있는 문화와 분위기 조성까지, 우리는 미래를 위한 혁신의 환경을 잘 설계해야 할 것이다.

그림 5-5. 변화하는 우시아 속 우리가 나아가야 할 방향

# 제3부

# 변하지 않는 것:
# Continuities

'전쟁 방식'이나 '형태'의 본질은 시대의 상황에 따라 변화한다. 그러나 불확실성, 마찰, 폭력 등과 같은 '전쟁 자체'의 본질은 변화하지 않는다. 감정을 지닌 인간의 본질도 마찬가지다. 전쟁과 인간이 지닌 불변의 본질을 이해하고 이에 대비할 때 비로소 전쟁 수행의 주체로서 진정한 절대적 승리를 쟁취할 수 있을 것이다. 이렇게 우리는 우시아에서 이데아로 나아간다.

# 6

# 전쟁과 사람

## 클라우제비츠와 전쟁의 본질

1832년, 군사학의 바이블이라 불릴 만큼 많은 이에게 회자되는 클라우제비츠의『전쟁론Vom Kriege』이 세상에 모습을 드러냈다. 클라우제비츠가 사망한 그 이듬해 그의 아내 마리 폰 클라우제비츠 브뢸Marie von Clausewitz Bruhl 백작 부인에 의해서였다.[399] 클라우제비츠는 약 20여 년 동안의 노력으로『전쟁론』을 집필했지만 결국 완성하지 못했다. 클라우제비츠는 1편 "전쟁의 본질" 중에서도 1장 "전쟁이란 무엇인가"만이 완성본이라 여기는 유일한 부분이라고 밝혔다. 그리고 거기에 본인이 저술하고자 하는 방향이 제시되어 있다고 말했다.[400]

『전쟁론』은 어렵다. 그도 그럴 것이, 책 전체가 20여 년에 걸쳐 쓰인 논문의 집합체이기 때문이다. 긴 시간 동안 나폴레옹의 흥망을 지켜보고 프로이센과 러시아의 전쟁에 참여하면서 클라우제비츠의 생각은 많이 변화했을 것이다. 그러다 보니 책 속에 상충하는 듯한 내용, 표현이 모호한 내용도 상당 부분 있다. 그 내용을 논리적, 체계적으로 정리하지 못하고 콜레

라로 세상을 떠났지만 1편 1장만큼은 스스로가 확신할 수 있을 정도로 완성했다고 보인다. 그것이 바로 『전쟁론』 전체 내용의 기준이 되는 '전쟁의 본질'에 관한 이야기다.

그렇기에 우리가 전쟁의 본질을 논할 때 클라우제비츠의 논점은 필수적으로 살펴봐야 하는 요소이다. 어쩌면, 클라우제비츠의 논점만 잘 이해해도 전쟁의 본질에 대한 핵심을 충분히 파악할 수 있다. 여기서 말하는 전쟁의 본질nature of war은 이 책의 2부에서 살펴본 전쟁 방식의 특성nature of warfare과는 다르다. 전쟁 방식의 특성은 시대와 환경에 따라 변화하지만contingencies, 전쟁 자체의 본질은 변화하지 않고 언제나 존재하는 것continuities이다.

클라우제비츠는 전쟁을 사전적으로 정의하지 않고 철학적인 방법으로 설명해 갔다. 그는 전쟁이 양자 결투duel의 확장된 형태라고 말했다. 개인 간의 싸움에서 각각은 물리적 힘으로 상대방에게 자신의 의지를 강요하려 노력한다. 그들의 눈앞에 놓인 목표는 적이 더는 저항하지 못하도록 적을 제압하는 것이다. 클라우제비츠는 이 점에 착안하여 전쟁을 '우리의 의지를 적에게 강요하기 위한 폭력행위'라고 정의했다. [401]

클라우제비츠의 전쟁에 관한 고찰은 이 양자 결투에서 출발한다. 양자 결투의 확장된 형태인 전쟁은 결국 그 본질적 목표가 적의 타도overthrow에 있다. 양측이 모두 적의 타도를 추구하게 되면 어느 한쪽이 격퇴되기 전까지 적대행위는 끝나지 않는다. 이것이 바로 적개심enmity과 무한 폭력만이 존재하는 전쟁, 즉 절대전쟁absolute war이다. [402]

하지만 클라우제비츠는 이러한 이론적 개념이 실제로는 일어나지 않는다고 말했다. [403] 먼저, 전쟁은 고립된 행위가 아니라 불완전한 인간이 수행하는 상호작용이다. 이들은 서로의 현재 상태와 행동을 보고 미래를 예측하여 전쟁을 수행한다. 그러나 이는 전쟁에 내재한 불확실성fog, 마찰friction, 공포fear, 육체적 피로fatigue 등으로 인해 언제나 불완전하다. 상대방의 행동이 변화하면 자신의 행동도 변화할 수밖에 없다. 또한, 전쟁은 단 한 번의 타격a single blow으로 이루어진 것이 아니다. 만약 단 한 번의 결전으로 전쟁의 승패가 결정된다면 모든 것을 걸 수 있다. 하지만 현실에서는 전쟁이 끝나도 그다음 상황에 대비해야 한다. 그래서 전쟁은 절대전쟁으로 치달을 수 없다.

현실 세계에서의 개연성probability과 우연성chance도 이론상 존재하는 극단성과 절대성을 제어한다. 양측은 적대국의 특성, 제도, 현재의 상태와 일반적인 상황 등을 기초로 상대의 가능성 있는 방책을 판단하고 그에 따라 행동한다. 여기서 우연성의 법칙이 작용하게 되는 것이다. 우연성으로 인해 추측과 행운이 전쟁에서 중요한 요소로 작용하며, 전쟁을 도박으로 만들어 버린다. 클라우제비츠는 이러한 전쟁의 특성을 카드게임과 유사하다고 설명했다.

그러나 이러한 전쟁을 단지 도박으로만 이해해서는 안 된다. 열정, 용기, 상상력, 우연성 등의 요소가 전쟁의 본질적 특성임에는 분명하다. 하지만 결국 전쟁은 더욱 중요한 목적을 달성하기 위한 중요한 수단으로서 의미가 있다. 클라우제비츠가 강조했듯, 전쟁은 단지 다른 수단에 의한 정치의 연속일 뿐이다.

이러한 요소들로 인해 전쟁은 결코 어느 한쪽이 죽어야 끝나는 절대전쟁이 될 수 없다. 결국 현실전쟁real war만이 가능하다.[404] 전쟁은 상황의 변화에 따라 그 특성 또한 조금씩 변화시키며 환경에 적응한다. 마치 카멜레온처럼 말이다. 그 변화의 중심에는 경이로운 삼위일체paradoxical trinity가 있다.[405]

삼위일체 중 첫째는 폭력성, 증오, 분노 등 맹목적 본능이다. 다음으로 창의적 정신이 자유로이 배회하는 우연과 개연성의 작용이다. 마지막은 정치의 도구로서 이성에 종속되는 특성이다. 클라우제비츠는 폭력성, 증오, 분노 등 맹목적 본능이 주로 국민과 깊은 관계가 있다고 밝혔다. 또한, 우연과 개연성은 주로 지휘관과 군대, 이성은 주로 정부와 깊은 관계가 있다고 주장했다.

이러한 삼위일체의 세 가지 요소 자체는 현대사회뿐만 아니라 미래에도 여전히 적용 가능하다. 클라우제비츠는 이를 각각 국민, 군대, 정부와 주로 연결했다. 클라우제비츠가 살던 시절 유럽 국가들의 정부는 지금보다 훨씬 강력한 권한을 지니고 있었다. 그 안에서 군은 또 가장 강력한 정치적 수단이었다. 프랑스 혁명과 나폴레옹 전쟁은 국민의 분노와 적개심이 전쟁에 얼마나 큰 영향을 미치는지를 보여 주었다.

아마도 클라우제비츠는 그런 시대적 특성을 고려하여 삼위일체의 세 가지 요소를 정부, 국민, 군대에 연결했으리라 짐작한다. 이제는 삼위일체의 본질을 명확히 인식한 가운데 이를 보다 확장된 개념으로 이해할 필요가 있다. 먼저, 삼위일체는 합리적 이성, 다양한 감성, 우연 및 개연성의 상호작용이지, 정부, 국민, 군대가 아님을 인식해야 한다. 정부, 국민, 군대가 각 요소의 대표성을 띨 수는 있지만, 각각이 결코 한 가지 특성만을 지니지는 않는다.

삼위일체의 세 가지 요소는 사람이라면 누구나 영향을 주고받는 것들이다. 다만 그 비중이 조금씩 상이할 뿐이다. 국민도 이성을 지녔고, 항상 우연적 상황에 노출되어 있다. 정부도 결국 사람들로 구성되어 있기에 감정을 배제할 수 없으며, 지휘관과 군대도 이성과 감정의 조화를 통해 우연을 이용하고 극복해 나간다.

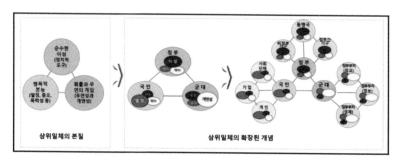

그림 6-1. 삼위일체의 본질과 개념의 확장[406]

또한, 전쟁은 정부, 국민, 군대 이외에도 다양한 주체들이 개입한다. 전쟁 당사국의 정부 이외에도 다양한 국제기구, 비정부기구, 비국가단체들이 영향을 미친다. 전 세계인들은 미디어를 통해 지구 반대편의 전쟁을 지켜보고 SNS로 이를 평가한다. 전쟁은 군대만이 수행하는 것이 아니라 모든 정부 기관 함께하는 것이다. 결국, 삼위일체를 논하면서 정부, 국민, 군대에 고착되면 큰 논리적 오류에 빠지게 될 수 있다. 현대적 관점에서 개념의 확장이 필요한 이유다.[407]

양자 결투, 절대전쟁, 불확실성, 마찰, 공포, 육체적 피로, 삼위일체, 현실전쟁으로 이어지는 논리적 흐름은 헤겔의 변증법적 사유를 따르고 있다.[408] 클라우제비츠는 나폴레옹 전쟁 초기 나폴레옹의 국민군대가 파죽지세로 승리를 이루는 것을 보고 절대전쟁에 대해 깊이 고민했을 것이다. 이를 프로이센 군에도 적용하고자 했던 그는 전쟁의 불확실성, 마찰, 공포, 육체적 피로 등에 부딪혔을 것이다. 그리고 끝내 나폴레옹 또한 패하는 모습을 보았다. 이 과정에서 그는 이론상 존재하는 절대전쟁은 역설적이게도 전쟁의 고유한 특성으로 인해 결국 현실전쟁으로 나타날 수밖에 없음을 깨달았을 것이다. 이러한 사유의 과정을 유추하여 도표로 나타내면 다음과 같다.

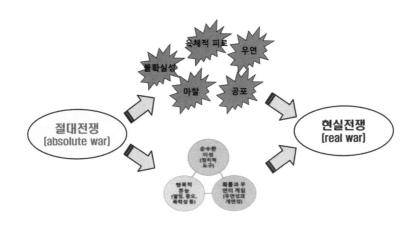

그림 6-2. 절대전쟁과 현실전쟁

## 전쟁 속의 사람, 사람 속의 전쟁: 일원론

클라우제비츠가 설명한 전쟁의 본질을 다시 한번 곱씹어 보자. 전쟁은 양자 결투의 확장된 형태이기 때문에, 이론적으로는 무한 폭력이 나타나는 절대전쟁이다. 하지만 전쟁은 불확실성, 마찰, 공포, 육체적 피로 등 본질적 특성과 삼위일체의 작용으로 인해 일정 수준을 넘어서지 않고 멈추게 되는 현실전쟁의 형태로 나타날 수밖에 없다.

그렇다면 전쟁에서 불확실성, 마찰, 공포, 육체적 피로 등의 특성이 왜 나타나는 것일까? 바로, 전쟁은 사람이 행하는 것이기 때문이다. 클라우제비츠도 인정하듯, 사람은 불완전한 존재다. 그러므로 기계적으로 이성적인 목표만을 좇아 행동할 수는 없다. 사람에게는 감정이 있고, 유한한 육체가 있다. 육체적 피로를 완전히 이겨 낼 수 없고, 공포로부터 멀리 도망칠 수도 없다.

이러한 사람 간의 상호작용은 계속해서 마찰을 일으킬 수밖에 없고, 전쟁을 불확실하게 만든다. 그런 의미에서 보면 클라우제비츠의 절대전쟁은 처음부터 틀렸다. 양자 결투도 두 명의 불완전한 사람이 상호작용하는 것이기 때문이다. 결국, 사람을 빼고는 전쟁을 논할 수 없다. 반대로, 전쟁을 빼고는 사람을 논할 수도 없다. 사람이 있기에 전쟁이 일어나고, 전쟁은 인류의 역사에 언제나 있었다.

서양 사상은 자아와 세상을 분리해서 생각해 왔다. 세상은 원래부터 있었고, 자아는 세상으로부터 동떨어져 있다. 천국과 지옥이 나뉘고, 선과 악이 분명하게 구분된다. 2부에서 설명한 항상 변하는 것들, 즉 과학의 발전과 전쟁 수행방식의 변화는 이러한 이원론적 세계관을 기초로 한다. 이원론에 따르면 개인과 전쟁은 별개다. 개인이 사라져도 세상은 그대로 존재한다. 이러한 사상으로 바라보면 사람이 전쟁 수행의 주체라는 사실은 인정하더라도 개인과 전쟁을 하나로 여기지는 않을 것이다.

동양에서 발전해 온 사상은 이와 사뭇 다르다.[409] 고대 인도 브라만교의 성전인 베다$_{Vedas}$[410]는 자아와 세상을 하나로 보았다. 자아가 사라지면 세상도 더는 존재하지 않는다. 노자의 도가사상, 불교의 일체유심조—切唯心造[411]도 이와 일맥상통한다. 우주 만물을 음양과 오행(木·火·土·金·水)의 상호작용으로 설명한 명리학의 음양오행설도 자아와 세상을 서로 연결된 존재로 보고 있다. 서양에서는 이를 관념론이라 부르지만, 결코 관념 속의 사상으로만 치부할 수 없을 만큼 매우 중요하다. 우리는 이를 일원론이라 부른다.

20세기 중반부터 서양에서도 동양의 일원론적 세계관과 유사한 시스템 이론systems theory이 등장했다. 시스템 이론은 세상의 모든 만물이 상호 연관되어 서로 영향을 끼친다는 발상에서 시작된 이론이다. 세상이 하나의 거대 시스템이라면 그 안에는 무수히 많은 하위 시스템subsystems이 존재한다. 이러한 시스템들은 자연적으로 존재하기도 하지만 인위적으로 만들어진 것들도 있다.[412]

군에서는 1990년대부터 이러한 시스템 이론을 적과 아군의 중심centers of gravity을 분석하기 위한 도구로 활용했다.[413] 중심은 '정신적 또는 물리적인 힘, 행동의 자유 및 의지를 획득하게 하는 피·아 힘의 원천'이다. 여기서 중심을 분석하는 목적은 중심의 핵심 능력critical capabilities, 핵심 요구조건critical requirements, 핵심 취약점critical vulnerabilities을 파악하기 위함이다. 이러한 핵심 능력, 핵심 요구조건, 핵심 취약점을 노드node라 부른다. 그리고 그 노드를 연결한 것을 링크link라 칭한다.

우리는 이 분석과정을 통해서 적의 중심을 파괴하기 위해 어떤 링크를 끊어야 하는지, 어떤 노드를 무력화해야 하는지 파악할 수 있다. 반대로, 아군의 중심을 보호하기 위해 특히 신경 써야 하는 링크와 노드가 무엇인지도 알 수 있다. 이러한 일련의 분석을 복합체계분석system of systems analysis이라고 부른다.[414]

이것이 가능한 이유는 하나의 시스템 속 하위 시스템들이 모두 밀접하게 연결되어 있기 때문이다. 앞서 예로 든 카오스 이론을 생각해 보자. 뉴욕에서 발생한 폭풍이 베이징에 있는 나비의 날갯짓으로 인한 것일 수도 있다.[415] 카오스 이론에 따르면, 세상은 혼돈 그 자체이다. 하지만 자세히 들여다보면 혼돈 속에 패턴, 즉 프랙탈이 존재한다. 시스템 속의 작은 구조들은 전체 구조와 유사한 형태로 되어 있고, 이것이 무한 반복되어 전체 구조를 이룬다. 여기서 하나가 틀어지면 전체 시스템도 흐트러지게 된다.

결국, 세상은 하나로 연결되어 있고, 따라서 개인과 세상도 하나다. 사람과 전쟁도 마찬가지다. 그런데 사람은 불완전한 존재다. 하버드 대학교 석좌교수인 제럴드 잘트만Gerald Zaltman은 인간 사고의 95%는 무의식적으로 일어나고, 나머지 5%만 의식적으로 행해진다고 말했다.[416] 우리도 우리가 무엇을 하는지 잘 모를 때가 많다는 것이다. 그래서 사람이 수행하는 전쟁은 마찰과 불확실성에 빠져들 수밖에 없다. 사람이 불완전하다는 것에 동의하는가? 동의하지 못한다면 다음 학자들의 논리를 살펴보자.

피터 버거Peter L. Berger와 토머스 루크먼Thomas Luckmann은 『실재의 사회적 구성』이라는 책에서 우리가 알고 있는 실재가 모두 사회적으로 구성된 것이라고 주장했다.[417] 모든 법과 규칙, 예절 등은 결국 사람이 만들어 낸 것이고 이는 사회화 과정을 거쳐 구성원들에게 전달된다. 어릴 때부터 교육을 받아 대부분은 그것을 당연하게 여기며 살고 있다. 학교, 군대, 직장 등 그 사회 속의 작은 사회에 또다시 속하게 되면 재사회화 과정을 거치며 새로운 실재를 맞이하게 된다. 그렇게 구성된 실재가 우리에게는 직접 마주하는 현실인 것이다. 하지만 이 실재는 국가나 지역, 민족 등에 따라 다르게 나타난다. 즉, 각각의 실재는 객관적 현실이 아니라 주관적이며, 사회적으로 구성된 것이라고 볼 수 있다.

대니얼 카너먼Daniel Kahneman은 심리학자임에도 노벨 경제학상을 받았다. 인간이 합리적으로 행동한다는 애덤 스미스의 고전적 주장을 반박하여 행동경제학의 창시자로 불리고 있다. 그는 『생각에 관한 생각』에서 인간의 생각을 '빠르고 충동적인 생각'과 '느리고 신중한 생각'으로 구분하고, 각각을 시스템 I과 시스템 II라 칭했다. 사람은 기본적으로 시스템 I이 먼저 작동하기 때문에 항상 충동적인 결정을 하기 쉽다.[418]

시스템 I은 인류의 생존에 필수적이다. 갑작스러운 위험에 처했을 때 본능적으로 회피하도록 하는 것이 시스템 I이다. 하지만 부작용도 많다. 무언가를 결정할 때 깊이 고민하지 않으면 우리는 각종 휴리스틱heuristics과 편향biases에 사로잡혀 합리적인 결정을 내리지 못하게 된다. 카너먼이 각종 실험을 통해 증명해 낸 후광효과(halo effect), 닻 내림 편향anchoring bias, 가용성 휴리스틱availability heuristic, 평균으로의 회귀regression of the mean, 확증편향confirmation bias 등은 우리의 합리적 사고를 방해하는 대표적인 요소들이다.[419]

사람들은 최초 자극에 따라 다음에 이어지는 자극의 강도에 대한 인식이 변하는 경향이 있다. 예를 들어, 같은 만 원 차이라도 100만 원과 101만 원 차이는 그리 크게 느껴지지 않는다. 하지만 10만 원과 11만 원의 차이는 훨씬 크게 느껴진다. 백만장자들에게 1,000원은 아무것도 아닌 것처럼 느껴질 수 있다. 하지만 1,000원은 언제나 1,000원의 가치를 지닌다. 이것이 1800년경 독일의 생물학자 에른스트 하인리히 베버Ernst Heinrich Weber와 심리학자 구스타프 페히너Gustav Theodor Fechner가 발견한 베버-페히너의 법칙Weber-Fechner's Law이다. 『부자들의 생각법』의 저자 하노 벡Hanno Beck은 이러한 오류가 부자가 되지 못하게 막는 가장 큰 걸림돌이라고 말한다.[420]

1999년 당시 코넬대 대학원생이었던 더닝David Dunning과 크루거Justin Kruger는 재미있는 실험을 했다.[421] 코넬대 학부생들을 대상으로 학습, 스포츠 등 여러 분야에 대한 능력치를 측정했다. 그리고는 인터뷰를 통해 자신의 능력을 평가하도록 했다. 그 결과, 능력이 부족한 학생들은 자신들의 능력치를 높게 평가했지만, 능력이 뛰어난 학생들은 오히려 자신의 능력을 낮게 평가하는 경향이 있음을 알게 되었다. 더닝과 크루거는 능력이 없는 사람의 착각은 자신에 대한 오해 때문이고, 능력이 있는 사람의 착각은 다른 사람에 대한 오해 때문이라고 결론지었다. '책을 한 권밖에 읽지 않은 사람이 제일 무섭다'라는 말이 떠오른다. 이러한 현상을 우리는 더닝-크루거 효과 Dunning-Kruger effect라고 부른다.

리처드 탈러Richard H. Thaler와 캐스 선스타인Cass R. Sunstein이 쓴 『넛지』라는 책에도 인간의 비합리적 특성이 자세히 언급되어 있다.[422] 예를 들어, 다섯 대의 기계로 다섯 개의 장치를 만드는 데 5분이 걸린다고 가정하자. 그럼 백 대의 기계로 백 개의 장치를 만드는 데는 얼마나 걸릴 것인가? 얼핏 생각하면 100분이 걸릴 것 같지만 정답은 5분이다. 탈러는 카너먼의 시스템 I, II의 개념과 같이 자동 시스템과 숙고 시스템을 적용했다. 아주 간단한 문제임에도 우리가 정답을 맞히지 못했다면 그것은 자동 시스템이 작용했기 때문이다. 그는 합리적인 인간을 호모 이코노미쿠스Homo Economicus, 줄여서 이콘Econ이라 명명하고, 그렇지 못한 보통의 인간과 구분했다.[423]

그는 우리가 이콘이 아니기에 선택적 설계, 즉 '넛지'가 필요하다고 주장했다. 구내식당에 가면 선호 음식은 금세 동이 난다. 하지만 비선호 음식은 양이 적어도 통상 많이 남는다. 그런데 실험을 해 보니 단지 음식의 배열을 바꾸는 것만으로도 특정 음식의 소비량을 25%나 올리거나 내릴 수 있음을 알게 되었다. 이렇게 작은 변화와 설계를 통해 의도대로 결과의 큰 차이를 만들어 내는 사람을 탈러는 '선택 설계자choice architect'라 명명했다.[424]

여기까지 읽었다면 아직도 사람이 이성적으로 완전하다고 믿는 사람은 거의 없으리라 생각한다. 인간의 비합리성에 대해 많은 지면을 할애하여 설명한 이유는 분명하다. 이것이 전쟁을 이해하는 가장 기초가 되기 때문이다. 다시 한번 강조하지만, 전쟁의 주체는 사람이다. 일원론이 주장하듯 사람과 전쟁은 서로 뗄 수 없는 관계다. 그리고 사람은 비합리적 존재다. 이러한 사람이 상호작용하는 전쟁은 항상 안개 속에 덮여 불확실할 수밖에 없다. 이것은 절대 변하지 않는 진리이다.

## 전쟁 윤리: 과거, 현재, 그리고 미래

중국의 춘추시대 송나라에 양공襄公이라는 왕이 있었다. 그는 당시 강대국이던 초나라와의 전쟁을 치렀다. 홍수泓水 강가에서의 격전을 앞둔 송나라 군대는 다행히 전장에 먼저 도착했고, 초나라 군대는 강을 건너야 하는 상황이었다. 배다른 형제인 목이目夷와 주변의 여러 장군이 공격을 건의했다. 강을 건너느라 전열이 흐트러진 지금이 우세한 적을 무너뜨릴 기회였기 때문이다. 그러나 양공은 준비되지 않은 적을 공격하는 것은 군자의 도리가 아니라는 이유로 이를 거부했다.

결국, 전열을 가다듬은 초나라 군대는 송나라 군대를 무찔렀고, 양공은 다리를 심하게 다쳐 이듬해 사망했다. 사람들은 무모한 인정으로 자신뿐만 아니라 조직까지도 무너지게 만든 양공을 비웃었다. 훗날 사람들은 이렇게 아무런 의미 없이 조직을 해치는 동정이나 배려를 가리켜 '송나라 양공의 인정' 즉, 송양지인宋襄之仁이라 불렀다.[425]

오늘날 리더의 관점에서 본다면 정말 답답한 일이 아닐 수 없다. 하지만 현대전에서도 유사한 사례는 계속 발생한다. 일례로 레드윙스 작전Operation Red Wings을 들 수 있다. 2005년 미군 네이비씰Navy SEAL: Sea, Air, and Land 10팀은 아프가니스탄 쿠나Kunar 지역의 탈레반 예하 조직을 정찰하는 임무를 부여받고 현지로 파견되었다. 수색정찰을 위해 먼저 투입된 네 명의 대원은 산속에서 기동하던 중 현지의 염소치기들과 조우하게 되었다. 팀장이었던 머피Michael P. Murphy 대위는 교전규칙과 인도주의 원칙에 따라 이들 민간인을 그냥 풀어 주었다. 결국, 팀은 탈레반에게 위치가 발각되어 모두 사망하고 마커스 러트렐Marcus Luttrell 하사만 살아남는 비극이 일어났다.[426]

위 두 가지 사례에서 리더들은 윤리를 지켰다고 항변할 수도 있다. 하지만 윤리를 실천하려다 조직을 망하게 하는 것은 리더로서 결코 가져서는 안 될 자세일 것이다. 이는 군, 기업, 국가 기관 등 여느 곳에서나 마찬가지다.

이번에는 반대의 사례를 살펴보자. 2차 세계대전이 막바지에 이르던 1945년 2월, 영국 공군과 미 육군 항공대는 독일의 드레스덴시에 약 3,900톤 이상의 폭탄을 투하했다. 그로 인해 2만 명 이상이 사망했고 이중 대다수는 민간인이었다. 연합군 측은 독일의 군수공장 110여 개를 비롯한 주요 군사 및 산업시설을 표적으로 삼은 정당한 폭격이라 주장했다. 하지만 독일과 드레스덴 폭격 비판론자들은 드레스덴이 군사적 가치가 높지 않은 지역임을 들어 연합군 측을 비판했다. 논란의 여지는 있지만, 군사적 목적이 분명하지 않은 상황에서 최후의 수단이라고 여겨지지도 않는 폭격을 자행한 것이 옳다고 보기는 어렵다.[427]

태평양 전쟁에서 일본은 마지막까지 미국을 괴롭혔다. 1942년 진주만 공습을 시작으로 미국과 일본은 3년간 치열한 전쟁을 벌였다. 1943년 5월 미드웨이 해전에서 패했고, 군수지원 능력에서 이미 미국을 따라갈 수 없었지만, 그래도 일본은 끝까지 포기하지 않았다. 같은 해 8월부터 이듬해 2월까지 과달카날에서는 무작정 밀어붙이는 반자이 돌격을 자행하며 피·아 막대한 인명손실을 이어갔다.

1945년 8월 미국은 일본 히로시마와 나가사키에 핵폭탄을 투하하여 일본의 무조건 항복을 받아 냈다. 혹자는 일본의 항복을 받아 냄으로써 더욱 큰 인명손실을 막을 수 있었다고 주장했다.[428] 하지만 핵폭탄 투하로 인해 최소 10만 명 이상의 민간인이 사망했고, 생존자들은 방사성 물질 노출로 그 자손까지 고통을 받아야 했다.[429] 미국의 핵폭탄 투하는 과연 옳은 결정이었을까?

전쟁에서 윤리가 우선이냐, 전투의 승리가 우선이냐는 정말 어려운 문제다. 윤리의 목표는 인간의 존엄성을 지키고 인간다운 삶을 보장하는 데 있다. 윤리학자들은 인간의 생명을 지키는 데 그치지 않고 어떻게 하면 그 삶이 행복하고 정신적으로 풍요로울 수 있을까를 연구한다. 반면, 전쟁의 목표는 기본적으로 승리에 있다. 조금 더 과격하게 이야기하면 전략가들은 어떻게 하면 인간의 생명을 위협하고 빼앗느냐를 주로 연구하고 무기체계를 발전시킨다. 설사 실제 적군의 생명을 앗아 가지 않더라도, 능력과 의지를 보여 줌으로써 싸우지 않고도 적을 제압할 수 있기 때문이다. 여기 각각의 입장을 대표할 만한 두 학자가 있다. 프로이센에서 동시대에 살았던 임마누엘 칸트와 클라우제비츠다.

칸트는 일상생활에서뿐 아니라 전쟁에서도 윤리가 매우 중요함을 역설했다.[430] 그는 자연상태를 무질서의 상태로 보는 홉스나 루소의 견해를 인정했다. 이 무질서는 전쟁으로 이어지고, 전쟁의 속성은 파괴다. 그는 인류의 평화는 공동묘지에서나 가능하며, 따라서 전쟁을 막아야 한다고 말했다. 이러한 관점으로 그는 『영구평화론』[431]에서 전쟁을 막고 영구적인 평화를 만들기 위한 세 가지의 확정조항을 제시했다. 국내법, 국제법, 세계

시민법의 제정이 바로 그것이다. 이 중 두 번째 확정조항인 국제법에 관해, 그는 자유로운 국가들의 연방 체제에 기초해야 한다고 주장했다. 그러려면 국가가 서로를 믿어야 하는데, 이는 진실성과 신뢰 등 윤리적 기초가 수반되지 않고서는 불가능하다.

클라우제비츠는 전쟁의 목표가 승리이기 때문에 전쟁과 윤리는 공존할 수 없다고 여겼다. 전쟁은 항상 불확실하고 상황은 비합리적으로 흘러갈 수밖에 없다. 그런데 윤리는 합리성에 기반을 두고 있다. 그에게 전쟁과 윤리는 윈-윈win-win 할 수 없는 제로섬 게임zero-sum game이다. 윤리를 강조하게 되면 전쟁의 불확실성을 감당할 힘을 잃게 된다. 따라서 군사적 승리 앞에서 윤리는 부차적 문제에 불과하다. 클라우제비츠는『전쟁론』에서 도덕적 요인moral factors을 강조하기도 했다. 그러나 이는 인권이나 인간의 존엄성에 관한 이야기가 아니다. 지휘관의 기술, 병력의 경험과 용기, 그리고 그들의 애국심 등을 도덕적 요인으로 제시했다.[432] 도덕적moral이라기보다는 전쟁의 궁극적 목표인 승리를 쟁취하기 위한 정신적spiritual 요소로 보인다.

칸트와 클라우제비츠 중 어느 한 사람이 옳다고 단정하기는 어렵다. 우리는 이 둘 사이의 적정선을 찾아야 한다. 그렇다면 과연 어디가 적정선인가? 어떠한 비윤리적 행동을 통해 우리가 적에게 불필요한 희생을 줄 수 있지만, 우리 부대는 전쟁에서 승리할 수 있다. 우리 편에게만 적용되는 공리주의의 관점에서 본다면 우리는 당연히 그래야 한다. 하지만 인류 공동체 전체를 두고 공리주의를 적용한다면 그렇게 해서는 안 된다.

인류는 전쟁과 윤리 사이의 적정선을 찾는 노력 속에 '정의로운 전쟁 이론Just War Theory'을 발전시켰다. 그중, 마이클 왈저Michael L. Walzer는 정의로운 전쟁을 세 가지 카테고리로 정리하여 표현했다.[433] 바로, 전쟁 이전의 정의 jus ad bellum, 전쟁 중의 정의jus in bello, 전쟁 이후의 정의jus post bellum이다. 전쟁 이전의 정의는 전쟁의 목적이 정당한가에 관해 논한다. 전쟁 중의 정의는 비례성과 필요성의 원칙에 따라 군사력을 얼마만큼, 어떻게 운용할 것인가, 그리고 포로와 비전투원을 어떻게 대우할 것인가를 고민한다. 전쟁 이후의 정의는 전쟁이 종료된 후 평화체제의 구성, 전쟁 재발 방지, 국가의 재건 책임 등을 다룬다.

현재까지 밝혀진 바로는 정의로운 전쟁과 관련된 사상은 고대 이집트에서부터 시작했다.[434] 이후 이 사상은 아리스토텔레스 등 철학과 더불어 유교, 힌두교, 기독교 등 각종 종교와 함께 발전해 왔다. 그만큼, 전쟁 윤리와 관련된 고민은 인류와 언제나 함께해 왔다고 볼 수 있다.

산업혁명으로 무기가 점차 발달하고 대량살상이 가능해지면서 인류는 전쟁에서 반드시 지켜져야 할 전쟁법을 만들기 시작했다. 최초의 전쟁법은 미국 남북전쟁으로 거슬러 올라간다. 당시 에이브러햄 링컨Abraham Lincoln 대통령은 전쟁의 승리를 위해 전쟁법 개념을 만들어 냈다. 그 내용을 살펴보면, 포로의 보호, 비전투요원의 구분, 군사적 행동의 합목적성, 보복행위의 금지 등이 포함되었다.

그는 이러한 전쟁법을 유럽 강대국들에 알리고 북부군의 행위에 정당성을 부여하는 한편 남부군의 정당성을 약화하고자 했다. 또한, 남부군의 포로와 비전투원을 잘 대우하여 미합중국을 지지하도록 만들고, 자신의 정치적 기반을 더욱 다지려는 의도가 숨어 있었다. 이후 전쟁법은 네 차례의 제네바 협약을 통해 발전해 육상, 해상, 공중에서의 교전규칙과 포로 및 비전투원 보호 등의 내용을 포함하게 되었다.[435]

미래에는 위에서 소개한 전쟁 윤리와 전쟁법만으로 전쟁을 감당하기 어려울지도 모른다. 조만간 4차 산업혁명과 더불어 사람이 기동하지 않고도 원거리에서 적을 타격하는 원격전의 형태가 나타날 것이다. 좀 더 지나면 인공지능과 기계끼리 싸우도록 하는 대리전이 이루어질 것이다. 그보다 더 먼 미래에는 인류 대 인공지능, 인류 대 외계종족의 전쟁까지도 일어날 수 있다. 드론 운용자가 게임을 하듯 적을 죽이는 일은 지금도 일어나고 있다. 그들 중 다수는 외상 후 스트레스 장애PTSD: Post-Traumatic Stress Disorder를 겪고 있다.[436] 미래에 기계 간의 대리전이 보편화 될 때, 만약 지고 있는 쪽의 지도자들이 합의를 무시하고 적국의 국민이 있는 본토를 공격한다면 어떨까? 과연 그러한 유혹에 빠지지 않을 자신이 있을지 장담하기 어렵다.

우리는 변화하는 시대에 필요한 전쟁 윤리를 찾아 나가야 한다. 가장 주의할 것은 눈앞의 승리를 위해 전쟁 윤리를 저버리는 것이다. 앞에서 시스템 이론을 소개한 바 있다. 우리는 눈앞의 단편적인 문제만을 해결하려 해서는 안 된다. 시스템 전체의 관점에서 더욱 근본적인 해결책을 찾으려 노력해야 한다.

오랜 앙숙지간인 프랑스와 독일은 서로의 자존심을 짓밟으며 또 다른 분쟁을 만들어 갔다. 1800년대 초반 프랑스의 나폴레옹은 프로이센을 무참히 공격했다. 1871년 프로이센의 비스마르크와 몰트케는 알자스-로렌 지방을 빼앗고 프랑스 베르사유 궁전에서 독일의 통일을 선포했다.[437] 1차 세계대전 후 프랑스는 알자스-로렌을 다시 빼앗고, 독일에 엄청난 전범국 의무를 부과했다. 절치부심하던 독일은 젝트의 비밀 재군비, 히틀러의 등장으로 2차 세계대전을 일으켰다.[438]

물론 쉽지 않다. 그만큼의 시간과 노력이 필요하다. 전쟁에서 윤리에 너무 치우치면 자칫 전쟁에서 패할 수도 있다. 그래서 적정선이 중요하다. 전쟁의 목표는 승리임이 분명하다. 여기서 중요한 것은 승리를 어떻게 정의하냐는 점이다. 눈앞의 목표를 달성하는 것이 장기적으로 국가이익에 도움이 될 것인지를 생각해 봐야 한다. 이러한 고민을 브래드 로버츠Brad Roberts는 '승리의 이론theories of victory'이라 명명했다.[439] 오늘의 해결책이 내일의 또 다른 문제점이 될 수 있다는 점을 명심해야 한다.[440]

이것은 마치 환자를 어떻게 치료하느냐의 문제와 비슷하다. 어떤 환자는 외과 수술로 간단히 치료할 수도 있다. 어떤 환자에게는 비록 시간이 오래 걸리더라도 외과 수술보다 체질 자체를 개선하는 것이 더 좋은 해결책일 수 있다. 또 다른 경우에는 체질 자체를 개선할 시간이 충분하지 않아 외과 수술을 선택해야 할 수도 있다. 환자는 결정해야 한다. 외과 수술을 할지, 한의학의 관점에서 체질 개선에 집중할지, 혹은 두 가지를 특정 비율로 병행할지를 말이다.

이 적정선을 찾는 것이 리더의 역할이다. 더 나아가 적정선을 지키기 위해 부단히 노력하고 부하들을 그 방향으로 이끌어야 한다. 전쟁 윤리에 관해 다음의 두 가지를 명심해야 한다. 첫째, 우리가 추구하는 혁신은 항상 전쟁 윤리를 고려한 가운데 승리할 방법을 찾는 쪽으로 진행되어야 한다. 1, 2차 세계대전 당시 정치지도자, 장군들은 전쟁을 통해 많은 것을 얻을 수 있다고 오판했다. 하지만 전쟁 후 얻은 것보다 잃은 것이 더욱 많았다. 그 이후에도 수많은 전쟁이 있었다. 하지만, 군사적 측면에서 승리를 따냈더라도 국가적 차원에서 오히려 외교, 경제적 타격을 입은 사례가 많았다. 베트남전쟁, 중동전쟁, 아프간전쟁, 이라크전쟁 등 많은 전쟁이 그랬다.

둘째, 국민의 생존과 번영, 더 나아가서는 세계의 평화와 공생을 위해 사용될 수 있도록 윤리를 설계해야 한다. 이제는 핵이라는 무시무시한 무기 때문에 강대국 간의 전쟁이 일어나면 공멸의 위기를 맞게 되었다. 아무리 강대국일지라도 이류 핵보유국을 공격하는 것은 매우 부담스러운 일이다. 그들이 군사적 패배에 직면했을 때 최후의 수단으로 핵을 쓸 수도 있기 때문이다.[441]

앞으로는 원격전, 대리전, 다른 종족과의 전쟁 양상이 나타날 것이라 했다. 과학기술은 인류를 멸망시키기에 충분히 발전할 것이다. 핵무기와는 비교도 안 될 정도로 위험할 것이다. 따라서 과학기술의 발전이 우리 국민을 먼저 생각하면서도 더 나아가 인류 전체의 번영을 위해 사용되어야 한다는 점을 깊이 인식하는 것이 중요하다. 다시 한번 강조하지만, 그 적정선을 찾는 것이 리더들의 역할이다.

이 모든 것이 결국 사람에 의해 이루어져 왔다. 그리고 앞으로 전쟁의 양상이 변화한다고 해도 그 안에서 사람을 배제할 수는 없다. 이러한 전쟁의 특성, 전쟁 속의 사람, 전쟁윤리 안에서 균형을 갖추고, 불확실성과 안개 속에 한 줄기 빛을 찾아 나아갈 수 있는 사람이 필요할 것이다. 저자는 이러한 리더를 클라우제비츠의 개념을 빌어 군사적 폴리매스polymath라 부르고자 한다.

# 7

# 군사적 폴리매스

## 군사적 천재와 위버멘쉬

우리는 변화무쌍한 우시아의 세계에 살고 있다. 불변의 이데아를 이해하기 위해서는 우시아의 불확실성을 인정하는 것부터 출발해야 한다. 그래서 우리는 2부에서 끊임없이 변화하는 것들에 관해 살펴봤다. 특히, 인류 문명의 발달과 전쟁 방식의 변화에 대해 집중 조명했다.

불변의 진리를 논하는 3부는 전쟁의 본질을 알아보는 것으로부터 출발했다. 상대방에게 나의 의지를 강요하기 위한 폭력과 파괴, 두려움, 불확실성과 마찰 등은 전쟁의 본질이다. 이것은 변하지 않는다. 불확실성과 마찰은 전쟁을 비합리적으로 만들고 예측하기 어렵게 변화시킨다. 결국, 전쟁은 끊임없이 변화하는 본질을 지니고 있다.

그럼 2부에서 설명한 전쟁 수행방식의 특성과 지금 이야기하는 전쟁의 본질은 무슨 차이가 있을까? 왜 전쟁의 본질은 3부 '변하지 않는 것'에 설명되고 있는가? 따지고 보면 이 두 가지 모두 변화하는 본질을 지녔는데 말이다. 저자가 이 두 가지를 '변하는 것'과 '변하지 않는 것'으로 구분한 데는 다음과 같은 이유가 있다. 전쟁 수행방식은 과학기술의 발달과 함께 변화해 왔다. 과학기술은 퇴보하지 않는다. 즉, 더 나은 방향으로 나아간다. 과학기술이 가져올 희망이나 비극을 두고 하는 말이 아니다. 순수하게 과학기술 자체는 퇴보하지 않는다는 점을 강조한 것이다.

한편, 불확실성과 마찰이 항상 존재하는 전쟁의 특성은 과학기술의 발달과 무관하다. 상대를 관찰하고 예측할 수 있는 과학기술이 아무리 발달해도 마찬가지다. 양자 또는 다자간의 상호작용은 결국 전쟁을 불확실하게 만들고, 상호 마찰을 불러일으킬 수밖에 없다. 여기에는 과학기술의 발달이나 전쟁 수행방식의 변화처럼 패턴이 존재하지 않는다. 이러한 불확실성과 마찰은 절대 변하지 않는 전쟁의 본질이다.

우리는 끊임없이 변화하는 전쟁의 본질을 단순히 극복하려고만 하면 안 된다. 이를 인정하고 받아들여 그 안에서 올바른 판단과 조치를 할 수 있어야 한다. 윌리엄슨 머레이Williamson Murray는 전쟁은 과학이나 기술이 아니라고 단언했다. 전쟁은 인간 영혼 가장 깊은 곳에 도전하는 복합적인 노력의 산물이다. 따라서 전쟁에는 모든 분야에서 최선의 물리적·육체적 소양을 넘어 지적·도덕적 소양이 필요하다고 그는 주장했다. [442]

이를 잘 설명한 개념이 클라우제비츠의 '군사적 천재military genius'라고 볼 수 있다. 천재天才, genius는 사전적 의미로 '선천적으로 타고난, 남보다 훨씬 뛰어난 재주 또는 그런 재능을 가진 사람'을 뜻한다. [443] 우리는 바둑을 월등히 잘 두는 사람을 바둑 천재라고 하고, 수학에 뛰어난 사람을 수학 천재라 부른다. 그렇다면, 군사적 천재는 '군사적 측면에서 선천적으로 타고난, 남보다 훨씬 뛰어난 재주 또는 그런 재능을 가진 사람'이라고 볼 수도 있겠다. 그런데 '군사적 측면'에서 천재는 어떤 특질을 갖느냐가 궁금하다.

클라우제비츠는 먼저 천재라는 개념부터 다시 고찰했다. 천재는 범위와 방향에 따라 다양한 의미를 나타낼 수 있기에 그 본질을 형용하는 것은 매우 어렵다. 하지만 우리는 통상 특정 직업에서 고도로 발달한 정신적 능력을 천재라 칭한다. 어떤 복잡한 활동이 특정 수준의 기교로 행해지기 위해서는 적절한 수준의 '지력intellect과 기질temperament'을 필요로 한다. 이러한 자질이 탁월한 성과로 나타날 때 이 자질을 가진 자들은 천재라 불리게 된다.[444]

클라우제비츠의 『전쟁론』을 자세히 들여다보면 당시 시대적으로 유행하던 개념이나 사상들이 많이 녹아들어 있음을 알 수 있다. 『전쟁론』의 전체적인 전개 방식은 계몽주의 철학이 지향하는 이성적인 분석, 종합의 형태로 이루어졌다.[445] 절대전쟁이 불확실성, 마찰, 공포, 육체적 피로 등 전쟁의 본질적 요소로 인해 현실전쟁으로 나타나게 되는 과정을 풀이한 클라우제비츠의 논리는 헤겔의 변증법을 따랐다. 경이로운 삼위일체는 기독교의 삼위일체(성부, 성자, 성령) 개념을 빌렸다.[446] 그리고, 클라우제비츠는 칸트가 『판단력 비판』에서 제시한 '천재' 개념에 착안하여 군사적 천재에 대해 고민한 것으로 보인다. 칸트는 천재를 '예술에 규칙을 부여하는 타고난 재능'이라고 정의했다.[447]

다시 돌아와서, 클라우제비츠는 군사적 천재를 지력과 기질의 배합으로 설명했다. 천재를 구성하는 모든 요소가 조화롭게 배합되어야 하며, 특정 능력이 다른 능력을 지배하지 않을 때, 그것이 군사적 천재의 핵심이라고 말했다. 여기서 지력과 기질은 다른 말로 '이성과 감성'이라고도 볼 수 있다.[448]

군사적 천재의 역할은 전쟁의 삼위일체와 밀접한 연관이 있다. 이를 염두에 두고 살펴보면 군사적 천재는 다음의 네 가지 역할을 한다. 바로, 삼위일체의 소유자, 삼위일체의 균형자, 작전술가operational artist, 전장의 지배자이다.

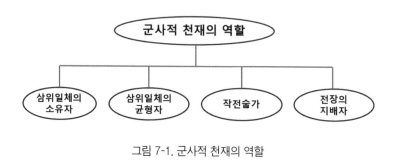

그림 7-1. 군사적 천재의 역할

먼저, 군사적 천재는 삼위일체의 소유자이다. 이성과 감성은 삼위일체 내에서 큰 두 개의 축이다.[449] 나머지 한 축이 '우연과 개연성'이었는데, 이를 이용하고 또는 극복해 나가는 주체가 야전 지휘관이라 밝힌 바 있다. 거꾸로, 이 야전 지휘관은 이성과 감성의 적절한 배합을 통해 수없이 반복되는 우연과 개연성 속에서 승리를 달성할 수 있다. 즉, 군사적 천재는 우연과 개연성의 대표이면서도 이성과 감성을 모두 지니고 있으며, 이를 통해 문제를 해결해 나가는 삼위일체의 소유자이다.

둘째는 삼위일체의 균형자이다. 만약 절대전쟁이라면, 전쟁은 군사적 행동의 본질적 목표인 적의 타도를 위해 질주한다. 양자 중 어느 한 편이 완전히 무너지기 전까지 군사적 행동은 멈추지 않게 된다. 이렇게 적을 타도하려는 목표를 가지고 군사적 행동을 하게 되는 주된 이유는 바로 맹목적인 본능이 작용하기 때문이다. 이는 적대 감정과 적대 의도에서 비롯된

원초적 폭력성으로 삼위일체의 한 축이다.[450]

이 맹목적인 본능만이 남아 충돌하면 전쟁은 극단으로 치닫는다.[451] 여기서 이성이 작용한다. 전쟁은 정치적 도구이므로 정치의 순수한 이성은 전쟁이 정치적 목표에 부합되는 방향으로 전쟁을 이끌게 된다. 이러한 이성의 방향이 맹목적인 본능의 방향과 완전히 일치하는 경우는 거의 없을 것이다. 이에 더하여, 전장에서 필연적으로 나타나는 마찰, 불확실성, 공포, 육체적 피로 등은 이성의 목표 달성을 방해하고 맹목적인 본능을 위축시킨다.

그래서 클라우제비츠는 삼위일체의 세 가지 경향이 균형을 유지하도록 해야 한다고 말했다. 마치 세 개의 자석magnets이 공중에서suspended 서로를 끌어당기며 균형을 잡는 것처럼 말이다.[452] 각각의 자석은 주변 환경의 영향으로 조금씩 움직일 수 있다. 하지만 균형을 잃어서는 안 된다. 여기서 군사적 천재의 역할이 매우 중요하다. 우연과 개연성이 계속되는 가운데 이성과 감성의 끌어당김 사이에서 전쟁을 승리로 이끌기 위해서는 군사적 천재가 그 균형을 유지해야 한다.

셋째로, 군사적 천재는 작전술가operational artist의 역할을 수행한다. 클라우제비츠에 따르면, 최고사령관supreme commander은 정치가statesman가 되어야 함과 동시에 장군general이기를 멈추어서는 안 된다. 최고사령관은 전체적인 정치 상황을 파악하고 있어야 하고, 한편으로는 그에게 주어진 가용 수단으로 무엇을 얼마나 성취할 수 있는지를 정확히 알아야 한다.[453]

여기서 최고사령관supreme commander은 군사적 천재 또는 군사적 천재가 될 수 있는 역량을 갖춘 사람을 의미할 것이다. 정치가statesman는 그냥 개별의 정치가를 의미하지는 않는 것으로 보인다. 좀 더 엄밀히 말해 정치지도자 또는 국가정책을 입안하는 정치가 집단의 일원으로 볼 수 있을 것이다. 장군 또한 단순히 한 명의 장군이 아니라 지휘권을 가지고 부여된 목표를 달성하기 위해 부대를 움직이는 지휘관을 의미할 것이다.

그렇다면 최고사령관은 정치지도자이면서도 야전 지휘관이 되어야 한 다는 말이 된다. 이는 실제로 정치지도자가 되어야 한다거나 하급 지휘관 의 역할을 해야 한다는 의미라고 보기는 어렵다. 대신에, 이성으로서의 정 치지도자와 개연성의 주체인 야전 지휘관의 역할을 이해하고 그들이 목표 하는 바를 달성하는 데 이바지할 수 있어야 한다는 의미일 것이다. 더 나 아가 최고사령관은 정치지도자와 야전사령관의 목표와 역할을 서로 연결 해 주는 연결자의 역할을 해야 한다.

이러한 최고사령관의 역할을 잘 설명해 주는 개념이 작전술이다.[454] 작 전술은 '지휘관과 참모가 자신의 기술, 지식, 경험, 창의성, 판단력 등을 적 용하여 목표, 수단, 방법을 통합함으로써 군사력을 조직 및 운용하기 위한 전략, 전역계획, 작전 등을 발전시키는 인지적 접근방법'이다.[455]

이러한 작전술은 크게 두 가지 역할을 한다.[456] 그것은 '전략지침을 군사 작전으로 전환'하고, '전술 활동을 조직 및 운용'하는 것이다. 전략지침을 군사작전으로 전환한다는 것은 정치지도자의 목표와 의도를 잘 이해하고 어떻게 하면 군사작전을 통해 이를 달성할 수 있을 것인가를 생각해 낸다 는 것을 의미한다. 즉, 작전술가는 정치지도자의 생각을 꿰뚫을 수 있어야 한다. 한편, 전술 활동을 조직 및 운용한다는 것은 야전사령관의 관점에서 세부적인 군사적 활동들을 연결한다는 뜻이다. 작전술가는 하급 지휘관의 역할을 이해하고 그들이 무엇을 필요로 하는지 파악하여 적절한 지원을 제공해야 한다.

위의 두 가지 역할을 통해 작전술은 결국 전략과 전술을 연결하는 다리 bridge가 된다. 군대는 하나의 집합체이다. 그 안에는 많은 군인이 생사고락을 함께한다. 그들은 군인임과 동시에 국가를 이루는 국민이기도 하다. 삼위일체의 한 축인 감성을 그 군인들도 가지고 있다. 최고사령관은 그들의 감정을 잘 이해할 수 있어야 한다. 그렇다면 전략목표와 전술 활동을 연결한다는 것은 무한히 발생하는 우연과 개연성 속에서 이성과 감성을 서로 연결한다는 의미로도 해석될 수 있다. 이제, 군사적 천재가 작전술을 자유자재로 발휘할 수 있는 작전술가여야 함이 더욱 명확해진다.

이렇듯, 경이로운 삼위일체 속에서 군사적 천재는 다양한 형태로 존재하며 복합적인 역할을 담당하고 있다. 군사적 천재는 삼위일체의 한 축이면서도 다른 두 개의 축이 지닌 특성도 내포하고 있다. 동시에 이 세 축의 균형자로서 전쟁을 이끌어 나간다. 또한, 이성이 제시하는 정치적 목표를 달성하기 위해 우연과 개연성 속에서도 부하들의 감성을 잘 이해하여 전술 활동을 조직 및 지도하는 작전술가의 역할을 수행해야 한다. 군사적 천재의 렌즈로 삼위일체를 바라보니 경이로운 삼위일체paradoxical trinity는 참 '역설적paradoxical'이다.

이제 군사적 천재가 지녀야 할 이성과 감성에 집중해 보자. 언뜻 보기에 군사적 천재의 이성과 감성은 '군사적'이라는 용어로 인해 '전투적' 측면의 이성과 감성으로 생각될 수도 있다. 클라우제비츠는 야만족과 문명화된 시민들을 비교하여 다음과 같이 설명했다.[457]

"호전적인 야만족들은 그들 대다수가 전사의 기질을 갖추고 있다. 그러나 그들에게서 뛰어난 야전 사령관이나 군사적 천재를 발견하기 어렵다. 군사적 천재가 지녀야 할 이성과 감성의 수준은 이러한 야만족들이 결코 개발할 수 없는 특정 수준 이상의 지성을 지녀야 하기 때문이다. 따라서, 군사적 천재의 이성과 감성은 단순히 전투적 측면의 이성과 감성이 아니다."

그는 로마, 프랑스 등 당대 최고 수준의 문명화를 이루었던 나라들에서만이 군사적 천재라 일컬어지는 걸출한 영웅을 배출했다고 주장했다. 하지만 야만족과 문명화된 시민의 구분은 매우 모호하다. 만약 야만족을 특정 문명을 이룩하지 않은 유목민으로 설정한다면 훈족Hun이나 몽골인들도 포함될 것이다. 그렇게 되면 훈족의 영웅 아틸라Attila나 몽골의 칭기즈 칸은 군사적 천재 후보에도 오르지 못하는 상황이 발생한다. 따라서 군사적 천재가 되기 위해서는 그만큼 높은 수준의 지성이 필요하다는 점을 강조한 것으로 그 주장의 본질을 받아들여야 한다.

그렇다면 군사적 천재가 적절히 배합해야 할 이성과 감성은 어떤 것들인가? 클라우제비츠는 군사적 천재의 구체적인 특성을 설명하기 위해 '전쟁의 분위기climate of war'라는 개념을 소개했다.[458] 바로, 위험danger, 육체적 고통exertion, 불확실성uncertainty, 우연chance이다. 위험은 공포fear를 불러일으킨다. 육체적 고통은 피로fatigue를 극대화한다. 불확실성은 다른 말로 안개fog라고도 표현한다. 적과 그리고 작전환경과의 끊임없는 마찰friction은 우연을 만들어 낸다. 즉, 클라우제비츠가 말한 전쟁의 분위기는 앞서 설명했던 전쟁의 본질과 일맥상통한다.

먼저, 클라우제비츠는 전쟁이 위험의 영역이므로 군인이 가져야 할 첫 번째 덕목을 용기라고 주장했다. 용기는 다시 책임에 대한 용기와 개인적 위험에 대한 용기로 나뉜다. 책임에 대한 용기는 양심에 의한 용기다. 개인적 위험에 대한 용기는 그저 냉담함에서 올 수도 있지만, 명예욕, 애국심 등 적극적 동기에서 올 수도 있다. 그는 이 두 용기가 조화를 이루면 그것이 가장 완벽한 용기라고 설명했다.

다음으로, 전쟁은 육체적 노력과 고통의 영역이므로 육체와 정신의 강인함이 필요하다. 세 번째 덕목은 전쟁이라는 불확실성의 안개 속에서 진실을 꿰뚫어 볼 수 있는 아주 민감하고 특출 난 이성이다. 마지막으로, 전쟁은 우연의 영역으로 모든 정보와 가정이 불확실하다. 상황은 계속 예측을 벗어나고 새로운 계획을 세우는 데 필요한 정보는 항상 부족하다. 불필요한 정보가 산재하여 이를 검토할 시간은 촉박해지고, 상황인식의 양이 늘어나는데도 불확실성은 감소하지 않고 오히려 증가한다. 군사적 천재는 이를 극복하기 위해 통찰력coup d'oeil과 결단력determination을 지녀야 한다.[459]

이 통찰력과 결단력이 군사적 천재가 지녀야 할 덕목의 진수라고 볼 수 있다. 클라우제비츠는 전쟁의 네 가지 분위기를 개별적으로 서술하면서 군사적 천재의 특성으로 각각 용기, 체력과 정신력, 이성, 그리고 통찰력과 결단력을 도출해 냈다. 『전쟁론』1편 3장 '군사적 천재' 후반부에는 침착성, 에너지, 공명심과 명예욕, 견고함, 자제력 등 많은 덕목을 이야기하고 있다. 그러나 3장의 전체적인 맥락을 짚어 보면 결국 군사적 천재가 지녀야 할 이성적 덕목과 감성적 덕목은 각각 통찰력과 결단력으로 귀결된다.

통찰력이란 혼란 속에서도 인간의 정신을 진실로 이끄는 내면의 불빛이다. 이는 시간과 공간을 올바르게 판단해서 정확하고 신속한 결정을 내리는 능력이다. 아울러, 평범한 사람들 눈에는 보이지 않는 진실을 파악하는 능력이다. 통찰력은 고도의 이성을 요구한다. 다양한 분야에 대한 지식과 경험, 깊은 사유과정이 내재해 있을 때 발휘될 수 있다. 다시 작전술의 정의로 돌아가 보자. 작전술은 지휘관과 참모가 자신의 '기술, 지식, 경험, 창의성, 판단력 등'을 적용하는 것이라고 했다. 그래서 군사적 천재는 작전술가이어야만 한다.

이러한 통찰력으로 올바른 판단을 할 수 있다. 하지만 그 판단의 결과를 행동으로 옮기는 데는 결단력이 필요하다. 결단력은 통찰이 선행되어야 하므로 이성으로부터 출발한다. 그러나 용기가 없이는 결단할 수 없다. 용기 또한 이성에 의해 일깨워지지만 그것만으로 유지될 수 없다. 용기에 감성이 필요하다. 이러한 용기, 특히 책임에 대한 용기가 수반되어야 결단력을 끌어낼 수 있다.

통찰력을 바탕으로 한 판단이 결단으로 이어지려면 용기 외에도 다른 이성적 행동이 필요하다. 바로, 자기성찰reflection이다.[460] 용기가 충만하면 위기상황 속에서 주저함 없이 행동할 수 있다. 하지만 자기성찰이 수반되지 않으면 원하는 결과를 성취하기도 힘들뿐더러, 성공한다고 해도 평범한 수준의 성공일 뿐이다. 오히려 무모한 행동으로 조직 전체를 위기에 빠뜨릴 수도 있다.

정리하면, 군사적 천재가 결단력을 발휘한다는 것은 먼저 올바른 통찰력이 바탕이 되어야 한다. 이를 토대로, 자기성찰을 통해 문제를 해결할 최적의 방안을 찾아낸다. 그와 동시에, 책임을 감내할 용기를 가지고 행동을 결심하는 것, 그것이 바로 클라우제비츠가 말한 결단력이다.

앞서 6장에서 행동경제학을 다룬 바 있다. 인간은 합리적이라는 애덤 스미스의 고전 경제학 가정을 뒤엎은 이론이다. 『생각에 관한 생각』의 카너먼과 『넛지』의 탈러는 모두 이 행동경제학으로 노벨 경제학상을 수상했다. 이 둘이 각자의 저서에 공통으로 다루고 있는 기본 가정은 바로 사람의 뇌가 충동적인 판단체계와 심사숙고하는 판단체계를 가지고 있다는 것이다. 카너먼은 이를 각각 시스템 I과 시스템 II로 설명했고, 탈러는 자동 시스템과 숙고 시스템이라 명명했다.

시스템 II는 비교적 체계화 된 합리적 의사결정체계이다. 우리 군에서는 제대별 특성을 고려하여 몇 가지 지휘결심체계를 개발 및 적용하고 있다. 이러한 지휘결심체계는 시스템 II의 사고체계를 활용할 수 있도록 돕는다. 그러나 여기에도 시스템 I은 항상 개입한다. 시스템 I을 최대한 억누르고 심사숙고하여 문제를 해결하는 '결단력'이 발휘되어야 한다.

그렇다고 시스템 I이 항상 나쁜 것만은 아니다. 눈앞에 갑작스러운 위기 상황에는 순발력을 발휘해서 신속하게 문제를 해결해야 한다. 시스템 I은 끊임없이 변화하는 전쟁의 속성을 고려 시 필수적인 요소다. 군은 각종 불확실성과 마찰에 노출된 상태로 자유의지를 가진 적과 대립한다. 그 안에서 무수히 많은 확률이 발생하고, 진행되는 상황에 맞게 신속한 결심을 해야 하는 경우가 대부분이다. 우리에게 모든 가능성과 대안을 검토할 시간은 주어지지 않는다.

충분한 역량을 갖추지 못한 사람이 무작정 충동적인 시스템 I을 작동시킬 수는 없다. 평소 전사와 교리, 각종 이론을 꾸준히 공부하고 이를 실제 적용하는 노력이 수반되어야 위기 상황에 닥쳤을 때 빠르면서도 올바른 판단을 할 수가 있다. 그것이 바로 '통찰력'이다.

클라우제비츠가 군사적 천재의 덕목으로 통찰력과 결단력을 강조한 이유 중 하나가 바로 이것이라 생각된다.[461] 우리는 공부하고, 경험하고, 또 사색해야 한다.

여기서 군사적 천재의 네 번째 역할이 도출된다. 바로, 전장의 지배자이다. 군사적 천재는 전쟁의 본질이자 전쟁의 분위기를 구성하는 네 가지 요소(위험, 육체적 고통, 불확실성, 우연)와 조화를 이루면서도 이를 극복하는 사람이다. 이를 통해 전쟁의 시작과 끝, 그 전체 맥락을 꿰뚫어 보고 올바른 결단을 할 수 있다. 그리고 그 통찰과 결단을 통해 전장을 지배하고, 전쟁을 승리로 이끌 수 있다.

여기까지 내용을 정리해 보자. 군사적 천재는 네 가지 역할을 담당한다. 바로 삼위일체의 소유자, 삼위일체의 균형자, 작전술가, 그리고 전장의 지배자다. 군사적 천재는 전쟁의 분위기를 구성하는 네 가지 요소를 극복할 수 있어야 한다. 이를 위한 여러 가지 특징들, 그리고 그 특징들이 궁극적으로 지향하는 두 가지 능력, 즉 통찰력과 결단력을 지녀야 한다.

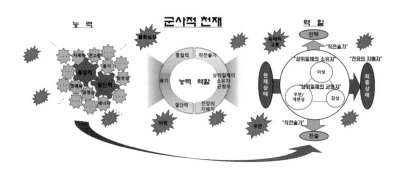

그림 7-2. 군사적 천재의 능력과 역할

그렇다면, 군사적 천재는 최고사령관만 달성 가능한 것인가? 클라우제비츠는 역사는 최고사령관에게 군사적 천재의 칭호를 부여한다고 했다. 동시에, 그는 적절한 수준의 능력이 모든 수준의 지휘관들에게 요구된다고 말했다. 그리고 하급 지휘관 시절부터 탁월한 이성이 필요하며, 상위 직급일수록 그 수준이 더 높아져야 한다고 주장했다. 그렇다. 우리에게는 모든 문제를 해결해 줄 단 한 명의 군사적 천재도 필요하지만, 다양한 제대에

서 다양한 역할을 할 많은 군사적 천재를 길러 내는 것이 더욱 중요하다.[462]

클라우제비츠는 군사적 천재를 상대적 개념으로 서술했다. 그러나 우리는 거기에 고착될 필요가 없다. 군사적 천재를 누구나 도달할 수 있는 절대적 개념으로 받아들여야 한다. 꾸준히 노력하면 우리 모두 군사적 천재가 될 수 있다는 믿음을 가져야 한다. 군사적 천재는 결코 타고나는 것이 아니다.

니체[463]는 『짜라투스트라는 이렇게 말했다』에서 위버멘쉬Ubermencsh: Overman라는 개념을 소개했다. 우리가 직면한 현실 세계의 문제들을 극복하고 초월할 수 있는 사람을 일컫는 말이다.[464] 국내의 많은 책에서 위버멘쉬를 '초인superman'이라고 번역하지만, 세부적으로 살펴보면 '극복하는 자'의 의미에 가깝다.

니체에 따르면, 인간은 그냥 동물에 가까운 존재이다. 인간의 정신은 기본적으로 낙타와 같아서 무거운 짐을 짊어지고 주인에게 순종한다.[465] 여기서 무거운 짐은 기존의 관습, 도덕, 진리 등을 뜻한다. 하지만 낙타가 노력하면 사자가 될 수 있다. 사자는 미약하나마 자유정신을 지닌 존재로, 기존 관습을 부정하고 스스로에게 명령할 줄 안다.[466] 기존의 체계에 대해 '왜?'라는 질문을 던지고 새로운 체계를 만들어 나갈 수 있는 정신을 가졌다.

사자가 더욱 노력하면 어린아이의 정신을 가질 수 있다. 어린아이는 망각의 힘이 있다. 삶을 놀이라 여기고 언제나 긍정적이다. 모든 것을 새롭게 받아들이고 스스로 새로운 규칙을 만들어 이를 지킨다. 어린아이에게는 이러한 일이 고통이 아니라 재미있는 놀이일 뿐이다.[467] 만약 어린아이가 계속 노력한다면 그는 위버멘쉬로 남아 있을 수 있다. 그러나 어린아이도 아무런 노력 없이 시간만 지나면 어른이 된다. 그러면서 다시 자신이 만든 규칙에 순종하는 낙타로 회귀한다.

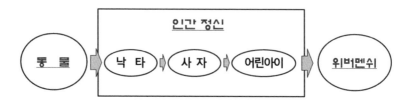

그림 7-3. 위버멘쉬로 가는 길

그렇기에 니체는 끊임없는 자기성찰과 노력이 중요함을 역설했다. 그는 우리에게 동물과 위버멘쉬 사이의 외줄 위에서 끊임없이 위버멘쉬를 향해 나아가야 한다고 말했다. 군사적 천재도 마찬가지다. 끊임없는 노력이 중요하다. 우리는 다양한 학문을 섭렵하고 자신의 경험과 연결함으로써 통찰력과 결단력을 기를 수 있다. 또한, 삼위일체의 각 요소를 올바르게 지니고 각 요소 간의 균형을 이룰 수 있다.

우리는 노력을 통해 전략과 전술을 연결하는 작전술가의 면모를 갖추어야 한다. 전략목표 달성을 위해 전술 활동을 올바르게 조직 및 운용할 수 있어야 한다. 그러면 불확실성과 마찰을 극복하고 전장의 지배자가 될 수 있다. 이를 통해, 세계라는 시스템 속에서 이성IQ과 감성EQ의 균형과 조화를 이룰 수 있다. 더 나아가 뛰어난 영성SQ을 가질 수 있을 것이다.

이제 우리의 현 위치를 아는 것이 중요하겠다. 우리는 지금 동물인가, 낙타인가? 아니면 그보다는 좀 더 나은 사자인가? 이미 어린아이 수준까지 왔다면 고지가 멀지 않았다.

# 메타인지: 너 자신을 알라

손무는 '적을 알고 나를 알면 백번 싸워도 위태롭지 않다知彼知己 百戰不殆: 지피지기 백전불태'라고 했다.[468] 군의 의사결정체계에서 적에 관한 분석은 매우 세부적이다. 합동작전 계획수립절차에서는 합동작전환경 정보분석JIPOE: Joint Intelligence Preparation of the Operational Environment을,[469] 전술적 계획수립절차에서는 전장정보분석IPB: Intelligence Preparation of the Battle field이라는 도구[470]를 활용해서 작전환경과 적에 대해 매우 세밀하게 분석한다.

그런데 아군에 대한 분석은 그렇지 못하다. '상대적 전투력 분석' 단계에 피·아 전투력 수준을 분석하는 것이 전부다. 이마저도 아군의 전투력 수준, 부대의 위치, 강·약점 정도만 파악한다. 지휘관이 참모들에게 요구하는 지휘관 중요정보요구CCIR: Commander's Critical Information Requirements라는 것이 있다. 여기에 우군정보요구FFIR: Friendly Forces Information Requirements와 작전보안 핵심요소EEFI: Essential Elements of Friendly Information가 포함되어 있다. 다만, 우군에 관한 정보를 지휘관에게 적시에 제공하기 위한 수단일 뿐, 아군을 자세히 분석하지는 않는다.[471] 이 정도의 정보로는 아군에 대해 '잘 안다.'라고 단언할 수는 없다. 그런데도 아군에 대한 세부적인 분석을 잘 안 하는 이유는 아마도 우리가 우리 스스로에 대해 이미 잘 알고 있다고 생각하기 때문일 것이다.

저자가 대대장 지휘관리과정에서 수업을 받을 때, 당시 어떤 장군께서 특강을 해 주셨다. 그분은 학생장교들에게 다음과 같이 물으셨다. "귀관은 귀관 대대의 전투력 수준이 얼마인지 알고 있는가?" 당시 교실 안의 장교 중 누구도 선뜻 답변하지 못했다. 그분은 '나를 아는 것'의 중요성을 거듭 강조하셨다. 아군 부대의 전투력 수준을 알지 못하면 적과 싸워 이길 수 있는 작전계획을 수립할 수 없다. 작전 실시간 제대로 된 지휘를 할 수 도 없다.

저자 또한 부하들이나 후배 장교들에게 비슷한 질문을 자주 한다. '편제 화기 및 장비에 대해 얼마나 알고 있는가?'라는 질문이다. 편제화기 및 장비의 제원, 강·약점, 제한사항 등을 잘 알고 있는지, 실제로 잘 다룰 수 있도록 숙달되어 있는지 등을 확인하기 위함이다. 이를 잘 모르면 실전에서 효율적, 효과적으로 운용할 수가 없다.

이제 범위를 '우리 자신'으로 좁혀서 생각해 보자. 고대 아테네 델포이의 아폴론 신전 기둥에는 '너 자신을 알라Gnothi Seauton'라는 글이 적혀 있었다. 소크라테스는 이 글귀를 매우 강조했다.[472] 우리는 자신에 대해 얼마나 알고 있는가? 대부분 사람은 자기 자신을 매우 잘 안다고 생각한다. 우리는 우리의 키나 몸무게를 알고 있다. 매일 거울을 보면서 어떻게 생겼는지, 어떤 표정을 해야 좀 더 멋지고 예쁘게 보이는지도 알고 있다. 우리가 아는 것과 모르는 것에 대해 스스로 빠삭하게 알고 있다고 생각한다.

그러나 자신을 객관적으로 바라본 적이 있는가? 마치 제삼자가 나를 바라보듯 전지적 관찰자 시점에서 말이다. 우리는 자신을 3인칭 시점에서 바라볼 때 우리가 어떤 수준에 있는지, 무엇을 알고 무엇을 모르고 있는지를 객관적으로 파악할 수 있다. 1인칭 시점에서 내가 나를 판단하면 그 판단에는 주관이 개입된다. 내가 무언가에 대해 진정으로 알지 못하는데도 잘 알고 있다고 착각하며 자꾸 자신을 합리화한다.

미국의 심리학자 타샤 유리크Tasha Eurich는 이에 관한 연구를 진행했다. 그는 95%의 사람들이 스스로 자기를 정확히 인식할 수 있다고 생각하지만, 실제로는 10~15%만이 올바르게 자기를 인식한다는 결과를 도출했다.[473] 얼마나 많은 사람이 자기를 잘 안다고 착각하는지를 보여 주는 결과이다.

소크라테스는 아폴론 신전에서 '소크라테스보다 더 지혜로운 사람은 없다.'라는 신탁을 받았다. 그는 의아했다. 신탁이 맞는지 보려고 당대의 유명한 소피스트들과 정치가들을 찾아다니면서 질문에 질문을 거듭했다. 어찌 보면 남의 말꼬리를 물고 늘어지는 모습이었다. 하지만 '산파술'이라 불리는 이러한 대화법을 통해 상대방이 안다고 생각하고 있던 무언가를 사실은 제대로 알지 못하고 있음을 증명했다.[474]

소크라테스는 말했다. "다른 많은 사람이 그를 지혜롭다고 생각하고, 특히 자기 자신이 스스로 그렇게 생각하지만, 실제로는 그렇지 않다는 것이었습니다. 그래서 나는 그가 지혜롭다고 생각하지만, 사실은 그렇지 않다는 것을 보여 주고자 했습니다." 소크라테스는 이제 깨달았다. 왜 자신보다 더 지혜로운 사람은 없다는 신탁이 있었는지를. 소크라테스는 적어도 자신이 모른다는 것을 알았다. 다른 사람들은 그것조차 알지 못했다.[475]

이렇듯 자신의 강점과 약점, 아는 것과 모르는 것을 인식하는 것은 어렵다. 나의 완벽하지 않은 모습, 나의 단점을 인정하는 것이 어렵기 때문일 것이다. 그렇다 하더라도, 자기 자신의 내면까지도 비추는 거울을 통해 스스로의 능력을 정확히 볼 수 있어야 한다. 그 과정에서 나의 완벽하지 않은 모습을 인정할 수 있어야 한다. 우리는 이를 메타인지meta cognition라 부른다.

메타meta는 '이후after', '위에above', '너머에beyond' 등의 뜻을 지니고 있다. 메타인지는 자신의 인지 과정을 한 차원 높은 시각에서 관찰, 발견, 통제하는 정신 작용이다. 자신의 인지 과정에 대해 꾸준히 사색하여 자신이 아는 것과 모르는 것을 자각하는 인식이다. 더 나아가 스스로 문제점을 찾아내고 해결하며 자신의 학습과정을 조절할 줄 아는 지능이기도 하다. 메타인지는 자기의 모든 인지 과정을 그대로 보여 주는 '자기 거울'이다.[476]

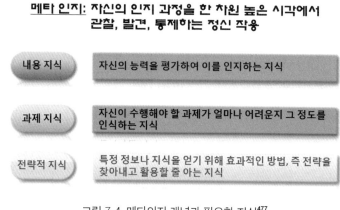

그림 7-4. 메타인지 개념과 필요한 지식[477]

 메타인지는 본래 교육학에서 사용되던 개념이다. 1976년 발달심리학자인 존 플라벨John H. Flavell이 논문을 통해 발표한 용어로, 자기 생각에 관해 판단하는 능력을 일컫는 말이다.[478] 그 후 여러 학자에 의해 추가 연구가 계속되면서 메타인지에 필요한 지식을 일반적으로 다음의 세 가지로 분류하게 되었다. 먼저, 내용 지식이다. 특정 과목의 내용을 얼마나 알고 있는지 스스로 점검하는 학생과 같이, 자신의 능력을 평가하여 이를 인지하는 지식을 말한다. 다음은 과제 지식이다. 이는 자신이 수행해야 할 과제가 얼마나 어려운지 그 정도를 인식하는 지식이다. 마지막으로 전략적 지식은 특정 정보나 지식을 얻기 위해 효과적인 방법, 즉 전략을 찾아내고 활용할 줄 아는지에 관한 지식이다.

이러한 교육학에서의 메타인지 개념은 다른 많은 학문 분야에서도 활용되고 있다. 그중, 메타인지를 실제 업무에 적용한『메타인지, 생각의 기술』(오봉근 저)이라는 책이 있다. 이 책의 저자는 메타인지를 '본인의 사고 흐름과 개선이 필요한 부분을 인지할 수 있는 힘'이라고 정의했다.[479] 그는 메타인지를 단순히 자신 자체를 아는 것에 그치지 않았다. 특정 환경 속에서 존재하는 자신의 진정한 모습을 아는 것, 그것이 메타인지라고 생각했다.

그는 메타인지 능력을 갖추기 위해 노왓Know-what, 노와이Know-why, 노하우Know-how, 노웬Know-when, 노웨어Know-where의 개념이 필요함을 강조했다. 노왓Know-what은 내가 알고 모름을 아는 것이다. 노와이Know-why는 내가 하는 일의 목적을 아는 것이고, 노하우Know-how는 그 일의 절차 및 흐름을 이해하는 것이다. 노웬Know-when과 노웨어Know-where는 시간과 장소의 개념으로 상황과 맥락에 대한 파악을 의미한다.

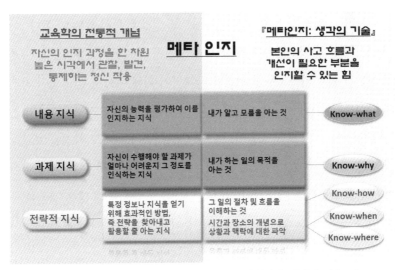

그림 7-5. 메타인지: 교육학의 전통적 개념과『메타인지: 생각의 기술』비교

메타인지를 강화하는 첫걸음은 핵심 질문을 정의하는 연습이다.[480] 스스로에게, 그리고 주변 사람들에게 던지는 질문을 통해 노왓, 노와이, 노하우, 노웬, 노웨어를 구현할 수 있다. 이는 습관이 되어야 한다. 업무의 목적을 정의해 왜 이 업무를 진행하는지 알고, 일정한 시각을 가질 수 있는 지향점을 찾는다. 또한, 성급한 일반화를 피하고자 생각을 논리적으로 구조화하고, 맥락을 파악하기 위해 항상 상위 인지를 인식해야 한다. 그러면서도 항상 상대방의 의도를 생각해 보는 습관을 지녀야 한다.

군사적 천재가 되기 위한 첫걸음 또한 '핵심 질문을 정의하는 연습'일 것이다.

'노왓' 측면에서, 자신의 능력과 특성을 잘 알아야 한다. 먼저, 자신의 능력, 즉, 강약점, 장단점이 무엇인지 잘 알아야 한다. 강점이나 장점을 발전시키는 것은 상대적으로 쉽지만, 약점이나 단점을 극복하는 것은 매우 어렵다. 쉽게 말해, 잘하는 것을 더 잘하도록 연습하는 것은 상대적으로 쉬울지 몰라도, 잘하지 못하는 것들은 대부분 정말 아무리 해도 안 된다. 이는 인간이 지닌 자신감이나 좌절감, 두려움 등과 깊은 관련이 있다. 마케팅 전문가 세트 카즈노부는 '약점을 극복하기 위해 애쓰지 말고 먼저 자기의 강점부터 살리라.'라고 강조했다.[481] 그렇다고 약점을 그냥 포기하라는 이야기가 아니다. 보다 효율적으로 강점을 더욱 강화하고 약점을 보완하기 위한 전략을 수립하는 데 이를 참고해야 한다. 나중에 좀 더 자세히 이야기하겠지만, 뇌는 가소성이 있어서 인간은 노력을 통해 많은 것을 이룰 수 있다. 군사적 천재는 결코 어느 한 분야에만 특출 나다고 해서 만들어질 수 없다.

자신의 성격과 적성을 객관적으로 평가해 보는 것도 중요하다. 세상에는 다양한 성격유형 검사가 존재한다. 전 세계적으로 가장 널리 활용되고 있는 MBTI 검사가 그중 하나다. 연간 200만여 명의 사람들이 이 검사를 받는다. MBTI는 마이어스-브릭스 유형 지표Myers-Briggs Type Indicator의 약자로 검사자를 총 16가지 성격 및 특성 유형으로 분류한다.[482] 이는 칼 융Karl G. Jung의 인간행동 유형 분류에 뿌리를 두고 있다.[483]

물론 인류를 단순히 16가지 유형으로 나눈다는 것은 어불성설이다. 또한, 자기보고self report 검사의 특성상 개인의 감정이나 의도가 개입되기 쉬우므로 이를 전적으로 믿어서도 안 된다. 이 검사의 신뢰도를 높이려면 먼저, 스스로 최대한 객관적으로 검사에 임해야 한다. 또한, 검사 결과를 다른 요소들과 함께 하나의 참고자료로 활용한다면 자신의 기본적인 성격과 적성을 파악하는 데 충분히 가치가 있을 것이다.

내가 가진 각종 편견과 선입견, 오류도 객관적으로 바라봐야 한다. 앞서 인간의 오류를 설명한 책들을 소개한 바 있다. 이를 참고하여 '과연 나는 어떠한 편견과 선입견을 지니고 있는지? 어떠한 오류와 실수들을 자주 범하는지?' 등에 대해 평가해 보면 좋을 듯하다. 그런 다음, 비로소 내가 무엇을 알고 무엇을 모르는지 객관적으로 평가할 수 있게 될 것이다. 무언가를 모른다고 부끄러워할 필요 없다. 아니, 부끄러워해서는 안 된다. 그것을 극복하는 순간이 자신을 성장시킬 수 있는 시작점이 될 것이다.

다음은 '노와이' 측면이다. 여기서부터는 자신을 둘러싼 외부 환경과 관련지어 자신에 대해 다시 돌아보는 것이다. 오봉근 작가가 주장한 대로 기존의 메타인지보다 확장된 개념이다. 군 교리를 예로 들어 살펴보자. 군사적 천재는 어떠한 작전을 수행할지라도 항상 상급지휘관의 의도를 명찰해야 한다.

미국 육군 교리에 상급지휘관 의도_commander's intent는 작전목적_purpose of the operations과 핵심 과업_key tasks, 최종 상태_desired end state로 이루어져 있다(한국군 교리도 거의 유사하다). 작전목적은 작전을 '왜 해야 하는지', '왜 이 과업이 달성되어야만 하는지' 그 이유를 설명해 준다. 핵심 과업은 지휘관이 생각하기에 작전목적을 달성하기 위해 반드시 수행해야 할 과업들을 말한다. 최종 상태는 이번 작전이 종료될 때 달성되어야 할 상태로, 통상적으로 적, 지형, 아군, 민간요소 등에 관한 조건들을 지칭한다.[484]

특정 과업을 부여받았을 때 우리가 상급지휘관의 의도를 고려하지 않는다면 자칫 엉뚱한 방향으로 상황이 흘러갈 수도 있다.

군 교리에서 작전계획을 수립할 때 첫 번째 단계는 임무를 분석하는 것이다. 상급부대에서 지시한 과업들을 그냥 수행하면 될 텐데, 이렇게 임무를 다각적으로 분석하는 이유가 바로 여기 있다. 임무분석을 실시할 때에는 상급부대 명령에 명시된 과업만을 식별하는 수준으로 끝나지 않는다. 위의 이발사와 같은 오류를 범하지 않기 위해서 상급부대의 명령을 전반적으로 이해한 가운데, 작전목적을 도출하고 추정과업을 염출한다.

이는 육군의 지휘철학인 임무형 지휘와도 깊은 관련이 있다. 임무형 지휘는 다음과 같은 의미가 있다. 상급지휘관은 예하 부대에 명확한 의도와 과업을 제시하고 가용 자원을 제공해야 한다. 예하 부대는 상급지휘관 의도와 과업에 기초하여 자율적이고 창의적으로 임무를 수행해야 한다.[485]

임무형 지휘가 효과를 거두려면 상·하급자가 평상시부터 상호 신뢰를 구축한 가운데 전술관을 공유하는 것이 무엇보다도 중요하다. 상급자는 자신의 의도와 과업을 명확하게 예하 부대에 하달해야 한다. 또한, 하급자는 주도적이고 창의적으로 임무를 수행하면서 지휘관 의도를 구현하기 위해 때로는 수용할 수 있는 범위 내에서 계산된 위험을 감수할 수 있어야 한다. 평소 이러한 노력이 노와이를 체득할 수 있도록 도울 것이며, 궁극적으로 임무형 지휘를 가능케 할 것이다.

노하우는 우리가 흔히 사용하는 단어이다. 사전적 의미로는 '어떤 일을 오래 함에 따라 자연스럽게 터득한 방법이나 요령'을 말한다.[486] 여기서는 그 개념을 조금 더 확장하여 임무 수행의 절차 및 흐름 전반을 이해하고 상황에 맞게 적용할 수 있는 능력을 의미한다. 자신에 대해 알아내고(노왓) 부여된 임무를 왜 해야 하는지 파악했다면(노와이), 이제는 작전환경 전반을 이해하고 어떻게 임무를 달성할지 고민해야 한다(노하우).

노웬과 노웨어는 시간과 공간의 상황적 맥락을 이해하고 이를 활용할 수 있는 능력이다. 상급지휘관의 의도를 구현하기 위해 각 과업을 언제 착수해야 하고 언제까지 달성해야 하는지가 노웬에 해당된다. 해당 과업을 어디에서 수행해야 하고, 반드시 확보하거나 통제해야 할 공간은 어디인지가 노웨어의 개념이다.

예를 들어, A 부대가 전방에서 공격하다가 작전한계점에 도달했다고 가정해 보자. 이제 예비대로서 전투력을 보존하고 있던 B 부대가 A 부대를 초월해서 공격을 이어가야 한다. 지휘관과 참모들은 노하우 측면에서 초월작전 수행을 위한 각종 과업을 도출할 것이다. 양개 부대 간의 지휘관계 설정, 정보자산 운용, 첩보 교환, 각종 화기 및 장비 전환, 우군 피해 방지 대책 강구 등 수많은 과업이 도출될 수 있다.

그렇다면 이 과업들을 언제, 어디에서 수행할 것인가? 위 과업 중 정보자산 운용 한 가지만 살펴보아도 고려해야 할 사항이 여러 가지다. A 부대는 현재 운용 중인 정보자산들의 위치변경 필요성와 언제 초월부대로 정보자산을 전환시킬지(혹은 철수시킬지) 판단해야 한다. B 부대는 부대 자체 정보자산을 언제 어디로 투입하여 운용할지 판단해야 한다. 다른 과업들도 마찬가지이다. 모든 과업은 상급지휘관 의도 구현을 위해 가장 최적의 장소에서 필요한 기간만큼 수행되어야 한다. 따라서, 노하우 측면에서 과업들을 도출할 때 필연적으로 노웬과 노웨어를 고려할 수밖에 없다.

이 같은 과정은 군 교리상 작전구상operational design과 관련지어 생각할 수 있다.[487] 작전구상이란 지휘관과 참모가 상황이해를 기초로 요망하는 최종 상태를 결정하고, 부대가 최종 상태를 달성하기 위한 일련의 작전수행 방법을 구상하는 것이다.

오른쪽 그림과 같이 최종 상태desired end state와 현재 상태current state를 비교해서 문제점gap/problem을 정의하고, 어떻게 이를 해결하여framing solutions 최종 상태에 도달할 것인가를 고민해야 한다. 만약 이러한 과정을 한번 거쳤음에도 문제 해결이 어렵다고 판단되면 언제라도 이전으로 되돌아가야 한다reframing. 여기서 최종 상태를 설정하는 것은 노와이에 해당한다. 현재 상태와 문제점을 파악하는 것은 노왓이다. 그리고 이를 위한 해결 방법을 찾아내는 것은 노하우, 노웬, 노웨어와 일맥상통한다.

메타인지는 '나 자신'에 대해 객관적으로 아는 것이다. 그러나 자신을 외부 환경과 분리해서 생각하게 되면 자신을 진정으로 알기 어렵다. 3인칭의 시점으로 '나 자신'을 이해하고 더 나아가 내가 처한 환경과 수행해야 할 과업의 시간 및 공간적 맥락까지도 이해하는 것이 중요하다. 이를 통해 우리는 미래에 더욱 중요해질 영성지수를 키울 수 있을 것이다. 군사적 천재가되기 위한 첫걸음은 바로 이 능력을 갖추는 일이다. 자신에 대한 올바른인식, 그리고 환경에 대한 전반적인 이해, 즉 메타인지가 선행되어야만이 자신을 발전시키는 다음 단계로 나아갈 수가 있을 것이다.

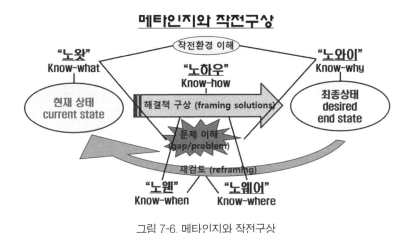

그림 7-6. 메타인지와 작전구상

## 폴리매스: 전문가 시대의 종말

나에 대해, 그리고 내가 처한 환경에 대해 명확하게 아는 시간을 가졌다면 이제 목표를 향해 나아갈 시간이다. 목표가 뚜렷하지 않으면 노력은 방향성을 잃게 된다. 나의 강점을 어느 정도까지 강화하고 나의 약점은 어느 수준까지 보완할지를 정해야 한다. 그리고 무엇보다도 중요한 것은 이러한 나의 모든 특성을 잘 조화시키고 연결하여 승수효과를 만들어 내는 것이다.

몇 년 전부터 사람들이 자주 쓰는 말 중 '사기캐'라는 단어가 있다. 사기캐릭터의 줄임말이다. 만화나 게임에서 주변 캐릭터들보다 많은 분야에서 월등히 앞서는 그런 캐릭터를 지칭하는 말로, 온라인상에서 쓰이기 시작했다. 그러던 것이 이제는 실생활에서 주변 사람들보다 다방면으로 뛰어난 사람들을 지칭하는 용어가 되었다. 학창시절에 공부를 잘하는데, 체력도 좋고 각종 스포츠에도 뛰어난 친구를 본 적이 있을 것이다. 정말이지 못하는 게 없다.(물론 그게 당신이었을 수도 있다.) 그 사람이 바로 '사기캐'다.

역사 속에도 '사기캐'가 많았다. 아리스토텔레스는 소크라테스, 플라톤과 함께 최고의 철학자로 알려져 있다. 그는 플라톤의 제자로 아카데미아에서 두각을 나타냈음에도 플라톤의 후계자로 지목되지는 못했다. 하지만 마케도니아의 왕 필립 Ⅱ세의 초청을 받아 왕자들의 개인 교사가 될 정도로 다방면의 능력을 인정받았다. 그 제자 중에 알렉산더 대왕도 있었다.[488] 아테네에 돌아온 아리스토텔레스는 학생들을 계속 가르치며 많은 저술을 남겼다. 물리학, 생물학, 형이상학, 정치학, 논리학, 수사학, 윤리학, 약학, 농업, 무용 등 그 분야는 매우 다양했다.[489]

레오나르도 다빈치Leonardo da Vinci 또한 '사기캐'였다. 그림과 조각품 등 예술작품으로 유명하지만, 그는 철학, 과학, 기하학, 해부학 등에도 능했다. 비행의 원리를 고민하여 비행기 설계도를 그려내는 등 다방면에 재주를 보였다. 다빈치는 다음과 같이 말했다. "완벽한 마음을 기르기 위해 예술의 과학성을 배우고, 과학의 예술성을 배우라. 자신만의 감각, 특히 자기 관점을 개발하라. 모든 것이 연결되어 있다는 것을 깨달아라."[490]

괴테Johann Wolfgang von Goethe는 시, 소설, 희곡 등을 쓴 문학가로 유명하다. 실제로는 문학가임과 동시에 변호사이자 철학자였고, 궁정 관료였으며, 생물학, 식물학, 물리학 등을 다루는 과학자이기도 했다.[491] 미국의 26대 대통령으로 노벨평화상을 수상한 시어도어 루스벨트Theodore Roosevelt 또한 매우 특이한 이력을 가지고 있다. 그는 경찰이자 군인 출신으로 유도와

복싱을 했고, 탐험가이자 사냥꾼, 농부로서 다양한 분야에 몸담았다. 그는 "시선은 하늘의 별에, 발은 땅바닥에 고정하라."라고 말하며 확고한 신념과 현실 감각 사이에서 균형을 찾았다.[492]

이들을 속된 말로 하면 '사기캐'이지만, 다른 말로 하면 폴리매스polymath다. 폴리매스는 '셋 이상'을 뜻하는 접두사 폴리poly와 교육이나 학습을 뜻하는 매스math의 합성어이다. 이는 1603년 함부르크 지방의 철학자 요한 베번Johann von Wewern에 의해 처음 사용되었다.[493] 그 후 2019년 다빈치 네트워크의 창립자인 와카스 아메드Waqas Ahmed가 『폴리매스』라는 책을 통해 그 개념을 구체화했다. 폴리매스는 다능하고 박식한 사람으로, 서로 연관 없이 보이는 다양한 영역에서 출중한 재능을 발휘한다. 좀 더 구체적으로 이야기하자면, 적어도 서로 다른 세 가지 이상 분야에서 일을 출중하게 하는 사람을 말한다.[494]

폴리매스에 대해 좀 더 잘 이해하기 위해 스페셜리스트specialist와 제너럴리스트generalist의 개념을 살펴보자. 스페셜리스트는 한 가지의 좁은 분야에 깊은 지식과 경험이 있는 사람을 의미한다. 한편, 제너럴리스트는 다양한 분야에 폭넓은 지식을 가지고 종합적 사고를 하는 사람을 뜻한다.[495]

언뜻 보면 제너럴리스트와 폴리매스는 비슷해 보인다. 둘 다 다양한 분야에 호기심도 많고 재능도 있다. 하지만 와카스 아메드는 폴리매스와 제너럴리스트를 명확히 구분했다. 그에 따르면, 제너럴리스트는 그 성취 수준이 깊지 않다. 폴리매스는 제너럴리스트와 다르게 다양한 분야에 상위 10%의 수준까지 도달한 사람들이다. 폴리매스는 스페셜리스트처럼 어느 한 분야에 대한 출중한 능력이 바탕이 되어야 한다. 그리고 제너럴리스트처럼 다양한 분야에 관심을 가져야 한다. 그래야 한 분야의 능력이 다른 분야로 확장되고 서로 연결되어 진정한 폴리매스가 될 수 있다.

톨스토이Lev Nilolayevich Tolstoy는 유명한 소설가다. 그가 쓴 『전쟁과 평화』, 『안나 까레니나』 등은 역작으로 손꼽힌다. 어떤 이는 그를 문학의 대가로서 스페셜리스트라 평가한다. 또 어떤 이는 그를 철학, 역사, 신학, 형이상학 등 다양한 분야를 연구한 제너럴리스트로 보기도 한다. 저명한 철학자이자 정치이론가인 이사야 벌린Isaiah Berlin은 제너럴리스트를 여우에, 스페셜리스트를 고슴도치에 비유했다. 그러면서, 톨스토이는 본디 여우형이었지만 스스로 고슴도치형이라 믿었다고 평했다.[496] 그가 남긴 책들은 사실 이러한 두 가지 형질이 함께 작용한 결과다.

우리는 어떠한 개념을 이분법적으로 나누기 좋아한다. 그래서 폴리매스를 스페셜리스트나 제너럴리스트 중 어느 한쪽으로 분류하고 싶은 마음이 들지도 모른다. 하지만, 폴리매스는 이 두 가지 특성을 잘 조화시키는 사람이다. 우리는 세부적으로 어느 하나를 깊이 파고 들어가는 성향과 두루두루 폭넓게 관심을 보이는 성향을 모두 지니고 있다. 다만 그러한 특성이 사회와 교육 시스템에 의해 억눌렸을 뿐이다.

산업혁명 이후 전문가가 주목받는 시대가 도래했다. 우리도 그 시대 속에서 자라고 이 사회에 적응해 왔다. 어려서는 부모님과 학교, 어른이 되어서는 고용주와 조직 속에서 끊임없이 분업화와 전문화를 요구받고 있다.[497] 사회 시스템 자체가 그렇다. 학교 교육과 가정 교육 모두 전문가 양성에 매달렸다. 고등학생이 되면 문과와 이과로 나뉘고, 대학에 가면 한두 가지 전공에 집중한다. 그런데 이상한 점이 있다. 어떻게 거의 모든 전공 분야가 다 4년 만에 학위를 취득할 수 있는 것인가? 그것부터가 아이러니다.

구글은 6개월 단기 온라인 교육프로그램 '구글 커리어 자격증'을 개설했다. 구글은 채용시험 시 이 과정 수료자들에게 4년제 학위와 동등하게 취급하겠다고 밝힌 바 있다. 이 자격증을 취득하면 구글의 데이터 분석가, 프로젝트 매니저, UX 디자이너 등이 되는 길이 열리는 것이다. 구글과 같은 혁신적 기업에는 단순히 학력에만 의존하지 않고 자신이 진정 원하는 배움을 추구하는 사람들을 찾으려 한다. 그러나 우리 주변에는 자신이 원하는 공부를 하기 위해서라기보다, 시험성적에 맞춰서 대학을 진학하는 사람들을 종종 본다. 우리나라 인구수 대비 대학 수나 대학생 수가 과하게 많은 것은 그만큼 공부를 좋아해서가 아니다. 그저 학력 인플레이션의 영향일 뿐이다.[498]

이러한 환경에 익숙한 사람들은 폴리매스가 본인과는 상관없는 사람들이라고 생각하는 경우가 많다. 그들은 폴리매스를 정말 극소수의 특출 난 사람들이라고 여긴다. 그냥 좋은 대학에 좋은 학과를 가서 전문직에 종사하는 것이 인생의 성공이라 생각한다. 하지만 사실 인류는 고대부터 한 사람이 여러 가지 일을 하며 발전해 왔다. 오히려 한 사람이 한 가지 일만 하는 전문가의 시대는 그리 오래되지 않았다.[499]

인류의 역사를 다시 한번 상기해 보자. 농업혁명이 일어나고 문명이 발달하면서 점차 인류는 큰 사회를 이루게 되었다. 그만큼 상호의존성이 증가했다. 이러한 현상은 산업혁명과 함께 급격한 분업화로 이어졌다. 공장에서의 대량생산이 가능해지자 인간은 기계의 부품과 같은 역할을 하게 되었다.

이와 함께 지식의 전문화도 급속도로 이루어졌다. 유럽 제국주의 열강들은 학문을 세분화하여 학과목disciplines을 만들어 냈다. 여기서 'discipline'은 군에서 군기와 통제를 뜻한다. 학문은 학과목 제도로 철저히 통제되었다. 유럽의 대학들은 이 제도에 맞추어 교수를 양성하고 학생들을 가르쳤다. 그리고 이러한 모델은 제국주의 식민 지배와 함께 세계 곳곳으로 퍼져 나갔다.[500]

역사적으로 보면, 과거로 거슬러 올라갈수록 사람들은 폴리매스를 추구했다. 인류는 변화무쌍한 자연환경에서 살아남기 위해 창의력을 발휘했다. 자신보다 신체적으로 훨씬 뛰어난 동물들로부터 생존하려면 어떤 동물들이 위험한지, 어떻게 대처해야 하는지, 더 나아가 그 동물들을 사냥하는 방법까지 경험을 통해 알아야 했다. 먹을 수 있는 식물과 독이 있는 식물을 구분했고, 집을 짓는 등 건축 지식까지 축적해 나갔다. 그렇게 인류는 생존에 필요한 지식과 기술을 다양하게 학습해 나갔다. 처음부터 사냥꾼, 식물학자, 건축가가 나누어져 있던 것은 아니었다. 그냥 필요한 대로 각자가 모든 일을 감당해 냈다. 우리에게는 이런 DNA가 잠재되어 있음을 깨달아야 한다.

부경대학교 최연구 박사는 과거에는 한 분야에만 정통한 I자형 인재가 주목받았으나 미래에는 자신의 분야 외에도 다양한 영역을 넘나들 수 있는 T자형 인재가 훨씬 더 필요할 것이라고 말했다.[501] 하지만, 여기서 T자형 인재는 자신의 전문분야가 한 가지이다. 다양한 영역을 넘나들긴 하나, 한 가지 전문분야로는 새로운 것을 창출하기 힘들다.

『타이탄의 도구들』의 저자 팀 패리스Tim Ferriss는 모두가 상위 1%가 될 필요는 없다고 말했다. 그러나 두 가지 분야에서 상위 25% 안에 들도록 노력하라고 당부했다. 재능이 없더라도 25% 안에 들어갈 수만 있다면 누구나 아주 특별한 존재가 될 수 있다는 것이다.[502] 그런데, 두 가지 분야만으로는 여전히 시너지 효과가 크지 않다. 더 다양한 전문분야를 가질 때 그것들을 융합시켜 아무도 흉내 낼 수 없는 고유한 전문성을 갖출 수 있다. 그런 점에서 폴리매스는 T자형 인재나 타이탄의 도구 그 이상이다.

앞으로 다가올 시대에는 초전문성보다 고유한 전문성이 훨씬 더 중요할 것이다. 초전문성은 스페셜리스트들이 가진 특성이다. 그들은 자신의 전문분야만큼은 매우 탁월하다. 하지만 앞으로 그런 분야는 인공지능에 대체되기 쉽다. 미국에서 인공지능 의사나 인공지능 판사 등이 시범적으로 운영되고 있는 것을 고려하면, 앞으로 전문직의 인공지능화는 급속도로 진행될 것이다. 인공지능은 적절한 정보 제공 능력으로 인류의 복잡한 의사결정에 많은 도움이 될 것이다. 하지만 인공지능이 많은 사람을 이끌어가야 하는 리더들의 역할을 대체하기는 힘들 것이다.

많은 계열사를 보유한 대기업 CEO들이 주로 이렇게 고유한 전문성을 가지고 있다. 현대그룹의 정주영 회장은 소학교 졸업장밖에 없지만, 평생 새로운 경험과 배움을 주저하지 않았다. 건설업을 시작으로, 현대그룹을 자동차, 전자제품 등 다양한 분야로 확장했다. "이봐, 해 봤어?"라는 어록을 남기기도 한 정주영 회장은 끊임없이 새로운 것을 시도하고 노력했으며, 복잡한 문제들 속에서 최적의 해답을 찾아나가는 리더였다.[503]

영화 「아이언맨」의 실제 모델이 된 일론 머스크는 펜실베니아 대학에서 물리학과 경제학을 복수 전공했다. 1995년에는 ZIP2라는 회사를 창업하고, 이후 페이팔의 전신 X.com, 우주 산업 관련 기업인 스페이스X 등을 설립했다. 2006년에는 솔라시티를 창업하여 태양광 산업에 뛰어들었으며, 2007년에는 테슬라의 경영을 맡아 세계적인 자동차 기업으로 성장시키는 데 큰 역할을 했다.[504] 2016년에는 인간의 뇌와 컴퓨터 인터페이스를 연결하기 위한 뉴럴링크를 설립하여 성공적으로 이끌고 있다.

이들은 스페셜리스트가 아니다. 물론 그들도 시작은 어느 한 분야의 초전문성을 지닌 스페셜리스트였을지도 모른다. 그러나 그들은 항상 새로운 곳을 바라봤다. 다양한 분야를 연구하고 경험을 쌓으며 상호 연결과 융합을 통해 의미 있는 결과를 내기 위해 노력했다. 그러한 노력이 그들을 고유한 전문성을 지닌 CEO로 만들었을 것이다.

그들이 모든 분야를 관리하는 수준 정도로 보인다고 해서 모두 단순한 제너럴리스트로만 치부하면 안 된다. 큰 조직을 경영하는 것은 그저 많은 분야에 박학다식하다고 해서 잘할 수 있는 일이 아니다. 조직경영은 그야말로 종합예술이기 때문이다. 그들은 폴리매스, 즉 다양한 분야에서 상위 10% 이내에 들었고 그것들을 서로 연결 및 융합했기에 성공을 이룰 수 있었다.

저명한 경영 컨설턴트인 스캇 애덤Scott Adam은 "상위 10% 이내에 속하는 분야가 3개 이상 연결될 때 어떤 한 분야에서 상위 1% 안에 속하는 것보다 훨씬 생존력과 자아실현력이 강하게 된다."라고 주장했다. 10%는 0.1이다. $0.1 \times 0.1 \times 0.1$은 0.001, 즉 0.1%이다. 폴리매스가 되어 그 승수효과를 내면, 세계 최상위의 사람이 될 수 있다. 그가 가진 전문성이 바로 고유한 전문성이다. 명확하게 정의되는 직업들은 앞으로 AI가 대체하게 될 것이다. 맥락적 사고 능력이 요구되는 직업만이 인간에게 남아 있을 것이다.

그렇다면 폴리매스는 어떤 특징을 가지고 있는가? 와카스 아메드는 『폴리메스』에서 다음의 여섯 가지를 토대로 사고방식을 개혁할 때 폴리매스가 될 수 있다고 주장했다. 먼저, 자신만의 개성을 찾아야 한다.[505] 여기서 개성은 자기 자신을 이해하는 능력, 즉 메타인지 능력과 같다. 자신이 좋아하는 일을 찾아 열정을 발휘하면 성공을 이루기 쉽다. 그리고 그 성공은 다른 일에서의 열정을 불러일으킨다.

다음은 호기심이다.[506] 인간은 즐거운 일을 할 때 도파민이 생성된다. 그런데 새로운 정보를 접할 때도 이 도파민이 분비된다. 이는 인간이 본능적으로 지식을 갈구함을 반증한다고 볼 수 있다. 우리는 먼저, 배움의 과정 자체를 사랑하는 '필로매스philomath'가 되어야 한다.[507] 그리고 우리가 당연하다고 여기는 것들을 의심해 봐야 한다. 현재까지는 그것이 최선일지 몰라도 궁극적으로 완벽한 것은 아니라는 점을 우리는 인식해야 한다. 무엇을 생각하든 기존의 관습에서 벗어날 줄 알아야 한다. 경계를 허물고 중단 없이 탐구하는 마음, 바로 그것이 호기심이다.

셋째는 지능이다.[508] 다양한 자질을 배양하고, 연습하고, 또 최적화할 수 있어야 한다. 폴리매스가 요구하는 지능은 단순한 똑똑함이 아니다. 스스로의 개발을 통해 충분히 기를 수 있는 지능이다. 같은 현상에 대해서도 다양한 분야의 관점으로 바라보면 훨씬 더 객관적이고 논리적인 사고를 견지할 수 있다. 책『폴리매스』에서는 사회적 지능SQ: Social Quotient과 정서지능EQ: Emotional Quotient이 앞으로 다가올 미래에 필요한 지능이라 말했다. 여기서 사회적 지능은 자신을 둘러싼 인간관계와 사회생활을 이해하고 관리할 수 있는 능력을 말한다. 정서지능은 2부에서 언급한 감성지수와 같은 개념이다. 앞으로 5차 산업혁명 시대에는 사회적 지능과 정서지능뿐만 아니라 자신을 이해하고 세상의 전체적인 맥락 속에서 자아실현을 완성할 수 있는 영성지수SQ: Spiritual Quotient를 키워야 한다.

넷째는 다재다능함이다.[509] 다재다능하기 위해서는 민첩성과 회복탄력성이 있어야 한다. (회복탄력성은 9장에서 살펴볼 예정이다.) 변화하는 환경에 재빠르고 유연하게 대처할 수 있어야 한다. 너무 한 분야에 오래 집중하면 '수확체감의 법칙'에 따라 열정이 급격히 감소한다. 이제는 지식과 지식, 경험과 경험 사이의 경계를 넘나들며 다양하게 탐구해야 한다.

다음은 창의성이다.[510] 다양한 분야의 영역들은 서로 무관해 보일지도 모른다. 그러한 영역들을 서로 연결하고 종합하여 창의적인 결과물을 도출하는 능력이 바로 여기서 말하는 창의성이다. 창의성은 다재다능함과 불가분의 관계에 있다. 다재다능한 영역이 많을수록 그 영역 간의 경험과 지식을 연결해서 새로운 가치를 만들어 낼 수 있다. 반대로, 창의성이 높을수록 다른 영역에 대한 호기심을 자극하여 열정을 끌어낼 수 있다.

마지막으로, 통합이다.[511] 모든 영역은 필연적으로 연결되어 있다. 2부에서 다룬 바대로 시스템적 사고를 통해 큰 그림을 봐야 한다. 나무와 숲을 균형감 있게 관찰하고 조각조각 파편화되어 있는 자신의 지식과 경험을 연결할 수 있어야 한다. 폴리매스가 되려면 다양한 지식의 갈래들을 통합하여 전체를 그리는 능력이 필요하다.

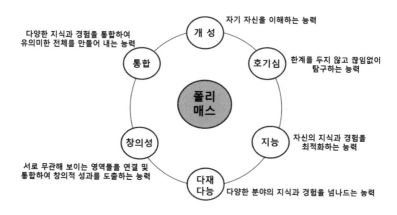

그림 7-7. 폴리매스의 여섯 가지 특징

톨스토이의 명작 소설 『안나 까레리나』에는 다음과 같은 문장이 등장한다. "행복한 가정은 모두 엇비슷하고, 불행한 가정은 불행한 이유가 제각기 다르다." 결혼 생활이 행복하려면 수많은 요소가 성공적이어야 한다는 의미일 것이다. 재레드 다이아몬드는 『총, 균, 쇠』에서 가축이 될 수 있는 조건을 설명하면서 이 문장을 인용했다. 우리는 흔히 성공 요인을 어떤 지배적인 한 가지 이유에서 찾으려 하지만 실제로는 여러 가지 실패 요인을 피할 수 있어야 성공할 수 있다. 다이아몬드는 이를 두고 '안나 까레리나의 법칙'이라 이름 붙였다.[512]

이 법칙은 여러 분야에서 인용되고 있다. 안전 분야에서는 한가지의 미흡한 안전조치로 대형사고가 발생할 수 있는 만큼 어느 하나 소홀할 수 없다. 군사적 천재도 마찬가지다. CEO가 그러하듯 군사적 천재도 종합 예술인이다. 군에서 지휘관은 통상 인사, 정보, 작전, 군수, 동원, 재정 등 다양한 분야를 섭렵해야 한다. 이를 통해 전투준비, 교육훈련, 부대관리 등 당장 싸워 이길 수 있는 부대의 전투력 수준을 유지해야 한다.

지휘관은 바쁘다. 전시 상황에서는 더더욱 그렇다. 전쟁 지휘는 단순히 전투를 지휘하는 것만이 전부가 아니다. 전쟁 중에 수시로 변화하는 정치 지도자의 요구사항을 달성하기 위해 수많은 노력을 해야 한다. 또한, 전쟁을 지속하기 위한 보급, 수송, 군기와 사기 진작을 위한 활동, 부하들의 작은 애로 및 건의사항 해결까지 정말 다양한 고민과 의사결정을 해야 한다. 이런 상황에서 올바른 통찰력과 결단력은 매우 중요하다. 그래서 군사학뿐만 아니라 다양한 분야에 관한 연구가 필요하다. 그렇게 함으로써 우리는 균형된 감각을 지닐 수 있다.

인공지능에는 맹점이 있다. 일례로, 인공지능이 범죄자 얼굴 유형을 분석한 알고리즘을 살펴보자.[513] 그 알고리즘은 흑인, 유색인종, 히스패닉에 집중되어 있다. 빅데이터를 기반으로 했다고 하지만 결국 이것도 하나의 고정 관념과 다를 바 없다. 5차 산업혁명은 인간이 플랫폼이 되는 혁명이라고 했다. 앞으로 5차 산업혁명 시대에 인간은 최첨단 기술을 흡수할 수 있을 것이다.

그러나 기술은 폴리매스가 된 인간을 절대 흡수할 수 없다. 인간에게는 빈번하게 일어나는 일보다도 어쩌다 발생한 어느 하나의 사건이 더 중요하게 뇌리에 박힐 때가 있다. 그리고 분명 객관적으로는 A를 선택해야 하는데, 알 수 없는 육감sixth sense으로 무언가에 이끌리듯 B라는 의사결정을 할 때도 있다. 어떤 것이 옳은 결정일지는 알 수 없다. 하지만 인간에게는 인공지능이 갖지 못하는 이런 능력이 있다는 것이다. 그것이 폴리매스의 승수 효과이고, 군사적 천재의 탁월한 능력이다.

우리는 군사적 천재가 되기로 마음먹었다. 그 출발은 군사교리와 이론, 전쟁사에 정통하고, 다양한 부대에서 지휘관, 참모의 경험을 쌓는 데 있다. 많은 CEO가 특정 분야에서의 스페셜리스트로 출발했듯 군사적 천재도 어느 한 분야에 작은 성공을 이뤄야 할 것이다. 그러한 성공을 맛보면서 다른 분야에서도 성공할 수 있는 에너지를 얻을 수 있다. 그 에너지로 군사학 외에도 다양한 분야를 공부해야 한다.

군사 교리는 역사와 이론에서 나왔다. 교리는 실전을 통해 검증된다. 그리고 그 검증 결과는 다시 다른 이론을 만들고 새로운 역사를 써 나간다. 그래서 현재의 군사 교리에만 매몰되거나 단편적인 전쟁사 연구에만 머물러서는 안 된다. 전쟁사를 공부할 때 각각 개별 전투의 교훈에만 집중할 것이 아니라, 그 전쟁이 왜 일어났고 국제사회에 어떤 영향을 미쳤는지 맥락을 봐야 한다. 예를 들어, 나폴레옹을 연구할 때에도 개별 전역campaign 또는 전투에서의 교훈보다는 나폴레옹이 어떻게 그 시대의 사회상을 이용하여 군사혁신을 이룩했는지에 더 관심을 가져야 한다.[514]

우리 군은 군사 이론을 논할 때 주로 손자, 클라우제비츠, 조미니 등에만 집중하는 경향이 있다. 이제 시야를 더욱 넓혀야 한다. 미군은 시대별로 경쟁자를 압도했던 군사혁신 사례들을 많이 연구한다. 네덜란드 나사우의 모리스John Maurice of Nassau, 스웨덴의 구스타푸 아돌푸스Gustavus Adolphus, 프로이센의 大몰트케 등을 연구하며 새로운 혁신의 길을 모색한다. 군사 이론이 서양에만 있는 것은 아니다. 중국에는 『오자병법』, 『사마법』, 『위료자』, 『육도』와 『삼략』, 『삼십육계』 등 수많은 병법서가 있다. 우리 역사에도 『동국병감』, 『진법언해』, 『연기신편』 등 훌륭한 병법서들이 존재한다.

군사학을 섭렵하는 것만으로는 군사적 폴리매스에 이를 수 없다. 한 분야에만 능통하고 그 외의 분야에는 매우 취약한 '전문가 바보fachidiot'가 되어서는 안 된다.[515] 이 세상의 원리, 과학, 철학, 의학 등 많은 분야에 관심을 가져야 한다. 우리 군에서는 정규 교육과정만으로 이 모든 학문을 가르칠 수 없다. 군사적 천재가 되기를 원하는 이들은 스스로 다양한 학문과 기술을 익히도록 노력해야 한다. 모든 학문은 서로 통한다. 군사적 천재는 자신이 연구한 다양한 분야를 서로 연결할 줄 알아야 한다. 궁극적으로는 이러한 연결이 실제 활용될 수 있도록 유의미한 결과를 창출해 낼 수 있어야 한다.[516]

폴리매스의 무서운 힘은 바로 여기에 있다. 서로 상관없어 보이는 것들도 서로 연결하여 유의미하게 만드는 능력이 있다는 점이다.[517] 어느 한 분야에서 지식과 경험만 비교한다면 다른 전문가보다 뒤처질 수 있다. 하지만 폴리매스가 이루어 내는 승수효과는 엄청나다. 폴리매스에게 '10 + 10

= 20'이 아니다. 그 결과는 더하기가 아니라 곱셈이나 제곱이 될 것이다. 그래서 100이 될 수도 있고 100억이 될 수도 있다.

지식과 경험이 다양할수록 우리는 날카로운 통찰력을 발휘할 수 있고 창의적으로 문제를 해결할 수 있다.[518] 스티브 잡스의 스탠퍼드 연설을 기억하는가? 이제 우리는 서로 상관없어 보이는 점들을 서로 연결해야 한다 connecting the dots. 평소부터 꾸준한 노력을 통해 가능하다. 이는 우리의 시스템 Ⅱ 사고를 더욱 정교하게 만들 것이다. 그리고 위기상황에 맞닥뜨렸을 때 문제의 본질을 꿰뚫는 시스템 Ⅰ의 사고로 발현될 것이다.[519]

여기까지 왔다면 이제 노력을 통해 성취할 일만 남았다.

## 자기 신뢰, 지독한 열정, 그리고 올바른 노력

폴리매스에 이르는 길은 매우 어렵고 고통스럽다. 혹시 명쾌하고 쉬운 답을 원했는가? 하지만 그런 답은 없다. 그런 답이 있다고 이야기하는 사람은 세상 물정을 잘 모르거나 잘못된 신념에 차 있는 사람일 확률이 높다. 아니면, 우리를 속이려 하는 사람일 것이다. 자신의 성공 경험에 기반한 예를 들면서 자기가 알려 주는 법칙만 따르면 성공할 것이라고 당당히 말하는 사람이 있을 수도 있다. 그렇다면 그들은 자신의 성공에 운이 상당 부분 작용했다는 사실을 간과했을지도 모른다.

워렌 버핏은 "오늘 누군가가 나무 그늘에 쉴 수 있다면, 다른 누군가가 오래전에 그 나무를 심었기 때문"이라고 말했다.[520] 그 나무는 자신이 심은 게 아닐지라도 그 그늘을 누릴 수는 있다. 우리가 누리는 모든 것이 결코 우리의 노력만으로 이루어진 것은 아니라는 점을 알아야 한다.

코넬대학교의 로버트 프랭크Robert H. Frank 박사가 말하길, 승자는 거의 언제나 가장 운이 좋았던 사람들 가운데서 나온다고 했다. 프랭크 박사는 친구와 테니스를 치다가 쓰러졌을 때, 때마침 지나가던 구급차가 자신을 살렸던 경험담을 예로 들며 운의 중요성을 강조했다.[521] 그는 버클리대학교에서 통계학 석사와 경제학 박사 학위를 취득하고, 코넬대학교 경영대학원의 경제학 석좌교수로 활약하고 있다. 어쩌면 과학과 수학적 논리에만 빠져 있을 법한 그도 운의 중요성을 이렇게 강조했다.

운은 중요하다. 하지만 운이 모든 사람에게 찾아오는 것은 아니다. 복잡계 네트워크 이론의 권위자인 앨버트 라슬로 바라바시Albert Laszlo Barabasi도 승패를 가르는 결정적 요인을 운으로 봤다. 그러나 그 운은 그냥 갖게 되는 것이 아니라 반복적으로 노력하고 더 많은 시도를 할수록 그 확률이 증가한다고 주장했다. 그리고 한번 성공하면 그다음 성공은 훨씬 더 쉬워진다는 점을 강조했다.[522] 운이 그렇듯이, 기회도 아무에게나 찾아오지 않는다. 운과 기회는 준비된 자들만이 잡을 수 있다. 그 준비는 자기 신뢰, 지독한 열정, 그리고 올바른 노력을 통해 이루어질 수 있다.

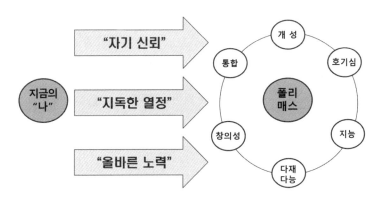

그림 7-8. 폴리매스로 가는 길

## 1) 자기 신뢰

우리는 노력의 올바른 방향성을 찾기 위해 메타인지라는 개념으로 우리 자신에 대해 알아봤다. 그리고 우리가 추구해야 할 목표가 무엇인지도 찾았다. 이제는 우리의 현재 상태로부터 우리가 추구하는 미래의 상태로 나아갈 수 있도록 다리를 놓아야 한다. 그러기 위해서는 먼저 '나는 할 수 있다.'라는 자기 신뢰가 선행되어야 한다.

유발 하라리가 주장했듯, 육체적으로 약한 현생 인류가 지구를 정복할 수 있었던 가장 큰 힘은 상상하는 능력과 의사소통 능력이었다. 그래서 현생 인류가 '슬기로운'이란 뜻의 'sapiens'다. 프랑스 대학의 실험인지심리학 교수 스타니슬라스 드앤Stanislas Dehaene은 현생 인류를 호모 도센스Homo docens의 관점에서 바라봤다. 여기서 '도센스docens'는 '스스로 가르치는'이란 뜻이다. 현생 인류가 세상을 지배할 수 있었던 것은 바로 '학습능력'이 뛰어났기 때문이라는 것이다.[523]

보통의 인류는 기본적으로 이러한 학습능력을 지니고 있다. 우리는 태어날 때부터 이미 상당한 핵심지식을 가지고 있었다. 물체와 사람, 시간과 공간, 숫자 등 모든 영역에서 뛰어난 인지능력을 보유하고 태어났다. 그리고 정교한 학습능력으로 우리가 바라보고 느끼는 세상에 대해 가장 적절한 모델을 스스로 만들어 냈다.[524] 우리 모두는 천재가 될 수 있다. 인류 역사상 천재라 불리는 사람들은 결코 태어날 때부터 남들보다 월등히 뛰어났던 것은 아님을 우리는 인식해야 한다.

아직도 자신은 폴리매스와 상관없다고 생각하는가? 군사적 천재는 클라우제비츠의 책 속에서만 존재하는 개념이라 생각하는가? 우리는 모두 '뇌'를 가지고 태어났다. 개인마다 약간의 차이는 있겠지만, 태어날 때 뇌의 차이는 큰 의미가 없을 정도로 미미하다. 하지만 분명 세상에는 성공하는 사람과 그렇지 못한 사람들이 존재한다. 우리의 뇌는 성공을 위한 운을 만들어 내기 위해 언제든 쓰임 받을 준비가 되어 있다. 뇌는 경험으로 변화할 수 있으며, 마치 플라스틱과 같이 우리가 원하는 모양대로 주조할 수 있다. 이를 '뇌의 가소성plasticity of brain'이라 한다.

안타까운 사고로 팔, 다리를 절단한 사람들이 있다. 그런데 이상하게도 그들 중 50~80%가 있지도 않은 팔, 다리에 통증을 느낀다. 환상통이다. 이것은 뇌의 상상만으로도 가능한 일이었다. 그들은 이를 역이용해서 마음속으로 긁는 상상을 통해 간지러움을 해결할 수 있었다. 거울은 우리 몸을 반대로 비춘다. 미국의 뇌 과학자 빌라야누르 라마찬드란Vilayanur S. Ramachandran 박사는 환자가 거울을 볼 때, 그의 뇌가 없어진 팔, 다리를 있는 것처럼 착각한다는 사실을 발견했다. 그리고는 이를 통한 심리 치료법을 고안하기도 했다.[525]

다중인격자들은 각각의 인격마다 다른 신체 능력을 갖추고 있기도 하다. 인격이 달라지면서 시력이 놀라울 정도로 변하는 예도 있다.[526] 이 또한 뇌의 장난이다. 골프 황제 잭 니클라우스와 타이거 우즈가 신체 훈련 외에 공통으로 한 것이 있다. 바로 '심적 시연mental rehearsal'이라고 하는 정신 훈련이다. 호흡, 단계별 부드러운 샷, 그리고 그 이후 공이 멋지게 날아가는 장면들을 머릿속에서 상상하는 것이다.[527] 그들은 이 훈련이 좋은 성적을 내는 데 커다란 도움이 되었다고 밝혔다. 이렇듯 뇌는 무한한 가능성을 보여 준다.

스탠퍼드 대학교의 심리학 교수 캐럴 드웩Carrol S. Dweck은 2007년 뇌에 관한 학생들의 믿음을 실험했다. 수학 성적이 떨어진 중학교 1학년 학생 91

명과 여덟 차례의 워크숍을 진행했다. 학생을 두 그룹으로 나누어 한 그룹은 그냥 수학 공부법에 대해 학습시키고, 다른 한 그룹에는 뇌의 가소성에 대해 가르쳤다. 다시 수학시험을 본 후 성적이 오른 학생들을 보니 그중 76%가 두 번째 그룹이었다.[528]

이 실험은 고정 마인드셋fixed mindset과 성장 마인드셋growth mindset을 가진 학생들을 구분하여 비교하는 실험이었다. 여기서 고정 마인드셋은 인간의 자질이 마치 돌에 새겨진 듯 불변한다는 믿음이다. 이러한 마인드셋의 소유자는 지능을 타고난 것으로 여기고 자신의 뇌를 개발하는 데 노력을 기울이지 않는다. 그러나 성장 마인드셋의 소유자는 다르다. 성장 마인드셋은, 현재 가진 자질은 단지 성장을 위한 출발점일 뿐이며, 노력이나 전략, 타인의 도움을 통해 얼마든지 성장할 수 있다는 믿음이다. 타고난 지능과 능력의 차이는 분명 있겠지만, 누구나 그 능력을 개발하고 성장시킬 수 있음을 알고 노력을 기울인다.[529]

미시건 주립대학의 제이슨 모저Jason S. Moser 신경과학 박사의 연구도 이러한 사실을 뒷받침한다.[530] 그는 2011년 실수에 대한 뇌의 반응 연구를 진행했다. 그 결과 고정 마인드셋을 지닌 학생들은 뇌 활동이 거의 없었고 그저 자신의 실수로부터 도피하려는 성향을 보였다. 반면, 성장 마인드셋을 지닌 학생들의 뇌는 활성화가 되어 자신의 실수를 되돌아보고 보완점을 찾는 모습이 나타났다.

이러한 차이는 바로 뇌가 가소성을 지니기 때문에 발생하는 것이다. 성장 마인드셋을 지닌 사람은 뇌의 가소성을 믿고 자신을 끊임없이 개발한다. 그들은 그 과정이 매우 큰 결과의 차이를 불어옴을 알고 있다. 하지만 고정 마인드셋을 지닌 사람은 자신의 능력과 그에 따른 결과 자체에 집중

한다. 그러다 보니 실패에 대한 불편한 감정을 느끼지 않기 위해 어려운 도전보다는 쉽고 익숙한 일들만 처리하려 한다.

물론 뇌의 활용을 극대화하는 것은 매우 어렵다. 하지만 우리가 뇌의 능력을 과소평가하고 그 능력을 발휘할 만큼의 충분한 신뢰를 주지 못하고 있음을 인정해야 한다. 인체의 모든 기관은 시간이 흐름에 따라 노화가 진행된다. 그러나 뇌는 쓰면 쓸수록 성장한다. 드웩 교수는 우리가 우리의 마인드셋을 충분히 바꿀 수 있다고 말했다.[531]

성인들은 뇌의 성장도 더디고 무언가를 새로 배우기도 어렵다고 생각한다면 오산이다. 런던대학교의 엘리너 매과이어Eleaner A. Maguire 교수는 네비게이션 없이 런던의 복잡한 골목길을 누비던 택시기사의 해마가 일반인들의 해마보다 훨씬 더 커졌다는 실험 결과를 발표한 바 있다.[532] 뇌의 해마는 기억을 담당한다. 나이가 들면서 기억력이 나빠진다고만 생각하지 않았는가? 그렇지 않다. 단지 뇌를 많이 쓰지 않았기 때문이다. 이처럼 뇌는 가소성이 뛰어나다.

이제 스스로의 능력에 대해 긍정적인 마음을 갖고 자기를 신뢰하자. 나폴레옹이 청년 장교 시절의 일이다. 한 상관이 전장에서 나폴레옹의 느긋함과 태연함을 보고 그에게 물었다. "무슨 근거로 끔찍한 전쟁 상황에서 그처럼 낙천적 태도를 고집하는가?" 나폴레옹이 구름으로 뒤덮인 하늘을 가리키며 되물었다. "장군님, 무엇이 보이십니까?" 장군은 먹구름이 보인다고 대답했다. 이에 나폴레옹은 "바로 이것이 저와 장군님의 차이입니다. 제 눈에는 항상 저를 비추어 주는 별이 보입니다. 수많은 먹구름도 그 별을 숨기지 못합니다."[533] 이것이 프랑스 변두리의 코르시카섬에서 태어난 나폴레옹이 훗날 프랑스의 제1통령이 되어 유럽을 호령할 수 있었던 원동력일 것이다. 반대로, 안 될 이유를 습관적으로 찾는 사람은 계속 안 될 이유만을 발견할 뿐이다.

## 2) 지독한 열정

재능보다 중요한 것은 노력이다. 우리는 어릴 때부터 '재능'이나 '소질'이란 단어를 너무나도 많이 듣고 사용하며 살아왔다. 어떤 이들은 부모님과 주변 사람들의 달콤한 말에 속아 자신의 재능을 과신하고 노력을 멈춰 버렸을지도 모른다. 구슬이 서말이라도 꿰어야 보배다. '잠재력이 있다'와 '잠재력을 발휘한다.'라는 분명 다른 이야기다.[534] 우리의 뇌는 가소성을 가지고 있으므로 노력은 더욱 중요해진다.

우리가 들여야 할 노력은 상대적이다. 사람마다 개인의 능력과 처한 환경에 따라 달라진다는 뜻이다. 머리가 비상한 사람은 조금 둔한 사람보다 그만큼 시간을 적게 들일 수도 있다. 추구하는 목표가 비교적 쉽다면 노력을 조금 덜 해도 괜찮을 것이다. 하지만 우리가 논하고 있는 군사적 폴리매스 수준에 도달하기 위해서는, 남과 비교하면서 우리의 노력을 조절해서는 안 된다. 우리에게는 절대적인 노력의 시간이 필요하다.

1985년 중국의 마오우쑤 사막 징베이탕이란 지역에 인위쩐이라는 젊은 여성이 시집을 갔다. 그곳은 우물도, 식물도, 사람도 없는 죽음의 땅이었다. 인위쩐은 20년 동안의 노력 끝에 그 땅을 숲으로 만들었다. 수차례 실패를 거듭했지만, 그녀는 많은 연구를 통해 나무를 살리는 데 성공했다. 백양나무의 특성을 공부하고, 모래폭풍으로부터 묘목을 보호하기 위해 방사 울타리를 쳤다. 사막에서 살아남기 위해 눈물겨운 물 절약법을 실천했으며, 나무가 살아남는 것을 보고 각종 채소를 심은 텃밭도 일구었다. 20

년 동안 이런 노력의 결과로, 나라의 지원금을 한 푼도 받지 않고 드넓은 사막을 오아시스로 만들었다.[535]

스탠퍼드 대학교 심리학자 캐서린 콕스Catharine Cox는 위인 100을 선별하여 67가지 성격 특성을 평가하고 일반인, 상위 10%와 하위 10%의 차이점을 비교했다. 그 결과, 네 가지 지표만 제외하고 나머지는 거의 차이가 없었다. 차이를 보인 지표는 노력, 변덕스럽지 않음, 의지력과 인내심, 그리고 끈기와 집요함이었다. 한마디로 표현하면 '열정적 끈기'이다. '천재들의 상'이라 불리는 맥아더상MacArthur Fellowship을 수상한 엔절라 더크워스Angela Duckworth는 이러한 특성을 '그릿GRIT: Growth, Resilience, Intrinsic motivation, and Tenacity'이라 불렀다.[536]

노력은 열정에서 나온다. 하지만 더 중요한 것은 끈기이다. 웨스트포인트West Point, 미국 육사 입학전형은 미국 명문대학들과 어깨를 견줄 만큼 엄격하다. 뛰어난 고등학교 성적만 가지고 되는 것이 아니라 미 국회의원의 추천서도 받아야 한다. 각종 체력 측정까지 통과해야 한다는 점에서는 어쩌면 유명한 일반 대학보다 합격하기 더 어려운 곳이다. 그런데도 생도 다섯 명 중 한 명은 중퇴하고 만다. 그중 상당수가 1학년 여름에 비스트 배럭스Beast Barracks라고 불리는 7주짜리 지옥훈련 때 발생한다. 더크워스는 2년에 걸쳐 두 차례 생도들을 인터뷰하고 훈련 수료자와 중도 포기자의 특성을 분류했다. 그 결과, 그들의 차이는 다름 아닌 바로 그릿이었다.[537]

여기 헝가리 체스 그랜드마스터인 세 자매가 있다. 그녀들의 아빠 라즐로 폴가르Laszlo Polgar는 교육심리학자이고, 엄마 클라라 폴가르Klara Polgar는 학교 선생님이었다.[538] 체스 명문가도 아닌 집안에서 세 자매 모두가 체스 그랜드마스터가 된 것은 오롯이 부모와 세 자매 모두의 노력이 이루어 낸 결과였다. 그릿은 끈기 있게 자기 일에 매달리는 사람들, 자신의 실력이 부족하다며 계속 연습하는 사람들, 열정을 지속시킬 수 있었던 사람들의 특성이었다. 더크워스는 노력이 재능보다 훨씬 더 중요하다고 말했다. '성취 = 재능 × 노력²', 즉 노력을 더 할수록 성취는 제곱의 형태로 증가한다는 것이다.[539]

앞서 니체의 위버멘쉬에 대해 설명한 바 있다. 니체는 이런 말도 남겼다. "모든 완전한 것에 대해 우리는 그것이 어떻게 생겨났는지 묻지 않는다. 우리는 마치 그것이 마법에 의해 땅에서 솟아난 것처럼 현재의 사실만을 즐긴다."[540] 우리는 때로 성공한 사람들의 화려한 면만 본다. 그들이 그 자리에 가기까지 포기하지 않고 얼마나 큰 노력을 했는지를 보려 하지 않는다.

우리가 천재들의 결과나 재능에만 열광하는 이유는 어찌 보면 본능일지도 모른다. 우리가 누군가를 타고난 천재로 인식하면 그들과 경쟁할 필요가 없어지기 때문이다. '어차피 난 평범해. 저런 타고난 재능은 특별한 사람들이나 가진 거야.'라고 생각하면 마음이 편해진다. 하지만 그것을 극복해야 한다. 열정은 강도가 아니라 지속성이다. 좋아하는 것이라도 미칠 듯이 힘들 때가 있다. 그걸 이겨내는 것이 바로 그릿이다.

이제 그릿을 이해했다면 그 열정적 끈기로 노력을 실천하는 것이 중요하겠다. 누구나 힘든 일은 좋아하지 않는다. 그러나 안타깝게도 노력은 힘들다. 우리는 그 노력을 통해 우리가 이룰 수 있는 것을 생각해야 한다. 그리고 미래의 발전한 나를 생각하며 그 힘든 노력을 즐길 줄 알아야 한다.

영국 란체스터 대학교의 언어학 교수 폴 베이커Paul Baker는 "내가 아는 사람들 중 많은 이가 고등학교 때와 똑같은 생각, 가치관, 답, 감성과 시각을 그대로 가지고 있다."라고 말했다.[541] 사실 이게 우리가 맞이하는 현실일지도 모른다. 우리는 이 현실에서 벗어나야 한다.

팔과 다리가 없이 태어난 닉 부이치치Nick Vujicic는 "나는 실패하면 다시 시도하고, 또 시도하고, 또다시 시도한다."라고 말했다.[542] 2003년 영국 사이클링 국가대표 감독으로 부임한 데이비드 브레일스포드Sir David J. Brailsford는 100년 동안 금메달을 단 한 개밖에 따지 못했던 영국 대표팀을 변화시켰다. 그는 매일 1%만 개선해 보자는 철학으로 선수들을 코치한 끝에 2007~2017년 동안 총 249개의 메달을 획득하는 놀라운 성과를 이루어 냈다.[543]

끝이 무딘 송곳으로 구멍을 뚫으려 하면 쉽지가 않다. 그러나 한 번 뚫리게 되면 뻥 뚫린다. 큰 노력 없이 얻은 것은 얼마 못 가 남의 것이 된다. 피땀 흘려 얻은 것이라야 평생 내 것이 된다. 불광불급不狂不及이다. 어떤 일이든 미쳐야 경지에 오를 수 있다.[544] 주어진 시간을 한정적이라고 생각하면서 절박한 마음으로 사는 사람들이야말로 자신이 가진 모든 능력을 발휘하며 살아갈 확률이 높다.[545]

### 3) 올바른 노력

만약 그 송곳이 아예 구멍을 뚫을 수 없을 정도로 무디다면, 방법의 변경 없이 계속 구멍 뚫기를 시도하는 것은 바람직하지 않다. 더 나은 방법을 찾아내고 과정을 잘 설계해야 한다. 30대에 자수성가한 백만장자 사업가 엠제이 드마코MJ DeMarco는 '백만장자는 사건이 아니라 과정에 의해 만들어진다.'라고 말했다. 그 과정은 국토대장정만큼 길고 어려우며, 이를 건너뛰려고 꼼수를 부리는 사람에게는 절대로 극적인 사건이 일어나지 않는다. 성공한 사람들은 모두 신중하게 설계한 과정을 잘 실천하여 그 자리까

지 오를 수 있었다.[546]

'1만 시간의 법칙the 10,000 hours rule'이란 용어를 만들어 내 유명해진 학자가 있다. 바로 스웨덴의 심리학자 안데르스 에릭슨Anders Ericsson이다.[547] 그는 책『1만 시간의 재발견』에서 인간을 호모 엑세르켄스Homo Excercens, 즉 '연습하는 인간'이라고 칭했다.[548] 인간은 연습을 통해 삶을 통제하고 원하는 것을 이룰 수 있는 능력을 지니고 있다. 그는 "절대적인 시간 투자만으로는 발전할 수 없다."라고 말했다. 아인슈타인Albert Einstein 또한 "어제와 똑같이 살면서 다른 미래를 기대하는 것은 정신병 초기 증세"라고 말했다.[549] 방법이 중요하다는 것이다.

체계적인 방법이 중요하다는 것은 이미 많은 사례를 통해 입증되었다. 앞서 설명한 헝가리 체스 그랜드마스터 세 자매 이야기를 상기해 보자. 그들의 아버지는 천재는 후천적으로 만들어진다는 신념이 있었다. 그는 자녀들을 어느 한 분야의 천재로 키워 보겠다며 자신과 그 여정을 함께할 여성을 찾는 공개 구혼을 했다. 그러던 중 교사였던 아내를 만나게 되었다. 그들은 결혼 후 자녀들에게 어떤 분야를 훈련시킬지 고민하다가 체스를 선택하고 자녀들을 체계적으로 교육했다.[550]

1908년 마라톤 세계기록은 2시간 55분 18초였지만 지금 세계기록은 거의 50분 이상이 단축되었다. 1908년 런던 올림픽에서는 남자 다이빙 경기의 공중 2회전 동작이 위험하다는 이유로 금지되었었다. 그러나 지금은 10살 정도의 선수도 공중 2회전 동작을 할 수 있다. 이는 피겨, 도마를 포함해 거의 모든 스포츠에서 나타나는 현상이다. 100년이 넘는 시간 동안 축적되어 온 훈련 방법의 발전 덕분에 가능한 일이다.[551]

에릭슨은 현재 능력을 살짝 넘어서는 한계를 추구해야 하고, 명확한 목표를 설정해서 연습해야 한다고 강조했다. 의식적인 연습은 힘들 수밖에 없다. 만약 편하다면 잘못하고 있는 것일 확률이 높다. 자신이 무엇이 잘못되었는지를 깨닫고 이를 수정하기 위해서는 주변 사람들의 말에 귀를 기울이고, 그들이 말할 수 있는 분위기를 조성해야 한다.[552]

적절한 피드백을 잘 받거나 혹은 자신의 잘못된 점을 객관적으로 바라보기 위해서는 멘토mentor를 두는 것이 매우 효과적이다. 멘토라는 명칭은 그리스 신화에서 유래되었다. 오디세우스 왕이 트로이 전쟁 원정에 나설 때 아들 텔레마코스를 10년 동안 맡긴 믿음직한 친구의 이름이 바로 멘토였다.[553] 여기서는 그냥 일반적인 인생의 멘토 이야기를 하려는 것이 아니다. 우리는 통상 인생의 멘토가 단 한 명이라고 생각하는 경향이 있다.

군사적 폴리매스, 즉 군사적 천재가 되기 위해서는 다양한 분야를 섭렵해야 한다. 그렇다면 자신이 원하는 분야의 전문가들을 다양하게 만나 보고, 그들을 분야별 멘토로 삼을 필요가 있다. 자신이 원하는 각 분야에서 더욱 발전시키거나 보완해야 할 요소를 정한 다음, 그 분야별 멘토를 찾아야 한다. 농구장을 지배하고 싶다면 마이클 조던에게 물어야 한다. 기업 혁신을 배우고 싶다면 일론 머스크에 빠져들어야 한다. 멋진 공연을 보여 주고 싶다면 비욘세를 연구해야 한다.[554] 당신과 개인 친분이 없어도 상관없다. 직접 만날 수 있는 사람이어야 할 필요도 없다. 단지 그들의 여러 면모를 보고 배우면 된다.

지금 주위를 둘러보라. 우리의 주변에도 분야별로 배울 점이 많은 사람이 곳곳에 있다. 우리는 괜한 자존심 때문에 그들에게 묻지 못할 뿐이다. 배움은 자신의 부족함을 인정하고 내려놓아야 가능하다. 『논어』에는 "삼인행 필유아사三人行 必有我師"라는 말이 나온다.[555] '세 사람이 길을 가면 반드시 내 스승이 있다.'라는 뜻이다. 우리는 누구에게든 항상 배울 수 있다.

이와 더불어, 폴리매스형 인재라 여겨지는 사람을 반드시 멘토의 목록에 포함해야 한다. 그 사람이 어떻게 다양한 분야에서 자신의 지식과 경험을 쌓았는지를 살펴봐야 한다. 그보다 더 중요한 것은 그가 어떻게 자신의 지식과 경험을 유의미하게 연결했는지 그 노하우를 배워야 한다. 페이스북의 마크 저커버그Mark E. Zuckerberg에게는 스티브 잡스가 있었고, 프랑스 대통령 에마뉘엘 마크롱Emmanuel Macron에게는 프랑수아 올랑드Francois Hollande 가 있었다.[556]

2011년 미국의 래퍼 드레이크Drake의 「The Motto」라는 곡에 욜로YOLO: You Only Live Once라는 단어가 나왔다. 이는 '어차피 한 번 사는 인생, 미래를 생각하기보다는 지금 하고 싶은 것을 마음대로 하자.'라는 의미로 많이 쓰이고 있다. 그런데 '어차피 한 번 사는 인생, 원대한 목표를 세우고 실현해 가면서 멋지게 살아 보자.'라고 하면 안 되는가?

소소하지만 확실한 행복을 뜻하는 '소확행'도 마찬가지다. 여기서 말하는 행복은 그저 눈앞에 있는 유희를 의미할 뿐이다. 그런 행복은 그 순간이 지나면 사라진다. 그걸 행복이라 불러도 되는지 의문이다. 누군가 우리를 안심시키기 위해 유행시킨 이러한 단어들에 현혹되면 안 된다. 그들은 우리가 진짜 세상을 아는 걸 원하지 않는다.[557] 우리는 눈앞의 즐거움을 추구하는 것이 우리를 위대하게 만들어 주지 않는다는 사실을 알아야 한다. 우리를 위대하게 만드는 것은 오히려 진실을 찾을 때이고, 그것은 대체로 고통스럽다.[558]

'워라밸work-life balance'이란 단어도 있다. 우리는 언제부터인가 이 단어에 익숙해졌다. 워크work와 라이프life의 밸런스balance를 맞추자는 이야기다. 이 단어는 1980년대 중반에 탄생했다. 기혼 여성의 50% 이상이 직장을 얻기 시작하면서 집안일까지 여성이 모두 담당하는 불합리한 현실을 깨뜨리고자 만들어진 말이다.[559] 지금은 직장인들의 레저시간을 확보하자는 취지로 많이 쓰이고 있다. 저자는 이 단어가 이상하게 느껴진다. 워크는 내 라이프의 한 부분인데 왜 이 두 가지의 밸런스를 맞추는가?

워라밸이라는 단어는 일에 대한 우리의 감정을 부정적으로 만든다. 마치 일은 우리의 인생이 아니라는 어감을 준다. 우리는 관점을 바꿀 필요가 있다. 일는 내 인생의 한 부분이다. 어찌 보면, 하루 24시간 중 잠자는 시간을 빼고 내가 가장 많은 시간을 할애하는 것이 일이다. 휴식과 취미활동이 중요하지 않다는 말이 아니다. 워라밸이 아니라 차라리 '워레밸'이라고 하자. 워크와 레스트rest, 혹은 워크와 레저Leisure의 밸런스가 더 말이 된다. 핵심은, 일이 삶에서 아주 큰 의미를 지닌 것이며, 우리는 그것을 잘하기 위해 노력해야 한다는 것이다.

우리는 이러한 목적 있는 노력, 방향성 있는 노력을 통해 군사적 폴리매스에 한발 가까워질 수 있을 것이다. 우리가 습득한 다양한 지식과 경험을 통해 지혜를 쌓고, 그것들을 상황에 따라 자유자재로 연결하고 융합할 수 있을 때 우리는 진정한 군사적 폴리매스가 될 수 있을 것이다. 실망스러울 수 있겠지만 그 길에는 끝이 없다. '이만하면 됐다.'라고 생각하는 순간 우리의 폴리매스적 기질과 능력은 퇴보하게 될 것이다.

자로는 공자를 처음 만났을 때까지만 해도 배움에 대해 매우 부정적이었다. 그는 배움이 가치 없는 일이라고 자만했다. 대나무가 목수의 먹줄이 없이도 이미 곧으므로, 잘라서 화살을 만들면 충분히 과녁을 뚫을 수 있다고 말했다. 그러자 공자는 그 대나무 화살 한쪽에 깃털을 달고 다른 한쪽에 촉을 달면 더욱 깊이 뚫을 수 있다고 답했다. 이렇듯 배움은 화살에 깃털과 촉을 다는 것과 같다. 그제야 자로는 배움의 중요성을 깨닫고 공자를 스승으로 모셨다고 한다.

영국 경험론의 아버지라 불리는 존 로크John Locke는 철학자이면서도 의사였다. 그는 의사로서 많은 영유아를 접할 수 있었다. 그 경험을 통해, 태어날 때 사람의 심성은 아무것도 쓰여 있지 않은 석판과 같음을 깨닫게 되었다. 그런 의미로 그는 사람의 심성을 '타불라 라사tabula rasa' 즉, '깨끗한 석판'이라 칭하고, 사람은 경험을 통해 어떤 심성이든 가질 수 있다고 말했다.[560] 우리의 배움도 마찬가지다. 어떠한 지식과 경험을 축적하고 그것에 대해 고민하느냐에 따라 우리는 어떤 사람이든 될 수 있다. 물은 100도에서 끓는다. 99도에서는 끓지 않는다. 노력의 결실이 잘 보이지 않는다고 할지라도 마지막 1도의 노력이 필요함을 잊지 말자. 이러한 자기 신뢰, 열정, 노력은 우리를 군사적 폴리매스가 되도록 이끌 것이다.

# 리더십 이니셔티브

## 군사적 폴리매스와 리더십

"양이 이끄는 사자의 무리는 두렵지 않다. 내가 두려운 것은 사자가 이끄는 양의 무리다." 알렉산더 대왕의 말이다.[561] 리더의 역할은 매우 중요하다. 우리는 리더십이란 단어를 자주 사용한다. 리더십은 쉽게 말해 리더가 지녀야 할 능력이나 통솔력이다. 하지만 '리더십이 구체적으로 무엇인가?' 라고 묻는다면 선뜻 대답하기 어렵다. 그도 그럴 것이 학자마다 리더십을 조금씩 다르게 정의하고 있기 때문이다.[562] 각각의 정의를 살펴보면 어느 하나 타당하지 않은 것이 없다. 그 정의들이 공통으로 이야기하고 있는 것은 다음과 같다. 리더십은 '리더가 집단 구성원들에게 집단의 공동목표를 달성하도록 영향력을 행사하는 모든 과정'이라는 점이다.[563]

여기서 핵심적인 단어는 '공동목표를 달성', '집단 구성원들', '영향력'이다. 리더는 조직의 공동목표를 제시하고 이를 달성하기 위해 조직원들의 의식과 행동에 영향을 끼친다. 어느 조직이든 시스템이 있다. 리더가 잠시 부재해도 그 시스템은 정상적으로 운영되어야 한다. 하지만 현실은 그렇지 못하다. 리더의 존재 자체가 시스템의 정상적인 운영에 엄청난 영향을 준다. 게다가 리더가 바뀌면 조직 구성원 전체가 영향을 받는다. 새로운 리더가 새로운 방침을 내리거나 시스템을 변경하지 않더라도 리더 자체의 성향이나 언행에 따라 조직은 많은 변화를 겪게 된다.

군에서도 리더십은 중요한 관심사였다. 우리 군은 과거『군 통솔력』,『통솔법』,『지휘통솔』등의 교범을 통해 리더의 자질을 교육하다가 2009년에 이르러『육군 리더십』이라는 교범을 발간했다.[564] 우리 육군 교범에서는 리더십을 '리더가 조직의 목표를 달성하기 위하여 구성원들과 함께 상호작용하면서 영향력을 미치는 과정'이라고 정의했다. 미 육군의 리더십 정의도 상당 부분 유사하다. 미 육군은 리더십을 '임무를 달성하고 조직을 발전시키기 위해 사람들에게 목적, 방향, 동기를 제공함으로써 영향력을 행사하는 과정'이라 정의하고 있다.[565] 따라서 군에서 인식하는 리더십의 본질 자체는 일반적인 정의와 차이가 없다고 볼 수 있다.

군에서는 리더십과 함께 '지휘통제'라는 용어를 사용한다. 지휘통제는 지휘관과 참모가 군사적 단일체로서 예하부대를 지휘하고 통제하는 것으로, 術art과 과학科學, science적 영역이 적절히 조화를 이루어야 한다. 지휘관과 참모에게는 법적으로 명시된 권한과 책임이 있다. 그 권한과 책임을 있는 그대로 적용하는 것은 과학의 영역에 속한다. 그러나 그 안에서 어떻게 하면 효과를 더욱 잘 달성할 수 있을 것인가를 고민하고 적절하게 조절하는 것은 술의 영역이다.[566]

군이 정의하는 지휘와 통제는 구분되는 개념이다. 지휘는 지휘권에 입각하여 부대를 이끌어 가는 일체의 행위로, 지휘관의 고유 권한이다. 상황에 따라 지휘관은 예하 지휘관, 참모에게 적절하게 권한을 위임할 수 있다. 한편, 통제는 부대 활동과 전투수행기능을 제한, 조정, 협조, 통합시키는 활동이다. 이는 지휘관과 참모 모두의 활동이지만 주로 참모들의 영역이며, 참모들은 통제를 통해 지휘관을 보좌한다.

교리적으로 볼 때, 지휘는 주로 지휘관, 술적 영역과 관련이 있다. 통제는 주로 참모, 과학적 영역과 관련된다. 이해의 편의를 고려해서 이 둘을 구분하는 것은 좋으나 실제 적용에서는 적절한 조화가 중요하다. 이 둘은 서로 다른 의미를 지녔지만, 상호보완적이라는 사실을 잊어서는 안 된다. 지휘관과 참모는 모두 조직의 리더이자 팔로워이다. 그들은 반드시 지휘와 통제 사이에서 적절하게 균형을 맞춰야 한다. 육군의 교리에서는 리더십을 지휘를 구현하기 위한 수단으로 묘사하고 있다. 그러나 리더십은 지휘만이 아니라 지휘와 통제 모두를 올바르게 구현하기 위한 수단이 되어야 한다.

지휘통제는 한편으로 여섯 가지의 전투수행기능warfighting functions 중 한 가지 요소이기도 하다. 전투수행기능은 전투를 수행하기 위해 반드시 발휘되어야 하는 군사적 역할과 활동이자 체계이다. 지휘통제을 비롯해 기동, 화력, 정보, 방호, 작전지속지원이 포함된다. 여기서 지휘통제는 전투수행기능의 핵심축으로 작용하며 모든 작전요소를 통합하여 작전수행을 주도한다.

미군도 전투수행기능의 한 가지로써 지휘통제라는 용어를 사용한다.[567] 2011년부터는 지휘통제를 임무형 지휘로 대체했다가 다시 2019년 교리를 개정했다. 임무형 지휘는 미 육군의 지휘 철학이며 모든 것을 아우르는 술적 요소에 가깝다. 그런데, 전투수행기능은 과학적 통제에 좀 더 치우치다 보니 개념이 다소 맞지 않는다는 이유에서다. 임무형 지휘는 우리 육군의 지휘철학이기도 하다. 임무형 지휘는 군사적 폴리매스가 리더십 발휘를 통해 구현해야 할 매우 중요한 개념이다. 임무형 지휘에 관해서는 앞서 여러 차례 언급한 바 있는데, 뒷부분에서 자세히 알아볼 것이다.

다시 리더십으로 돌아와 보자. 2018년 육군은 육군 리더들이 적용해야 할 리더십의 개념을 구체화했다. 육군이 제시한 육군의 리더상은 '올바르고 유능하며 헌신하는 전사戰士, warrior'이다. 앞서, 군에서 내린 리더십의 정의가 일반적인 리더십의 정의와 일맥상통한다고 했었다. 하지만, 군의 리더십에는 뭔가 특별한 것이 필요하다. 국가의 운명과 부하의 생명이 달린 매우 급한 상황 속에서 부하들의 행동을 끌어내야 하기 때문이다.

육군이 정립한 육군 리더십 모형은 이러한 군 리더십의 특수성을 잘 보여 주고 있다. 육군 리더십 모형은 총 6대 범주, 21개 핵심요소로 출발했다. 그러던 중, 2021년 육군 교육사령부는 기존의 육군 리더십 모형을 보완하여 총 6대 범주, 27개 핵심요소로 구성된 다음 버전의 모형을 제시했다. 먼저, 육군이 추구하는 리더상을 '올바름', '유능함' 그리고 '헌신'으로 정했다. 올바름에는 '품성, 리더다움'을, 유능함에는 '군사 전문성'을, 헌신에는 '역량개발, 성과달성, 이끌기'를 하위 범주로 하고 있다.

이 범주 내에 육군 핵심가치, 전사다움, 자기개발, 목표설정 및 방향제시, 솔선수범, 군사전문지식 등 27개의 핵심요소를 설정하여 육군의 리더를 양성하기 위한 기본 개념으로 삼았다.

육군의 리더십 모형은 리더로서 모든 분야에서 뛰어나야 함을 주문한다는 점에서 군사적 폴리매스를 지향한다고 볼 수도 있을 것이다. 육군은 이 리더십 모형을 근무평정 시에도 활용하고 있다. 육군이 요구하는 리더의 상은 실로 만능이여야 될 듯하다. 그러나 두려워할 필요는 없다. 우리는 그저 우리의 부족한 부분을 빨리 깨닫고 조금씩 보완해 나가면 된다.

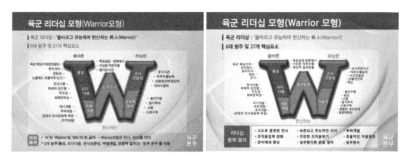

그림 8-1. 육군의 리더십 모형(좌: 기존, 우: 개선)[568]

여기서 또 한 가지 눈여겨볼 것은 개선된 모형이 과거와는 달리 리더십 발휘의 결과를 제시했다는 점이다. 군사적 폴리매스, 지휘통제 등의 개념이 그러하듯 리더십 또한 그 지향점은 임무완수이다. 전술적 수준에서 임무완수는 당장 눈앞에 부여된 과업의 성공적인 달성이 가장 중요한 부분이다. 그러나 상급 제대로 올라갈수록 임무완수가 의미하는 바는 이보다 훨씬 더 복잡하다. 전략적 환경하에서는 당장 주어진 목표의 달성이 나중에 더 큰 문제를 초래할 수도 있기에 현재의 행위가 미래에 미칠 영향을 반드시 고려해야 한다.

그래서 여기 다시 한번 임무형 지휘 개념이 등장한다. 육군 리더십 모형은 리더십의 발휘가 임무형 지휘 문화를 정착시키는 데 기여한다고 본다. 조직이 커지고 해결해야 할 문제가 복잡할수록 임무형 지휘는 더욱 중요해진다. 임무형 지휘가 구현되면 부하들은 평소 지휘관의 생각과 전술관을 꿰뚫어 볼 수 있게 된다. 그리고 실제 전장에서는 지휘관의 의도와 부대가 달성해야 할 최종 상태 등을 이해한 상태로 임무를 수행할 수 있게 된다. 그러면 고립된 상황에서도 지휘관이 원하는 방향대로 조직의 목표를 달성할 수 있다. 임무형 지휘 문화가 정착되고 올바르게 적용되어야, 보다 미래지향적이고 더 넓은 의미에서의 임무완수가 가능하다.

　리더십은 전투력이 발휘되도록 하는 필수 요소이기도 하다.[569] 전투력이란 '전투를 수행할 수 있는 역량이나 힘'을 의미한다. 전투력은 병력, 무기, 장비, 물자 등 흔히 유형有形적인 것으로 여겨진다. 그러나 유형 전투력 못지않게 중요한 것이 바로 무형無形 전투력이다. 부대의 군기와 사기, 단결, 훈련수준 등이 무형 전투력에 속한다. 그래서 군인이라면 항시 지니고 다니는 군인복무규율 소책자에 군기와 사기, 단결 등이 포함되어 있다. 이러한 전투력은 그냥 나타나지 않는다. 앞서 설명한 여섯 가지의 전투수행기능, 전장지식과 더불어 올바른 리더십을 통해 비로소 발휘될 수 있다.

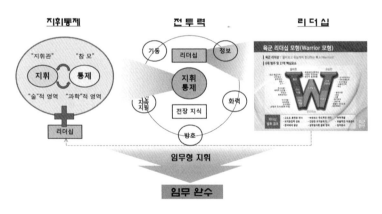

그림 8-2. 지휘통제, 전투력, 리더십의 관계

　리더십이 중요하다는 것은 군이 이 책에서 강조하지 않아도 누구나 알고 있는 사실이다. 그러나 리더십을 군사적 폴리매스의 개념과 함께 생각하면 그 중요성은 더욱 부각된다. 군사적 폴리매스가 되기 위해서는 다양한 지식과 경험을 바탕으로 이를 융합하여 새로운 것을 창조할 수 있는 능력이 중요하다. 군사적 폴리매스는 이를 통해 전장의 안개 속에서도 그것을 뚫고 새어 나오는 한 줄기 빛을 발견할 수 있어야 한다. 또, 자신의 결심이 불러올 결과를 책임질 수 있는 용기도 갖추고 있어야 한다.

우리가 군사적 폴리매스의 자질을 어느 정도 갖추었다고 가정해 보자. 우리는 그동안 다양한 지식과 경험을 쌓았고, 그것을 바탕으로 통찰력과 결단력도 갖췄다. 지금 우리 부대가 처한 너무나 복잡한 환경 속에서도 문제의 본질을 꿰뚫어 볼 수 있게 되었다. 그리고 아무도 생각하지 못한 해결책까지 척척 내놓는다. 정말 멋진 일이다. 이제 우리는 상급부대에 이를 보고하고, 예하 부대에 지시한다. 하지만, 상급부대는 우리의 의견을 들어주지 않고, 예하 부대는 우리의 지시를 따르지 않는다. 어떻게 된 것일까?

이는 바로 리더십이 빠져 있기 때문이다. 조직의 공동목표를 달성하기 위해 리더는 조직원들에게 영향력을 행사할 수 있어야 한다. 조직원들이 영향을 받지 않는다면 리더가 생각해 낸 그 모든 것들은 아무런 의미가 없어진다. 세상은 다양하고 복잡하다. 앞으로는 더더욱 그럴 것이다. 예전에도 그랬지만 앞으로 리더 혼자서 할 수 있는 일은 없다. 그래서 조직력이 중요하고, 여기에는 리더십이 꼭 필요하다.

리더십이 결여된 군사적 폴리매스는 무의미하다. 우리는 군사적 폴리매스로서 다양한 지식과 경험을 쌓고, 그것들의 균형과 조화를 이루어야 한다. 또, 이성과 감성적 능력을 적절히 발휘해야 한다. 중요한 것은 그 능력들이 주변 사람들에게 영향을 끼치도록 할 수 있어야 한다는 점이다. 이러한 측면에서 리더십이 없는 군사적 폴리매스의 자질은 공허하다. 그 자질이 리더십의 이니셔티브initiative를 올라탈 때 비로소 현실 속에서 발현될 수 있다.

이니셔티브란 사전적으로 주도권을 의미한다. 또한, 어떤 문제나 상황을 해결 또는 대응하기 위한 시도나 행위를 뜻한다. 군에서도 '주도권을 행사'한다는 표현을 많이 하는데, 미 군사용어로 이를 'exercise initiative'라고 한다. 또 '전과를 확대한다.'라는 표현을 'exploit the initiative'라고도 한다.[570] 경영윤리학의 거장 토머스 맬나이트Thomas E. Malnight는 리더에게 필요한 장악력을 이니셔티브라 불렀다.[571] 이는 조직 경영과 혁신의 주도권이 리더에게 있어야 함을 의미한다. 한 그룹의 리더가 얼마나 주도권을 장악해 문제를 해결하느냐에 따라 그 조직이 위험에서 빠져나올 수 있을지가 결정된다. 또한, 공동목표를 달성하기 위해 얼마나 치밀한 계획을 세우고 조직을 이끌어 가느냐에 따라 조직의 운명이 바뀐다.

앞서 언급했듯, 모든 리더십 이론의 핵심은 같은 곳을 지향한다. 바로 리더십이 공동의 목표와 비전을 달성하기 위해 조직구성원들에게 영향력을 끼친다는 것이다. 여기서 '공동의 목표와 비전을 달성'하기 위한 전략 수립과 실행 방법 결정은 군사적 폴리매스의 자질로 충분하다. 그것만으로도 성공을 눈앞에 둘 수 있다. 단, 조직구성원들이 잘 따라와 준다면 말이다. 그러므로 '어떻게 영향력을 행사하느냐'가 중요하다.

영향력을 올바르게 행사하기 위해서는 먼저 공동의 목표와 비전을 어떻게 하면 조직 구성원들에게 잘 전달할 것인가를 생각해 봐야 한다. 그들이 목표와 비전을 이해하고 그 필요성을 느껴야 한다. 이는 의사소통의 문제와 직결된다. 두 번째는 조직 구성원들이 공동의 목표와 비전을 달성하는 데 동참하려는 행위를 끌어낼 수 있어야 한다. 바로 동기부여가 중요하다는 말이다.

리더는 조직의 단결을 저해하고 조직 구성원들의 사기를 꺾을 수 있는 언행을 주의해야 한다. 잘못된 리더의 언행은 조직 구성원들과의 의사소통을 방해할 것이다. 의사소통이 막혀 버린 분위기 속에서 조직 구성원들은 서로의 생각을 들으려 하지 않을 것이다. 또한, 이는 조직이 지닌 공동의 목표 달성에 동참하려는 조직 구성원들의 의지를 꺾게 될 것이다. 이러한 리더가 바로 독성 리더이다.[572] 정말 어려운 일이지만, 우리는 독성 리더십을 철저히 경계해야 한다. 진정한 리더는 독성 리더십이 배제된 가운데 조직구성원들에게 공동의 목표와 비전을 잘 이해시켜야 한다. 그리고 그들이 자발적으로 동참하게 하는 선한 영향력을 행사하도록 노력해야 한다.

리더가 모든 조직 구성원들에게 선한 영향력을 끼친다고 해서 그들의 능력이 100% 발휘되는 것은 아니다. 리더가 영향을 끼쳐야 할 대상은 기계가 아닌 사람이기 때문이다. 리더가 이끌고 가야 하는 조직 구성원들은 상수이자 변수다. 우리는 그들을 '팔로워followers'라 부른다. 팔로워가 없으면 리더도 없다는 점에서 팔로워는 상수다. 또, 각각의 팔로워들은 고유의 특성이 있고, 그 특성은 시시각각 변한다는 점에서 변수이기도 하다.

만약 잘못된 방향으로 그들에게 영향력을 끼친다면 오히려 일을 그르칠 수도 있다. 개인별 능력과 특성을 고려하지 않은 채 조직 구성원들에게 막연한 동기와 의지만 심어 준다면 그 또한 매우 비효율적일 것이다. 따라서, '조직 구성원들에게 어떻게 팀을 구성해 주고 각자의 능력을 길러 주느냐?'도 매우 중요한 요소다. 이러한 조직의 구성과 능력개발까지 포함한 개념이 저자가 말하고자 하는 리더십의 이니셔티브다.[573]

리더는 팔로워들의 능력과 특성을 잘 알아야 한다. 그들이 무엇을 잘할 수 있는지, 어떤 부분에 보완이 필요한지를 판단할 수 있어야 한다. 이를 토대로 그들의 재능을 더욱 부각해 주고 전체적인 능력을 길러 줄 수 있어야 한다. 그들 스스로 자기개발을 통해 리더가 되려고 노력하도록 만들 수 있어야 한다. 또한, 그 안에서 뛰어난 중간 계층의 리더를 발탁하고 적재적소에 운용할 수 있어야 한다. 리더는 그런 옥석을 가리는 시야가 있어야 한다. 그들이 상급자와 하급자 사이의 가교 역할을 할 수 있도록 여건을 조성하고 궁극적으로 더욱 큰 리더로 발전해 가도록 도와야 한다.

군사적 폴리매스의 자질은 문제의 해결책을 찾아내는 데 큰 도움이 된다. 그렇게 찾아낸 해결책은 올바른 지휘통제를 통해 실현할 수 있다. 지휘통제가 올바르게 되려면 리더십이 필수적이다. 따라서, 리더는 리더십의 이니셔티브를 항상 유지해 나가야 한다. 리더십의 이니셔티브를 유지한다는 것은 변화와 혁신을 위해 팔로워들에게 지속해서 영향력을 행사하는 것이다. 그리고 그들의 능력을 향상하고, 인재를 발탁하여 적재적소에 활용할 수 있다는 것이다.

이러한 군사적 폴리매스의 자질과 리더십의 이니셔티브가 균형과 조화를 이룰 때 그 조직은 상하가 동일한 목표와 비전을 인식하고 자율적으로 임무수행이 이루어지게 될 것이다. 이것이 바로 앞서 언급한 '임무형 지휘mission command'다.

미 육군은 리더의 역할을 크게 세 부분으로 구분했다. 바로, '이끌기leading', '발전시키기develop', '성취하기achieving'이다.[574] 리더는 조직 구성원들을 이끌기 위해 공감대를 형성하고 의사소통하며, 동기를 부여해야 한다. 또한, 그들을 발전시키기 위해 긍정적 환경을 조성하고 자기개발 여건을 보장해야 한다. 그리고 조직에 부여된 목표를 달성하기 위해 명확한 지침을 부여하고, 조직 구성원들의 자발성을 높여 시스템에 의해 조직이 움직이도록 해야 한다.

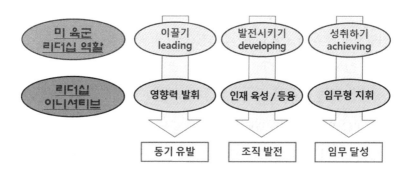

그림 8-3. 미 육군 리더십 역할과 리더십 이니셔티브

이 세 가지의 구분은 앞서 설명한 리더십 이니셔티브, 임무형 지휘와 맥락을 같이하고 있다. '이끌기'가 설명하는 가장 핵심은 바로 영향력을 행사하기 위한 동기부여다. '발전시키기'는 인재의 등용과 개발을 의미한다. 그리고 '성취하기'는 임무형 지휘를 통해 가능하다. 따라서 이제 다룰 내용은 '어떻게 하면 조직 구성원들에게 지속적으로 영향력을 행사할 것인가?', '어떻게 그들의 능력을 극대화할 것인가?', '어떻게 인재를 발탁하고 적재적소에 활용할 것인가?'이다. 그리고 이러한 활동을 통해 궁극적으로 임무형 지휘를 구현해야 함을 강조하고자 한다.

## 영향력 발휘: 몰입commitment VS. 순응compliance

영국의 산악인 조지 맬러리George H. Mallory는 1921년 세계최초로 에베레스트산 정복을 시도한 원정대에 지원했다. 그는 2차 원정까지 실패했지만 3

차 원정대에 또다시 지원했다. 그가 3차 등정에 나서기 1년 전 어느 날 뉴욕 타임스의 한 기자가 그에게 질문했다. "당신은 왜 에베레스트산을 오르려고 하십니까?" 맬러리는 다음과 같이 답했다. "왜냐하면, 산이 그곳에 있으니까요."[575] 맬러리는 정말 왜 에베레스트산을 오르려고 한 것일까?

사람들의 개별 행동에 대해 '왜 그랬을까?'를 알아내는 것이 쉬운 일은 아니다. 그러나 사람이 어떤 일을 하거나 하지 않는 데에는 분명 그 이유가 있다. 우리가 밥을 먹고, 매일 잠을 자는 것은 그것이 생존을 위해 필수적이기 때문이다. 그런데 우리는 먹는 밥의 양이나 횟수를 조절하기도 하고, 다른 일 때문에 잠을 줄이기도 한다. 생존에 딱히 도움이 되는 일이 아닌데도 우리는 그렇게 한다. 그것이 다이어트 때문일 수도, 업무를 다 마치지 못해서일 수도 있다. 재미있는 취미활동을 하느라 그럴 수도 있다. 혹은, 그냥 하고 싶은 마음이 들어서일 수도 있다.

맬러리가 왜 에베레스트산을 오르려 했는지는 정확히 알 수 없다. 하지만 그에게는 분명 어떤 이유가 있었을 것이다. 부하들 각자의 "왜?"를 찾아내는 것은 맬러리의 이유를 알아내는 것만큼 어려울 테지만 그것은 리더의 중요한 역할이다.

우리의 행동을 유발하는 무언가를 우리는 동기motivation라고 부른다. 우리는 앞서 매슬로우의 욕구 위계 이론을 비롯해 다양한 동기 이론들을 살펴본 바 있다. 그 이론들은 인간의 동기에 대해 서로 조금씩 다른 이야기를 하고 있지만, 그 연구 목적은 모두 인간의 동기를 파악하고 끌어냄으로써 조직의 목표 달성에 동참하도록 유도하는 것이다.

하버드 비즈니스 스쿨의 존 카터John P. Kotter 박사는 다양성과 상호의존성이 중대될수록, 권력과 영향력을 적절히 활용하여 조직 구성원들의 몰입

commitment과 순응compliance을 잘 끌어내는 것이 중요하다고 주장했다.[576]

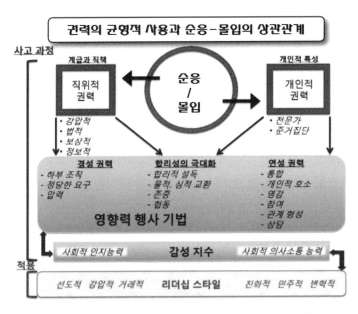

그림 8-4. 권력의 균형적 사용과 순응-몰입의 상관관계[577]

조직 구성원들은 서로 다른 배경에서 살아온 만큼 다양성을 지닌다. 그러면서도 각자의 강·약점이 다르므로 상호 의존적일 수밖에 없다. 이러한 다양성과 상호의존성은 필연적으로 서로 간의 의견 충돌을 유발한다. 이때, 리더의 역할이 중요해진다. 직책이나 권한으로부터 오는 권력만 가지고 이들을 통제할 경우 오히려 문제가 악화할 수도 있다. 문제를 근본적으로 해결하기 위해서는 인간적인 측면에서의 접근도 함께 이루어져야 한다.

카터 박사는 직책이나 권한으로부터 오는 권력을 '직위 권력position power', 인간적인 측면에서 오는 권력을 '개인적 권력personal power'이라고 불렀다. 직위 권력은 경성 권력hard power으로, 직원들이 조직에 '순응'하도록 만들 수 있다. 이는 합법적인 보상과 처벌을 통해 조직을 이끌어 가는 '거래적 리더십'으로도 표현된다. 개인적 권력은 마음으로부터의 진정한 변화를 끌어내는 '변혁적 리더십'을 발휘하는 데 매우 중요한 요소다.[578] 이는 연성 권력soft power으로, 직원들이 진정으로 조직의 목표 달성 과정에 '몰입'할 수 있도록 해 준다.[579]

우리는 계급과 직책에 부여된 법적 권한만으로 지휘할 수 있다고 생각하는 경향이 있다. 그러한 지휘 방식은 매우 쉬워 보인다. 리더에게는 보상과 처벌의 권한이 있으므로 구성원들은 리더의 적법한 지시를 따를 수밖에 없다. 당장 눈앞의 성과를 내는 데 있어 명확한 상벌을 제시하는 것만큼 효과가 좋은 방법도 없을 것이다. 하지만 이러한 방법만으로 장기적 측면에서 최상의 성과를 내기는 매우 어렵다. 특히, 불확실성과 위험이 공존하는 전장에서 결정적인 순간 직위 권력으로 조직 구성원들의 바람직한 행위를 끌어낼 것이라는 보장은 없다.

규칙과 논리로 사람을 설득할 수는 있지만, 결코 사람의 마음을 움직일 수는 없다.[580] 사람의 마음을 변화시키려면 리더가 인간적인 관계를 형성하고 조직 구성원들 스스로가 자신의 가치를 최고로 느끼도록 만들어 줘야 한다. 리더와 팔로워는 어깨를 나란히 하는 동료이자 전우임을 모두가 공감하도록 해야 한다. 그럼으로써 리더와 팔로워가 함께 같은 목표를 지향할 수 있다. 또한, 조직 구성원들 스스로가 자신에게 본질적인 질문을 던지고 재미를 느끼도록 해야 한다. 그러면 그들은 자기 일에 의미를 부여하고 분명한 목적의식을 가질 수 있을 것이다. 그러면서도 상황에 따른 적절한 상벌도 필요하다. 다만, 독성 리더십을 경계해야 한다. 이 모든 것이 독성 리더십으로 무너질 수 있다.

## 몰입을 끌어내기 위한 다섯 가지 방법

**1. 직원의 가치를 최고로 생각하라.**
**2. 상하동욕(上下洞欲), 함께 같은 곳을 바라보라.**
**3. 스스로 본질적인 질문을 던지고, 재미를 느끼도록 만들어라.**
**4. 양적 공리주의 vs. 질적 공리주의: 상황에 따른 적절한 상벌이 필요하다.**
**5. 독성 리더십을 경계하라.**

그림 8-5. 몰입을 끌어내기 위한 다섯 가지 방법

## 1) 직원의 가치를 최고로 생각하라

1987년 하워드 슐츠Howard Schultz는 스타벅스를 인수하여 성공 신화를 이룩한 리더이다. 그는 이탈리아 밀라노에서 에스프레소와 함께 여유와 낭만을 즐기는 사람들을 보고 이를 미국에 도입해야겠다는 생각을 했다.[581] 여러 우여곡절이 있었으나 결국 스타벅스사를 인수하고 다양한 커피를 만들어 팔며 승승장구했다. 한국에서도 크게 유행한 더블샷 에스프레소, 프라푸치노와 같은 음료도 이때 탄생했다.

스타벅스의 가맹점이 늘어나고 매출이 나날이 오르는데도 그는 걱정에 휩싸였다. 그가 가맹점들을 둘러보니 매니저들은 매장 단골 고객들의 이름을 기억하는 이가 별로 없었다. 커피 맛도 예전과 같지 않았다. 그들은 인테리어와 매장 분위기에는 많은 신경을 썼지만, 본질에 충실하지 못했다.

2000년 그는 직원 20만 명에게 다음과 같은 제목의 이메일을 보냈다.

"평범해져 버린 스타벅스 경험."[582] 그는 직원들의 인식을 개선하고 싶어 했지만, 오히려 그 이메일이 언론에 유출되면서 스타벅스는 위기를 맞이했다.[583] 그해 슐츠는 CEO 자리에서 물러났다. 스타벅스의 주가는 폭락했고 재무상태는 조금씩 나빠지기 시작했다.

2008년에 이르러 슐츠는 다시 CEO로 복귀했다. 그는 현 상황을 개선하기 위해 가장 중요한 일은 직원들을 다시 몰입시키는 것이라고 생각했다. 정서적 유대감은 매우 중요하다. 냉소적인 이들은 "감정의 투자수익률은 얼마인가?"라고 묻는다. 참 계산적이다. 하지만 직원들이 회사에 몰입하고 자부심을 느낀다면 이는 놀라울 정도로 큰 이익을 가져다줄 수 있다. 커피 한 잔에도 영혼을 담도록 노력할 것이기 때문이다.[584]

슐츠는 고객과 가장 많이 접촉하는 바리스타와 매니저에 초점을 맞추어야 한다고 생각했다. 그는 수백만 달러의 매출액 감소와 주가 급락을 감수하고 하루 동안 미국 내 7,100개 매장을 문 닫았다.[585] 그리고 직원들에게 에스프레소 제조법을 교육했다. 또한, 3일 동안 스타벅스 리더십 컨퍼런스를 열었다. 그 자리에서 회사가 가맹점들을 적극적으로 지원할 것을 약속했다. 더불어, 뉴올리언즈에서 허리케인 피해자들을 돕는 일을 하며 팀 빌딩team building을 했다.[586]

또한, 그는 계약직 직원과 아르바이트part-time 직원들의 건강보험까지도 챙겼다. 이사회는 격렬히 반대했다. 매년 3억 달러 이상의 금액이 들어가기 때문이었다. 하지만 슐츠는 직원과의 약속을 지키는 것이 매우 중요함을 역설하며 "우리 회사에서 가장 중요한 사람은 직원"이라고 강조했다.[587]

슐츠는 이렇게 직원들의 가치를 인정해 주고 그에 상응하는 조처를 함으로써 그들의 몰입을 끌어냈다. 단순히 눈앞의 매출에만 혈안이 되었던 가맹점 매니저들도 점차 본인들이 가치 있는 일을 하고 있음을 느끼고 더욱 본질에 충실할 수 있게 되었다. 커피의 질은 더욱 향상되었고, 직원들은 고객을 진심으로 대했다. 슐츠는 고백했다. "우리가 직원에게 투자하고 성과에 따른 지분을 주자, 직원들은 스타벅스의 사명에 깊이 헌신하는 협력자가 될 수 있었다."[588] 직원들은 자존심이 아닌 자존감을 높일 수 있었다. 이것이 바로 리더가 해 주어야 할 역할이다.

## 2) 상하동욕上下洞欲, 함께 같은 곳을 바라보라

1948년 유대인들은 고대에 자신들이 머물던 땅으로 돌아와 다시 이스라엘을 건국했다. 서기 70년경 로마군에 의해 이스라엘 땅에서 쫓겨난 지 약 1,880여 년 만의 복귀였다. 그들은 그간 세계 이곳저곳을 떠돌다 각각 서로 다른 지역에 정착했다. 이를 디아스포라Diaspora라고 부른다. 비록 서로 멀리 떨어져 살았지만, 그들에게는 다 같은 유대인이라는 강한 결집력이 있었다.[589]

이들을 결집할 수 있게 했던 것은 바로 유대교라는 종교였다. 하나님을 믿고 정해진 율법을 지키는 것으로 그들은 공동체 의식을 가질 수 있었다. 유대교는 유일신 여호와(또는 야훼)를 믿는 종교로, 기독교가 그 뿌리를 두고 있는 종교이다. 유대교는 모세 5경을 일컫는 토라Torah와 이를 포함하고 있는 히브리 성경 타나크Tanakh 25권을 경전으로 하고 있다.[590]

이스라엘 땅에서 쫓겨난 유대인들은 토라와 타나크에 대한 각각의 해석이 점차 달라지는 것을 방지하기 위해 경전의 해설서를 제작하기로 했다. 서기 200년경에 이르러 구전으로 내려오던 토라에 대한 해석을 정리하여 '미슈나Mishnah'를 완성했다. 이후 미슈나에 추가적인 해설을 덧붙였는데 이를 '게마라Gemara'라고 불렀고, 미슈나와 게마라를 합친 것이 바로 우리에게도 친숙한 '탈무드'이다.[591]

탈무드는 뿔뿔이 흩어진 유대인들의 정신적 동질성을 유지할 수 있는 중요한 경전이 되었다. 그들은 1,880여 년이라는 긴 시간에도 불구하고 그 동질성을 잃지 않았다. 그리고 19세기 후반 시작된 시오니즘Zionism[592] 운동을 기점으로 이스라엘 땅으로 복귀하고자 노력했다. 유럽에서 핍박받던 유대인들은 훗날 이스라엘 초대 대통령이 되는 와이즈만Chaim A. Weizmann 박사의 활약[593]으로, 영국으로부터 유대 민족국가 건설에 대한 지지를 나타내는 벨푸어 선언Balfour Declaration[594]을 끌어낼 수 있었다.

1948년 우여곡절 끝에 유대인들은 그 땅에 살고 있던 팔레스타인 사람들을 몰아내고, 미국을 중심으로 한 유엔의 지지를 받으며 이스라엘을 건국했다.[595] 이스라엘은 주변의 많은 아랍 국가들로부터 집중 견제를 받았다. 이는 총 네 차례의 중동전쟁으로 이어졌다. 오랜 시간 동안 나라 없는 설움에서 벗어나 이제 겨우 나라를 건국한 유대인들은 나라를 지키겠다는 일념으로 똘똘 뭉쳤다. 반면 아랍 연합군은 '이스라엘 타도'라는 공동의 목표는 있었지만, 각자가 서로 다른 이익 추구로 인해 결정적인 순간에는 분열되었다.[596] 이스라엘은 수적 열세에도 1973년 제4차 중동전쟁까지 네 번다 승리하였고, 현재는 지역 내 군사 강국으로 군림하고 있다.[597]

『손자병법』 제3장 모공 편에는 승리를 미리 알 수 있는 다섯 가지 판단요소가 나온다. 바로 지승유오知勝有五다.[598] 첫째는 '누울 자리를 보고 발을 뻗는다.', 둘째는 '집중과 절약을 잘해야 한다.', 셋째는 '모든 구성원이 혼연일체가 되어야 한다.', 넷째는 '바보 같은 실수를 저지르지 않아야 한다.', 마지막으로 '임무형 지휘를 구현해야 한다.'로 요약할 수 있다. 이 중 세 번째

사항이 바로 '상하동욕자승上下洞欲者勝'이다.

이스라엘이 네 차례의 중동전쟁에서 아랍 연합군에게 패하지 않은 것은 바로 그들이 같은 목표와 가치를 공유하고 이를 달성하려는 열망을 함께 실현하고자 노력했기 때문이다. 반면, 아랍 연합군이 패한 이유는 서로가 다른 목표를 추구했기 때문이다. 최고사령관으로부터 말단 병사들에 이르기까지 모든 구성원이 같은 가치와 목표를 이루려 노력한다면 그 군대는 강할 수밖에 없다. 이는 군대뿐 아니라 어느 조직에도 마찬가지다.

손자는 상하동욕의 중요성을 1장 시계始計 편에서도 강조한 바 있다. 전쟁에 나서기 전 적과 비교해야 할 다섯 가지 사항 즉, 도천지장법道天地將法의 첫 번째 '도'이다.[599] 이는 노자, 장자가 주장한 '도'와 그 결을 같이 하는 개념으로, 모두가 서로 통해야 한다는 의미를 내포한다.[600]

책 『혼, 창, 통』의 이지훈 박사 또한 비슷한 주장을 펼쳤다. 그는 리더가 반드시 가슴 벅차게 하는 비전을 설정하고魂, 혼, 이를 성취하기 위해 끊임없이 노력하며創, 창, 그 비전을 직원들과 함께 공유하고 공감을 유도해야 한다고通, 통 강조했다. 그러면서, 혼이 있되 창이 없는 사람은 몽상가이고, 혼이 있되 통이 없는 사람은 외골수라 했다. 창이 있되 혼이 없는 사람은 향기가 없다고 했다. 또한, 통이 있되 혼이 없다면 진정으로 통할 수 없으며, 창과 통이 있되 혼이 없는 사람은 뿌리 없는 나무와도 같다고 했다.[601]

우리는 도를 바로 세워 리더와 조직 구성원 모두가 같은 꿈을 꾸도록 할 수 있어야 한다. 이를 위해서 리더는 반드시 비전을 세우고 조직 구성원들의 공감을 끌어내야 한다. 그 비전을 이루기 위해 함께 노력해 나갈 때 진정으로 '상하동욕'할 수 있다.

### 3) 스스로 본질적인 질문을 던지고 재미를 느끼게 하라

컴퓨터와 아이폰으로 유명한 애플은, 한때 mp3 플레이어 분야에서도 성공한 바 있다. mp3 플레이어를 처음 개발한 회사는 크리에이티브 테크놀로지였다. 세상에 처음으로 빛을 본 mp3는 큰 인기를 끌었다. 그러나 후발주자였던 애플은 금세 이를 따라잡았다. 애플의 비결은 공감에 있었다. 애플은 굳이 기술력을 자랑하려 하지 않았다. 대중들에게 잘 와닿지도 않는데 '이 mp3는 용량이 5GB나 됩니다.'라고 홍보한들 별 소용이 없을 거로 생각했다. 대신, '주머니 속의 노래 1,000곡'이라는 가치를 만들어 내기 위해 노력한다는 점을 호소했다. 그 마음을 고객들이 최대한 이해하기 쉽도록 전달했고, 그것은 적중했다.[602]

애플은 동종의 다른 기업들과는 무언가 확실히 달랐다. 일반적인 컴퓨터 회사는 컴퓨터의 기능에 집중하며 자신들이 만든 제품이 매우 뛰어나다는 것을 강조한다. 멋진 디자인, 단순한 사용법, 사용자 친화적 설계 등을 고객에게 호소한다. 그러나 애플의 마케팅 문안은 다음과 같았다.

"애플은 모든 면에서 현실에 도전합니다. '다르게 생각하라.'라는 가치를 믿습니다. 현실에 도전하는 하나의 방법으로 멋진 디자인, 단순한 사용법, 사용자 친화적 제품을 만듭니다. 그래서 훌륭한 컴퓨터가 탄생했습니다."[603]

이 문안에는 앞서 설명한 기능들이 다 언급되어 있다. 훌륭한 컴퓨터로서 갖추고 있는 여러 조건은 별로 중요하지 않다. 애플이 가장 중요하게 생각하는 것은 '현실에 도전한다.', '다르게 생각하는 가치를 믿는다.'이다. 이것이 애플이 컴퓨터를 만드는 목적why이다. 이를 위해 그들은 멋진 디자인, 단순한 사용법, 사용자 친화적 제품how을 만들려고 노력했다. 그 결과 탄생한 것이 훌륭한 컴퓨터what다.

단순하게 우리가 '무엇을 하는지what'에만 집중하다 보면 우리는 어느새 타성에 젖게 된다. 한발 더 나아가 우리가 '어떻게 하는지how'에 집중하면 무언가 차별화된 가치를 창출하려고 노력하게 된다. 만약 '왜 하는지why'에 집중하면 비로소 그 일에 의미가 부여된다. 자연스럽게 마음속에 신념이 생기고 목적의식이 자리 잡는다. 애플은 바로 이 'why'에 집중했다.

『나는 왜 이 일을 하는가』의 저자 사이먼 사이넥Simon Sinek은 이 세 가지 질문, what, how, why를 세 개의 동심원에 집어넣고 이를 '골든 서클'이라 불렀다.[604] 자신이 지금 '무엇을 하고 있는지'는 누구나 안다. 그중 상당수는 자신이 '어떻게 일을 하는지'도 안다. 이들은 경쟁자보다 더 나은 제품을 만들기 위해 노력한다. 그러나 자신이 '왜 이 일을 하는지'에 대해서 질문한다면, 주저함 없이 분명하게 답할 수 있는 사람은 그리 많지 않다.

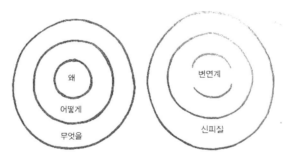

그림 8-6. 골든 서클과 뇌의 변연계/신피질[605]

이 질문에 대한 답변이 바로 비전이다. 앞서 우리는 상하동욕을 하기 위해 '혼', 즉 분명한 비전이 있어야 한다고 했다. 이제 이 비전을 스스로 질문할 수 있도록 해 주어야 한다. 우리 뇌에는 변연계와 신피질이 있다. 변연계는 신뢰, 충성심 등의 모든 감정, 인간의 모든 행동과 의사결정을 담당한다. 신피질은 합리적이고 분석적인 사고와 언어를 담당한다. 우리가 자기 자신에게 '왜'를 질문하면 변연계가 발달한다. 이는 시스템 Ⅱ 사고체계와도 연결된다.

본질적인 질문을 던진다는 것은 자신이 하는 일의 이유와 의미를 부여할 수 있다는 뜻이다. 그러면 누가 시키지 않아도 스스로 그 일을 찾아서 하게 된다. 그것도 그냥 일하는 데 그치는 것이 아니라 여러 가지 방법을 찾아가면서 재미를 느낄 수 있다. 하버드 경영대학원의 마이클 노튼Michael Norton 교수는 52명의 대학생을 두 개의 그룹으로 나누어 실험했다. 한 그룹은 이케아IKEA 제품을 직접 조립하도록 했고, 다른 한 그룹은 같은 제품이지만 다 만들어진 완성품을 지급했다. 이들에게 제품의 가격을 매겨 보라고 주문한 결과 직접 조립한 그룹이 완제품을 받은 그룹보다 약 60% 높은 가격을 책정했다. 자신이 시간과 노력을 들여 직접 조립한 이케아 가구에 일반 구매 가구보다 더 큰 가치를 부여하고 심리적 만족감을 느낀 것이다. 노턴 교수는 이를 '이케아 효과IKEA effect'라고 명명했다.[606]

사이넥은 다른 사람을 움직이는 방법이 두 가지라고 말했다. 바로 조종manipulation과 영감inspiration이다.[607] '무엇을(what)'에만 집중하고 거래적 리더십만 발휘하면 당장 눈앞의 결과를 끌어낼 수 있다. 그것이 '조종'이고 이는 '순응'을 끌어낸다. 그러나 '왜why'에 집중하고 변혁적 리더십을 발휘하면 혼魂이 바로 서고, 서로 통通할 수 있을 것이다. 이것이 '몰입'을 끌어내는 '영감'이다. 리더의 거룩한 일장 연설만으로는 그들의 몰입을 끌어낼 수 없다. 그들 스스로 '왜'를 질문하고 일을 찾아서 하며, 조직의 비전 달성을 향한 여정에 즐거이 동참할 수 있도록 해 주어야 한다. 직원들이 따라야 할

가치관과 목표가 분명하다면, 어떤 상황에서도 그들을 강력한 자석처럼 이끌어 줄 것이다.[608]

## 4) 양적 공리주의 vs. 질적 공리주의: 상황에 따른 적절한 상벌이 필요하다

앞선 세 가지 조건들만 놓고 보면, 조직 구성원들의 몰입을 끌어내는 개인적 권력이 직위 권력보다 훨씬 중요해 보인다. 그러나 개인적 권력만으로 그들을 몰입시키는 과정은 매우 어렵고 길다. 조직 구성원들은 그때그때 빠른 만족감을 얻지 못해 중도에 쉽게 포기해 버릴 수도 있다. 변혁적 리더십을 통해 조직 구성원들을 일깨워주고 스스로 변하게 한다면 더할 나위 없이 좋을 것이다. 그러나 한쪽으로 편중된 리더십의 발휘는 실패로 끝날 가능성이 있다.

리더가 아무리 조직 구성원들을 아끼고 그들과 동고동락하며 목적의식을 심어 주도록 노력하더라도, 그들은 눈앞의 보상에 항상 목말라 있다. 리더의 말 한마디에 기분이 롤러코스터를 타고 오르락내리락하기도 한다. 그래서 리더는 상황을 잘 고려해서 적절한 상벌을 할 수 있어야 한다. 그리고 그 조치가 부대원들의 공감을 끌어낼 수 있어야 한다.

시속 100㎞로 달리는 기차를 조종하고 있는 한 철도 기관사가 있다. 저 앞에 다섯 명의 인부가 철로 위에서 작업하고 있다. 기차를 멈춰야 하는데 브레이크가 갑자기 말을 듣지 않는다. 그런데 그 옆에 비상 철로가 있고 그 위에는 단 한 명의 인부밖에 없다. 지금 인부들에게 이 위험을 알릴 시간적 여유는 없는 상황이다.

이 철도 기관사가 어떤 선택을 하든 누군가는 죽는다. 만약 그대로 돌진한다면 다섯 명이 죽을 것이고, 레버를 움직여 비상 철로로 방향을 바꾼다면 한 명이 죽을 것이다. 당신이 이 기관사라면 어떤 선택을 할 것인가? 27세에 최연소 하버드대 교수가 된 마이클 센델Micheal J. Sandel 교수의 『정의란 무엇인가』에 나오는 이야기다. 그는 이 경우에 아마도 대부분 사람이 다섯 명을 구하기 위해 레버를 돌려 한 명을 희생시키는 선택을 할 것이라고 말했다.

센델 교수는 이야기를 이어 갔다. 이번에는, 철로를 바라보며 다리 위에 서 있는 한 구경꾼이 있다. 전차는 외길 철로를 빠르게 달리고 그 철로 위에는 다섯 명의 인부가 있다. 그런데 그 구경꾼 옆에는 덩치 큰 남자가 서 있다. 이 사람을 밀어 다리 아래로 떨어뜨리면 그는 죽겠지만 기차가 멈춰 인부 다섯 명은 살 수 있다. 당신이 이 구경꾼이라면 어떻게 할 것인가? 센델 교수는 대부분이 "그 남자를 미는 행위는 옳지 않다."라고 말할 거라 주장했다.

두 가지 경우에서 어떤 선택을 하더라도 뭔가 찝찝함이 남는다. 레버를 움직이기만 하면 한 명은 죽더라도 다섯 명을 살릴 수 있다. 옳은 일 같다. 두 번째 경우, 다섯 명을 살리기 위해서라지만 사람을 손으로 밀어 떨어뜨리는 행위는 정말 잘못된 것 같다. 그런데 따지고 보면 둘 다 똑같다. 아무것도 하지 않으면 다섯 명이 죽고, 무언가를 하면 한 명만 죽는다. 레버를 움직이느냐 사람을 미느냐의 차이는 있지만, 결국 내 행위로 인해 사람 한 명이 죽는다는 사실은 변하지 않는다.[609]

이것이 유명한 '트롤리 딜레마trolley dilemma'이다. 이는 밴덤의 양적 공리주의냐 밀의 질적 공리주의냐의 문제를 논할 때 자주 인용되곤 한다. 양적 공리주의의 관점에서 보면, 한 명을 희생하고 다섯 명을 살리는 일이 무조건 옳다.

그러나 질적 공리주의 관점에서 보면 다르다. 사람이 죽는 걸 알면서도 적극적인 행위를 해야 하는 사람의 고통은 이루 말할 수 없을 것이다. 죽어야 하는 그 한 명은 얼마나 고통스러울까? 자신들 대신 죽은 한 명을 생각하면서, 살아난 다섯 명이 평생 느낄 고통은 어떨까? 이들의 고통을 합치면 살아난 다섯 명이 느낄 행복의 합보다 클 수도 있을 것이다. 이 경우, 답을 내기는 더욱 어려워진다. 질적 공리주의를 지지하는 많은 학자는 아무 행위도 하지 않고 운명에 맡기는 것이 더 도덕적이라고 주장했다.

우리는 리더로서 이러한 문제에 자주 직면하게 된다. '최대다수의 최대행복'을 추구하는 데 과연 '최대다수'가 우선이냐 '최대행복'이 우선이냐의 문제는 매우 어렵다. '최대행복'을 어떻게 정의할 것인가는 더욱 복잡하고 어려운 문제다.

육군은 매년 모든 부대를 대상으로 보안감사를 시행한다. 우리 부대가 보안감사를 받는데, 여러 가지 지적사항들이 나왔다고 가정하자. 간부 한 명만 책임을 지고 처벌을 받으면 다른 사람들은 처벌받지 않을 수 있다. 리더가 그를 보호하기 위해 노력하다가 자칫 잘못하면 검열관들의 심기를 건드려 더 많은 간부가 처벌을 받게 될 수도 있다. 이러한 상황에서 리더는 어렵지만 결정을 내려야 한다.

영화 「라이언 일병 구하기」를 보면, 라이언 일병 한 명을 구하기 위해 많은 부대원이 희생을 감수한다. 이를 두고 어떤 이는 리더가 한 명의 부하 때문에 부대원 전체를 위험에 빠뜨려서는 안 된다고 이야기한다. 그러나 어떤 이는 그 한 명의 부하를 저버림으로써 초래할 부대원들의 사기 저하, 전우애 상실 등을 생각하면 반드시 라이언 일병을 구해야 한다고 주장한다. 정답은 없다. 최선만 있을 뿐이다. 그리고 그 최선조차도 상황에 따라 달라진다.

리더가 상벌을 시행함에서도 마찬가지다. 리더는 부대 전체를 위해 소수를 희생시키거나, 혹은 소수에게만 보상을 줄 수도 있다. 때로는 소수만의 잘못임에도 부대 전체에 경각심을 주는 조치를 해야 할 경우도 있고, 소수가 이루어 낸 성과를 부대원 전체의 성과로 돌려야 할 때도 있다.

어떻게 하는 것이 최대다수의 최대행복을 위한 일인지 상황에 따라 적절히 판단하는 일은 매우 어렵다. 지난번과 똑같아 보이는 문제도 잘 보면 상황이 다를 수 있다. 그렇다면 이번에는 해결책이 달라야 사람들의 공감을 끌어낼 수 있다. 무엇이 정답인지는 모른다. 이는 조직 구성원들과 끊임없는 소통을 통해서만 터득되는 리더의 감각에 의존할 수밖에 없다. '논밭의 작물은 농부의 발걸음 소리를 들으며 자란다.'라는 말이 있다.[610] 리더의 부지런한 발품이 그 판단력을 길러 줄 것이다. 그리고 리더의 판단에 조직 구성원들이 공감할 때 그들은 더욱 몰입하여 조직과 함께 나아갈 것이다.

## 5) 독성 리더십을 경계하라

전국시대戰國時代, warring states period 오기吳起 장군의 유명한 일화가 있다. 바로 연저지인吮疽之仁이다. 오기가 위나라 장수 시절 부하의 등에 난 고름을 입으로 빨아 주어 그 부하의 어머니가 이를 듣고 통곡했다는 이야기이다. 오기 장군의 사랑에 자기 아들이 죽음을 불사하고 충성을 맹세할까 봐 걱정했기 때문이었다. 그는 항상 병졸들과 고락을 함께했다. 여기까지가 통상 우리가 오기 장군에 대해 아는 이야기다.

사실 오기 장군은 무자비한 성격이었다. 출세에 혈안이 되어 독하게 공부했다. 어머니가 돌아가셨을 때도 잠시 곡을 했을 뿐, 곧바로 다시 공부에 매진했다. 오기 장군이 노나라 장수 시절 제나라와의 전쟁이 있었다. 당시 그의 아내가 제나라 사람이었는데, 이로 인해 오기 장군은 노나라에 충성하지 않을 것이라는 모함을 받았다. 그러자 그는 가차 없이 아내를 죽이고 그 머리를 노나라 왕 목공에게 들고 가 충성을 맹세했다殺妻求將, 살처구장.[611] 그는 그 정도로 인성이 매우 잘못된 사람이었다.

자기애적 성격장애가 있는 사람을 우리는 나르시시스트narcicist라 부른다.[612] 나르시시스트들은 일반적으로 다재다능하다. 목표에 너무 집착한 나머지 목표 달성을 위해서라면 타인의 희생은 별로 개의치 않는다. 오히려 타인들을 유혹해 자신이 원하는 방향으로 교묘히 조종한다. 오기 장군과 같은 인물이 대표적인 나르시시스트였다고 볼 수 있다. 그는 자신이 원하는 목표에 집착하면서 주변은 모두 목표 달성을 위한 수단으로 여기는 성향을 지녔다. 그래서, 부하의 고름을 빨아 준 것이 목표 달성을 위한 가식이었을 것이라는 주장도 많다.

오기 장군이 위나라에 있을 때, 위나라 왕 문후는 진나라의 공격에 대비하기 위해 능력이 출중한 장수를 찾고 있었다. 이때 오기 장군의 이름이 거론되었다. 문후는 망설였다. 오기 장군이 출세를 위해 아내를 죽인 사실과 그가 재물과 여색을 좋아하고, 또 매우 잔인하다는 것을 알고 있었기 때문이다. 하지만 뛰어난 용병술만큼은 인정할 수밖에 없었기 때문에 결국 그를 기용했다.[613]

오기 장군은 그가 그토록 바라던 대로 입신양명을 이루었다. 정승의 자리까지 올랐으므로 분명 출세한 것이 맞다. 그러나 말년에는 결국 비참한 최후를 맞이했다. 초나라에서 군사 개혁을 단행하면서 내부의 적을 너무 많이 만들어 그들에게 죽임을 당했다. 자신의 목표에만 집중하는 사람은 그 목표를 달성할 확률이 높다. 그러나 그것은 오래가지 못한다. 오기 장군이 많은 업적을 남긴 것은 사실이지만, 자신의 목표를 위해 다른 사람들을 도구로 여기고 주변을 포용하지 못했던 것도 인정해야 한다. 현대사회에서 오기 장군과 같은 리더의 본 모습은 부하와 동료들이 금세 알아차릴 수 있다. 이런 리더를 우리는 '독성 리더'라 부른다.

독성 리더는 자신만의 이익에 사로잡혀 권력과 직위를 남용하고 부하들의 희생을 통해 자신을 드러내려고 하는 리더들을 일컫는다.[614] 독성 리더는 실패에 대한 책임이 자신에게 있음에도 이를 부하에게 묻는다. 그러면서도 부대의 성과는 자신의 공으로 돌린다. 지나치게 목표 지향적이고 그 노력의 과정을 잘 인정하지 않는다.

우리는 누구에게나 이러한 독성 리더의 모습이 존재함을 인정해야 한다. '나는 아니겠지.'라는 생각을 하면 결코 그 굴레를 벗어날 수 없다. 그리고 독성 리더의 특징을 인식한 가운데 스스로 경계해야 한다. 사람은 완벽할 수 없다. 저자도 많은 조직을 이끌면서 이러한 독성 리더십을 표출한 적이 많다고 자평한다. 다만, 매일매일 이를 극복하기 위해 노력하고 있다는 사실만큼은 자신할 수 있다. 잘못된 오케스트라는 없다. 다만 무능한 지휘자가 있을 뿐이다.[615] 우리 조직 구성원들은 다양한 분야에서 무한한 능력과 가능성을 지니고 있다. 우리가 독성 리더십을 버리고 진심으로 조직 구성원들과 함께한다면 그들의 몰입을 끌어내고 조직 전체가 한 몸처럼 움직일 수 있을 것이다.

## 인재 육성/등용: 인재를 보는 눈

군사적 폴리매스는 뛰어나다. 그들은 방대한 지식과 실시간 종합되는 정보들을 서로 연결할 줄 안다. 이를 토대로, 문제의 본질을 꿰뚫고 적절한 해결책을 제시할 수 있다. 실제로 우리는 주변에 탁월한 통찰력과 판단력을 지닌 사람들을 발견할 수 있다. 그러나 이러한 능력만으로 진정한 군사적 폴리매스가 될 수 없다. 뛰어난 지적 능력을 지닌 사람들이 자칫 범하기 쉬운 실수가 있는데, 바로 모든 문제를 혼자 해결하려는 것이다. 그런 부류의 사람들은 주변 사람들의 조언을 잘 들으려 하지 않는다. 동료와 부하들의 조언을 묻고 나서도 듣는 척만 할 뿐 이미 마음속으로는 자신만의 답을 정해 놓고 있는 경우가 많다.

누군가가 자신보다 더 좋은 의견을 내면 어떤 사람들은 그 의견을 수용하고 더 발전적인 대안을 고민한다. 특히 그 일이 자신이 몸담은 조직에 관한 일이라면 더욱 그렇게 해야 한다. 그러나 자신의 능력에 도취한 극단적 나르시시스트들은 부하가 자신보다 돋보이게 되는 상황을 원하지 않는다. 오롯이 자신만이 주인공이어야 하므로 그들에게 부하들은 자신을 주인공으로 만들어 줄 도구로 여겨질 뿐이다.

오기 장군이 그러했듯 이러한 극단적 나르시시스트들의 마지막은 그리 좋지 못하다. 그들이 아무리 자기 생각을 감추려 해도 진심은 언젠가 드러나기 마련이다. 서로 진심이 통하지 않으면 그 조직은 무너진다. 리더가 존재할 수 있는 것은 바로 팔로워들이 있기 때문이다. 리더와 팔로워는 서로 어우러져 조화를 이루고 상생해야 한다. 성장 가능성이 큰 팔로워들이 조직에 가득하고 그들의 능력이 점차 향상되면 조직의 성과도 높아질 확률이 높다. 만약 리더가 탁월한 리더십을 발휘한다면 그 확률은 더욱 높아질 것이다.

양이 이끄는 사자의 무리보다 사자가 이끄는 양의 무리가 더 두려운 이유는 단지 사자가 용맹하게 양들을 이끌기 때문이 아니다. 사자와 같은 리더는 평상시부터 양들이 사자와 같은 능력을 갖추도록 단련시킨다. 그리고 자신의 의지와 목표를 함께 실현해 나갈 수 있는 뛰어난 양들을 선별할 줄 안다. 그들에게 중요한 보직을 맡기고 상위직으로 진출시켜 조직의 효율성과 효과성을 극대화한다. 그렇게 양의 무리는 사자의 무리로 변모되고, 그 조직은 놀라운 능력을 발휘할 수 있다. 따라서 진정한 군사적 폴리매스는 어떻게 부하들의 능력을 극대화할 것인가와 어떻게 인재를 발탁할 것인가의 문제를 끊임없이 고민해야 한다.

## 인재 육성: 어떻게 부하들의 능력을 극대화할 것인가

우리가 뛰어난 천재로 인식하는 사람 중 어릴 때는 그리 두각을 나타내지 못한 사람들도 많다. 오히려 남들보다 많이 뒤처져 주변의 걱정거리가 된 사람들도 더러 있다. 입체파 화가 파블로 피카소Pablo R. Picasso는 학생 시절 글을 읽을 줄도 몰랐다고 한다. 진화론을 체계화한 찰스 다윈Charles R. Darwin이나 『전쟁과 평화』, 『안나 까레리나』 등 걸작을 남긴 톨스토이는 학교 성적이 별로 좋지 못했다. 아인슈타인은 어릴 적 말을 너무 늦게 배우는 바람에 혹시 지능에 문제가 있는 것은 아닌지 의심을 살 정도였다고 한다.[616] 그러나 이들은 결국 자신들의 천재성을 끌어내는 데 성공했다.

교육심리학자 벤저민 블룸Benjamin S. Bloom은 120명의 세계적인 예술가, 스포츠 선수, 과학자들에 관해 연구했다. 그 결과 120명 중 대부분은 첫 선생님이 아주 따스하고 포용력 있는 사람들이었다. 그들은 제자의 능력을 심판하기보다는 신뢰의 분위기를 조성해 주는 스승이었다.[617] 앞서 소개한 『1만 시간의 재발견』의 저자 안데르스 에릭슨 교수는 분석 연구를 통해 천재가 '1%의 영감, 70%의 땀, 29%의 좋은 환경과 가르침'으로 만들어진다고 주장했다.[618] 우리의 뇌는 가소성을 가지고 있고 그렇기에 누구나 천재성을 지니고 있다. 그리고 그 천재성은 우리의 노력과 그 노력을 끌어낼 주변의 도움을 통해 빛을 발할 수 있다. 올바른 리더는 팔로워들이 가진 천재성을 충분히 발휘할 수 있도록 촉진한다.

이렇듯, 조직구성원의 능력을 끌어올리는 데 있어 리더의 역할은 매우 중요하다. 조직구성원의 능력을 키워 주기 위해서는 다음과 같은 세 가지에 중점을 두어야 한다.

## 조직 구성원의 능력을 키워주기 위한 세 가지 방법

1. 성장 마인드셋을 갖게 하라.
2. 너무 쉽지도, 어렵지도 않은 까다로운 목표를 제시하라.
3. 개인의 수준에 맞는 시작점을 찾아줘라.

그림 8-7. 조직구성원의 능력을 키워주기 위한 세 가지 방법

## 1) 성장 마인드셋을 갖게 하라

성경에 '요나Jonah'라는 인물이 나온다. 신의 말을 안 듣고 도망치려다 물고기에게 잡아먹히고, 신에게 기도하여 다시 살아남은 유명한 이야기의 주인공이다. 그는 포도농장 집안의 아들이었다. 어느 날 그에게 신이 명령했다. "너는 일어나 저 큰 성읍 니느웨Nineveh, 고대 아시리아의 수도로 가서 그것을

향하여 외치라. 그 악독이 내 앞에 상달 되었음이니라!" 니느웨 사람들의 악행이 극에 달했으니 그들에게 경고하라는 의미다. 요나는 모두가 꿈꾸는 신의 부름을 받았지만, 그 일을 감당할 자신이 없었다. 그는 신에게서 도망치려 니느웨의 반대 방향으로 배를 타고 달아났다. 그러다 물고기에 잡아먹힌다.[619]

기도로 살아난 요나는 결국 신의 뜻대로 니느웨로 가서 그들을 반성하게 한다. 신이 내린 사명을 결국 해낸 것이다. 이렇게 자신에게 신의 사명의 감당할 능력이 있었음에도 요나는 이를 거부했었다. 우리는 요나처럼 자신의 능력이나 잠재력, 성공 가능성을 믿지 못하고 그냥 포기하는 경우가 많다. 충분히 성공할 수 있는데도 자신의 능력에 한계를 정해 버린다. 이는 우리가 성장 마인드셋을 갖지 못하게 되는 주된 원인이다. 그 대신 현실에 안주하려는 고정 마인드셋만이 우리 마음속에 남는다. 매슬로우는 이러한 현상을 '요나 콤플렉스'라 명명했다.[620]

부하들은 자꾸 자신을 작은 틀 속에 가두려 할 것이다. 당장 눈앞에 주어진 과업만 해결하려 하지만, 그것조차도 제대로 하는 경우는 생각보다 많지 않다. 그리고 한 가지 일이 끝나면 조금이라도 더 쉬고 싶어 할 것이다. 새로운 일을 시작하는 것은 극도로 꺼린다. 일상적이고 반복적인 일만 선호한다. 그런 일들은 쉽고, 또 잘할 수 있기 때문이다. 새로운 일의 기회가 주어졌을 때는 자신이 성공할 수 있다는 확신이 생길 때만 손을 든다. 그 확신조차도 나중에 보면 정확하게 들어맞는 경우는 드물다. 그래서 리더에 의한 자극이 필요하다.

수컷 바닷가재는 다른 수컷 바닷가재를 만나면 몸을 꼿꼿이 세우고 집게발을 높이 든다. 서로의 몸집과 집게발 크기가 비슷하면 싸움이 일어난다. 생존과 번식에 유리하도록 더 안락한 곳에서 더 많은 암컷과 지내기 위해서다. 여기서 승리한 바닷가재의 뇌는 세로토닌이 분비되어 자신감에 넘치는 모습을 보인다. 반대로 패배한 바닷가재의 뇌는 옥토파민이 분비되어 자신감을 잃고 평생 싸움을 피한다. 승리와 패배를 경험할 때 각각 분비되는 세로토닌과 옥토파민은 사람의 뇌에도 같은 메커니즘으로 분비된다. 그래서 실패를 경험한 사람은 서열 싸움에서 진 바닷가재와 비슷하게 행동한다.[621]

리더는 옥토파민으로 가득한 부하들의 뇌에 세로토닌을 주입해 주어야 한다. 부하들에게 계속 희망과 용기를 북돋워 주고, 더 나아가 스스로 희망과 용기를 만들어 낼 수 있도록 도와줘야 한다. 작은 성공에도 칭찬하고 그들의 성과를 인정해 줘야 한다. 당장 그들의 눈앞에 어려움이 있을 수 있다. 그것 때문에 도망치려 하는 사람들도 분명 있을 것이다. 그들에게 비전을 제시하고, 잠시 멈춰 서서 큰 숲을 볼 수 있도록 도와야 한다.

'깨진 유리창의 법칙'으로 유명한 필립 짐바르도는 책 『나는 왜 시간에 쫓기는가』에서 다음과 같이 말했다. "우리에게 주어진 시간대는 총 세 가지다. 바로 과거, 현재, 미래가 그것이다. 과거 부정적 시간관에 묶여 살게 되면 우리는 미래의 시간을 잃게 된다. 즉각적 만족보다는 더욱 큰 보상이 따라오는 지연된 만족을 추구할 때 우리의 인생은 성공에 더 가까이 다가갈 수 있다."[622] 리더는 이렇게 부하들이 미래를 보고 '지연된 만족'을 추구할 수 있도록 해 주어야 한다.

일반적인 조직에 비해 군은 아직 수평적 문화가 자리 잡지 못했다. 군은 생명을 담보로 하는 임무 특성상 상명하복이 명확해야 한다. 전시에 부하들은 죽을 줄 알면서도 지휘관의 명령에 따라야 한다. 반대로, 지휘관은 사랑하는 부하들이 희생될 줄 알면서도 국가를 위해 그들에게 전투 명령을 하달해야 한다. 이것은 회피하기 어려운 현실이다. 그러나 무조건 상관의 명령에 따라야 하는 이러한 문화 때문에 부하들의 생각하는 능력이 점차 약해지고 있다. 그러다 보니 당장 눈앞에 주어진 일에만 급급하게 되는 현상이 만연하게 되었다.

미국의 저명한 건축평론가 세라 골드헤이건Serra W. Goldhagan은 "우리가 건축하고 살아가는 환경은 우리와 우리가 사랑하는 이들을 똑똑하게도, 멍청하게도 만들 수 있다."라고 말했다. 그리고 "우리를 평온하게 혹은 의기소침하게, 의욕 넘치게 혹은 심드렁하게도 만들 수 있다."라고 덧붙였다. [623] 리더는 부하들이 상급지휘관의 관점에서, 더 나아가 부대 전체의 관점에서 생각할 수 있도록 그들의 능력을 키워야 한다. 골드헤이건은 물리적인 환경을 말한 것이지만, 리더는 보이지 않는 환경을 설계해 주어야 한다. 즉, 그들이 미래지향적인 자세로 성장 마인드셋을 가질 수 있도록 분위기climate와 문화culture를 만들어 줘야 한다.

우리는 문제의 해결책을 찾기 어렵게 되었을 때 흔히 '미궁 속에 빠졌다.'라고 말한다. 그런데 미궁이란 단어의 어원을 자세히 들여다보면 그 의미가 조금 다르게 와닿는다. 본래 미궁迷宮, labyrinth은 방어 목적의 군사시설로, 적이 성의 중심부로 쉽게 진입할 수 없도록 설계한 것이다. [624] 미궁은 길이 복잡하게 얽혀 있을 뿐 결국 하나의 길이다. 꾸준히 가다 보면 목표지점에 도달한다. [625] 리더는 부하들에게 포기하지 않고 꾸준히 하면 달성 가능하다는 것을 끊임없이 주지시켜야 한다. 그래서 그들이 무기력에 빠지지 않고 성장 동력을 이어 나갈 수 있도록 해 줘야 한다. 그리고 부하들이 그렇게 해답을 찾아갈 수 있도록 미궁을 잘 설계해 줘야 한다.

## 2) 너무 쉽지도, 어렵지도 않은 까다로운 목표를 제시하라

올림픽 메달은 합금이다. 은메달에 들어가는 은의 양은 93.5%이다. 그런데, 금메달의 펜던트에도 은이 들어간다. 놀라운 것은 그 양이 93%를 차지한다는 사실이다. 역대 올림픽 중 금메달이 완전한 금으로 제작되었던 경우는 딱 세 번뿐이었다고 한다.[626] 금메달과 은메달에 들어간 은의 양은 겨우 0.5%밖에 차이나지 않는다. 아깝다. 그 0.5%를 은 대신 금으로 채웠으면 금메달이 되었을 텐데 말이다. 그래서인지는 몰라도 은메달 수상자들은 금메달을 수상하지 못한 것에 대해 많이 아쉬워하는 듯하다.

미국 코넬대학교 심리학 교수인 토머스 길로비치Thomas Gilovich의 연구는 이를 뒷받침한다. 그는 1992년 바르셀로나 올림픽에서 은메달리스트와 동메달리스트를 연구했다. 경기 결과에 따른 그들의 여러 반응과 자세, 언어와 말투 등을 분석한 결과, 은메달리스트들은 정말 금메달을 수상하지 못한 사실에 많이 아쉬워했다. 은메달이 동메달보다 훨씬 대단한 결과임에도 그들은 동메달리스트들보다 더욱 실망한 모습을 보였다. 오히려 동메달리스트들은 '메달을 못 딸 뻔했는데 다행이다.'라며 만족했다. 은메달리스트들의 이러한 모습은 금메달리스트에게 아쉽게 패배했을 경우 더 심했다. 그리고 그들은 다음 경쟁에 더욱 집착을 보였다.[627]

이렇듯, 아슬아슬한 실패는 우리를 더욱 열망하게 한다. 그리고 이는 능력의 성장으로 이어진다. 『언락Unlock』의 저자 조 볼러Jo Boaler는 어려워서 쩔쩔매고 틀릴 때가 뇌 성장에는 최적의 시간이라고 말했다.[628] 성장하려면 까다롭고 어려운 문제에 자주 직면해 봐야 한다는 것이다. 우리는 그러한 문제에 직면할 때 이를 극복하기 위해 자유롭고 창의적으로 생각하게 된다. 하지만 우리는 그동안 틀리지 않아야 한다고 은연중 교육받으며 살아왔다. 그래서 모르는 내용을 질문하는 것조차 창피해하기도 한다. 문제에 쩔쩔매며 어렵게 고민해 보는 것이 최고의 공부법인데도 말이다. 구성원들이 틀리는 것에 당당할 수 있도록 분위기를 만들어 주는 것이 리더의 역할이다.

리더는 조직 구성원을 위해 이런 환경을 조성해 줘야 한다. 그들에게 처음부터 완벽주의를 강요하면 안 된다. 완벽했던 계획이 실패했을 때 모든 걸 포기해 버릴 수도 있기 때문이다.[629] 중졸 학력으로 일본 최고의 부자가 된 사업가 사이토 히토리는 "문제는 항상 일어나며, 우리에게 필요하므로 일어난다."라고 말했다.[630] 그리고 모든 종류의 경험은 소중하며, 문제가 발생했다는 것은 자신을 한 단계 성장시켜 주기 위해 하늘이 기회를 주었음을 뜻한다고 강조했다.[631]

리더는 구성원들이 문제 해결에 실패했을 때 또 다른 방법을 찾아내는 것을 즐거움으로 느낄 수 있도록 해 주어야 한다. 틀렸다는 것은 그들이 실력 향상을 위해 방법을 찾을 수 있는 발판이 된다는 사실을 알도록 해야 한다. 틀리고 실패할 때가 뇌가 성장하는 최고의 순간임을 체험하도록 해야 한다. 이는 리더가 조직 구성원들과 끊임없이 소통함으로써 가능하다. "실패해도 괜찮다. 시도해 봐라. 아무것도 하지 않으면 아무 일도 일어나지 않는다."라고 말이다.

그러면 조직 구성원들은 실패 속에서 점차 성공의 기쁨도 맛볼 수 있을 것이다. 『성공의 공식 포뮬러』의 저자 앨버트 라슬로 바라바시는 반복적으로 노력하고 더 많은 시도를 할수록 성공 확률이 증가한다고 말했다.[632] 한 번 성공하면 그다음 성공은 훨씬 더 쉬워진다. 아슬아슬하게 실패한 후 노력을 배가하여 얻어 낸 성취는 그들에게 더욱 큰 자신감을 불어넣어 줄 수 있다. 이러한 승리를 반복적으로 경험하게 되면 그들은 승리하는 뇌와 승리하는 정신winning mentality을 갖게 될 것이다. 작은 성공이라도 그것을 이어 나가다 보면 '성공했다.'라는 성취감이 뇌에 스며들어 점점 자신감을 높여 준다.[633]

앞서 미궁에 관해 설명했었다. 비슷한 단어로 미로迷路, maze가 있다. 미로는 미궁과 달리 복잡한 갈림길들로 되어 있다. 르네상스 이후 귀족들의 유희 시설로 고안된 것으로, 목적 자체가 길을 잃고 헤매도록 만든 구조물이다.[634] 미궁과 같은 환경설정은 적절히 어렵고 명확한 답이 있기에 조직 구성원들이 자신감을 느끼는 데 중요한 역할을 한다. 이제는 적절한 난이도의 미로를 설계하여 부하들이 이를 극복하도록 해야 한다. 미로는 길이 여러 갈래여서 미궁보다는 헤어 나오기 훨씬 어려울 것이다. 하지만 이를 통해 자신감과 성장 마인드셋을 더욱 확장할 수 있을 것이다.

미로                    미궁

그림 8-8. 미로과 미궁[635]

## 3) 개인의 수준에 맞는 시작점을 찾아줘라

사실 너무 쉽지도, 어렵지도 않은 까다로운 목표라는 것은 모두에게 똑같을 수 없다. 개인의 수준에 따라 달라질 수밖에 없는 것이다. 군에서 예하 부대에 과업을 부여할 때 항상 고려하는 사항 중 하나는 바로 부대별 전투력 수준과 예하 지휘관의 특성이다. 그라니코스 전투에서 알렉산더 대왕은 앞장서 강을 건넘으로써 적을 당황케 했다. 이로써 부하들의 사기는 올라 적을 쉽게 무찌를 수 있었다.[636] 공격적인 성향의 사람에게 신속한 공세 행동의 과업을 부여하면 알렉산더 대왕처럼 한 템포 빠르게, 매우 적극적으로 해낼 것이다. 2차 포에니 전쟁 당시 로마의 파비우스 장군은 지연 방어를 통해 카르타고 한니발 군대의 전투력을 서서히 소진하게 했다.[637] 만약 어떤 예하 지휘관이 신중한 성향이라면 파비우스 장군과 같은 전술에 두각을 나타낼 것이다.

　미국 남북전쟁1861~1865 당시 승패의 전환점이 된 두 사건이 있다. 바로 1863년의 빅스버그 전역Vicksburg Campaign과 게티스버그 전투The Battle of Gettysburg였다. 그중 빅스버그 전역은 북부군 그랜트 장군의 작전술作戰術, operational art적 능력이 빛을 발한 전역이다. 그랜트 장군의 성공 요인은 여러 가지가 있지만 그중 예하 지휘관의 특성을 고려한 지휘를 빼놓을 수 없다.

　그의 예하에는 맥클레난드John A. McClenand, 셔먼William T. Sherman, 맥퍼슨James B. McPherson이 지휘관으로 있었다. 맥클레난드는 공적을 세우는 데 혈안이 된 장군이었다. 셔먼은 그랜트 장군이 가장 신뢰하는 예하 지휘관으로 충성심이 강하고 전술적으로 뛰어났다. 맥퍼슨은 실전 경험이 적었다. 빅스버그로 향하는 긴 여정에서, 그랜트 장군은 공을 세우고 싶어 하는 맥클레난드를 선두에 세웠다. 경험이 적은 맥퍼슨을 안전하게 중앙에 두고, 셔먼을 후미에 기동시키며 향후 결정적 작전에 투입할 수 있도록 배비했다.[638] 이는 그랜트 장군의 군대가 빅스버그 요새까지 온전한 전투력으로 도달하는 데 기여했다.

다른 사례를 살펴보자. 공자孔子의 제자 중 염유冉有와 자로子路라는 이들이 있었다. 염유는 예의가 바르고 겸손하나 우유부단한 성격에 쉽게 결정을 못 내리는 사람이었다. 반면 자로는 상황판단이 빠르고 결단력이 있었으나, 성격이 너무 급해서 덤벙대는 경우가 많았다. 어느 날 자로가 공자에게 다음과 같이 물었다. "스승님, 좋은 말을 들으면 곧 실천해야 합니까?" 그러자 공자는 "신중해야 한다."라고 답변했다. 이번에는 염유도 공자에게 같은 질문을 했다. 그런데 공자가 이번에는 "바로 실천해야 한다."라고 답변하는 것이었다.

이 두 대화를 모두 들은 또 다른 제자 공서화公西華가 이를 이상하게 여겨 공자에게 물었다. "스승님, 왜 같은 질문에 다르게 답하십니까?" 그러자 공자는 두 제자의 특성이 정반대이기 때문에 다른 답을 주었다고 말했다. 즉, 자로는 성격이 급하고 덤벙대니 신중하도록 가르침을 준 것이다. 반대로, 염유는 우유부단하니 결단을 잘 내리고 바로 행하도록 부추긴 것이었다. '사람이 가진 각각의 소질과 적성, 환경과 상황에 맞게 교육한다.' 즉 '인재시교因材施敎'의 일화다.[639]

리더는 이렇게 부하의 능력과 특성, 습관, 그가 처한 환경 등을 고려하여 지휘와 교육의 방법을 달리해야 한다. 오케스트라의 모든 악기가 같은 소리만 낸다면 그것은 더는 오케스트라가 아니다. 그렇기에 개인의 특성과 수준에 따라 능력개발의 방식을 달리해야 한다. 리더는 골프 경기의 캐디와 같아야 한다. 먼저, 개인의 드라이버 비거리에 따라 티오프 장소를 결정해 주어야 한다. 샷을 한 이후에는 매번 공의 위치에 맞게 사용해야 할 클럽과 스윙의 정도를 조언해 주어야 한다. 개인의 골프 실력, 컨디션, 지

형과 바람은 그때그때 달라진다. 그만큼 지속적인 의사소통과 실시간 상호작용이 중요하다.[640]

앞서 조직 구성원들의 성장 마인드셋을 확장하기 위해 미로를 설계해야 한다고 했다. 부하 개인마다 설계해 줘야 할 미로는 달라야 한다. 개인의 현재 능력과 앞으로의 잠재력 등을 종합적으로 판단하여 적절한 목표를 제시하고, 또 필요한 만큼 구체화한 지침을 주어야 한다. 그랜트 장군과 공자처럼 말이다.

## 인재 등용: 어떻게 인재를 발탁할 것인가

삼국지에는 희대의 라이벌이 등장한다. 바로 제갈량과 사마의이다. 이둘은 여러 가지 면에서 서로 비교되는 캐릭터지만 공통점도 더러 있다. 그중 하나가 바로 군주에게 수차례 구애를 받은 인재라는 점이다. 유비가 제갈량을 등용하기 위해 세 번이나 찾아갔다는 일화는 '삼고초려三顧草廬'라는 사자성어로도 유명하다.[641] 사마의 또한 조조에게 두 차례나 부름을 받았다. 사마의는 매우 신중하고 조심스러운 성격이었다. 그는 조조에게 너무 일찍 발탁되었다가 나중에 오히려 화가 될 것을 두려워했다. 첫 번째의 부름에서는 중풍에 걸렸다는 핑계를 댔지만, 결국 7년 뒤 조조에게 등용되었다.[642]

유비와 조조 주변에는 이미 많은 인재가 있었다. 그런데도 유비는 제갈량을, 조조는 사마의를 등용하기 위해 노력했다. 이들에 대한 평은 『정사삼국지』, 『삼국지연의』, 그리고 『삼국지』에 대한 각종 해설서마다 다르다. 어찌 되었건 훗날 이들이 각각 유비와 조조의 책사로서 맹활약을 떨쳤다는 사실은 자명하다. 리더는 유비와 조조처럼 인재를 알아보고 과감히 등용할 수 있어야 한다.

훌륭한 리더는 메타인지가 높다. 그래서 자신의 부족한 점을 깨닫고 이를 보완하려 노력한다. 그와 동시에 자신이 부족한 부분을 채울 수 있는 인재를 잘 알아본다.

천재 과학자인 아인슈타인에게도 따라야 할 리더가 있었다. 바로 IAS<sub>Institute for Advanced Study</sub>, 프린스턴 고등연구소의 대표 아브라함 플렉스너<sub>Abraham Flexner</sub>다. 그는 석사학위도 없었고 논문 한 편 쓴 적이 없는 인물이었다. 그런데도 그는 인재를 통해 자신의 부족함을 채울 줄 아는 리더였다. 그 누구에게도 복종하지 않을 것 같은 아인슈타인을 영입하는 데 성공했으며, 세계 대공황의 어려움 속에서도 IAS를 훌륭히 이끌었다. 그 결과 IAS는 33명의 노벨상과 38명의 필즈상 수상자를 배출했다.[643]

마이크로소프트의 창업자 빌 게이츠 또한 마찬가지다. 그는 컴퓨터 프로그래밍 능력이 매우 뛰어난 천재였다. 하지만 경영능력 부족을 스스로 인정했다. 이를 보완하기 위해 그는 스티브 발머<sub>Steve Ballmer</sub>를 CEO로 영입하여 마이크로소프트를 최고의 기업으로 성장시켰다.[644]

그렇다면 인재는 어떤 사람인가? 일반적으로 '능력이 출중한 사람'으로 표현할 수 있지만, 한마디로 정의하기란 어렵다. 분야에 따라 다를 수도 있다. 우리 군에 필요한 인재는 기본적인 지적 능력이 있다고 인정되고, 그 능력으로 특정 수준의 성과를 낼 수 있는 사람', '성장 마인드셋과 학습 능력을 바탕으로 향후 성장의 잠재력이 충분한 사람', '이를 통해 미래 어느 순간에는 조직의 구심점이 되어 연결과 조화를 가져올 수 있는 사람'이다.

앞선 사례들은 요즘 말로 하면 모두 외부 영입의 사례다. 이러한 인재 유형은 통상 개인의 능력과 그가 낸 특정 수준의 성과를 보고 쉽게 알 수 있다. 하지만 성장 마인드셋과 학습능력을 바탕으로 한 잠재력은 알아보기 어렵다. 더군다나 그 사람이 조직 구성원, 부서, 기타 여러 가지 자원 간의 연결과 조화를 끌어낼 수 있는 사람인지는 정말 알기 어렵다. 이런 사람은 조직 외부에서보다 조직 내에서 찾는 것이 더 바람직할 수 있다.

경영 컨설팅그룹 '가인지캠퍼스'의 김경민 대표는 책『가인지경영』에서 다섯 가지 조건인 '신·지·정·사·영'을 통해 인재를 알아볼 수 있다고 했다. 바로 신체, 지식, 정서, 사회성, 영성이 그 다섯 가지다.[645] 자세가 바르고 건강한가, 스펙이 어떤가 등의 신체, 지식 영역은 비교적 발견하기 쉽다. 그러나 얼마나 긍정적인가의 정서적 영역, 조직에 잘 녹아들고 있는가의 사회적 영역, 자아실현을 추구하며 정직, 겸손, 감사할 줄 아는가의 영성 영역은 알아내기 어렵다.

신체, 지식 능력은 단기적 성과를 내는 데 유리하게 작용한다. 여기에 정서, 사회, 영성 능력이 더해지면 개인적인 성장 잠재력이 증폭될 뿐 아니라 조직을 화합시키고 승수효과를 끌어낼 수 있는 역량까지도 기대할 수 있다. 미국 네브라스카 대학교 경영학과 메리 울빈Mary Uhl-Bien 교수는 단순히 개인의 지적 능력과 학력에 치중한 인재관리는 조직에 도움이 되지 못한다고 밝혔다. 그녀는 앞으로 조직이 필요로 하는 인재는 사람과 사람, 부서와 부서 간의 상호작용 속에서 화합cohesion과 중개brokerage 능력을 가진 사람들이라고 말했다.[646]

군사적 폴리매스에게 필요한 인재는 기본적인 신체적, 지적 능력뿐만 아니라 유연한 사고와 연결 능력을 갖춘 사람이다. 이러한 인재를 발탁하여 중요한 직위에 임명하고 더욱 능력을 키워 주면 조직은 더욱 잘 뭉칠 수 있다. 그들은 리더의 의도를 파악하고, 조직 구성원들과 화합하여 이를 구현해 나갈 것이다. 여러 가지 의견들을 수용하고 최적의 방법을 찾아갈 것이다. 단순히 눈앞의 단기 목표에 집착하지 않고 리더가 진정으로 원하는 조직의 본질적 목표를 추구할 것이다. 임무형 지휘가 한 발짝 더 앞으로 다가오는 순간이다.

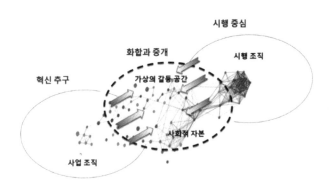

그림 8-9. 메리 울빈의 adaptive space[647]

## 임무형 지휘

### 임무형 지휘의 태동

임무형 지휘의 역사는 과거 프로이센의 프리드리히 대왕Frederick II, Frederick the Great으로 거슬러 올라간다. 프리드리히 대왕은 47년간이나 집권하며 프로이센을 유럽 내 최강 패권국가로 성장시켰다. 그는 뛰어난 군사적 능력으로 많은 전쟁과 전투에서 승리했다. 적과 전쟁하는 동안 주변국의 위협을 감소시키는 외교술 또한 탁월했다. 또, 프로이센의 군사 제도를 완전히 새롭게 정비하고 많은 신新전술을 고안하여 전쟁에 성공적으로 적용했다. 클라우제비츠는 그런 그를 군사적 천재로 여겼다.[648] 프리드리히 대왕은 계몽 군주로서, 철학을 비롯해 플롯과 같은 악기에도 뛰어난 재능을 보였다. 실로 군사적 폴리매스라 할 수 있겠다.

프리드리히 대왕은 주로 사선대형oblique order of battle을 활용하여 경직된 적의 대열을 무너뜨리고, 잘게 쪼개진 적 부대를 각개격파했다.[649] 그는 내선작전interior lines of operations에도 능했다. 내선작전은 포위당할 위험이 있다. 그러나 협력이 원활하지 않은 동맹군에게는 유리하다. 적은 분산되는 반면, 아군은 전투력을 한 방향에만 집중할 수 있기 때문이다. 그는 실제 내선작전으로 많은 전투에서 승리를 거머쥐었다. 압도적인 숫자의 적이라 할지라도 적의 전투력을 분산시켜, 결정적 장소에서 상대적 우위를 달성할 수 있었다.[650]

프리드리히 대왕은 부하들에게 일반원칙을 제시했다.[651] 그중 행동의 자유에 관한 내용이 있다. "최고 지휘관이 분견대장들에게 일반적인 지침만을 하달하면 그들은 요구되는 상황에 따라 공격할 것인지 아니면 철수할 것인지 스스로 결정해야 한다." 그가 이렇게 자율성을 강조한 이유는 제대를 여러 개로 나누어 전투력을 동적으로 운용하려면 자율성이 매우 중요했기 때문이다.

과거 고대 그리스 시대부터 유럽의 중세시대까지 전투는 주로 두 개의 정적인 밀집대형이 서로 맞붙는 소모성 전투였다. 앞 열이 서로 싸우다 죽으면 다음 열이 나섰다. 어느 한쪽이 포기할 때까지 이러한 소모전은 계속되었다. 프리드리히 대왕은 이를 과감히 탈피하고 전투력을 보다 유연하게 운용하고자 했다. 그러려면 먼저 부하 지휘관들의 자율성이 보장되어야 했다. 하지만 그는 이러한 자주적 임무 수행이 가능한 장교가 별로 없음을 한탄하기도 했다. 프리드리히 대왕은 준비되지 않은 부하에게 아무렇게나 자율성을 부여해서는 안 된다는 것을 잘 알고 있었다.

프리드리히 대왕이 죽은 지 3년 후인 1789년, 프랑스 혁명이 일어났다. 이 혼란의 시기를 틈타 나폴레옹이 등장했다. 그전까지 프로이센군은 유럽 내에서 열강의 지위를 유지하고 있었다. 하지만 프리드리히 대왕의 전술은 그의 사후 프로이센군에게 제대로 녹아들지 못했다. 오히려 나폴레옹이 프리드리히 대왕을 흠모하며 그의 전술을 적극적으로 채택했다. 그는 4차 대對프랑스동맹과의 전쟁에서 승리한 이듬해인 1807년에 포츠담의 프리드리히 대왕 묘비를 방문했다. 묘비 앞에서 그는 "만약 이분이 살아 있었다면 나는 여기 없었을 것이다."라고 경외심을 표현한 바 있다.[652]

1806년 예나와 아우어슈테트에서 나폴레옹 군대에 대패한 프로이센은 패배의 원인을 분석하며 나폴레옹의 개혁과 프리드리히 대왕의 교훈들을 다시 살피기 시작했다. 프로이센은 군제개혁위원회를 설립하고 샤른호르스트Gerhard von Scharnhorst를 위원장으로 임명했다. 그나이제나우August von Gneisenau, 클라우제비츠 또한 위원회에 함께 하며 프로이센 군대를 재정비했다.[653]

군제개혁 노력의 핵심은 군대의 체질 자체를 바꾸는 것이었다. 그들은 국민 개병제 도입, 예비군 제도 신설, 신분에 따른 특권 폐지, 일반참모general staff 제도 도입 등을 이루어 냈다. 여기에는 프리드리히 대왕의 철학이 녹아들어 있었다. 대규모의 군대를 분산하여 효과적으로 운용하기 위해서는 예하 지휘관들의 재량권이 보장되어야 했고, 그들 스스로가 자율적으로 판단할 수 있는 능력을 갖춰야 했다.

이제 자율성은 장교들에게 매우 중요한 가치가 되었다. 그러나 당시 프로이센 장교들은 군사 분야에 대한 지식 외에는 별로 아는 것이 없었다.

폰 브렌켄호프von Brenkenhoff 소령과 같은 이들은 장교들에게 학문과 교육은 오히려 육군의 발전에 폐해가 된다고 주장하기도 했다. 장군들 사이에서도 '교육을 잘 받은 장군들이 많으면 권모술수가 판치기 때문에 좋지 않다'는 말이 서로 오고 갔다.[654] 이러한 인식을 뒤엎은 샤른호르스트의 군제 개혁은 그 자체로 큰 의미가 있었다.

이러한 노력에도 나폴레옹 전쟁 이후 한동안 전쟁이 없던 프로이센 군대는 다시 행정적으로 변하고 있었다. 장교에 대한 평가 기준이 사격능력, 교육훈련, 기동성 등이 아니라, 행진할 때 굽혀진 무릎 각도와 발의 위치였다. 프로이센의 프리드리히 칼 왕자Prince Friedrich Karl of Prussia는 이를 신랄하게 비판했다.[655]

그는 왕자이면서도 야전 지휘관이자 군사 사상가였다. 1851년 논문에서 그는 "정해진 임무를 수행하는 데 통상적으로 수단의 선택은 위임되어야 한다. …(중략)… 임무에 대한 어떠한 교시에도 모든 경우에 맞는 완벽한 설명이 포함될 수 없다. …(중략)… 권한 범위 내 적절한 수준에서 각자의 개성에 따라 가능한 큰 행동의 자유를 할당해 주어야 한다."라고 주장했다. 그는 이를 위해 평상시 물리적인 훈련뿐만 아니라 정신교육도 매우 중요하다고 여겼다. 결론적으로 그는 예하 지휘관들의 자주적인 결정권initiative이 전투의 성패를 좌우한다고 생각했다.[656] 이러한 사상은 몰트케 장군으로 이어졌다. 프리드리히 칼 왕자보다 28세가 많았지만, 그는 프리드리히 칼 왕자를 존경했다.

이러한 사상이 프로이센에서 군사 제도화되고 군의 지휘철학이 될 수 있었던 배경에는 당시 과학기술의 발전이 큰 영향을 끼쳤다. 당시 전신telegram이 개발되었는데, 몰트케 장군은 이를 프로이센군의 지휘통제 수단으로 활용했다. 당시 전신은 모르스 부호를 이용하다 보니 아주 간단한 메시지만을 전달할 수 있었다. 몰트케는 전신을 효과적으로 운용하기 위해 예하 부대에 반드시 달성해야 할 임무만 간결하고 명확하게 부여했다. 그리고 세부적인 달성방법과 추정과업들은 예하 부대의 재량에 맡겼다.[657] 이러한 전술은 보오전쟁1866과 보불전쟁1870~1871에서 프로이센군이 승리하는 데 결정적 요소 중 하나로 작용했다.

이 시점이 바로 임무형 전술의 본격적인 시작점이다. 몰트케는 임무형 전술을 규정화했다. 1869년 제정된『고급 지휘관을 위한 규정』에서 그는 "지휘관이 직접 관여하여 얻을 수 있다고 생각되는 이점은, 그렇게 보일 뿐이지, 거의 없다. …(중략)… 제대가 높아질수록 명령은 더욱 짧고 개괄적이어야 한다. …(중략)… 전쟁은 불확실한 상황의 연속이므로 통제를 기다리기보다 적극적으로 행동하고 주도권을 장악해야 한다."라고 말했다. 1885년에 제정된『고급 지휘관을 위한 지도서』에서는 "지휘관들은 특정 양식에 의해 임무를 부여받게 될 것이다. 그러나 임무달성에 필요한 수단의 선택은 제한하지 않는다."라고 명시했다. 몰트케는 상급부대가 명확하게 명령을 하달해야 하고 하급부대는 이를 정확히 이해해야 한다고 강조했다.[658]

임무형 전술은 1, 2차 세계대전 속에서 성공과 시행착오를 거치며 점차 독일군 문화로 정착되어 갔다. 1차 세계대전이 발발한 1914년 당시 동부전선에서는 수적 열세에도 불구하고 독일군이 러시아군을 궤멸시켰다. 당시 독일군은 힌덴부르크Paul von Hindenburg와 루덴도르프Erich Ludendorff 장군이 지휘하고 있었다. 러시아군은 각각 렌넨캄프Paul von Rennenkampf 장군이 1군을, 삼소노프Alexander Samsonov 장군이 2군을 지휘하고 있었다. 바로 유명한 탄넨베르크 전투the Battle of Tannenberg다. 사실 독일군은 러시아의 동원이 6주가량 소요될 것으로 판단했다. 그러나 러시아의 동원이 예상보다 빨라지자 급하게 힌덴부르크와 루덴도르프 장군을 파견한 상황이었다.[659]

이때 작전참모 막스 호프만Max von Hoffmann 중령은 힌덴부르크와 루덴도르프 장군이 현장에 도착하기 전에, 지휘관 의도에 딱 맞아떨어지는 작전계획을 수립했고 이미 병력까지 이동시켰다.[660] 그는 루덴도르프 장군과 베를린에서 수년 동안 같은 건물에 살았던 터라 서로의 특성을 잘 알고 있었다.

호프만 중령은 굼비넨에서 독일군이 지고 있을 때 추격하지 않는 러시아군을 이상하게 생각했다. 그는 러일전쟁1904~1905에 고문관으로 참여했던 경험을 통해 러시아의 수송체계가 매우 열악함을 파악했다. 그만큼 식량과 탄약이 부족해서 추격을 못 하는 것이라 짐작하고 있었다.

러시아 1, 2군이 진격하는 사이에는 마주리안 호수Masurian Lakes가 있어 서로의 상황을 알기 어려웠다. 러시아군은 문맹률이 높아 암호로 교신하기에는 무리가 있었다. 호프만 중령은 러일전쟁 당시 렌넨캄프와 삼소노프가 사이가 안 좋았던 것까지 간파했다. 그는 이 점을 이용해 남쪽의 삼소노프 군을 먼저 포위섬멸하는 계획을 수립했다. 삼소노프 군이 포위 당해도 렌넨캄프가 돕지 못할 것이라 판단했던 것이다. 이후 러시아군은 독일군이 바라던 대로 궤멸하였다. 이는 독일군이 그토록 오랜 기간 추구하던 임무형 전술의 좋은 예이다.

서부전선에서는 상황이 달랐다. 小몰트케 장군은 독일 1, 2군을 프랑스의 마른Marne으로 진격시켰는데 강을 건너면서 이 둘의 간격이 점차 벌어졌다. 상황이 그리 나쁜 것은 아니었다. 만약 현장 지휘관들의 능력이 출중하고, 최고사령관이 그들에게 믿고 맡긴다면 충분히 공세를 이어 갈 수 있었다. 그러나 몰트케 장군은 예하 지휘관들을 믿지 못했다. 그는 현장 부대들과 통신이 닿질 않자 헨취Richard Hentsch 중령을 파견했다. 헨취 중령은 현장에서 상황을 비관적으로 봤다. 그리고는 1군의 반발에도 불구하고 철수 명령을 하달했다.[661] 이어 다른 군들도 후퇴할 수밖에 없었다. 결과론적인 이야기이지만 많은 전문가가 당시 독일군이 계속 진격했더라면 승리의 가능성도 충분히 있었다고 평가한다.

2차 세계대전 당시에는 기동전의 발달과 함께 독일군 하급제대에서 이러한 임무형 전술이 활발히 적용되었다. 당시 독일군은 전쟁 영웅들에게 철십자기사 훈장을 수여했다. 이 훈장은 '자주적인 결심, 용감성과 탁월한 전투지휘능력'을 지닌 자들에게 수여되는 훈장으로, 그 정신은 임무형 전술과 맥락을 같이한다. 2차 세계대전 전체를 통틀어서 총 7,318명이 이 훈장을 수여받았다. 그중 부사관이 1,448명으로 약 20%를 차지했다. 이들은 상당수가 장교가 되었고 장군의 지위까지 오른 이도 많다.[662]

그러나 최고 사령부에서는 이상한 기류가 흘렀다. 히틀러는 점차 자신의 군사적 능력을 맹신했다. 그러다 보니 군사작전에 대한 그의 간섭은 날로 심해졌다. 히틀러는 1940년 프랑스 침공 당시 기세를 올리던 독일군의 진격을 멈춰 세웠다.[663] 그 결과 프랑스와 영국 연합군 대부분은 덩케르크Dunkirk에서 무사히 철수할 수 있었다.

독소 전역에서 소련의 역습에 큰 피해를 보자 독일 남부집단군 사령관 룬트슈테트Gerd von Rundstedt 장군과 2기갑군 사령관 구데리안Heinz Wilhelm Guderian 장군은 철수를 주장했다. 그러나 히틀러는 그들의 주장을 뭉개고 현지 사수를 명령했다. 북부집단군 사령관 폰 레브Wilhelm Ritter von Leeb 장군과 4기갑군 사령관 회프너Erich Kurt Richard Hoepner 장군도 철수를 건의했다가 각각 전역 및 해임되었다. 시간이 갈수록 병참선은 길어졌다. 동계 피복은 지급되지 않았고, 전차는 파괴되어 10%밖에 남지 않았다.[664] 북부 레닌그라드에 대한 집착[665], 남부 코카서스 지역으로의 진격을 위한 모스크바 공격 중지 등 히틀러는 현장 지휘관들의 의견을 뭉개 버린 채 고집을 꺾지 않았다.[666]

이렇게 임무형 전술의 태동 과정을 살펴보면, 상·하급 지휘관 모두의 역할이 중요함을 알 수 있다. 먼저, 부하들의 능력이 중요하다. 그리고 상급지휘관은 부하들의 능력을 믿어야 한다. 하지만 이것이 단순히 예하 부대에 임무만 부여하고 그 외에는 모든 것을 위임하는 개념은 아니다. 이를 위해서는 평소 교육훈련을 내실 있게 실시해야 한다. 고급 지휘관, 참모로 올라갈수록 군사학뿐만 아니라 다양한 학문 분야를 주도적으로 학습해야 한다. 상급지휘관과 부하들이 끊임없는 의사소통을 통해 부대가 이루고자 하는 비전과 가치를 공유해야 한다. 그런 다음에서야 상급지휘관은 부하들의 능력을 믿고 임무 수행 방법을 과감히 위임할 수 있다.

## 임무형 지휘란 무엇인가? 왜 중요한가?

독일의 임무형 전술은 이후 미국으로 전해지며 임무형 지휘 개념으로 발전했다. 미군은 베트남 전쟁 패전의 여러 원인 중 하나로 경직된 관료주의적 의사결정체제를 꼽았다. 당시 린든 존슨 대통령과 로버트 맥나마라 국방성 장관은 현장 지휘관의 전문성과 상황판단 능력을 불신하고 의사결정의 중앙집권화를 강조했다.[667] 당시 미군 문화 자체가 1800년대 초반부터 내려오던 조미니의 과학적 사고방식을 과신하고 있었다. 심지어 헬기에 탑승한 지휘관이 헬기 아래의 개별 소부대를 직접 통제하며 전투를 지휘하기까지 했다.[668] 베트남 전쟁의 패배를 계기로 미군은 클라우제비츠의 철학적 군사 사상을 본격 연구함과 동시에 임무형 지휘의 도입을 추진했다.[669] 이는 다시 우리 육군으로 전해져 현재 우리 육군에도 지휘 철학으로 자리 잡았다. 그 과정에서 임무형 지휘는 매우 체계적인 교리의 형태로 정립되었다.

미 육군 교리는 임무형 지휘를 '상황에 따라 적절하게 예하 부대에 의사결정의 권한을 부여하고 실행을 분권화하는 육군의 지휘통제 접근방법(철학)'으로 정의했다. 이와 함께 임무형 지휘의 기본 원칙 여섯 가지를 제시하고 있다. 바로 '능숙함', '상호 신뢰', '이해의 공유', '명확한 지휘관 의도 제공', '임무형 명령 활용', '훈련된 주도권 행사', '분별력 있는 위험 감수'이다.[670] 이는 앞서 독일군에서의 임무형 전술 발달 과정을 토대로 베트남 전쟁 실패의 교훈을 체계화하여 반영한 것으로, 우리 육군도 거의 유사한 내용이 교리에 반영되어 있다.

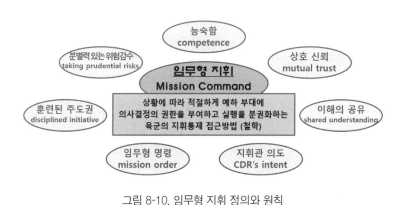

그림 8-10. 임무형 지휘 정의와 원칙

임무형 지휘가 실현되려면 평상시 정말 큰 노력이 필요하다. 전장 상황은 불확실하다. 그러므로 모든 것을 사전에 계획할 수는 없다. 실시간에 모든 변화되는 상황을 최고 지휘관이 결정해 주면 좋겠으나 그것 또한 불가능하다. 그렇다면 예하 지휘관들이 자신의 부대가 처한 상황에 맞게 작전을 지휘해야 한다. 그런데 상급지휘관이 생각하는 방향과 어긋나면 안 된다. 따라서 평상시에 상·하급 지휘관들은 서로 많은 대화와 토의, 교육훈련 등을 통해 신뢰를 쌓고 이해를 공유해야 한다.

상급지휘관은 자신의 의도를 수시로 전달하며 그 배경까지 잘 설명해 주어야 한다. 부하들은 평상시 상급지휘관과의 상호작용을 통해 그가 궁극적으로 이루고자 하는 것이 무엇인지 그 맥락까지도 이해해야 한다. 이를 토대로 실제 전장에 투입되면 변화되는 상황에 맞게 수단과 방법을 결정하며 주도적으로 작전을 수행한다. 그리고 때로는 분별력 있게 위험까지도 감수할 수 있게 된다.

임무형 지휘를 통제형 지휘의 반대말로 오해할 수 있다. 상급지휘관이 부하들에게 지침만 하달하고 세부적으로 통제하지 않는다는 임무형 지휘의 대전제 때문이다. 그러나 넓은 의미에서 임무형 지휘는 상황에 따라 지휘의 방법을 달리하는 것이다. 즉, '지휘의 술'뿐 아니라 '통제의 과학'을 포함하며, 때로는 아주 작은 부분까지도 세밀하게 통제할 수도 있다.

임무형 지휘는 권한 위임authorization 또는 empowerment과 세부적인 통제micro management를 포괄하는 개념이다. 모든 상황에서, 모든 예하 지휘관에게 똑같이 권한을 위임하는 것은 오히려 위험한 행동이다. 지휘관은 '지휘의 술'과 '통제의 과학'의 스펙트럼 내에서 상황과 여건에 따라 지휘의 방법을 변화시켜야 한다.

리더가 임무형 지휘의 개념을 잘못 이해하면 조직이 매우 위험해질 수 있다. 지나친 자율성 부여는 오히려 독이 될 수 있기 때문이다. 먼저 조직 구성원들과의 공감대를 형성하고 그들의 역량을 키워 줘야 한다. 그러기 위해서는 평소 리더의 적절한 개입, 지도와 간섭이 꼭 필요하다.

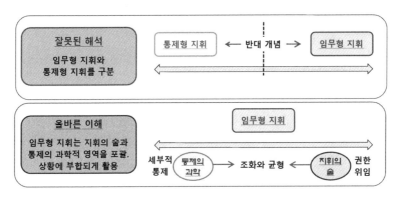

그림 8-11. 임무형 지휘의 잘못된 해석과 올바른 이해[671]

따라서 임무형 지휘가 잘되려면 역설적으로 평상시에 더 많은 통제가 요구될 수도 있다. 그러는 가운데 리더십 이니셔티브를 발휘해야 한다. 동기를 부여하고 부하들이 매사에 적극적으로 참여하도록 유도해야 한다. 자신의 의도를 끊임없이 알려 주고 부하와 될 수 있으면 많은 시간을 함께 해야 한다. 그러면서 리더는 부하들의 개인적 특성과 능력도 알아 갈 수 있다. 이를 토대로 그들을 육성하고 적재적소에 등용할 수 있게 된다.

임무형 지휘를 구현하기란 여간 어려운 일이 아니다. 리더는 평소 끊임없이 조직 구성원들에게 조직 목표와 달성 방향에 대한 자신의 철학을 알려 줘야 한다. 단순히 이야기하는 것으로는 부족하다. 조직 구성원들이 리더의 진심을 느끼고 공감할 수 있도록 다양한 방법과 노력이 필요하다. 조직 구성원들 또한 리더가 바라는 조직의 최종 상태(end state)가 무엇인지, 다양한 경우에서 어떠한 방식으로 임무 수행하는 것을 선호하는지 알아내려고 노력해야 한다. 소크라테스와 제자들이 그렇게 서로를 알아 갔었고, 공자와 제자들 또한 그렇게 서로를 이해할 수 있었다. 정말 귀찮은 일이다. 그래서 일단 리더와 조직 구성원 모두가 자발적 의지를 갖춰야 하고 또 부지런해야 한다.

구현하기 어렵다고 해서 임무형 지휘를 그냥 포기해 버릴 수는 없다. 임무형 지휘는 매우 중요하기 때문이다. 더군다나 복잡성과 불확실성이 더욱 커지는 미래 사회에서는 더욱 그렇다. 미 육군은 1992년 냉전 종식 이후의 세계를 뷰카VUCA라고 표현했다.[672] 바로 변동성volatility, 불확실성 uncertainty, 복잡성complexity, 모호성ambiguity이다. 이는 워렌 베니스Warren Bennis 와 버트 나누스Burt Nanus의 리더십 이론에서 처음 나온 오래된 개념이지만, 미래 사회를 설명하기에 매우 적합한 개념이라 볼 수 있다. 2019년에는 VUCA에 역설paradox을 포함한 VUCAP이라는 개념도 등장했다.[673]

이렇듯 한 치 앞도 정확히 예측할 수 없는 미래 사회에서는 유연한 조직만이 살아남을 수 있다. 실전에서 리더는 조직 구성원들을 세밀하게 통제해서는 안 되고, 조직 구성원들은 리더의 지시만을 기다려서는 안 된다. 경직된 의사결정체계로 인해 시간을 끄는 동안 이미 상황은 바뀐다. 늦은 결심은 무용지물이 될 것이다.

미국의 군사 이론가 존 보이드John Boyd는 우다 루프OODA Loop: 관찰 Observe, 판단 Orient, 결심 Decide, and 행동 Act Loop의 개념을 내세웠다. 적군보다 빠른 템포로 결정하고 행동하면 적군은 관찰과 판단에 고착되어stuck in the OO 적절한 대응을 할 수 없다.[674] 예측이 어려운 작전환경에서 이러한 빠른 결심과 행동은 권한의 위임과 분권화, 즉 임무형 지휘 없이는 불가능하다.

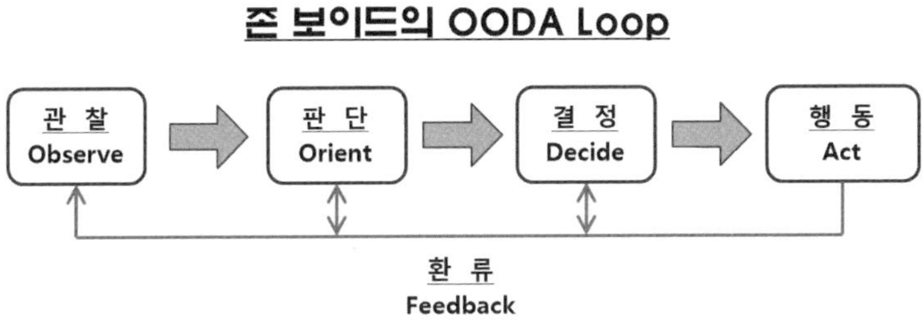

## 존 보이드의 OODA Loop

관 찰 Observe → 판 단 Orient → 결 정 Decide → 행 동 Act

환 류
Feedback

그림 8-12. OODA Loop[675]

또 한편으로 임무형 지휘는 개인의 자아실현 욕구를 충족시킬 수 있는 중요한 요소다. 손무가 강조한 '도'는 군주로부터 백성들까지 한마음 한뜻이 됨을 의미한다. '상하동욕'이 되면 '도'의 경지에 이를 수 있다. 클라우제비츠는 전쟁의 삼위일체인 이성, 감성, 우연과 개연성의 조화를 강조했다. 이 세 가지가 조화를 이루면 또한 '도'의 경지에 이를 수 있을 것이다. 그렇게 되면 조직의 목표 달성을 위해 노력하는 것 자체가 자아를 실현하는 과정이 될 수 있다. 조직의 목표와 개인의 목표가 일치되는 것이다. 그렇게 되면 리더와 팔로워 모두 영성지수도 발달될 것이다.

세상 만물은 모두 변화한다. 전쟁 방식도 마찬가지다. 하지만 전쟁의 파괴적 속성은 변하지 않는다. 전쟁 자체가 불확실성과 마찰에 놓여있다는 사실도 변하지 않는다. 전쟁의 역설이다. 전쟁은 결국 인간이 수행한다. 불완전한 인간의 상호작용으로 그 불확실성과 마찰은 더 증가한다.

따라서 전쟁에서 탁월한 리더의 역할은 더욱 중요해진다. 바로 군사적 폴리매스다. 그러나 군사적 폴리매스가 아무리 뛰어난 능력을 갖췄다 한들 함께할 전우들이 없다면 혼자서 할 수 있는 일은 아무것도 없다. 그래서 리더십이 중요하다. 군사적 폴리매스는 리더십의 이니셔티브를 발휘하여 부하들과 함께 임무형 지휘를 구현해야 한다. 이를 통해 궁극적으로 어떠한 전쟁에서도 승리할 가능성을 높일 수 있다.

# 9

# 맥락적 사고와 절대우위 전략

## 변하는 것들 속의 변하지 않는 것

육해공군을 막론하고 경계부대에서 근무하던 전우들에게 2020년부터 2022년까지는 악몽과 같은 시기였다. 제주 해군기지 주둔지 민간인 불법 침입[676], 태안 중국인 밀입국[677], 강화도 탈북민 월북[678], 동부전선 GOP 철책 귀순[679], 해안 헤엄 귀순[680], 철책 월북 사건[681] 등 정말 많은 경계실패 사례들이 있었다. 사실 우리 군의 해안과 GOP 경계부대는 이미 나름의 최첨단 경계시스템을 도입해서 운용하고 있었다. 열 영상 감시장비, 레이더, 감지 기능이 탑재된 광케이블, 감시 및 감지가 동시에 가능한 카메라 등등 엄청난 국방비를 들여 체계를 잘 갖추어 놓았다.

그런데도 우리 군은 2020년부터 2022년까지 수차례 경계실패를 겪어야 했다.[682] 군은 그 원인을 분석하고 또 분석했다. 제대별로 수십 차례 현장 점검이 이루어졌다. 저자도 GOP 대대장으로서 현장에서 전우들과 고군분투했다. 우리라고 괜찮으리라는 보장도 없었다. 그래서 조금이라도 더 완벽한 시스템을 구축하기 위해 고민하고 또 고민했다. 수많은 사람이 현장 검증을 통해 원인을 분석했고, 매우 다양한 대안들이 쏟아져 나왔다. 시스템을 보완하는 데만 수개월이 소요되었다. 그 바탕에는 한 가지 핵심적인 기본 원칙이 내재해 있었다. 바로 '사람'이 중요하다는 것이다.

과학화 경계시스템이 아무리 잘되어 있어도 만약 오류가 발생하면 사람이 조치해야 한다. 과학화 경계시스템의 감시와 감지 체계는 수풀의 흔들림, 바람, 동물의 움직임 등에도 잘 반응한다. 무수히 많은 경보음 속에서 진짜 적의 도발을 찾아내는 것도 결국 사람의 몫이다.

우리는 상황이 발생하면 바로 출동할 수 있는 정신무장, 능력, 태세를 갖추고 있어야 한다. 그렇지 않으면 적의 도발을 알아채더라도 적시에 대응하지 못한다. 위기가 초래됐을 때 확전으로 가느냐, 다시 평시로 회귀하느냐의 문제는 현장 지휘관이 얼마나 적절하게 대응 수준을 판단하고 조치하느냐에 달려 있다고 해도 과언이 아니다. 그렇다. 결국, 사람이 핵심이라는 사실은 변치 않는다.

앞서 2부에서 우리는 변하는 것들에 대해 살펴봤다. 세상 만물은 다 변한다. 그중에서 과학기술과 생체기술, 우주 기술의 변화는 어느 정도 방향성을 지니고 있다. 우리가 그 방향성을 앞장서서 끌어갈 수 있으려면 마냥 선진군대를 모방하는 것으로는 부족하다. 현상을 그냥 있는 그대로 받아들이기만 하지 않고, 그 현상 속에 숨어 있는 문제점을 식별하려는 노력이 중요하다. 문제점이 식별되면 이를 해결하기 위해 가장 최적의 방법을 창의적으로 찾아낼 수 있어야 한다. 비판적 사고와 창의적 사고의 조화, 즉 건설적 사고가 중요한 이유다.

과학기술, 생체기술, 우주 기술 등의 분야에서는 경쟁이 중요하다. 남보다 한발 앞서 새로운 것을 개발하면 경쟁에서 우위를 점할 수 있다. 이는 비판적 사고를 통해 남들이 보지 못한 문제를 먼저 발견하고 이를 창의적으로 해결하는 노력으로 가능하다. 그런데 방향성이 없으면 안 된다. 따라서, 먼저 미래에 우리가 달성하고자 하는 명확한 목표를 설정해야 한다. 그리고 그 목표를 달성하는 데 필요한 구체적인 개념을 설정해야 한다. 또한, 조직 구성원들의 건설적 사고를 끌어낼 수 있는 환경설정이 필요하다.

지금 우리는 변하지 않는 것에 관해 논하고 있다. 변하지 않는 가치를 지켜 가기 위해서는 조금 다른 접근법이 필요하다. 변하지 않는 것에 대한 논의는 모든 것이 변한다는 것을 인정하는 것으로부터 출발한다. 미래를 정확히 예측하는 것은 거의 불가능하다. 누군가 예측한 미래가 행여 실제 일어났다면 그것은 운이 좋았거나 이미 그 예측이 미래에 영향을 끼쳤기 때문이다. 어떤 유명한 사람이 미래를 예측하고 그 사실이 알려지면, 그것에 영감을 받아 그 예측을 실현하려 노력하는 사람들이 생겨나기 마련이다.

그마저도 극히 일부만 들어맞는다. 누군가는 자의든 타의든 예측이 실현되는 것을 방해할 것이다. 다른 누군가는 정반대의 예측을 하며 또 다른 사람들에게 영감을 줄 것이다. 이러한 서로 다른 방향의 벡터들이 예측을 더욱 어렵게 할 것이다. 앞서 경계실패 사례에서처럼, 모든 사회현상은 인간으로 귀결된다. 인간으로 인해 사회현상은 더욱 복잡해진다. 그중 가장 복잡한 현상인 전쟁은 더더욱 예측이 어렵다. 이에 우리는 한 가지 절대 변하지 않는 진리를 발견할 수 있다. 바로 전쟁은 항상 변화한다는 사실이다. 바꿔 말해, 전쟁의 복잡성은 절대 변치 않는 진리다. 이것이 변하는 것과 변치 않는 것의 역설이다.

지식과 지혜라는 단어는 혼용되는 경우가 많다. 그러나 이 두 단어는 확연히 다른 의미를 지닌다. 세계적인 저널리스트이자 작가인 에릭 와이너 Eric Weiner는 그의 책 『소크라테스 익스프레스』에서 우리가 정보, 지식, 지혜를 혼동하고 있다고 말했다. 그에 따르면 정보는 사실이 뒤죽박죽 섞여 있는 것이다. 지식은 뒤죽박죽 섞인 사실을 좀 더 체계적으로 정리한 것이다. 지혜는 뒤얽힌 사실들을 풀어내어 이해하고, 결정적으로 그 사실들을 최대한 활용할 수 있는 방법을 제시한다. 즉, 지식은 아는 것, 지혜는 이해하는 것이다.[683] 지식은 개별 사실의 축적이지만 지혜는 개별 사실들이 서로 연결되고 영향을 주어 우리가 예상치 못한 또 다른 유의미한 결과를 나타내는 것이다.

지식이 증가한다고 해서 반드시 더욱 지혜로워지는 것은 아니다. 실제로 지식이 늘면 오히려 덜 지혜로워질 수도 있다. 아는 것은 많은데 실전에 약한 헛똑똑이를 본 적이 있을 것이다. 또한, 자신이 아는 것을 주변 사람들에게 제대로 표현하지 못하고 어려운 말만 잔뜩 늘어놓는 '지식의 저주the curse of the knowledge'[684]에 걸린 사람들도 본 적이 있을 것이다. 지식은 소유하는 것이지만 지혜는 실천하는 것이다.[685] 여러 지식을 상황에 맞게 잘 연결하고 융합하여 올바르게 실천할 때 우리는 비로소 지혜로울 수 있다. 지식은 개별의 가벼운 상황에 대한 개별의 해결책이지만, 지혜는 복잡한 문제일지라도 지식과 경험을 연결하여 새로운 해결책을 만들어 내는 것이다.

우리는 부분만을 보는 것이 아니라, 전체를 바라보는 지혜를 가져야 한다. 전체 속에서의 각 부분이 어떻게 서로 조화를 이루는지 이해해야 한다. 그리고 그 조화를 통해 모든 구성원이 함께 시너지 효과를 낼 수 있어야 한다. 이렇게 전체 속에서 부분의 맥락을 짚어 조화와 시너지 효과를 추구하는 사고방식이 맥락적 사고이다. 맥락적 사고는 군사적 폴리매스의 자질, 리더십 이니셔티브, 임무형 지휘의 연결과 조화를 통해서 가능하다. 또, 맥락적 사고를 통해 군사적 폴리매스의 자질, 리더십 이니셔티브, 임무형 지휘가 더욱 잘 구현될 수 있다.

맥락적 사고와 함께 우리가 추구해야 할 전략은 바로 절대우위 전략이다. 절대 변하지 않는 이데아의 세계에서는 누군가와 경쟁하는 것이 아니다. 자기 자신과 경쟁을 해야 한다. 앞서 뇌의 가소성에 관해 이야기했었다. 우리는 막연하게 우리의 한계를 설정하면 안 된다. 우리 모두가 군사적 폴리매스의 능력이 충분히 있음을 믿어야 한다. 리더십 역량도 마찬가지다. 내가 노력하면 나의 상관, 동료와 부하들은 나를 믿고 지지해 줄 것이다.

군사적 폴리매스에 이르는 길은 어렵다. 리더십의 이니셔티브를 발휘하는 길 또한 쉬운 것이 아니다. 그 과정들 속에서 많은 도전요소에 부딪힐 것이다. 그럴 때마다 좌절하지 않는 능력이 필요하다. 누르면 누를수록 더 높이 튀어 오를 수 있는 용수철과 같은 내성이 필요하다. 바로 회복탄력성 resilience이다. 그러면서도 미래의 불확실한 상황을 나에게 유리하게 끌어갈 수 있도록 하는 올바르고 지속적인 선택, 즉 안티프래질antifragile한 선택을 해나가야 한다. 이 모든 과정에는 과중한 스트레스가 따를 것이다. 그러나 스트레스가 없이는 아무것도 이룰 수 없다. 이를 인정하고 묵묵히 회복탄력성과 안티프래질을 발휘해 나가는 것이 바로 절대우위 전략이다.

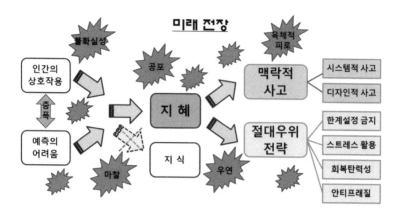

그림 9-1. 지혜: 미래 전장 극복의 열쇠

그럼, 이제 맥락적 사고와 절대우위 전략에 대해 차례로 살펴보자.

## 맥락적 사고

2차 세계대전이 종료된 직후 남태평양 뉴기니 인근 섬에는 이상한 현상이 일어나고 있었다. 섬의 원주민들은 나무로 만든 비행기 모형을 앞에 두고 종교의식을 벌였다. 종교 지도자로 보이는 한 사람은 가짜 무전기와 십자가를 들고 뭔가 주문을 외우듯 계속 중얼거렸다. 사람들은 이윽고 비행기 모형으로 달려들어 짐을 하역하듯 무언가를 마구 끄집어 내렸다. 심지어, 비행기 활주로, 공항 매점, 식당, 사무실까지 만들고 비행기가 착륙하는 모습을 어설프게 재현했다. 또 어떤 부족은 군인처럼 보이기 위해 몸에 미국 국기를 칠한 채 나무로 만든 총을 들고 훈련이나 분열 행진을 하기도 했다.

이들에게는 나름대로 그럴 만한 이유가 있었다. 2차 세계대전 당시 자신들의 섬을 찾아온 미군들은 그곳에 군사기지를 세웠다. 섬에 군 공항이나 항구가 만들어졌고, 그 과정에서 미군들은 원주민들에게 노역을 담당하게 했다. 그리고 그 대가로 그들에게 스팸, 씨-레이션C-Ration, 통조림 형태의 미군 전투식량, 초콜릿 등을 주었다. 원주민들은 처음 본 음식들에 눈이 휘둥그레졌다. 2차 세계대전이 종료되면서 미군들은 섬에서 철수했고, 원주민들은 진귀한 음식들을 더는 맛볼 수 없게 되었다.

원주민들은 미군들의 모습을 떠올리며 특정 행동을 하면 비행기나 배가 화물cargo들을 가져다준다고 생각했다. 이러한 생각은 미신cult과 섞였다. 조상신이 자신들을 위해 베풀어 주는 것이라 믿었다. 그들에게 미군의 배와 비행기는 그저 조상신이 보내 주신 바다 괴물과 커다란 새로 여겨졌다. 각 부족은 점차 미군들의 행동을 따라 하기 시작했다. 그렇게 하면 조상신이 다시 화물을 풍족하게 보내 주실 거라 믿었다. 이러한 미신 현상을 카고 컬트Cargo Cult라고 부른다.[686]

이 이야기 속 원주민들은 인과관계를 착각하고 있다. 그들이 미군들로부터 받은 화물은 공장에서 만들어진 생산품이다. 미군들은 군사적 필요 때문에 섬을 점령했고, 원주민들의 노역에 대한 대가로 제품들을 지급했다. 미군들은 필요한 만큼 본국에 보급품을 요청했고 선박과 비행기가 이를 수송했다. 하지만 원주민들은 미군의 보급품을 조상신이 주는 선물이라 믿었다. 그리고 미군이 보인 일련의 행동들이 그 선물을 가져다주는 주문이라 생각했다.

이러한 주술적인 행위들을 통해 원주민들의 문제가 해결되었을까? 당연히 아니다. 아무리 카고컬트 의식을 치러도, 그들은 보급품을 얻을 수 없다. 원주민들은 나무만 보고 숲은 보지 못했다. 달을 보라고 손가락으로 달을 가리키니 달을 보지 않고 손가락 끝만 보는 격견지망월: 見指忘月이었다.[687] 그들은 자신이 본 빙산의 일각으로 잘못된 판단을 내렸다. 전체적인 맥락을 놓친 것이다.

맥락적 사고는 어떤 현상들의 맥락을 잘 찾아내는 것에서 출발한다. 그렇지만 거기서 그치지 않는다. 상황을 유연하게 바라보면서 얼핏 대립적으로 보이는 것들을 균형감 있게 생각할 수 있는 능력이다. 거시적 관점에서 바라보면 세상은 균형되고 조화롭다. 그러나 어느 한 부분만을 세부적으로 살펴보면 만물이 균형을 맞추고 있지는 않다. 맥락적 사고는 모순과 대립의 상황 속에서도 세상을 크게 바라보고 균형감을 잃지 않는 것이다.

문제의 본질을 찾고 이를 올바르게 해결하기 위해서는 이렇게 유연하고 균형된 맥락적 사고가 필요하다. 미국의 유명 작가 조지 손더스George Saunders는 '모든 분야를 막론하고 전반적으로 모순되는 생각을 매우 편안하게 받아들일 수 있는 능력'이 중요함을 강조했다. 이러한 사고법이 바로 맥락적 사고이다.[688]

맥락적 사고를 잘하기 위해서는 다음의 두 가지 노력이 필요하다. 먼저, 표면의 모습만 보지 않고 내면의 숨은 이야기들을 찾아내야 한다. 푹푹 찌는 어느 여름날 미 육군 중위가 마트에서 물건을 계산하기 위해 줄을 서 있었다.[689] 앞에는 물건 하나만 집어 든 할머니가 사내아이를 안고 있었다. 일단 중위는 그 모습만으로도 화가 났다. 날은 더운데 그 할머니가 소량 계산대로 가지 않고 대량 계산대에 서 있었기 때문이다. 드디어 할머니 차례가 되자 더 황당한 일이 벌어졌다. 계산대의 여자 직원은 계산할 생각은 안 하고 아이를 받아 안아 놀아 주기 시작한 것이다.

중위는 더 화가 났지만, 마음을 가다듬었다. 그리고는 자신의 차례가 되었을 때 여자 직원에게 "아이가 참 귀엽더군요."라고 말했다. 그러자 그녀는 말했다. "아, 그래요? 사실은 제 아들이에요." 중위는 깜짝 놀랐다. 이야기를 들어 보니 그녀의 남편은 군인이었고 해외파병 중에 전사했다. 경제적 문제로 그녀는 직장에 나와야 했고, 친정엄마가 이렇게 매일 마트에 아이를 데리고 와 얼굴을 보여 줬던 것이다.

만약 중위가 성급하게 화를 냈더라면 어땠을까? 아마도 할머니와 여자 직원은 매우 서글펐을 것이다. 그가 군인이라는 사실을 알면 더욱 슬펐을 것이다. 또, 여자 직원의 남편이 전사했다는 사실을 중위가 알게 된다면 그는 자신의 행동을 매우 후회하게 되었을 것이다. 그는 처음에는 표면적인 상황에 화가 났지만 그래도 맥락을 이해하기 전까지 화를 내지 않았다. 그리고 맥락을 이해한 후 마음의 평온을 찾을 수 있었다.

유명한 의사이자 심리학자 빅터 프랭클Viktor E. Frankl은 "자극과 반응 사이에는 선택할 수 있는 자유가 있다."라고 말했다.[690] 자극과 반응 사이에 자동 연결장치를 끊어 낼 때 반응은 대응으로 바뀐다. 반응은 자극에 대해 조건반사적으로 나오는 것이다. 반면, 대응은 자극에 바로 반응하지 않고 충분히 상황을 파악한 후 신중한 판단을 하는 것이다.

자극과 반응 사이의 시간과 공간에서 우리는 시스템 I이 아닌 시스템 II의 사고를 할 수 있다. 우리가 메타인지로 우리 자신을 바라보듯, 3인칭의 관점에서 상황 전체를 바라볼 수 있다. 맥락적 사고를 할 때 우리는 자극에 올바르게 대응할 수 있게 된다.

둘째로, '그때는 맞고 지금은 틀리다.' 또는 '여기서는 맞고 저기서는 틀리다.'를 인정해야 한다. 덴마크에 레드 어소시어츠ReD Associates라는 유명한 컨설팅 회사가 있다. 포드, 아디다스, 샤넬 등의 기업 컨설팅을 담당했던 기업이다. 당시 실리콘밸리에서는 빅데이터 기반의 알고리즘 사고가 유행했다. 그래서 대부분의 컨설팅 회사들은 주로 빅데이터를 활용하여 컨설팅을 진행했다. 레드 어소시어츠는 이러한 분위기에 반기를 든 회사다.

일반적인 컨설팅팀은 MBAMaster of Business Administration, 경영학 석사 출신이나 빅데이터 전문가 등으로 구성된다. 그러나 레드 어소시어츠는 인류학자, 사회학자, 예술사학자, 철학자들로 팀을 구성했다. 그리고는 다음과 같은 컨설팅의 다섯 가지 원칙을 세웠다.[691]

## 레드 어소시어츠의 다섯 가지 원칙

1. 개인이 아니라 문화를 살핀다.
2. 피상적 데이터가 아닌 심층적 데이터이다.
3. 동물원이 아니라 초원으로 간다.
4. 제조가 아니라 창조다.
5. GPS가 아니라 북극성을 따라간다.

그림 9-2. 레드 어소시어츠의 다섯 가지 원칙

이 컨설팅팀의 구성과 그들이 세운 원칙들이 주는 메시지는 분명하다. 사물이나 사건의 표면만 보는 것이 아니라 내면의 의미와 주변과의 시공간적 맥락을 파악해야 한다는 것이다.

레고LEGO는 최고 인기의 블록 장난감회사다.[692] 그러나 20세기 말에 들어서면서 비디오게임에 밀려 점차 인기가 시들해졌다. 위기에 선 장난감회사 레고는 다시 일어서기 위해 아이들을 대상으로 대대적인 설문 조사를 했다. 그들의 핵심 질문은 "아이들은 어떤 장난감을 좋아할까?"였다. 결과는 아이들은 불이 번쩍이거나, 소리가 나고, 가지고 놀기 쉬운 장난감에 끌린다는 것으로 나타났다. 레고는 블록 사업을 대폭 줄이고 화려한 로봇이나 인형을 제작하는 데 집중했다. 그러나 시장의 반응은 싸늘했다.

레고는 레드 어소시어츠에 자문을 구했다. 컨설팅팀은 다른 접근을 했다. 그들은 설문 조사 대신 반년 동안 아이들과 함께 놀면서 아이들을 세밀하게 관찰했다. 그 결과, 아이들이 단순히 멋지고 화려한 장난감을 좋아하는 것이 아니었음을 알게 되었다. 아이들은 자신이 좋아하는 세계에 대해 자신만의 상상력을 발휘하는 데 장난감을 활용하고 있었다.

레고는 다시 블록 생산에 집중했다. 이번에는 더욱 다양한 블록을 제작하기로 했다. 각종 동물, 운동선수까지도 재현할 수 있는 블록들을 제공하여 아이들이 자신이 좋아하는 세상을 마음껏 만들 수 있도록 했다. 이 전략으로 레고는 다시 장난감 업계 1위 자리를 탈환하게 되었다.

레드 어소시어츠의 CEO 크리스티안 마두스베르그Christian Madsbjerg는 다음과 같이 말했다. "맥락과 색채가 사라지고 남는 것이라고는 세계 자체가 아닌 세계에 대한 추상적 묘사뿐이다. …(중략)… 오늘날의 세계가 엄청 복잡하게 느껴지는 이유는 우리가 세계를 사실의 조합으로 구성하는 데 집착하기 때문이다. …(중략)… 누군가를 완벽하게 이해하는 건 그 삶의 맥락을 함께 공유했을 때 가능하다."[693]

우리는 무수히 많은 사실과 사실 가운데 연결고리를 찾아야 한다. 그 사실들이 어떠한 맥락에서 서로 연관되는지를 알아내야 한다. 어떤 한 장난감이 20세기 초중반의 어린이들에게는 최고의 장난감이었을지 몰라도, 현대의 아이들에게는 적합하지 않을 수 있다는 사실을 인정해야 한다.

맥락적 사고는 시스템적 사고systems thinking와 디자인적 사고design thinking를 통해 이루어질 수 있다. 시스템적 사고는 나무가 아닌 숲을 보는 것이다. 앞서 시스템 이론을 설명한 바 있다. 시스템적 사고를 하는 사람들은 세상을 하나의 시스템으로 본다. 그 시스템 안에는 많은 하위 시스템subsystems들이 서로 얽혀 있다. 그리고 그 시스템은 항상 역동적으로 변화한다. 시스템적 사고는 어느 한쪽의 생각과 행동이 다른 부분에 항상 영향을 끼친다는 것을 이해하는 생각법이다.[694]

어느 날 이집트 파라오가 젊은 조카 추마와 아주르에게 각각 피라미드를 만들라는 명령을 내렸다. 그는 각자의 피라미드가 완성되면 왕자의 지위와 함께 엄청난 부를 제공하겠다고 말했다. 아주르는 즉시 작업에 착수했다. 돌들을 끌어다가 기초를 쌓자 어느 정도 토대를 갖추었다. 그러나 두 번째 단부터 문제가 생겼다. 첫째 단은 돌을 어떻게든 굴려서 토대를 쌓았지만, 그 무거운 돌들을 둘째 단으로 올릴 수가 없었다. 추마는 달랐다. 그는 아주르의 비웃음을 받으면서도 홀로 이상한 기계를 제작하고 있었다. 그것은 거중기였다. 아주르는 추마의 행동이 의미 없고 바보 같은 행동이라 여겼다. 하지만, 3년이 지나 거중기를 완성한 추마는 고작 40일 만에 아주르가 3년간 쌓은 높이를 따라잡았다.[695]

추마는 일에 착수하기 전 넓게 멀리 봤다. 그런 다음 시스템을 이해하고 구축함으로서 성공을 거두었다. 그가 만든 거중기라는 시스템은 당시로써는 매우 복잡한 것이었다. 지지대, 바퀴, 지렛대, 밧줄을 포함해 무수히 많은 부품이 서로 잘 맞물려 있었다. 그는 3년 동안 시스템을 만들고 그 시스템을 이용하여 5년 만에 피라미드를 완성했다. 그러나 아주르는 시스템을 구축할 생각을 하지 않고 눈앞의 일에 급급했다. 8년 동안 매달렸으나 결국 그는 피라미드를 완성하지 못하고 생을 마감했다.

이것은 아주 단순한 기계적 시스템의 예이다. 시스템이 중요한 이유는 다른 곳에 있다. 시스템은 그 구성요소의 상호작용으로 인해 항상 역동적으로 변화한다. 만약 거중기라는 시스템에 부품 하나가 망가졌다고 상상해 보자. 망가진 부품은 아마도 다른 부품들에 무리를 줄 것이고, 궁극적으로는 전체 시스템을 망가뜨릴 수도 있을 것이다. 이것은 거중기라는 시스템에 그치지 않고, 피라미드 공사라는 보다 큰 시스템에 영향을 미칠 것이다. 만약 거중기가 쓰러진다면, 그리고 그로 인해 인부가 다친다면, 그 인부의 가족들은 슬픔과 함께 생활고에 시달릴 수밖에 없을 것이다.

시스템은 결국 사람으로 이루어져 있다. 사람의 판단과 행동이 개입되기 때문에 시스템이 처한 상황은 더욱 복잡해진다. 이렇게 예측하기 어려운 시스템을 복잡계라고 부른다. 복잡계에서는 원인과 결과의 관계를 알수 없다. 20세기 후반 동남아 개발도상국의 많은 나이키 공장에서 노동 착취가 일어났었다. 그때 전문가들 사이에서 그 공장들을 폐쇄해야 한다는 목소리가 높아졌다. 그러나, 제프리 삭스Jeffrey D. Sachs, 폴 크루그먼Paul Krugman과 같은 전문가들은 그 공장들을 대책 없이 폐쇄하면 안 된다고 말했다. 노동자들이 일할 기회를 잃어버릴 것이기 때문이었다. 그들은 오히려 더 많은 공장이 세워져서 노동자들이 안정적으로 일할 수 있는 환경을 만들어 줘야 한다고 주장했다.[696]

무엇이 정답인지는 알 수 없다. 그 과정에 너무나도 많은 변수가 있어서, 눈앞의 것만 좇다 보면 올바른 목적지로 향하는 길을 잃게 된다. 따라서 어떠한 현상을 볼 때 거시적으로 더 넓게, 더 멀리 보는 시스템적 사고의 관점이 필요하다. 우리가 상식적으로 생각하는 인과관계가 나타나지 않을 수 있음을 인정하는 자세가 중요하다. 내가 오늘 내놓은 해결책이 내일의 또 다른 문제점이 될 수도 있음을 간과해서는 안 된다.[697] 이것을 인정해야 유연해질 수 있다.

디자인적 사고는 이러한 시스템적 사고와 오묘하게 맞물려 있다. 시스템적 사고는 문제를 둘러싼 환경 전체를 시스템으로 바라본다. 그리고 조화를 추구하면서 하위 시스템 간의 관계를 파악하는 데 집중한다. 디자인적 사고는 보다 근본적인 관점에서 문제를 재정의하고 이를 해결하기 위한 다양한 접근방법을 제시한다. 이는 문제점을 품고 있는 '현재 상태current state'와 문제가 해결된 '최종 상태end state' 사이의 늪지대에 다리를 놓는 bridging 사고법이다.

디자인적 사고의 본질은 문제를 보다 포괄적으로 정의하고, 근본적인 해결책을 찾아가는 데 있다.[698] 이를 위해 복잡한 문제의 본질을 꿰뚫고, 더 근본적인 원인을 찾아내는 것이 선행된다. 그리고 다각적이고 종합적인 접근을 통해 유연한 해결책을 제시하는 것이다. 시스템적 사고에 더하여 디자인적 사고를 할 수 있게 되면 우리는 문제 자체와 그 문제를 둘러싼 환경의 맥락을 짚어 올바르게 해결하는 능력을 갖출 수 있을 것이다.

GE의 헬스케어 개발자로 20년 이상 일해 온 더그 디츠Doug Dietz는 MRIMagnetic Resonance Imaging, 자기공명장치 기술자이기도 하다.[699] 그는 어느 날 그가 설계한 MRI 기계 앞에 서 있는 한 어린 여자아이를 목격했다. 그 아이는 기계에 들어가지 못하고 두려워하고 있었다. 그 이유를 찾던 중 그는 충격적인 사실을 알게 되었다. 어린이의 약 90%가 마취 등의 조치를 받지 않고서는 MRI 기계에 들어가지 못한다는 사실이었다. 그는 어린이의 관점에서 생각하고 그들을 공감하려 노력했다.

그가 알게 된 문제의 본질은 그들이 MRI 기계를 두려워한다는 것이었다. 이에 그는 MRI 기계를 어린이가 좋아하는 우주선, 해적선 등으로 꾸몄다. 그러고는 이를 실제 적용해 보며 여러 아이디어를 접목했다. 그는 스토리가 있는 책을 만들었다. 스태프들은 책의 등장인물 복장을 하고 그 역할을 연기했다. 아이들은 상상의 나래를 펼치며 MRI 경험을 즐거워했다.[700]

더그 디츠가 이렇게 문제를 해결할 수 있었던 것은 스탠퍼드 D-스쿨에서의 경험 덕분이었다. 그곳에서 일주일간 디자인적 사고의 다섯 단계를 배우고 이를 접목시켰다. 그 다섯 단계는 '공감하기, 문제 정의하기, 아이디어 내기, 프로토타입 만들기, 테스트 해 보기'였다.[701] 그는 어린이들의 감정을 공감했고, 문제를 다시 정의했다. 그리고 아이들이 상상의 나래를 펼칠 수 있도록 아이디어를 내고 이를 테스트하며 보완해 나갔다. 이러한 스탠퍼드 D-스쿨의 5단계는 디자인적 사고를 위한 좋은 도구가 될 수 있다.

앞서 메타인지에 관해 논하면서 군 교리의 작전구상을 다룬 바 있다. 작전구상은 디자인의 과정으로, 문제 해결에 주안을 둔다. 최종 상태와 현재 상태 사이의 늪을 건너기 위해 먼저 작전환경을 자세히 이해하고 문제를 정의한다. 그런 다음 문제 해결을 위해 필요한 수단과 방법을 포괄적으로 고민한다. 필요하다면 언제나 이전 단계로 돌아갈 수 있다.[702] 이는 용어만 다를 뿐 스탠퍼드 D-스쿨의 5단계와 일맥상통한다. 스탠퍼드 D-스쿨의 5단계 또한 근본적인 문제 해결을 위해서는 실패와 과정의 반복이 중요함을 강조한다.[703]

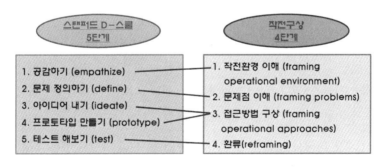

그림 9-3. 스탠퍼드 D-스쿨의 디자인 5단계와 군 작전구상 4단계

1952년 12월, 한국전쟁이 한창이던 추운 겨울날 미국의 아이젠하워 대통령이 한국을 방문하게 되었다. 미군 지도부는 한국 정부에 부산 유엔기념공원이 황량하니 새파란 잔디로 덮어 달라고 요청했다. 많은 건설사에 주문했지만 아무도 한겨울에 잔디를 구할 수는 없었다. 이때 현대 정주영 회장은 미군의 입장을 공감하고 문제를 재정의했다. 미군들이 원한 것은 '잔디'가 아닌 '푸르름'임을 파악한 정 회장은 낙동강 강가에 있는 푸른 보리 싹을 가져와 유엔 기념공원에 옮겨 심었다. 이는 미군 지도부를 크게 만족시켰고 현대는 그 후 당분간 미군의 건설사업을 독점하게 되었다.[704] 디자인적 사고가 효과를 발휘한 사례라 볼 수 있다.

정 회장은 스탠퍼드 D-스쿨의 5단계 방식을 배우지 않았다. 여기에 한 가지 핵심이 있다. 『How Designers Think』의 저자 브라이언 러슨Brian Lawson은 때로는 디자인 교육을 받지 않은 사람들이 훌륭한 디자인 제품을 만들기도 한다고 말했다. 오히려 디자인 교육이 고정 관념을 일으켜 문제 해결에 걸림돌이 되기도 한다.[705] 앞서 소개한 스탠퍼드 D-스쿨의 5단계 방식이나 군의 작전구상 모델은 이해를 돕기 위한 도구에 불과하다. 미 육군의 작전구상 교범도 디자인을 적용하는 단계나 방법은 정형화된 것이 아님을 강조하고 있다.[706] 따라서, 더욱 유연한 사고를 위해서는 이 과정들에 고착되면 안 된다.

우리는 시스템적 사고와 디자인적 사고를 통해 전체적인 맥락을 짚는 능력을 기를 수 있다. 리더는 역사의 맥, 변화의 흐름, 시대를 관통하여 흐르는 원리와 이치를 제대로 파악해야 한다. 그래야만이 자신이 이끄는 조직이 세상 속에서 조화를 이루면서도 가치를 높여 가도록 만들 수 있다. 샤오미 그룹의 CEO 레이쥔은 샤오미가 알리바바나 바이두보다 뒤처진다고 자평한 바 있다. 그는 그 이유가 자신이 천하의 큰 흐름mega trends을 읽지 못해서라고 인정했다.[707]

맥락적 사고는 끊임없이 변화하는 환경 속에서 변치 않는 인간의 가치를 완성할 수 있는 사고법이다. 군사적 폴리매스는 자신이 가진 지식과 경험을 연결하여 전체적인 상황을 파악하고 판단하는 지혜를 발휘할 수 있다. 조직 구성원들 각자가 처한 상황의 맥락을 파악하여 개인에게 걸맞은 리더십 이니셔티브를 추구할 수 있다. 또, 중간 지휘관으로서 상급지휘관 의도를 파악한 가운데, 상황의 전체적인 맥락을 이해하고 결심할 수 있다. 자신의 하급 지휘관 또한 그렇게 할 수 있도록 훈련시키고 공감대를 끌어낼 수 있다. 그렇게 임무형 지휘는 구현된다.

부분과 함께 전체를 보고 맥락을 이해할 수 있는 능력, 문제의 본질을 파악할 수 있는 능력을 갖춘다면, 이제 모든 문제가 단기간에 단순한 방법으로 해결되기는 어렵다는 점을 인정할 수 있을 것이다. 군사적 폴리매스가 되는 길, 리더십의 이니셔티브를 발휘할 수 있는 능력, 임무형 지휘를 실현할 수 있는 팀워크도 한순간에 만들어지지 않는다. 낡은 이야기지만, 끊임없는 노력이 필요하다. 이제 누군가와의 경쟁이 아니라 자신과의 경쟁이다.

## 절대우위 전략

절대우위는 경제학 용어로, '한 경제주체가 다른 경제주체에 비해 어떤 활동을 적은 비용으로 할 수 있는 상태'를 말한다.[708] 쉽게 말해, 내가 상대방보다 돈을 적게 쓰고도 더 많은 물건을 만들어 낼 수 있는 상태를 '절대우위에 있다.'라고 표현한다. 이 책에서 '절대우위 전략'이라는 용어를 사용하지만, 이는 경제학 용어의 절대우위 개념과는 다르다. 경제학의 절대우위는 여전히 상대적인 개념이다. 여기서 절대우위 전략은 '남들과 비교할 수조차 없는 압도적 우위', 혹은 '남들과 비교하거나 남들의 성장에 아랑곳하지 않고 스스로 묵묵히 성장해 가는 전략'을 의미한다.

페이팔의 창업자 피터 틸은 스탠퍼드 대학교 마케팅 강의에서 '경쟁하지 말고 독점하라'고 강조했다. 별 이득도 없이 벌이는 타인과의 소모적인 경쟁은 어리석은 짓이라는 것이다.[709] 이는 남들과 똑같은 것을 하기보다는 남들이 생각하지 못했던 것을 새롭게 창출하라는 의미이다. 앞서 안나 까레리나 법칙을 소개한 바 있다. 피터 틸은 비즈니스에는 안나 까레리나 법칙이 반대로 작용한다고 말했다. 즉, 행복한 기업들은 각각 독특한 문제를 해결해 독점을 구축했지만, 실패한 기업들은 한결같이 경쟁을 벗어나지 못했다는 것이다.[710]

그는 '진보'를 두 가지로 구분했다. 먼저, 수평적 진보는 이미 효과가 입증된 것을 카피하는 것이다. 이미 있던 것이 복제되기 때문에 1이 n으로 진보하는 것과 같다. 두 번째는 수직적 진보로, 새로운 것을 만들어 내는 것이다. '제로 투 원zero to one', 즉 무에서 유를 창조하는 것을 말한다. 0에서 1은 숫자로는 단 하나밖에 차이나지 않지만, 그 차이는 엄청나다. 만약 다른 기업이 만든 타자기를 보고 같은 제품을 100개 만들었다면 이는 1이 100으로 수평적 진보를 이룬 것이다. 그런데 타자기를 보고 영감을 얻어 워드프로세서를 만들었다면 이는 0이 1로 수직적 진보를 이뤘다고 볼 수 있다.[711]

역사는 패러다임 시프트paradigm shift을 통해 발전한다. 그러나 이는 그냥 일어나지 않는다. 지금, 이 순간에도 세상에는 수많은 지식이 축적

accumulation된다. 그리고 많은 사람에 의해 그것이 상식이라고 믿어진다. 토머스 쿤은 이를 정상과학normal science이라고 불렀다. 그러다 그 상식으로 설명이 안 되는 이상 현상anomaly이 나타난다. 이를 해결하기 위한 새로운 과학이 출현하고 이것이 시간이 지나 사람들에게 인정받으면서 다시 정상과학이 된다. 그것은 오랜 기간 축적된 지식으로부터 출발했지만 완전히 새로운 형태로 창조된다. 이렇게 패러다임 시프트가 이루어진다.[712]

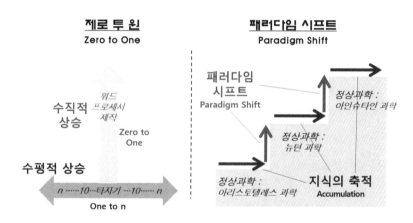

그림 9-4. '제로 투 원'과 '패러다임 시프트'

아리스토텔레스의 철학은 2,500여 년이 지난 지금도 널리 통용될 수 있는 지혜다. 그러나 아리스토텔레스의 과학은 당시에는 어땠을지 몰라도 지금의 과학상식으로는 터무니없는 주장들이 많다. 그는 물질이 불, 공기, 물, 흙 이렇게 네 가지 원소로 이루어졌다고 말했다.[713] 여기서 불과 공기는 하늘에서 나오고 물과 흙은 땅에서 나온다. 사과가 땅에 떨어지는 이유는 물과 흙으로 구성된 사과가 땅으로 되돌아가려는 성질을 지녔기 때문이라고 주장했을 정도다. 이 아리스토텔레스의 패러다임을 뒤엎은 것이 바로 뉴턴의 패러다임이다. 그는 만유인력의 법칙으로 인해 사과가 땅에 떨어진다고 설명했다.[714] 그러나 이 주장도 절대적인 진리는 아니다.

과학의 측면에서만 본다면 현재 우리는 아인슈타인의 패러다임 속에 살고 있다.[715] 그러나 20세기 초중반부터 양자역학의 바람이 불면서 언제 아인슈타인의 상대성 이론이 구식이 되어 버릴지 모른다. 그렇게 과학은 기존의 지식을 바탕으로 한 패러다임의 전환을 통해 발전한다. 그것은 새로운 지혜이다. 이 책도 결국 지식의 연결을 통한 새로운 지혜의 창출이다. 기존의 지식으로부터 출발했지만, 이 책만의 독특한 관점이 만들어졌다.

아리스토텔레스의 과학은 더는 정상과학이 아니다. 하지만 그의 철학은 여전히 유효하다. 우리에게 더 중요한 것은 아리스토텔레스의 철학처럼 변하지 않고 통용될 수 있는 지혜를 창출하는 것이다. 우리도 이러한 과정을 통해 남들과의 경쟁이 아니라, 남들과 비교할 수 없는 자신만의 지혜를 만들어 가야 한다. 조던 피터슨은 말했다. "당신을 다른 사람과 비교하지 말고, 오직 어제의 당신하고만 비교하라."[716] 지금부터 자신만의 지혜를 창출하기 위한 절대우위 전략을 소개하고자 한다.

## 절대우위 전략

1. 자신의 능력에 한계를 설정하지 말아라.
2. 스트레스를 긍정적으로 작용시켜라.
3. 회복탄력성을 지녀라.
4. 안티프래질한 선택을 하라.

그림 9-5. 절대우위 전략

## 1) 자신의 능력에 한계를 설정하지 말아라

우리는 '요나 콤플렉스'의 요나처럼 너무 쉽게 우리의 한계를 정해 놓는다. 성공한 사람들, 뛰어난 사람들을 보며 '저 사람은 특별해. 나와는 다른 사람이야. 나같이 평범한 사람은 저렇게 될 수 없어.'라고 생각해 버린다. 하지만 그렇지 않다. 뇌의 가소성을 기억하자. 뇌는 우리의 노력 여하에 따라 다르게 발전한다. 노벨 생리의학상 수상자인 찰스 셰링턴Charles S. Sherrington은 "인간의 뇌는 하나의 노래하는 커다란 베틀과도 같다. 수백만 개의 반짝이는 북들이 각종 문양을 만들었다 지우기를 반복한다. 문양마다 고유의 의미를 지니지만 반복되지 않는다."라고 말했다.[717]

우리의 뇌는 이렇게 끊임없이 새로운 것을 만들어 낼 수 있다. 하지만 환경이, 그리고 스스로가 만들어 놓은 작은 상자 안에 자신을 가둬 버리면 뇌는 어쩔 도리가 없어진다. 벼룩은 자기 몸의 100배인 20~40cm까지 뛰어오를 수 있다. 벼룩 여러 마리를 20cm보다 낮은 유리병에 넣고 뚜껑을 닫으면 어떤 일이 벌어질까? 벼룩은 계속 뛰면서 어항 뚜껑에 부딪힌다. 자꾸 부딪혀서 아프니까 벼룩은 뚜껑에 닿지 않을 정도로만 뛰게 된다. 한 시간쯤 지나면 뚜껑을 치워도 벼룩은 딱 어항 높이만큼만 뛰게 된다.[718]

일본의 관상용 잉어인 코이 물고기는 작은 어항에서 자라면 어항에 살 수 있을 정도의 크기로만 자란다. 수족관이나 연못에서 기르면 그 환경에 적응할 수 있을 만큼 적당한 크기까지만 자란다. 그런데 넓은 강물에 풀어놓으면 어린아이만큼이나 크게 자란다고 한다.[719]

코끼리의 예도 마찬가지다. 서커스장에서 말뚝에 묶인 새끼 코끼리는 그 말뚝을 뽑을 힘이 없다. 여러 번 시도해 봤자 소용이 없다. 괜히 빠져나가길 시도했다가 오히려 사육사에게 매질을 당할 뿐이다. 이제 새끼 코끼리는 노력을 멈춘다. 나중에 코끼리가 크면 말뚝을 뽑아 버리고도 남을 힘과 능력이 생긴다. 그러나 새끼 때 말뚝에 묶어 둔 얇은 밧줄만으로도 아예 도망칠 생각을 하지 않게 된다. 이를 학습된 무력감learned helplessness이라고 부른다.[720] 우리는 이제 자신을 가두는 상자 안에서 빠져나와야 한다.

## 2) 스트레스를 긍정적으로 작용시켜라

우리의 뇌가 가진 능력에 한계는 없다. 좀 더 정확히 말하자면 아직 인류는 우리 뇌의 한계를 확인하지 못했다. 생각과 노력만으로 뇌가 새로운 길을 찾아간다는 사실을 많은 뇌과학자가 증명했다. 그렇지만 그 능력만 믿고 그냥 무작정 질주하다가는 엄청난 스트레스의 무게를 느끼게 될 수 있다. 사실 우리가 스트레스를 느끼는 주된 이유는 우리의 뇌가 이미 스트레스라는 개념을 깊이 인식하고 있기 때문이다. 이쯤에서 우리는 스트레스에 대해 생각해 볼 필요가 있다.

흔히 스트레스는 몸에 해롭다고 한다. 그게 정말일까? '상황에 따라 달라진다.'라고 답할 수 있겠다. 사실 스트레스라는 개념은 그 태생부터가 약간의 왜곡이 있었다. 이 단어를 만들어 낸 사람은 오스트리아 빈 출신의 캐나다 과학자 한스 셀리에Hans Sellye 박사이다. 그는 쥐의 신체에 가학적인 고통을 주고 반응을 측정하는 실험을 통해 스트레스라는 개념을 만들어 냈다. 그는 스트레스가 담배보다 더 해롭다는 결론을 냈다. 그런데 훗날 그가 어느 담배 회사로부터 큰 경제적 후원을 받고 그 실험을 진행했다는 사실이 알려졌다. 셀리에 박사는 생을 마감하기 얼마 전 '우리를 죽이는 것은 스트레스가 아니라 그것을 받아들이는 우리의 태도'라고 말했다.[721]

스탠퍼드 대학의 건강 심리학자 켈리 맥고니걸Kelly McGonigal 역시 비슷한 주장을 했다. 그녀는 어느 날 미국 성인 3만 명을 대상으로 실시된 한 스트레스 연구를 보게 되었다. 그 연구는 스트레스 수치가 높은 사람들의 사망률이 8년 동안 43%나 증가했다고 결론지었다. 그러나 그 기록들을 자세히 들여다보니 '스트레스가 건강에 해롭다.'라고 믿었던 사람들만 사망 위험이 증가했다는 사실을 알게 되었다. 즉, 비슷한 조건이라도 스트레스가 해롭다고 생각하지 않았던 사람들은 사망 확률이 증가하지 않았다.[722]

심리학자 알리아 크럼Alia J. Crum 박사는 하버드대 학생 시절, 운동과 플라시보 효과placebo effect의 상관관계에 대한 실험을 진행했다.[723] 플라시보 효과란 가짜 약을 투여해도 약에 대한 환자의 긍정적 믿음이 환자의 증세를 완화시키는 현상을 말한다. 즉, 긍정적 믿음에 따라 결과가 달라질 수 있음을 나타내는 심리학 용어다. 그녀는 84명의 호텔 여성 청소원들의 직무가 의학적으로 충분한 신체활동임을 확인했다. 즉, 호텔 방 청소가 하루 권장 운동량을 충분히 충족한다는 것이다. 그런데도 그들은 평소 운동량이 얼마나 되냐는 질문에 모두 운동을 거의 하지 않는다고 답변했다. 그들은 실제 또래 평균보다 비만이었다.

크럼 박사는 이들의 혈압, 몸무게, 허리와 엉덩이 비율 등을 체크했다. 그리고 그들을 두 그룹으로 나누었다. 첫 번째 그룹에는 호텔 방 청소가 충분한 운동이라는 사실을 알려 주었다. 매트리스 들기, 수건 줍기, 카트 밀기, 청소기 돌리기 등에 소모되는 칼로리를 알기 쉽도록 자료에 담아 적극적으로 교육했다. 두 번째 그룹은 평소와 다를 바 없이 아무것도 추가로 알려 주지 않았다. 그녀는 4주 후 다시 두 그룹의 신체를 검사했다. 그 결과, 교육을 받은 청소원들은 모든 수치에서 현저하게 건강해졌음을 나타내는 결과가 나왔다. 반면에 아무런 교육도 받지 않은 그룹은 변화가 없었다. 크럼 박사는 우리가 생각만 바꾸어도 효과가 달라질 수 있다는 사실을 실험을 통해 증명했다.

스트레스를 받으면 우리의 뇌는 두 가지 호르몬을 분비한다. 바로 코르티솔과 DHEA<sub>Dehydroepiandrosterone, 인체 내 부신에서 생성되는 생식 호르몬</sub>다. 코르티솔은 교감 신경을 활성화해 우리 몸을 긴장하게 만든다. 스트레스로 머리가 아프고 소화가 안 되는 것은 바로 이 코르티솔의 영향이다. 반면에 DHEA는 신경 퇴화를 억제하고 우울감을 줄여 주며 면역체계를 활성화한다. DHEA는 집중력과 인지력을 강화하는 기능도 해서, 뇌의 스테로이드라는 별명을 가지고 있다.

크럼 박사는 이 두 호르몬에 관한 실험도 진행했다. 실험 대상자들을 두 그룹으로 나누어 모의 취업 면접을 진행했다.[724] 면접 자체만으로 모든 참가자의 코르티솔 수치가 상승했다. 그런데 한 그룹에서만 DHEA의 분비량이 많이 증가했다. 그 그룹은 모의 면접 전 스트레스의 긍정적 효과에 관한 짧은 영상을 수차례 시청한 이들이었다. 이로써 스트레스에 대한 우리의 마음가짐이 몸에 긍정적인 호르몬의 분비량까지 증가시킨다는 것이 밝혀졌다.

스트레스는 DHEA뿐 아니라 몸에 좋은 다른 호르몬도 증가시킨다. 뇌세포를 보호하고 새로운 뇌세포를 생성시키는 BDNF<sub>Brain-Derived Neurotrophic Factor, 뇌유래신경영양인자</sub>와 기억력을 담당하는 뇌의 해마에 새로운 신경세포를 만들어 낸다. 또한, 심혈관을 강화하는 옥시토신도 스트레스를 받을 때 함께 분비된다. 이 모든 긍정적 호르몬들이 우리의 생각과 태도에 따라 더 많이 분비될 수도, 더 적게 분비될 수도 있는 것이다.

미국의 16대 대통령 링컨이 대선에서 승리 후 내각을 구성할 때의 일이다. 그는 주변의 만류에도 불구하고 정적政敵인 새먼 체이스Salmon P. Chase를 재무부 장관으로 임명했다. 어느 날 뉴욕 타임스 기자가 왜 정적을 내각에 포함하는지 묻자, 링컨은 자신의 어린 시절 이야기를 들려주었다. 어릴 때 형과 함께 말馬을 부리며 옥수수밭을 경작하는데, 느려서 답답하던 말이 갑자기 빨리 달리기 시작했다. 링컨이 이상하게 여겨 말을 뒤쫓아 보니 큰 말파리 한 마리가 말의 몸에 붙어 있는 것이었다. 그는 말파리를 쫓아 보냈다. 그러자 형이 말했다. "왜 말파리를 쫓아 보내? 바로 그놈이 이 말을 달리게 하는 거야!" 링컨은 말파리 때문에 뛰던 말처럼, 현실에 안주하지 않고 늘 긴장감을 유지하고자 했다. 그래서 자신에게 자극제가 될 정적을 내각에 포함한 것이었다. 심리학계에서는 이를 두고 말파리 효과gasterophilus effect라 한다.[725]

장석주 시인의 「대추 한 알」이란 시에는 이런 표현이 나온다. '저게 저절로 붉어질 리는 없다. 저 안에 태풍 몇 개, 저 안에 천둥 몇 개, 저 안에 벼락 몇 개….'[726] 평온한 대추나무는 열매를 잘 맺지 않는다. 어려운 환경 속에서야 비로소 굵고 윤기 나는 대추 알을 많이 맺는다.

흑연과 다이아몬드는 동소체同素體이다. 모두 탄소로부터 나왔다. 흑연이 지구 내부의 고온과 고압을 견디면 단단하고 영롱한 다이아몬드가 된다.[727] 이 다이아몬드처럼 반짝반짝 빛나는 삶을 사는 사람들은 그렇지 않은 사람들보다 훨씬 더 스트레스를 많이 받는다. 맥고니걸 박사는 스트레스를 마냥 우리를 괴롭히는 요인으로만 볼 것이 아니라 우리가 의미 있는 삶을 살고 있음을 방증하는 지표로도 여길 수 있어야 함을 강조했다.[728]

스트레스에 수반되는 수많은 부정적인 결과들이 사실상 스트레스를 피하려는 노력 때문에 발생한다. 이는 오히려 우리에게 불만족과 불안감만을 안겨 줄 뿐이다.[729] 그래서 스트레스에 대한 우리의 생각과 태도가 중요하다. 우리는 스트레스를 통해 성장할 수 있다. 우리가 스스로 선택하고 생각과 태도를 바꾼다면 스트레스는 우리에게 긍정의 요소로 바뀔 것이다.[730]

### 3) 회복탄력성을 지녀라

사마천司馬遷의 『사기史記』에는 범저范雎라는 인물이 나온다.[731] 범저는 위기를 극복하고 때를 기다리며 실력을 다져, 결국에는 자신이 뜻하는 바를 이룬 사람의 대명사이다. 그는 위나라 신하 수가須價 밑에서 일했다. 어느 날 수가가 제나라에 사신으로 가게 되자 범저는 그와 동행하게 되었다. 수가와 제나라 왕 간의 협상이 난항을 겪자 옆에 있던 범저가 논리정연한 말로 수가를 거들었다. 이를 본 제나라 왕은 그 지혜로움에 놀라 협상을 타결시키고 그날 밤 범저의 숙소에 금화와 소고기를 한 수레 가득 보냈다.

이를 알게 된 수가는 시기심에 불타올랐다. 귀국한 그는 왕에게 범저가 제나라와 내통했다고 모함했다. 이에 범저는 고문을 받고 변소에 내동댕이쳐지는 수모를 겪었다. 그러나 그는 포기하지 않고 가까스로 빠져나와 진나라로 망명했다. 그 후 오랫동안 실력을 키워 진나라의 제상까지 오른 그는 점점 세력을 확장해 갔다. 이윽고 진나라는 위나라와의 전쟁을 앞두게 되었다.

위나라는 진나라의 세력에 눌려 협상을 하고자 했다. 그런데 위나라가 사신으로 보낸 이는 공교롭게도 수가였다. 범저는 수가를 모욕하여 통쾌하게 복수했다. 그리고 자신을 벌한 위나라 왕에게 협상 대신 전쟁을 선포했다. 결국, 전쟁은 벌어졌고 진나라에 패할 위기에 놓인 위나라 왕 위제는 자결했다. 범저는 죽을 위기에도 좌절하지 않고 이를 극복하여 결국 복수에 성공했다. 그리고는 지혜롭게도 경쟁이 판치는 현직에서 물러나, 여생을 행복하게 마쳤다.

『사기』를 집필한 사마천의 운명 또한 기구하다.[732] 그는 한나라 사람으로, 아버지의 대를 이어 사가史家로 생활했다. 어느 날, 흉노족을 정벌하러 떠난 한나라의 장수 이릉李陵이 적에게 항복했다는 소식이 들려왔다. 이릉은 그동안 수차례의 전투에서 흉노족을 무찌른 장수였다. 조정 사람들은 그에게 찬사를 보냈었다. 그러나 사정이 달라졌다. 본대에서 너무 멀리 돌진한 이릉은 적에게 포로가 되었고, 결국 흉노족에게 항복하고 말았다. 그러자 신하들이 하나같이 이릉을 모함하여 그를 사형해야 한다고 강변했다. 사마천은 이를 눈 뜨고 볼 수가 없었다. 그는 한나라 왕 무제 앞에 나아가 한 번 만나 본 적도 없는 이릉을 적극적으로 변호했다.

이에 화가 난 한 무제는 사마천을 옥에 가두었다. 이때, 이릉이 흉노족에게 병법을 가르친다는 헛소문까지 들려오기 시작했다. 한 무제는 이릉의 가족을 몰살시켰고 사마천에게 사형을 선고했다. 당시 사형제도에는 두 가지의 구제방법이 존재했다. 돈으로 50만 전을 내거나, 생식기를 잘라내는 궁형宮刑으로 사형을 대신하는 것이었다. 사마천은 50만 전을 구할 수 있는 형편이 아니었다. 그는 결국 눈물을 머금고 사형보다도 더 치욕스럽다는 궁형을 선택했다. 이것이 바로 이릉지화李陵之禍의 일화이다.

한 무제는 이후 사마천을 다시 중서령中書令에 앉힌다. 왕의 심부름을 하는 자리였다. 자신에게 궁형을 내린 한 무제 곁에 있기가 죽기보다 싫었겠지만, 사마천은 받아들였다. 그 덕분에 그는 책방을 마음껏 드나들 수 있었다. 그리고 왕의 업적만을 부풀리던 당시 역사서들과 달리 악한 권력을 신랄하게 비판한 명저, 『사기』를 탄생시킬 수 있었다.

이들에게는 공통점이 있다. 바로 현실을 냉정하게 직시하고 인내하며 때를 기다렸다는 것이다. 자신을 둘러싼 여러 부정적인 환경으로 인해 쉽게 생을 마감하려 할 수도 있었을 것이다. 그러나 그들은 끝까지 포기하지 않았다. 자신의 어깨를 짓누르는 엄청난 스트레스를 이겨 내고 원하는 바를 이룬 그들에게는 뭔가 특별한 성질이 있었다. 바로 회복탄력성resilience이다.

회복탄력성이란 자신에게 닥치는 온갖 역경과 어려움을 오히려 도약의 발판으로 삼는 힘이다.[733] 우리의 삶은 온갖 역경과 어려움을 따로 떼어 놓고 생각할 수 없다. 그 역경과 어려움 중에 사실은 그렇지 않은데도, 우리의 마음과 태도가 그것을 역경과 어려움으로 규정해 버린 것도 많다. 스트레스를 긍정적으로 대하듯 역경과 어려움을 긍정적으로 대한다면 그 사람은 회복탄력성의 기본요건을 갖추었다고 말할 수 있다. 즉, 스트레스에 대한 태도가 회복탄력성의 발판이 된다.

역사 속에서 이러한 회복탄력성을 보여 준 사례는 많이 찾아볼 수 있다. 손빈孫臏은『손자병법』의 저자인 손무의 후손이다. 숙적 방연龐涓의 음모로 정강이가 잘리는 빈형臏刑을 당했다.[734] 그러나 포기하지 않고『손빈병법孫臏兵法』을 집필했다.[735] 일본 전국시대에 도쿠가와 이에야스는 어릴 때 원수의 가문인 오다 노부나가에게 포로로 잡혀 갔다. 그는 복수심을 드러내지 않고, 오다 노부나가의 가신으로서 정성을 다해 섬겼다. 이후 도요토미 히데요시가 집권했을 때에도 그의 부당한 유배 명령을 거역하지 않았다. 그는 오랜 기다림 끝에 마침내 일본 열도를 차지하게 되었고, 260년 에도막부의 시대를 열게 되었다.[736]

회복탄력성은 역사 속 위대한 사람들의 전유물이 아니다. 빅터 프랭클은 모든 것이 박탈된 나치의 아우슈비츠 수용소에서도 절대 빼앗을 수 없는 것이 있다고 말했다. 바로 태도의 자유이다. 그가 그곳에서 본 많은 사람은 식량 배급 때마다 남의 것을 빼앗기 위해 싸웠다. 그런데 그 와중에도 자신의 빵 한 조각을 나누고 남을 위로하는 사람도 있었다고 한다.[737] 이렇듯, 역경을 바라보는 우리의 관점과 태도, 그것을 선택하는 자유는 우리 자신에게 있다. 『회복탄력성』의 저자 김주환 연세대 교수는 '회복탄력성은 마음의 근력과 같다'고 말했다. 우리는 근육을 단련하듯 훈련을 통해 회복탄력성을 충분히 키울 수 있다. 그러면 우리의 마음은 더 강한 힘을 발휘할 수 있게 될 것이다.[738]

## 4) 안티프래질한 선택을 하라

회복탄력성은 마음의 근력이다. 근력 운동을 하면 근육은 미세한 손상이 생긴다. 우리의 몸은 휴식과 영양 공급을 통해 이 손상된 근육을 다시 복구한다. 그 과정에서 우리 몸은 더 강한 충격을 견딜 만큼 충분한 근육을 만들어 놓는다. 이 과정이 반복되면서 우리 몸의 근육은 점차 성장한다.[739]

술은 건강에 해롭다. 그런데 하루에 와인 한잔은 오히려 건강에 도움이 된다는 연구 논문도 있다.[740] 우리가 독감이나 코로나19를 예방하기 위해 예방주사를 맞는 것과 비슷한 원리다. 이를 호르메시스hormesis 효과라 부른다.[741] 마라톤을 할 때도 유사한 원리가 적용된다. 우리보다 조금 더 빠른 속도로 우리를 끌어주는 페이스메이커pacemaker가 있으면 기록을 단축하는 데 도움이 된다.[742]

이러한 메커니즘은 우리에게 주어지는 역경과 스트레스가 충분히 긍정적으로 작용할 수 있음을 알려 준다. 이는 단순히 역경과 스트레스를 견디거나 받아들이는 데 그치지 않는다. 우리의 마음가짐과 행동이 같이 바뀌어야 한다. 능동적으로 자극받기 위한 실천을 해야만 하는 것이다. 그 자극은 너무 과해서도, 부족해서도 안 된다. 적당한 운동으로 근육이 발달하듯이, 와인 한잔으로 건강이 좋아지듯이, 페이스메이커 덕분에 마라톤 기록이 단축되듯이, 역경과 스트레스가 우리에게 유리한 방향으로 작용하도록 하는 것이 바로 회복탄력성이다.

그런데 여기 함정이 있다. 운동은 우리가 근육을 단련하기 위해 의식적으로 가하는 자극이다. 건강을 위해 마시는 와인 한잔도 의식적인 행위이다. 마라톤에서 페이스메이커를 두고 괴로워하며 뛰는 것도 기록을 단축하기 위해 우리가 선택한 역경이다. 하지만 외부 환경으로부터 오는 역경은 이렇게 사전에 계획되어 찾아오지 않는다. 우리가 아무리 예측하려 해도 그것이 들어맞을 확률은 극히 낮다.

그러면 예측이 어려운 외부 자극에는 어떻게 대처해야 할까?

유명한 뱀 두 마리가 있다. 하나는 고대 그리스 신화에 나오는 히드라 Hydra이다. 히드라는 머리를 여러 개 가지고 있는데, 머리 하나를 자르면 그 자리에서 두 개가 다시 생긴다. 그래서 히드라는 누군가가 자신의 머리를 잘라주기를 원한다. 그러면 머리가 두 개씩 더 생겨서 더욱 강해질 수 있기 때문이다.[743]

또 한 마리 뱀은 『손자병법』에 등장하는 상산지사常山之蛇, 상산에 사는 뱀 솔연率然이다. 솔연은 머리를 치면 꼬리가 달려들고, 그 꼬리를 치면 머리가 달려든다. 그리고 가운데를 치면 머리와 꼬리가 함께 달려든다. 어떠한 역경에도 유연하게 대처할 수 있는 뱀이 바로 솔연이다.[744]

이 뱀들의 특징은 예상치 못한 충격에 더욱더 강해진다는 점이다. 이것이 바로 근육, 와인, 마라톤의 예와 다른 점이다. 앞서 소개한 '블랙 스완'과 '그레이 리노' 개념을 기억할 것이다. 미래를 예측한다는 것은 결국 확률의 게임이다. 그 확률마저도 무수히 많은 개입과 상호작용으로 인해 시시각각 변할 수밖에 없다. 그래서 미래에 대한 예측은 거의 불가능에 가깝다. 예측이 맞았다면 그것은 예측한 사람이 운이 좋았을 가능성이 크다. 그 예측을 보고 영감을 받은 사람들이 열심히 노력한 결과물일 수도 있다.

예측대로 들어맞았다고 해서 모든 문제가 해결되는 것은 아니다. 육중한 몸을 이끌고 흙먼지를 일으키며 우리에게 달려오는 그레이 리노를 어떻게 피할 것인가? 그레이 리노가 우리 앞에 도달하게 될 시간이 길든 짧든, 우리는 상황에 맞게 대응을 해야 한다. 오히려 그러한 위험을 극복하고 더 발전할 수 있어야 한다. 나심 탈레브는 이러한 성질을 '안티프래질antifragile'이라 불렀다.

안티프래질이란 위험에 노출될수록 더욱 강해지는 특성을 말한다. 안티프래질한 사람은 무질서와 불확실성으로부터 이익을 얻을 뿐만 아니라, 오히려 무질서를 원한다. 즉, 실패를 두려워하지 않고 블랙스완, 그레이 리노에 아주 자신감 넘치게 대응한다.

안티프래질은 원래 없는 단어다. '깨지기 쉬운'이라는 뜻을 지닌 프래질fragile의 반대말을 물으면, 영미권 사람들은 '강건한'을 의미하는 로버스트robust를 떠올릴 것이다. 그러나 탈레브는 프래질의 반대말로 안티프래질이란 새로운 용어를 만들어 내면서까지 로버스트와 안티프래질을 구분했다.

프래질은 유리처럼 외부충격을 받았을 때 깨지기 쉽고 취약한 성질을 말한다. 로버스트는 강건하고 단단한 성질을 의미한다. 안티프래질은 외부 충격을 받을수록 오히려 더 강해지고 그 과정을 통해 이득을 얻는 특성이다. 얼핏 생각하면 회복탄력성과 안티프래질의 개념이 유사하게 느껴질 수도 있다. 그러나 명백한 차이점이 존재한다.

회복탄력성은 어떠한 외부 자극에 타격을 입었을 때 이를 극복할 수 있는 정신력이다. 그리고 이를 발판삼아 도약의 기회로 삼는 능력을 말한다. 이러한 경험이 쌓이다 보면 그 정신력은 더욱 강해질 수 있다. 안티프래질은 여기에서 한발 더 나아간다. 회복탄력성이 우리를 고난과 역경으로부터 회복시킨다면, 안티프래질은 우리를 실제 도약하게 만든다.

프래질, 로버스트, 회복탄력성, 안티프래질의 개념을 히드라의 예를 들어 설명해 보면 다음과 같다. 유리로 만든 히드라 모형이 있다고 하자. 마음만 먹으면 머리를 주먹으로 뚝 쳐서 깨뜨릴 수 있다. 이것은 프래질이다. 이제는 쇠로 된 히드라 모형을 만들었다. 이것의 머리는 웬만해서 깨뜨릴 수 없지만 강한 충격이 계속 되면 결국 깨질 것이다. 바로 로버스트다. 만약 히드라 모형을 유연한 라텍스 고무 재질로 만든다면 아무리 커다란 몽둥이로 머리를 내리쳐도 잘 망가지지 않을 것이다. 이것이 회복탄력성이다. 그런데 살아 있는 히드라는 다르다. 머리를 잘라내면 그곳에서 두 개의 머리가 나온다. 그래서 살아 있는 히드라는 안티프래질하다.

우리는 안티프래질해져야 한다. 자신이 모든 것을 예측할 수 있다고 믿고 한 가지 계획에만 의존하게 되면 우리는 블랙스완과 그레이 리노의 공격에 깨지고 말 것이다(프래질). 또는 자신이 많은 우발상황을 예측해서 여러 가지의 계획을 세워 놨다고 해도 결국 만나게 될 블랙스완과 그레이 리노를 피할 수는 없을 것이다(로버스트). 우리가 불확실성을 인정하고 이에 유연한 태도로 임한다면 고난과 역경이 닥쳤을 때 우리는 금세 다시 회복할 수 있을 것이다(회복탄력성). 이에 더해, 우리는 그 고난과 역경을 이용하여 나에게 실체적 이익이 나타나는 선택을 해야 한다. 즉, 위기를 기회로 삼고 그 기회가 실제 눈앞에 실현되도록 만들어야 한다(안티프래질).

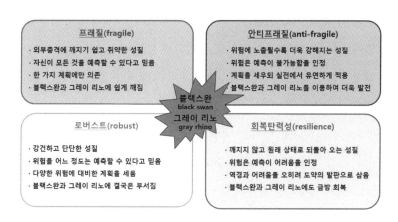

프래질(fragile)
· 외부충격에 깨지기 쉽고 취약한 성질
· 자신이 모든 것을 예측할 수 있다고 믿음
· 한 가지 계획에만 의존
· 블랙스완과 그레이 리노에 쉽게 깨짐

안티프래질(anti-fragile)
· 위험에 노출될수록 더욱 강해지는 성질
· 위험은 예측이 불가능함을 인정
· 계획을 세우되 실전에서 유연하게 적용
· 블랙스완과 그레이 리노를 이용하여 더욱 발전

블랙스완
black swan
그레이 리노
gray rhino

로버스트(robust)
· 강건하고 단단한 성질
· 위험을 어느 정도는 예측할 수 있다고 믿음
· 다양한 위험에 대비한 계획을 세움
· 블랙스완과 그레이 리노에 결국은 부서짐

회복탄력성(resilience)
· 깨지지 않고 원래 상태로 되돌아 오는 성질
· 위험은 예측이 어려움을 인정
· 역경과 어려움을 오히려 도약의 발판으로 삼음
· 블랙스완과 그레이 리노에도 금방 회복

그림 9-6. 프래질 - 로버스트 - 회복탄력성 - 안티프래질

안티프래질은 예측 불가능한 충격 속에서 더욱 강해지기 위한 '적극적인 선택'까지 포함되는 개념이다. 이때, 아무 생각 없이 단순히 뇌 속의 시스템 I이 시키는 대로 선택했다가는 돌이킬 수 없는 타격을 입을 수도 있다. 그렇다고 그 위험이 무서워서 새로운 것을 도전하지 않는다면 더는 발전하기 힘들다. 우리는 안정과 도전 사이에서 균형을 잘 맞춰야 한다. 그래서 분별력 있게 위험을 감수하는 자세taking prudent risks가 필요하다.

안정적인 선택과 분별력 있는 위험의 감수 사이에서 어떻게 결정하고 행동해야 하는가의 문제는 매우 어렵다. 나심 탈레브는 이에 대한 대안으로 바벨 전략을 제안했다. 바벨은 가운데에 봉이 있고 양쪽 끝에 무거운 원반이 달려 있는 운동기구다. 탈레브는 바벨의 양쪽 끝에 달린 원반처럼 안정적인 선택과 도전적인 선택을 함께 해 나가야 한다고 말했다.

탈레브는 딱 두 종류의 글만 쓴다고 한다. 하나는 누구든 쉽고 재미있게 읽을 수 있는 에세이이고, 다른 하나는 전문가들을 위한 어렵고 전문적인 논문이다. 에세이는 쉽고 재미있어서 어느 정도 충분한 독자층을 확보할 수 있다. 전문적인 논문은 재미가 없어 자칫 읽는 사람이 거의 없을 수도 있다. 하지만 그 가치가 충분히 인정되면 큰 성공을 거두게 된다. 이처럼 안정적인 선택과 실패를 무릅쓴 도전적인 선택을 조화시키는 것이 바로 바벨 전략이다.[745]

군사적 폴리매스로 향하는 여정 동안 우리는 수많은 어려움에 봉착할 것이다. 그것이 개인적 문제일 수도 있지만, 조직 차원의 문제일 수도 있다. 야전에서 공부하는 간부에 대한 부정적 인식, 임무를 똑바로 수행하지 않을 것이라는 선입견, 군사학이 아닌 다른 분야를 공부할 때 받게 될 주변의 따가운 시선 등은 우리 군이 꼭 개선해야 할 문화이다.

우리는 스스로 해결책을 찾아 나가야 한다. 바벨 전략은 이를 위한 하나의 좋은 방법이 될 수 있다. 한 축으로는 안정적으로 임무를 수행하면서 다른 한 축으로는 새로운 분야를 꾸준히 개척하고 연구해야 한다. 『12가지 인생의 법칙』의 저자 조던 피터슨은 다음과 같이 말했다. "근본적으로 다른 두 세계의 경계에 서 있으려면 균형을 유지해야 한다. 한 발은 질서와 안전의 세계에, 다른 발은 가능성과 성장, 모험의 세계에 딛고 서 있어야 한다."[746] 그것이 군사적 폴리매스가 되는 가장 멀지만 빠른 길이다.

탈레브는 "예측하지 마라. 부딪쳐서 경험으로 배워라. 이론에 현혹되지 마라. 블랙스완은 어차피 예측할 수 없다."라고 했다.[747] 그러나 무작정 부딪치기보다는 경험과 예측의 조화를 이루는 것이 매우 중요하다. 예측을 위한 이론 연구도 매우 중요하다. 이때 어느 한 이론에 고착되지 않고 여러 이론을 연구하는 자세가 필요하다. 더닝-크루거 효과가 말해 주듯, 몇 가지 마음에 드는 이론만을 맹신하는 것은 위험하다. 이를 실천하다 보면 이론 간의 모순, 경험과 이론과의 모순을 발견하게 될 것이다.

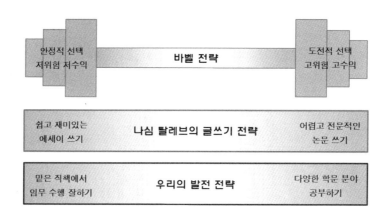

그림 9-7. 바벨전략의 적용

그것은 자연스러운 현상이며, 그 자체로 큰 의미가 있다. 이 과정을 통해 우리는 더욱 성장할 수 있다. 그리고 우리가 직면하게 되는 상황에 따라 다양한 가능성을 열어 두고 적절하게 이론을 자기화하여 적용하면 된다. '계획 자체는 별거 아니다. 계획을 수립하는 그 과정이 중요한 것이다plan is nothing but planning is everything.' 미군들이 자주 쓰는 이 말처럼 그 과정 자체가 우리를 성장시킬 것이다.

기억하자. 니체가 말했듯, 우리를 죽이지 못하는 것들은 우리를 더욱 강하게 만들 뿐이다. 그리고 삶의 의미를 아는 사람은 삶의 그 어떠함도 견딜 수 있다.[748]

세상은 끊임없이 변화한다. 그리스 철학자 헤라클레이토스의 말처럼 세상에 변화하지 않는 것은 오직 모든 것이 변화한다는 사실 뿐일지도 모른다.[749] 전쟁도 마찬가지다. 전쟁은 불확실성과 우연의 연속이다. 한 치 앞도 예측하기 어렵다. 자유의지를 가진 인간들이 상호작용하기 때문이다. 클라우제비츠는 전쟁을 자신의 의지를 적에게 강요하기 위한 폭력행위라고 정의했다. 서로가 자신의 의지를 상대방에게 강요하는 과정에서 무수히 많은 상호작용, 특히 폭력이 일어난다. 이는 전쟁에서의 마찰을 불러일으키고 사람들을 극도로 피로하게 만들며 두려움에 떨게 한다.

각각의 조직 내부를 들여다보면 이는 더 복잡해진다. 클라우제비츠는 전쟁을 양자 결투(duel)의 확장된 형태로 봤다. 전쟁을 치르는 두 집단이 있다고 가정하면, 그 안에는 무수히 많은 개인이 존재한다. 그 사람들은 각자의 목표를 달성하기 위해 행동한다. 조직 차원의 목표가 있다면 개인 차원의 목표도 있다. 사람은 조직의 구성원으로서 리더가 제시한 목표를 달성하기 위해 노력한다. 그런데 그 노력에는 정도의 차이가 있다. 만약 조직의 목표가 개인의 목표와 일치하지 않거나 상반된다면 조직을 위한 노력은 훨씬 더 감소하게 될 것이다.

현재까지 밝혀진 과학상식에 따르면, 물질과 에너지는 사라지지 않는다. 다만 변할 뿐이다. 그런데 그 방향은 항상 유용한 상태에서 쓸모없는 상태로 변한다. 열역학 2법칙, 즉 엔트로피의 법칙이다.[750] 사람들이 각자의 목표를 달성하기 위해 노력하다 보면 세상은 어지러워진다. 하물며 각자의 목표가 첨예하게 대립하는 전쟁은 말할 것도 없다. 우리는 상대에게 큰 타격을 입힐수록 나에게 이득이 되는 제로섬 게임의 논리에 빠지기 쉽다. 그러다 보면 실제로는 아무도 이득을 보지 못할 수 있다. 장기적 관점에서 바라볼수록 이러한 현상은 더욱 뚜렷해진다. 우리는 윈윈을 위해 노력해야 한다.

그래서 우리에게는 전쟁이 국가와, 더 나아가 인류에 도움이 되도록 이끌 리더들이 필요하다. 끊임없이 변화하는 세상에 대응하기 위해 리더가 필요하다는 사실은 변치 않는다. 이것 또한 변화와 불변의 역학관계에 관한 역설이다. 그러한 통찰과 지혜가 있는 리더를 이 책은 군사적 폴리매스라고 칭했다. 군사적 폴리매스는 군사적 천재가 되기 위한 방법론까지도 포함한 개념이다. 군사적 폴리매스는 다양한 학문 분야를 연구하고, 이를 각자 고유의 경험과 연결할 수 있는 사람이다. 이를 바탕으로, 군의 리더로서 올바른 의사결정을 위한 지혜를 만들어 내는 사람이다.

군사적 폴리매스가 되기 위해서는 먼저 스스로에 대해 잘 알아야 한다. 그것이 바로 메타인지다. 메타인지는 우리를 제삼자의 관점에서 다각적으로 바라볼 수 있게 도와준다. 자신에 대한 편견과 선입견을 최소화하고 장·단점, 강·약점을 냉정하게 평가할 수 있게 해 준다. 우리는 메타인지를 통해 자신의 현재 상태를 진단하고, 최종 상태인 군사적 폴리매스의 덕목과 비교할 수 있다. 그 간격을 찾아냈다면 우리가 무엇을 해야 하는지 알 수 있게 된다.

군사적 천재, 폴리매스. 말만 들어도 숨이 턱 막히는 사람이 있을지도 모르겠다. 마치 우리와 상관없는 아주 특별한 사람들의 이야기인 것만 같다. 하지만 전혀 그렇지 않다. 사람들의 타고난 능력 차이는 아주 미미하다. 누가 어떤 환경에서 올바른 방향성으로 얼마나 더 노력했느냐에 따라 결과가 달라질 뿐이다. 그래서 자신을 믿는 것이 중요하다. 우리의 뇌는 가소성이 뛰어나서, 노력 여하에 따라 엄청나게 발전할 수 있다. 우리 인류는 아직 그 끝을 발견하지 못했다.

우리의 무한한 가능성을 믿게 되었다면 노력을 통해 성장하겠다는 의지를 지녀야 한다. 이를 성장 마인드셋이라 한다. 성장 마인드셋을 지닌 사람은 뇌의 가소성을 믿고 스스로 한계를 정하지 않는다. 과정에 집중하고 그 과정이 언젠가는 놀라운 결과를 만들어 낼 것이라 믿는다. 반대로, 고정 마인드셋을 지닌 사람은 자신이 성공했던 일에만 안주하려 한다. 실패를 두려워해서 좀처럼 새로운 것을 도전하지 않는다. 그래서 그들은 발전하기 힘들다.

성장 마인드셋은 실천으로 이어져야 한다. 지독한 열정과 올바른 노력은 우리를 군사적 폴리매스의 길로 이끌 것이다. 『그릿』의 앤절라 더크워스와 『1만 시간의 재발견』의 안데르스 에릭슨은 모두 끈기와 노력을 강조했다. 단순히 노력만 하는 것이 아니라, 목적과 방향성이 중요하다. 그리고 깊은 사색을 통해 자신의 노력을 서로 연결하고 그것을 지혜로 만들 수 있어야 한다.

그러나 아무리 뛰어난 군사적 폴리매스가 나타난다고 해도 그가 혼자 모든 일을 다 해결할 수는 없다. 조직의 모든 구성원이 한마음 한뜻으로 함께할 때 비로소 그 조직은 강한 조직이 될 수 있다. 리더십은 조직 구성원들이 조직의 목표를 향해 함께 나아가도록 하는 중요한 역할을 한다. 리더가 주도권을 가지고 조직 구성원들을 이끌어 나가기 위해서는 먼저 그들을 어떻게 조직에 몰입시킬 것인가를 고민해야 한다.

리더는 직원의 가치를 최고로 생각해야 한다. 직원들을 아끼고 사랑하면서 그들이 리더와 조직의 목표를 이해하고 공감할 수 있도록 해야 한다. 그 목표를 달성함에 있어 스스로 본질적인 질문을 던지고, 재미를 느끼도록 만들어야 한다. 그러면 조직 구성원들은 조직의 주인이 된 기분으로, 주도적으로 임무를 수행할 수 있을 것이다. 때로는 상황에 따른 적절한 상벌로 그들의 사기를 북돋워 줘야 한다. 이 모든 과정에서 혹시나 조직 구성원들을 목표 달성에 필요한 도구로만 여기지는 않는지 리더 스스로 항상 돌아봐야 한다.

더욱 효과적인 조직이 되기 위해 인재를 어떻게 육성하고 발탁할 것인지 또한 중요한 문제다. 기본적으로 리더는 조직의 모든 구성원을 인재로 만들기 위해 노력해야 한다. 가장 중요한 것은 모든 이에게 기회를 부여해야 한다는 점이다. 그들 스스로가 인재가 될 수 있다는 성장 마인드셋을 갖도록 조언하고 자신감을 불어 넣어줘야 한다. 너무 쉽지도, 어렵지도 않은 까다로운 목표를 제시하여 승리의 뇌를 기를 수 있도록 도와야 한다. 또한, 개인의 특성과 수준을 고려하여 적절한 노력의 시작점을 찾아 줘야 한다.

조직 구성원 중 보다 상위 직책으로 진출시킬 인재를 발탁할 때에는 반드시 그들의 영성지수와 연결 능력을 고려해야 한다. 지능이 중요하기는 하지만 인재의 관점에서 결코 절대적인 요소는 아니다. 오히려 성장 마인드셋을 갖추고 자아실현을 추구하는 사람, 조직의 목표와 자신의 목표를 일치시키려는 사람이 앞으로 더 큰 일을 해낼 수 있는 인재다. 또한, 점차 방대해지는 조직 규모 속에서 각기 서로 다른 사람들을 하나로 묶어 주는 사람, 그리고 최고 리더의 비전과 목표를 조직 구성원들이 공감할 수 있도록 다리를 놓아 주는 그런 연결 능력이 있는 사람이 바로 인재다.

군사적 폴리매스가 리더로서 스스로 능력을 갖추고, 또 리더십을 발휘하여 조직 구성원들의 공감을 끌어낸다면 임무형 지휘가 구현될 것이다. 임무형 지휘는 조직 구성원들이 리더의 비전과 목표를 이해하고 이를 자발적으로 수행하도록 하는 지휘 철학이다. 리더는 비전과 목표만 제시할 뿐 수단과 방법을 결정하는 것은 조직 구성원들의 몫이다. 그럼으로써 모두의 창의성이 최고로 발휘되고, 궁극적으로 더욱 나은 결과를 도출해 낼 수 있다. 그러나 이는 쉬운 일이 아니다. 평소 리더와 조직 구성원 간의 부단한 의사소통과 공감이 이루어져야만 가능하다. 때로는 리더가 세세하고 정확하게 통제해야 한다. 조직 구성원들은 리더의 세밀한 통제를 적극적으로 이행하는 팔로워십을 발휘하고, 이것이 반복될 때 임무형 지휘는 가능해진다.

리더십의 이니셔티브를 발휘하여 조직을 임무형 지휘가 가능한 조직으로 만드는 군사적 폴리매스가 되는 것, 이것이 우리의 목표다. 이를 위해 평소 맥락적 사고 능력을 길러야 한다. 복잡한 현상 속에서 단편적인 사실만을 보는 것은 매우 위험하다. 특정 현상의 전후좌우 맥락을 모두 고려해야만이 진정으로 본질적인 문제를 찾아내고 해결할 수 있다.

우리가 속한 조직과 주변의 조직, 적대 관계에 있는 조직까지도 하나의 시스템과 그 속의 작은 시스템들로 이해하려는 노력, 즉 시스템적 사고가 필요하다. 그 맥락 속에서 문제를 찾아내어 올바른 해결책을 마련할 수 있는 디자인적 사고 또한 필수적이다. 시스템적 사고와 디자인적 사고가 융합될 때 우리는 전체의 맥락을 파악할 수 있다. 그리고 이를 토대로 우리의 해결책이 또 다른 문제점을 만드는 상황을 막을 수 있다.

우리는 이러한 맥락적 사고와 함께 절대우위 전략을 추구해야 한다. 군사적 폴리매스가 되는 길은 누군가와의 경쟁이 아니다. 오직 포기를 원하는 자신과 싸움이다. 그래서 그 여정은 외롭고 힘들다. 하지만 절대 자신의 능력에 한계를 설정해서는 안 된다. 또한, 우리가 흔히 스트레스라고 부르는 것들을 다시 한번 생각해 봐야 한다. 우리가 처한 환경이 나에게 긍정적으로 작용하도록 만들어야 한다. 이를 통해 우리는 어떠한 고난과 역경도 이겨낼 수 있는 회복탄력성을 지니게 될 것이다. 더 나아가, 매 위기의 순간 안티프래질한 선택을 하고 더 성장하는 우리가 될 수 있다.

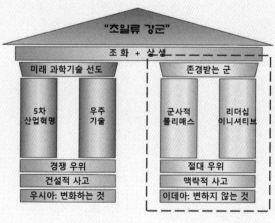

그림 9-8. 변하지 않는 이데아 속 우리가 나아가야 할 방향

제4부

# 초일류 강군

이제 우리는 우리를 가두고 있는 매트릭스에서 빠져나와야 한다.

그리고 모든 것의 조화와 균형을 이루는 '이기는 생각'을 해야 한다.

변하는 것과 변하지 않는 가치, 과학과 술,

건설적 사고와 맥락적 사고, 경쟁우위와 절대우위……

이를 가슴에 새기고, 이제 변화와 혁신을 위해 나아갈 차례다.

# 초일류 강군: 어떻게 준비할 것인가?

## Think outside the box: 매트릭스 밖의 진짜 세상

1999년에 개봉한 영화 「매트릭스Matrix」에서는 기계가 인간을 지배하는 세상을 묘사했다.[751] 기계는 매트릭스라는 가상의 세계를 만들고 인간의 정신을 그곳에 가두었다. 인간의 정신이 매트릭스 안에서 살아가는 동안 뇌는 끊임없이 활동한다. 기계는 뇌의 활동을 에너지원으로 삼았다. 인간의 몸이 갇혀 있는 작은 셀cell은 흡사 건전지와도 같다.

영화 속에서 대다수 사람은 매트릭스가 가상세계임을 깨닫지 못하고 살아간다. 단지 1%의 인간만이 매트릭스를 의심하고 현실 세계로 빠져나온다. 기계는 현실 세계로 빠져나온 인간들을 붙잡아 한 곳에 모아 두는데, 영화에서는 그곳을 시온Zion이라 부른다. 하지만 그들은 기계와의 전쟁에서 인류를 구원할 능력이 없다. 그저 저항할 뿐이다. 기계와의 전쟁을 승리로 이끌고 인류를 구원할 자는 단 한 명, 바로 주인공 네오Neo다.

어느 날, 혼란스러워하는 네오에게 조력자 모피어스Morpheus가 나타나 두 가지 색깔의 약을 건넨다. 하나는 매트릭스 속에 그대로 있게 하는 파란 약blue pill이다. 매트릭스는 비록 현실은 아니지만, 정신적으로 안락하다. 또 다른 하나는 이 안락함을 깨고 냉혹한 현실로 나오게 하는 빨간 약red pill이다. 모피어스는 매트릭스 속 인간은 오감이 마비된 채 감옥에서 태어난 것과 같다고 말했다. 매트릭스 안에서 인간이 감각을 통해 인식하는 모든 것은 현실이 아니라는 의미였다. 네오는 잠깐의 갈등 끝에 빨간 약을 선택한다. 냉혹한 '진짜' 현실을 받아들이고 세상을 바꾸려고 결심한 것이다.

우리는 기계에 지배당하지 않았다. 그러나 특이점이 도래하면 이런 비극적인 상황이 발생하지 않으리라는 보장이 없다. 이것은 예측할 수 없는 블랙스완일 수도, 어쩌면 뻔히 눈에 보이지만 대응하기 힘든 그레이 리노일 수도 있다. 앞으로 그런 상황이 오지 않으려면 지금부터 준비해야 한다.

지금 우리의 삶이 힘들고 고되다고 생각될지 모르겠다. 경쟁이 난무하는 이 세상은 그리 호락호락하지 않다. 하지만 감히 말하고 싶다. 우리는 그래도 '안락한 일상의 매트릭스' 안에 살고 있다. 이렇게 해서는 혁신이 이루어질 수 없다. 개인의 혁신도, 조직의 혁신도 마찬가지다. 초일류 강군으로 가는 혁신을 이루기 위해서는 그 평온함을 깨고 냉혹한 '진짜' 현실로 나와야 한다.

영국의 철학자 프란시스 베이컨Francis Bacon은 인간이 진실에 이를 수 없는 이유가 네 가지 우상idols 때문이라고 주장했다. 바로 종족tribe의 우상, 동굴den의 우상, 시장market의 우상, 극장theater의 우상이다.[752]

먼저, 종족의 우상은 인간의 본성이나 고유의 사고방식에 따른 '착각'을 말한다. 날씨가 맑은 어느 날 사랑하는 가족들과 산책을 하고 있었다. 그때 지저귀는 새소리를 들은 딸아이가 말했다. "새가 즐겁게 노래하네? 오늘 기분이 좋은 날인가 봐." 매우 아름다운 시적 표현이다. 새가 지저귀는 것은 분명 노래하는 것이 아닐 것이다. 더군다나 우리는 그 소리를 듣고 그 새가 즐거운지 기분이 안 좋은지 알기 어렵다.

베이컨은 이런 착각을 종족의 우상이라 불렀다. 상상하는 능력이 있고 감성이 풍부한 우리 인간만이 갖는 착각이다. 상상과 감성이 나쁘다는 말이 아니다. 오히려 우리가 반드시 지켜야 할 인간의 특성이다. 다만, 그것이 정말 착각으로 이어지는 것은 경계해야 한다. 한번 생각이 굳어져 버리면 그것을 바꾸기란 여간 쉽지 않다. 우리는 우리를 가두고 있는 생각의 상자를 깨고, 밖으로 나가야 한다. 향후 도래할 5차 산업혁명 시대에, 기계와 공존하면서도 여전히 이 세상의 주인으로 남기 위해서 꼭 필요한 일이다. 그래야만이 수직적 상승, 패러다임 시프트가 가능하다.

둘째는 동굴의 우상이다. 이는 개인마다 처한 환경에 따른 '독선'을 의미한다. 각자의 가정환경과 교육환경, 경험, 타인과의 상호작용 등을 통해 굳어진 개인만의 관점이 사물을 객관적으로 바라보는 것을 방해하는 것이다. 버거와 루크먼의 주장대로 각자가 인식하고 있는 이 세상의 실재는 모두 사회적으로 구성된 것이다.[753] 사회화와 재사회화를 거치면서 인식된 현실이 우리의 머릿속에 자리 잡아 우리는 자신만의 동굴을 벗어나기 힘들다. 자신만의 동굴을 버릴 필요는 없다. 그러나 그 동굴을 벗어나 더 넓은 세상을 바라봐야 한다.

프랑스의 철학자 에마뉘엘 레비나스Emmanuel Levinas는 소통과 이해가 단절된 상대방을 타자他者라고 칭했다. 그는 자기중심적 전체성을 깨뜨리고 타자의 무한을 받아들일 때 깨달음을 얻을 수 있다고 말했다.[754] 레비나스의 주장처럼 우리는 이 세상에 수많은 동굴이 있음을 알고 이를 인정할 수 있어야 한다. 그리고 새로이 인식되는 동굴들을 서로 연결하면서 각자 동굴의 지평을 넓혀 가야 한다.

셋째는 시장의 우상이다. 이는 언어와 관련된 '현혹'이다. 시장에서는 무수히 많은 소문이 오간다. 그런데 그 말은 마치 진실처럼 호도되어 세상에 퍼진다. 이처럼 어디선가 전해들은 말, 근거 없는 소문들에 현혹되는 현상이 바로 시장의 우상인 것이다. 3차 산업혁명 시대가 도래하면서 인간은 정보의 홍수에 빠지기 시작했다. 이제는 온라인 세계가 시장의 우상 역할을 하고 있다. 컴퓨터와 인터넷의 발달로 각종 정보에 대한 접근성이 증대되면서 가짜 뉴스가 판을 치고 있다. 이제는 방대한 정보를 습득하는 능력보다 진짜 정보를 판별하는 능력이 더 중요해졌다. 어떠한 정보를 접하든, 단편적인 사실만을 인식하기보다는 사색을 통해 생각의 품질을 향상해야한다. 우리에게 필요한 것은 검색search보다 사색meditation이다.[755]

마지막, 극장의 우상은 권위에 대한 우상이다. 토머스 쿤이 말했듯, 과학은 시대별로 패러다임이 전환되면서 계단식으로 발전했다. 고대에는 아리스토텔레스의 과학이 정답이었지만, 코페르니쿠스, 갈릴레이, 뉴턴을 거쳐 현재는 아인슈타인의 과학이 정답이다. 그러나 양자역학 연구가 활발한 지금, 언제 그 패러다임이 바뀔지 모른다. 이 말은 곧, 우리가 과학상식이라고 받아들이는 그것조차도 절대 진리가 아니라는 것이다. 단지 인간의 한계로 인해 현상을 그 정도 수준으로밖에 이해하지 못할 뿐이다.[756] 미래를 선도하기 위해 우리는 이 사실을 깊이 인식해야 한다. 그리고 기존의 권위와 전통에 얽매이지 않는 사고력을 바탕으로 새로운 혁신을 추구해야한다.

이것이 매트릭스로부터 빠져나오는 방법이다.

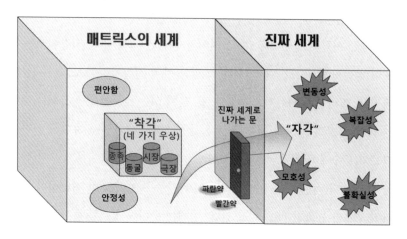

그림 10-1. 매트릭스로부터 빠져나오는 방법

미래를 예측하는 최고의 방법은 미래를 창조하는 것이다.[757] 이 책은 군의 리더로서 미래를 주도적으로 창조해 나가기 위한 방향을 제시했다. 이 책의 역할은 안락함을 깨고 혁신의 냉혹한 현실로 나아가는 문 앞까지 안내하는 것이다. 그러나 문밖으로 데리고 나가는 일은 할 수 없다. 우리는 지금 문 앞에 서 있다. 그냥 돌아서서 다시 안락하고 평온했던 일상으로 돌아갈 수도 있다. 하지만 그 문을 열고 '진짜' 현실로 나가면 우리에게는 무한한 가능성이 열릴 것이다.

새로운 환경, 낯선 것들과 만났을 때 비로소 우리 뇌에는 새로운 생각들이 떠오른다. 우리 뇌가 발전하기 위해서는 의식적으로 새로운 환경에 도전하고, 새로운 생각들을 끌어내야 한다.[758] 지금 앞에 있는 문밖에 그러한 새로운 환경이 기다리고 있다.

자, 여기 파란 약과 빨간 약이 있다. 어떤 선택을 하겠는가?

## 종합적 사고: 좌뇌와 우뇌는 서로 싸우지 않는다

여러분이 빨간 약을 선택했다고 믿는다. 매트릭스 밖으로 나오는 선택을 한 것이다. 아직은 막막하다. 무엇을 해야 할지 모르겠다. 그러나 조급해할 필요 없다. 이 책이 그 출발점이다.

세상은 항상 변하는 것과 절대 변하지 않는 것이 서로 조화를 이루고 있다. 이 책은 이 두 가지 현상을 토대로 우리 스스로가 초일류 리더가 되고, 우리 군이 초일류 강군으로 거듭나기 위한 담론을 전개했다. 항상 변화하는 우시아의 세계 속 우리는 그 변화를 주도하려 노력해야 한다.

그러나 대부분이 누군가가 만들어 놓은 편리한 매트릭스 속에 만족하며 살아간다. 굳이 내가 하지 않아도 다른 사람들이 멋진 발명품을 만들어 내고 세상을 발전시킨다. 직장에서의 일도 마찬가지다. 내가 아니어도 누군가는 프로젝트를 맡아 한다. 그런데 그 누군가는 항상 어렵고 힘든 일에 도전한다. 그리고 그는 조직에서 점점 더 중요한 직위에 올라 중요한 일을 맡는다.

이런 환경에서 항상 문제의식을 느끼고 발전시켜야 할 대상을 찾아내는 비판적 사고는 매우 중요하다. 세상이라는 물살은 변화하며 흐르는데 우리만 그 자리에 멈춰 있다면 그 물에 빠져 죽을 수밖에 없다. 우리는 그 물살을 타고 헤엄쳐 나가야 한다. 그리고 남들이 생각하지 못한 놀라운 해결책을 도출해 내는 창의적 사고 또한 필요하다. 이를 통해 우리 군은 선진 군대로부터 도움을 받던 과거를 벗어 던지고, 스스로 초일류 강군이 되어 반대로 세상을 도울 수 있다. 여기에는 냉철한 수학적 계산과 빈틈없는 논리력이 필수다.

한편, 절대 변하지 않는 이데아의 세계에는 변하지 않는 진리가 존재한다. 전쟁에 있어 폭력이라는 본질은 변하지 않는다. 그것이 물리적이든 비물리적이든 폭력을 배제하고서는 전쟁을 논할 수 없다. 또한, 인류가 존재하는 한 전쟁에는 인류가 개입될 수밖에 없다. 더 정확히 말하자면, 인류가 개입하지 않는 전쟁은 인류에게 의미가 별로 없다.

물론 특이점이 도래한 이후에는 인류가 아닌 다른 종족들 간의 전쟁도 생겨날 것이다. 하지만 그 전쟁이 우리 인류에게 영향을 미치지 않는다면 우리는 아마도 그것을 심각하게 여기지 않을 것이다. 마치 디스커버리 TV 채널에서 아프리카 초원의 사자 떼와 하이에나 떼가 싸우는 것을 그저 흥밋거리로만 바라보듯이 말이다. 그래서 우리가 논하는 전쟁은 인간이 중심이 될 수밖에 없다. 그리고 그 인간들의 상호작용은 전쟁을 복잡성과 불확실성의 세계로 끌어들인다.

역설적이게도, 만물이 변화한다는 것은 또 다른 변하지 않는 진리다. 그럼 진리를 좇는 것이 무슨 의미가 있는가? 인간은 결코 완전해질 수 없다. 그러나 진리를 탐구하는 과정에서 우리는 완전에 가까워질 수 있다. 진리를 탐구한다는 것은 공부한다는 뜻이다. 책을 읽고 사색하고 직접 몸으로 부딪쳐 경험해야 한다. 그리고 책 속에서 느낀 남의 경험과 내가 직접 경험한 것들을 연결하고 새로운 의미를 부여할 줄 알아야 한다. 그럼으로써 군사적 폴리매스에 가까워질 수 있고, 리더십 이니셔티브를 발휘할 수 있으며, 임무형 지휘를 구현할 수 있다. 그리고 우리가 리더로서 이끄는 조직이 비로소 하나의 유기체처럼 생각하고 움직일 수 있다.

뇌는 좌뇌와 우뇌의 반구로 나누어져 있다. 19세기 말 신경해부학이 발달하면서 이에 관한 연구가 활발히 진행되었고, 학자들은 좌뇌와 우뇌가 수 개의 신경 다발로 연결되어 있다는 사실을 밝혀냈다. 1861년에는 프랑스의 피에르 폴 브로카Pierre Paul Broca가 한 언어장애 환자를 연구했다. 그때 그는 좌뇌가 언어와 논리를 담당하고 있다는 사실을 발견했다.[759]

당시에는 파킨슨병 환자들이 많았는데, 이 환자들을 연구하던 학자들은 좌뇌와 우뇌의 시냅시스synapsis를 끊으면 환자의 증상이 완화된다는 것을 알게 되었다. 이 과정에서 또 새로운 사실이 발견되었다. 좌뇌와 우뇌가 서로 다른 기능을 하고 있으며 각각이 독립적으로 활동할 수 있다는 것이 었다.

학자들은 뇌간의 시냅시스를 끊은 환자들에게 물체를 보여 주고 이름을 대도록 하는 실험을 했다. 우측 눈에 물체를 보여 준 환자들은 물건의 이름을 쉽게 말했으나 그 물건에 대해 잘 묘사하지 못했다. 반대로, 좌측 눈에 물건를 보여 준 환자들은 물건의 이름은 말하지 못했고 용도나 사용법 등에 대해서는 잘 묘사했다. 좌뇌는 신체의 우측을, 우뇌는 신체의 좌측을 통제한다는 점에서 학자들은 좌뇌가 언어와 논리력을 담당하고, 우뇌가 해석과 공간지각 능력을 담당한다고 결론지었다.[760]

이렇게 좌뇌와 우뇌의 역할은 서로 구분될 수 있다. 냉철한 수학적 계산과 빈틈없는 논리력은 좌뇌의 영역이다. 큰 그림을 보고 그 안의 작은 사건들을 연결해 의미를 찾아내는 능력은 우뇌의 영역이다. 비유하자면, 좌뇌는 나무의 디테일한 모습을 정밀하게 묘사한다. 우뇌는 전체적인 숲을 보면서 나무들이 어떻게 구성되어 있는지, 숲속의 생태계와 어떻게 조화를 이루고 있는지를 본다. 하지만, 여기서 간과해서는 안 될 중요한 사항이 있다. 바로 좌뇌와 우뇌는 역할이 다를 뿐, 따로 놀지 않는다는 점이다. 좌뇌와 우뇌는 서로 싸우지 않는다.

우리는 좌뇌와 우뇌를 연결하는 시냅시스, 즉 뇌들보Corpus Callosum를 가지고 있다. 이는 좌뇌와 우뇌만큼이나 매우 중요한 부위다. 좌뇌의 기능과 우뇌의 기능이 상호보완적으로 작용할 수 있도록 돕기 때문이다. 우리는 흔히 '좌뇌형 인간, 우뇌형 인간'이라는 표현을 자주 사용한다. 그리고 자신을 어느 한 부류로 단정해 버리기도 한다. 하지만 그런 것은 사실 존재하지 않는다.

어떤 사람이 상대적으로 다른 사람보다 좌뇌 또는 우뇌가 더 발달했을 수는 있다. 그러나 그것은 절대적인 것이 아니라 훈련을 통해 변화시킬 수 있는 것이다. 더 중요한 것은 뇌의 양반구를 얼마나 잘 조화시켜 종합적으로 사고하느냐이다. 아인슈타인이 보여 준 종합적 사고 능력의 비결이 바로 이 뇌들보의 역할이라는 연구 결과도 있다.[761] 앞으로는 좌뇌와 우뇌의 연결점을 더욱 잘 활용하는 사람이 리더로서 역할을 더 잘해 낼 것이다.

대구광명학교는 시각장애 학생을 위한 특수 교육기관이다. 이 학교의 어느 선생님은 앞을 보지 못하는 학생들을 위해 3D 프린터와 3D 스캐너를 활용한 졸업앨범을 제작했다.[762] 그 선생님은 어떻게 그런 생각을 할 수 있었을까? 미술, 과학, 그 어느 분야도 이 선생님의 전문분야는 아니었다. 그런데도 최신 과학기술인 3D 프린터와 3D 스캐너, 그리고 미적 감각을 자칫 그냥 지나쳐 버릴 수 있는 일상적인 업무에 적용하는 데 성공했다. 학생들의 관점에서 그들이 원하는 것을 파악하고 공감할 수 있었기에 가능한 것이었다.

최신 과학기술을 활용할 수 있는 건설적 사고 능력은 좌뇌로부터 나온다. 한편, 학생들을 공감하고 전체적인 상황의 맥락을 고려할 줄 아는 능력은 우뇌가 담당한다. 이 선생님은 좌뇌와 우뇌의 기능을 잘 연결하고 조화시킬 수 있는 능력을 지녔음을 알 수 있다. 건설적 사고와 맥락적 사고를 함께 조화시킬 수 있는 종합적 사고 능력, 바로 우리에게 필요한 능력이다.

## 상생과 조화 속의 우위: 토끼와 거북이의 경주

우리는 간혹 우리의 힘을 과신하여 적을 쉽게 제압할 수 있으리라 생각한다. 그러나 현실은 그렇지 않다. 복수가 복수를 낳는 진부한 조폭 영화처럼, 전쟁은 또 다른 전쟁을 불러오기 쉽다. 전쟁의 완전한 종결은 최첨단 기술혁신만으로 해결할 수 없다. 미국의 국가안보좌관을 지낸 걸프전의 영웅 맥매스터Herbert Raymond McMaster 장군은 최첨단 기술력만으로는 단기간에 승리로 끝낼 수 없는 전쟁의 속성을 '뱀파이어 오류'라고 불렀다.[763] 좀처럼 죽이기 힘든 뱀파이어를 빗대어 표현한 것이다. 우리는 뱀파이어 오류에 빠져서는 안 된다.

이솝 우화에는 토끼와 거북이 이야기가 나온다. 육지에서 토끼와 거북이가 달리기 시합을 했다. 토끼는 거북이보다 훨씬 빠르다. 같은 조건이라면 당연히 토끼가 이기는 게임이다. 그러나 토끼는 거북이가 자신보다 한참 뒤처지는 것을 보고 잠을 잤다. 결국, 느리지만 꾸준히 달린 거북이가 단잠에 빠진 토끼를 이기면서 이야기는 끝을 맺는다.

어릴 때부터 자주 들어서 너무나도 친숙한 이야기다. 거북이는 성실함과 꾸준한 노력을 통해 승리를 거머쥐었다. 그것이 이 이야기의 교훈이기도 하다. 그런데 가만히 생각해 보면 이상한 점이 한 가지 있다. 육지에서는 느린 거북이가 뻔히 질 수밖에 없는 경기임을 모를 리 없었다. 그런데도 거북이는 왜 토끼와 달리기 시합을 했을까?

거북이가 경주에서 토끼를 이겼다는 사실을 안 다른 동물들의 반응이 어땠을지가 궁금하다. 어떤 동물은 평소 잔꾀를 많이 부리는 토끼를 보며

'쌤통이다.'라고 생각했을 수도 있다. 또 어떤 동물은 거북이의 근면 성실함을 칭찬했을 수도 있다. 하지만 어떤 동물은 시합의 결과를 그리 대수롭지 않게 생각할 수도 있다. 이는 거북이가 잘해서라기보다는 토끼가 자만해서 큰 실수를 했기 때문이다. 어차피 육지에서 토끼가 거북이보다 더 빠르다는 사실은 변하지 않는다.

거북이는 이제 미래의 시합을 준비해야 한다. 혼자서 분을 삭이고 있는 토끼가 언제 다시 도전해 올지 모른다. 손무는 전승불복戰勝不復, 승리하는 방법은 되풀이되지 않는다.이라 했다.[764] 그렇다면 과거처럼 토끼가 잠을 잘 것이라는 요행만을 바랄 수는 없다. 토끼와의 경쟁에서 지지 않으려면 거북이는 다음의 네 가지 선택지 중 한 가지를 골라야 한다. 첫째는 열심히 체력단련을 해서 토끼보다 더 빠른 달리기 실력을 기르는 것이다. 둘째는 자신이 더 빠른 종목, 즉 수영으로 겨루자고 제안할 수도 있다.

세 번째는 시합을 받아들이지 않는 것이다. 굳이 경쟁할 필요 없이 거북이는 거북이대로, 토끼는 토끼 나름대로 각자의 영역에서 각자의 삶을 살면 된다. 이마저도 아니라면, 시합 대신 서로 협력해서 함께 결승점을 들어가자고 제안할 수도 있다. 그러면 훨씬 보람될 거라고 토끼를 설득할 수 있을 것이다. 이를 지켜보는 주변의 동물들도 토끼와 거북이의 협력에 찬사를 보내 줄 것이다.

하나씩 살펴보자. 첫 번째 선택지는 토끼보다 달리기가 빨라질 때까지 체력단련을 열심히 하는 것이다. 그런데 이 선택은 엄청난 시간과 노력을 투자해야 한다. 어쩌면 평생을 노력해도 목표에 다다르지 못할 수도 있다. 두 번째 선택지는 경쟁의 환경을 바꾸는 것이다. 거북이가 이미 가지고 있는 장점을 살려서 이길 수 있는 환경에서 경쟁하면 된다. 거북이와 토끼가 강물을 건너는 시합을 한다면 거북이는 쉽게 이길 수 있다.

문제는 토끼가 그 조건을 수락할 리가 없다는 것이다. 그런데 만약 거북이가 토끼에게 육지와 강물을 혼합한 경주 코스를 제안한다면 어떨까? 그러면 토끼도 한 번쯤은 이 제안의 수락을 고려해 볼 수 있을 것이다.

세 번째 선택지는 경쟁 자체를 회피하는 것이다. 때로는 이러한 전략도 필요하다. 뻔히 질 수밖에 없는 경쟁을 굳이 할 필요는 없다. 충분히 준비된 다음에 경쟁해도 늦지 않는다. 그러나 무작정 회피하는 것은 바람직하지 않다. 이런 식의 회피는 일회성밖에 되지 못한다. 평생 패배자로 남기 싫은 토끼는 복수심에 불타 집요하게 거북이를 괴롭힐 것이다.

이 세 가지 방법에는 모두 상생이 빠졌다. 이를 해결할 수 있는 것이 네 번째 선택지, 즉 서로가 경쟁하지 않고 함께 협력하는 것이다. 철학자 윤구병 교수가 쓴 동화 『토끼와 거북이』라는 책이 있다.[765] 이 책에서는 늑대가 토끼와 거북이에게 경주를 시킨다. 경주에서 진 동물을 잡아먹겠다는 것이다. 토끼와 거북이는 꾀를 내었다. 결승점에 함께 들어오면 경주에서 진 동물이 생겨나지 않는다. 둘은 서로 협력하여 함께 결승점에 도달했고, 늑대는 아무도 잡아먹을 수 없었다. 여기서 거북이와 토끼는 경쟁이 아니라 협력의 관계이다.

이제 거북이와 토끼는 남과의 경쟁이 아니라 스스로와 경쟁하면서 자신의 능력을 더 발전시키는 법을 배웠다. 더 나아가 서로 협력하면서 시너지 효과를 창출한다. 함께 동행하며 서로를 도우면 극복하지 못할 장애물이 없다. 머나먼 육로를 가야 하면 토끼가 거북이를 끌어 주면 된다. 그러다 물을 만나면 거북이가 토끼를 태워 주면 된다. 이렇게 하면 둘은 함께 목적지에 도달할 수 있다.

처음 세 가지 선택지를 종합하면 앞서 살펴본 경쟁우위 전략과 연관이 있다. 거북이는 토끼를 이기기 위해 부족한 달리기 능력을 키울 수 있다. 경주 코스에 물을 포함해서 자신에게 유리한 전략환경을 조성할 수도 있다. 만약 아직 준비가 아직 안 되었다면 경쟁 자체를 회피하고 나중을 기약해야 한다. 경쟁우위 전략의 핵심은 선승구전先勝求戰, 즉 이겨 놓고 싸우는 것이다.[766]

마지막 선택지는 절대우위 전략이다. 스스로와 경쟁하면서 남들과는 경쟁이 아닌 협력을 추구하는 것이다. 이는 어떤 의미에서 보면 싸우지 않고도 이기는 부전승不戰勝의 전략이다.[767] 우리는 자신과의 경쟁을 통해 남들과의 경쟁이 없이도 점차 진리를 깨닫게 되고 지혜를 얻을 수 있기 때문이다. 그것도 어느 한쪽이 이기면 다른 한쪽은 패하는 제로섬 게임이 아니라, 모두가 승리하는 윈윈 게임이 된다. 이것이 바로 군사적 폴리매스의 연결과 융합이다. 그리고 리더십 이니셔티브가 창출해 내는 몰입과 팀워크다.

우리는 변하는 것들과 변하지 않는 것들이 공존하는 이 세상에서 위의 선택지들을 모두 활용해야 한다. 변하는 것들에 대해 경쟁우위 전략으로 대응해야 한다. 또, 변하지 않는 가치를 지켜나가기 위해 절대우위 전략으로 꾸준히 노력해야 한다. 우리의 뇌는 이 두 가지를 함께할 때 더욱 발전할 수 있다. 그럼으로써 우리는 군사적 폴리매스에 다다를 수 있다.

우리는 세상과 하나이다. 세상이 곧 우리이고, 우리가 곧 세상이다. 세상과 자아가 서로 분리되어 있다는 생각은 환상일 수도 있다. 양자역학의 원리를 한번 생각해 보자. 우리 몸은 원자로 이루어져 있다. 아니, 이 세상 모든 물체는 원자의 집합체이다. 원자는 다시 원자핵, 중성자, 전자로 이루어져 있다. 원자핵 주변을 맴도는 전자는 마이너스 전하를 지녔기 때문에 서로 밀어낸다. 그래서 전자와 전자 사이는 텅 비어 있다. 결국, 원자의 99%는 빈 곳이 된다.

만약 양성자의 크기를 농구공만 하게 만들고 서울의 중앙에 두면, 크기가 거의 없는 전자는 10㎞ 바깥에서 움직이고 있다고 보면 된다.[768] 그만큼 원자에는 공간이 대부분을 차지한다. 이 공간을 줄이면 70억 명의 인류가 주먹보다도 더 작게 압축될 수 있다. X-Ray 촬영을 하면 우리 몸은 투명하다. X-Ray 기계가 초능력을 지니고 있어서가 아니다. 우리 몸은 원래 공간이 많은데, 가시광선은 전자와 전자 사이를 통과할 수 없어 그 공간을 보지 못할 뿐이다.

인간이 죽어도 원자는 그대로 남는다. 우리가 죽으면 결국 흙으로 돌아간다던 옛 선인들의 말씀이 맞다. 결국, 우리와 세상은 하나라는 말이다. 도가사상이 이야기하는 무위자연無爲自然, 불교에서 말하는 색즉시공 공즉시색色卽是空 空卽是色, 그리고 일체유심조一切唯心造는 모두 일원론적 관점에서 양자역학과 일맥상통한다. 현대 과학의 최첨단에 서 있는 양자역학이 고대 사상가들의 생각과 일치한다는 사실이 놀랍다.

우리는 세상이라는 시스템 속에서 살고 있다. 토끼와 거북이도 같은 세상에 속해 있다. 토끼는 거북이가 속한 세상이고, 거북이는 토끼가 속한 세상 그 자체이다. 그러므로 세상이라는 시스템 속의 모든 하위 시스템들은 소중하다. 당장 눈앞에서 우리를 위험에 빠뜨리는 적이 있다면 우리는 당장 해결책을 마련해서 즉시 대응해야 한다. 그러나 만약 그러한 경우가 아니라면, 우리는 모든 문제를 장기적 관점에서 바라보고 서서히 치유해야 한다.

## 변화와 혁신: 초일류 강군으로 가는 길

초일류 강군으로 가는 여정은 멀고도 험하다. 그렇다고 아무것도 하지 않으면 아무 일도 일어나지 않는다. 『채근담菜根譚』에 '승거목단 수적석천繩鋸木斷 水滴石穿'이라 했다.[769] 노끈으로 톱질을 해도 나무가 잘리고 작은 물방울이 계속 떨어지면 돌도 뚫린다. 커다란 변화는 작은 변화로부터 시작된다는 점을 인식하고 우리는 꾸준히 노력해야 한다.

어떤 사람이 온갖 노력 끝에 군사적 폴리매스가 된다고 해도 그 사람 혼자서 우리 군을 초일류 강군으로 만들 수는 없다. 조직 차원의 노력이 이루어지지 않는다면 개개인의 노력은 허사가 될 수도 있다. 메리 울빈이 강조했던 것처럼 우리는 그 매개체가 되어야 한다.

먼저 그간의 경직된 사고를 벗어나야 한다. 『장자莊子』 '추수秋水' 편에 다음과 같은 이야기가 나온다. "우물 안 개구리가 바다에 대해 말할 수 없는 것은 공간의 제약 때문이고, 여름 벌레에게 얼음에 대해 말할 수 없는 것은 시간의 제약 때문이며, 왜곡된 자에게 도를 말할 수 없는 이유는 편협한 사고방식의 제약 때문이다."[770] 우리는 이러한 공간, 시간, 기존 지식의 굴레에서 벗어나야 한다.

베니스 구겐하임 미술관에는 마우리지오 나누치Maurizio Nannucci의 2003년 작품이 걸려 있다. 거기에 쓰여 있는 문구가 인상적이다. "Changing Place, Changing Time, Changing Thoughts, Changing Future."[771] 그렇다. 공간을 바꾸고, 시간을 바꾸고, 생각까지 바꾼다면 우리는 미래를 바꿀 수 있다.

미국의 디자인 회사인 IDEO의 피터 스킬먼Peter Skillman은 마시멜로 챌린지marshmallow challenge라는 게임을 고안해 냈다. 이후 톰 우젝Tom Wujec이라는 학자가 다양한 분야의 사람들을 대상으로 이 마시멜로 챌린지 실험을 진행했다. 그들에게 18분이라는 시간 동안 스무 가닥의 스파게티 면, 접착테이프, 실, 마시멜로 한 개로 가능한 한 높은 탑을 쌓도록 했다.[772]

경영대학원 학생, 변호사, 유치원생, 건축가, 회사의 CEO 등 다양한 그룹이 실험에 참여했다. 결과는 예상 밖이었다. 건축가 그룹을 제외하고는 유치원생을 이긴 그룹은 없었다. 상대적으로 지적 수련을 많이 했다고 볼수 있는 변호사 그룹, 경영대학원 학생 그룹 등이 유치원생 그룹보다 탑을 높이 쌓지 못했다.

이 결과는 우리가 알고 있는 지식이 오히려 문제 해결에 방해가 될 수도 있음을 보여 준다. 특정 분야의 전문가로서 자신이 아는 지식 안에서 문제를 해결하려는 고착된 사고가 유치원생의 자유로운 사고방식을 따라가지 못한 결과였다. 또한, 실현 가능한 해결 방안을 먼저 찾기 전까지 도전하지 않는 경직성이 일단 다양한 시도를 해 보는 유치원생의 도전정신에 패한 것이다.

군은 위기관리 집단이다. 만약 위기상황이 발생하면 짧은 시간 안에 효과적으로 대응할 수 있어야 한다. 따라서 시간의 압박을 견디는 능력은 매우 중요하다. 하지만 평상시에는 다르다. 충분한 시간을 주고 다양한 의견을 자유롭게 개진할 수 있는 분위기가 형성되어야 한다. 군에서 지휘관의 임기는 통상 2년 내외이다. 그러다 보니 2년 안에 무언가 성과를 내려는 경향이 많다. 이는 단기적 성과에만 집착하는 결과를 초래한다. 심지어 '내 임기를 마친 이후에는 어떻게 되든 내 알 바가 아니야.'라는 아주 많이 그릇된 생각을 하는 지휘관이 존재하기도 한다. 이러한 독성 리더십은 조직 구성원들의 사고방식에도 영향을 미친다. 그러한 조직은 결코 발전하기 어렵다.

우리는 전문가 집단의 고착된 사고를 버리고 스펀지와 같은 유치원생이 되어야 한다. 유치원생의 마음으로 새로운 아이디어를 내고 일단 시도해 볼 수 있어야 한다. 그럼으로써 베이컨의 우상들을 깨뜨리고 매트릭스 바깥 진짜 세상으로 나올 수 있다. 조직은 이를 용인할 수 있어야 한다. 이는 학교기관뿐만 아니라 야전부대에서도 반드시 정착시켜야 할 부분이다. 그러려면 지휘관이 먼저 솔선하여 조직의 비전을 제시해야 한다. 그리고 나무와 숲을 고르게 보며 조직 구성원들과 함께 무엇이 더 중요한지를 고민해야 한다. 우리는 당장 급해 보이지만 중요하지 않은 일들에 집착하고 있음을 인정해야 한다.

이제 경쟁우위를 통해 미래를 주도해 나가자. 다른 군대보다 압도적으로 앞서 나가, 이겨 놓고 싸울 수 있는 능력을 기르자. 그렇게 되면 전쟁 억제라는 효과가 자연스레 따라오게 된다. 이와 동시에, 절대우위를 통해 보편적 가치와 진리를 이해하고 지혜를 키워나가자. 다른 군대가 우리 군을 우러러볼 수 있는 조직문화와 가치를 만들어 나가자. 세계적인 군사적 폴리매스를 배출하고 그들이 리더십의 이니셔티브를 발휘하게 환경을 조성하자. 군 조직 전체가 임무형 지휘가 가능한 조직이 되도록 노력하자.

경쟁우위를 통해 다른 군대가 감히 우리와 대적할 생각조차 하지 못하도록 했다면, 절대우위를 통해 다른 군대가 우리와 함께 상생하고 싶어지도록 만들자. 그러면 우리 군은 싸우지 않고도 이기는 군대가 될 것이다. 우리는 이를 통해 초일류 강군으로 변모하게 될 것이다.

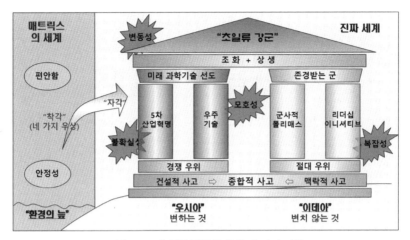

그림 10-2. 초일류 강군을 향한 네 가지 기둥

Epilogue

# 자, 이제 논의를 시작해 보자

삶겨 죽은 청개구리 효과boiling frog를 들어 봤을 것이다.[773] 이미 끓고 있는 물에 개구리를 넣으면 개구리는 바로 점프해서 빠져나온다. 그러나 천천히 데워지는 물 속 개구리는 다르다. 변화하는 물의 온도를 체감하지 못하고 삶겨 죽는다. 갑자기 위기가 닥치면 극복하면 된다. 진정한 위기는 우리에게 다가오는 위기를 무시하는 것이다.

우리는 지금 편리하고 안정된 생활에 젖어 물이 뜨거워지는 것을 눈치채지 못하고 있는 것일 수도 있다. 평화를 원하거든 전쟁에 대비해야 한다는 고대 로마 전략가 베제티우스Publius Vegetius Renatus의 말을 빗대어[774], 평화를 원하는 만큼 미래의 블랙스완과 그레이 리노에 대응할 능력을 길러 놓아야 한다.

이 책은 우리가 몸담은 따듯한 물이 곧 펄펄 끓게 될 것이라는 위기를 깨닫도록 돕는 책이다. 그리고 그에 대응할 수 있는 능력을 길러야 한다는 인식을 주기 위해 쓰였다. 그 능력은 다양한 학문과 경험의 연결에 있다. 그러다 보니 이 책에는 많은 학문 분야의 책과 논문이 녹아들어 있다. 기초과학, 사회과학, 응용과학, 의학, 인문학 등 많은 분야를 다뤘다. 독자들이 사고의 폭을 넓히도록 돕기 위함이다.

군사학은 그 자체로 하나의 독립된 학문 분야라고 볼 수 있지만, 다른 학문 분야와 떼려야 뗄 수 없는 종합 과학이며 동시에 종합 예술이다. 그런데도 군사 전문가인 우리 군인들은 이 중요한 군사학을 교범에만 의존하는 경우가 많다. 그나마 손무, 오기, 클라우제비츠, 조미니 등 일부 군사 이론가의 책들이라도 읽는다면 다행이다. 이제는 그 틀을 깨고 다양한 분야를 연구하면서 이를 군사학에 접목할 수 있어야 한다.

다루는 분야가 방대하다 보니 분명 이해가 잘되지 않는 부분이 있을 것이다. 책을 읽으면서 드는 궁금증을 미처 다 해결하지 못한 채 여기까지 온 이들도 있을 것이다. 그래도 괜찮다. 이 책에 나오는 각종 이론을 이해했느냐는 그리 중요하지 않다. 프롤로그에서 이야기했듯, 우리가 쥐고 있던 세계관과 우리를 가둬 두고 있던 고정 관념을 내려놓았다면 된 것이다. 이 책을 읽고 위기의식과 해결 의지를 다지게 되었다면 이제 실천만 하면 된다. 앞으로 우리는 몰라보게 성장할 것이다.

이 책은 독자들에게 단순히 지식을 전달하기 위한 책이 아니다. 인간이 발전시킨 지식 체계 전체를 놓고 보면 이 책에 담긴 지식은 방구석의 먼지 한 톨만큼도 되지 않는다. 그러므로 이 책의 내용을 다 안다고 해서 그 무언가를 다 터득했다고 할 수도 없다. 이 책은 지식과 지혜의 확장을 위한 밑거름이며, 무한한 사유의 세계로 안내하는 길잡이일 뿐이다.

세상은 무섭게 급변하고 있다. 하지만 그 속에서 변하지 않는 가치들이 있다. 세상은 변하지만, 세상이 변한다는 사실은 변하지 않는다. 폭력, 불확실성, 마찰, 전쟁의 삼위일체 등 전쟁의 본질은 변하지 않지만, 결국 폭력, 불확실성, 마찰, 전쟁의 삼위일체 자체가 변화하는 속성을 가지고 있다. 전쟁의 한복판에서 상호작용하는 인간의 본질은 변하지 않지만, 전쟁의 균형이 유지되는 가운데 그 본질로부터 발현되는 것들은 끊임없이 변화한다. 즉, 변하는 것과 변하지 않는 것은 이분법적으로 나뉘는 것 같아도 서로 조화를 이룬다.

이 둘 사이에서 균형감각을 유지한 채, 우리 군을 세계 초일류 강군으로 만들기 위해 우리는 군사적 폴리매스가 되어야 한다. 중국 송나라 유학자 주돈이周敦頤는 세상은 '무극이면서 태극'이라고 말했다. '태극이 나뉘어 음양이 되고 또 변화를 일으켜 오행이 된다. 이들이 오묘하게 화합해 만물이 생겨나고, 낳고 또 낳아 변화가 무궁하다. 사람의 정신 안에 앎이 생겨나고 성인이 사람의 바른 자리를 세운다. 군자는 이를 지켜 길하고 소인은 이를 어겨 흉하다. 시작과 종말을 찾아내 삶과 죽음의 이치를 알게 된다.'775

이러한 태극 사상은 현대 과학의 빅뱅 이론에서 말하는 핵심과 통한다. 빅뱅 이론에 따르면, 우주는 138억 년 전 빅뱅으로부터 시작해 무수히 많은 변화를 일으키며 지금에 이르렀다.776 우리는 이 변화 속에서 만물이 상생하고 있음을 깨달아야 한다. 이 기본적인 원리를 깨달아야 어떠한 문제에 봉착하든 그 본질을 꿰뚫어 보고 장기적인 해결책을 마련할 수 있다.

그 길은 멀고도 험난할 것이다. 마음 한쪽에서 여전히 '나와는 상관없는 길이야. 뭐하러 사서 고생해?'라는 외침이 들릴지도 모르겠다. 그러면서도 미래의 주역이 되고픈 마음으로 매 순간 요행을 바란다면 그것은 지나친 욕심이다. 많이 얻고 싶다면, 더 많이 포기해야 한다. 해야 할 일을 지속하는 '끈기'를 키우기 위해서는 하고 싶은 일을 꾹 참고 하지 않는 '끊기'가 중요하다.777

『논어』에는 "남이 자신을 알아주지 않는 것을 걱정하지 말고, 남이 알아줄 만하게 되도록 노력하라."는 말이 있다.[778] 시간이 흐른다고 그냥 미래가 되는 것은 아니다.[779] 미래는 우리가 의식적이고 주도적으로 만들어 가야 할 우리의 세상임을 잊지 말자. 따라서 우리는 자신을 둘러싸고 있는 모든 부정적 신호를 차단해야 한다. 뇌의 가소성을 믿고 의지를 다지며 올바른 방향으로 노력한다면 해내지 못할 것이 없다.

2006년 메이저리그 보스턴 레드삭스 구단에 입단한 한 야구 선수가 있다. 그의 이름은 더스틴 페드로이아Dustin Pedroia이다. 당시 그의 신인 순위는 100명 중 77위였다. 그는 머리가 벗어지고 배가 나온 터라 그의 실력을 의심하는 사람들이 많았다. 많은 감독과 에이전트들의 무시를 받았으나 우여곡절 끝에 레드삭스에 입단했다. 그는 자신에 대한 주변의 가혹했던 평가에 신경조차 쓰지 않았다. 모든 부정적 신호를 차단하고 매일 새벽 5시부터 연습에만 매진했다. 결국, 그는 2007년 신인왕을 거머쥐었고, 2008년에는 MVP까지 차지했다.[780]

알렉산더 대왕은 어느 날 점쟁이에게 자신이 세계를 제패할 수 있을지 물었다. 점쟁이는 망설였다. 자칫 잘못 이야기했다가는 목숨을 부지할 수 없을 것 같았기 때문이다. 사실대로 말하라며 다그치는 알렉산더 대왕에게 점쟁이는 말했다. "손금이 조금만 길었더라면 세계를 제패할 수 있었을 것입니다." 그러자 알렉산더 대왕은 주저 없이 칼을 빼 들고 손바닥을 그었다.[781] 스스로의 운명을 개척하겠다는 의지였을 것이다.

우리는 모두 군사적 폴리매스가 될 수 있는 무한한 가능성을 지녔다. 끊임없이 변화하는 환경 속에서 우리의 노력이 모인다면, 5차 산업혁명과 한 차원 더 높은 우주 혁명을 선도할 수 있다. 또한, 경험과 지식을 꾸준히 연결하면서 지혜를 쌓는다면, 우리는 진정한 리더로서 조직 전체가 한마음 한뜻으로 같은 곳을 향해 나아가도록 이끌 수 있다. 아직은 조직문화와 제도적 환경이 우리의 의지와 노력을 뒷받침하지 못할 것이다. 그렇다고 스스로 의지를 꺾으면 안 된다. 레드삭스의 페드로이아 선수나 알렉산더 대왕처럼 부정적 신호를 차단하고 자신의 의지대로 묵묵히 나아가야 한다.

노자 『도덕경』 20장에는 "상선약수上善若水, 최고의 선은 물과 같다"라는 표현이 있다.[782] 『손자병법』 6편 '허실虛實'에는 병형상수兵刑象水, 군대의 모습은 물과 같이 하라라는 말도 나온다.[783] 물은 어디에 담겨도 그 모양대로 변한다. 우리가 부정적 신호를 차단하고 많은 경험과 지식을 쌓으며 사색해 나간다면 우리의 그릇은 커질 것이고, 지혜 또한 그 그릇에 맞게 날로 풍부해질 것이다. 궁극에는 어떤 공격에도 무너지지 않고 어떤 환경과도 조화를 이룰 수 있는 물의 경지에 오를 수 있을 것이다. 이 책도 결국 지식의 연결을 통한 새로운 지혜 창출의 한 가지 결과물일 뿐이며, 앞으로 가야 할 길은 무한하다.

저자는 이 책이 여러분들의 사고를 확장하는 데 도움이 되리라 확신한다. 동기부여와 마케팅 분야의 대가 브랜든 버처드Brendon Burchard는 '메신저messenger'에 대해 강조한 바 있다. 그는 메신저를 '다른 사람들이 성공하도록 돕는 사람, 자신의 경험과 지식을 메시지로 만들어 다른 이들의 인생을 더 좋게 만드는 사람'이라고 소개했다.[784] 저자는 아직 경험도 부족하고 지식도 많이 모자란다. 하지만 수많은 책을 읽고 오랫동안 고민한 내용을 독자들과 나누고 싶은 간절함에 이 책을 썼다. 책을 쓰는 데 5년 6개월이라는 길고 어려운 시간을 겪어야 했지만, 많은 이에게 도움을 주는 메신저가 되고 싶었다.

지금껏 성공 사다리의 맨 위에 있는 사람들은 받는 사람taker이 아닌 주는 사람giver이었다. 좀 더 정확히 말하면, 주는 사람 중에도 '똑똑하게' 주는 사람이었다. 많은 것을 소유한 사람이 승자가 아니라 독창성과 유용성으로 세상을 흔들어 놓을 수 있는 사람이 승자다.[785] 앞으로 더 많은 사람이 서로에게 지적 자극이 되어 긍정적 영향을 미쳐야 한다. 이는 분명 우리 군과 조직에 엄청난 시너지효과를 만들어 낼 것이다.

이제 자신을 믿고 힘차게 나아갈 차례다. 끝이 보이지 않는다고 지치거나 좌절하지 말자. 다빈치의 말처럼 예술은 결코 완성할 수 있는 목표가 아니다. 중단하지 않을 뿐이다.[786] 인간은 결코 완전해질 수 없으므로 완벽한 군사적 폴리매스도 존재할 수는 없다. 다만 포기하지 않고 끊임없이 노력함으로써 완벽함에 수렴해 갈 뿐이다. 이러한 기류가 우리 군의 담론이 되고, 여기에 제도적 접근이 더해질 때 우리는 '이기는 생각'을 잘할 수 있게 될 것이다. 그리고 우리 군은 초일류 강군에 한 발 더 가까이 다가설 수 있을 것이다.

윤리에 관한 방대한 내용을 담고 있어 완독하기조차 어려운 책,『니코마코스 윤리학』은 "자, 이제 논의를 시작해 보자."라는 문장으로 끝을 맺는다.[787] '첫 문장'이 아니라 '마지막 문장'이다. 그만큼 지식과 지혜의 범위는 무궁무진하다는 의미일 것이다.

이 책에서 제시한 거대 담론이 우리 군 발전을 위한 밑거름으로써 좋은 출발점이 되길 바라는 마음으로 이 문장을 인용하고 싶다.

"자, 이제 논의를 시작해 보자."

# 감사의 글

2017년 5월 어느 날이었다. 가족들 모두가 잠든 시간, 나는 화이트보드 앞에 서서 그림을 그리기 시작했다. 바로 이 책을 쓰기 위한 첫걸음이었다. 그동안 내 관념 속에만 머물던 이야기의 흐름을 다시 잡고, 그 흐름을 따라 플로우 차트flow chart를 그려 나갔다.

내가 4차 산업혁명이란 단어를 처음 들은 건 2016년 여름이었다. 美 육군 지휘참모대학(이하 지참대)에서 외국군 학생들을 대상으로 한 오리엔테이션에서 누군가 4차 산업혁명에 관해 이야기했다. 처음 듣는 개념이라 귀를 쫑긋해서 들었다. 그 후 1년여 동안 지참대 수업을 들으면서 4차 산업혁명 관련 공부를 꾸준히 했다. 그러던 중, '지금이 4차 산업혁명 시대라면, 그다음에는 어떤 일이 일어날까?'라는 고민을 하게 되었다. 그 과정에서 군인으로서 여러 가지 철학적인 문제에 부딪혔다. '이렇게 급변하는 세상과 전쟁 양상 속에서 살아남기 위해 우리는 무엇을 해야 할까?', '그 변화 속에서 군인으로서 반드시 지켜야 할 가치는 무엇일까?'

이러한 물음과 함께, 미국 캔자스주의 미군기지 포트 레븐워쓰Fort Leavenworth

에 위치한 관사, 작은 서재에서 이 책은 그렇게 시작되었다.

나도 아내도 미국에서의 여유로운 가정생활을 기대했지만 실제로는 그러하지 못했다. 미국 생활 1년 차에 나는 고급군사연구학교SAMS: School of Advanced Military Studies, 이하 샘스에 합격하기 위해 바쁜 나날을 보냈다. 샘스 합격 통지를 받은 이후에도 지참대 수업과 4차 산업혁명에 관한 연구에 빠져 가족들과 많은 시간을 보내지 못했다. 그 때문에 미국에서마저도 두 딸아이의 육아는 고스란히 아내의 몫이 되었다.

이런 바쁜 생활 속에서도 아내는 언제나 나의 든든한 지원군이었다. 나는 이 책의 집필을 시작한 날짜를 정확히 기억한다. 그날이 내 아내의 생일이었기 때문이다. 가족끼리 모여 아내의 생일 축하 파티를 하고 대화를 이어 가던 중 당시 내 머릿속에 있던 여러 가지 생각들을 아내에게 이야기했다. 아내 생일날 내 이야기를 그렇게 하다니. 그것도 '군대에서 축구 한 이야기'보다도 더 재미없는 이야기를.

그런데도 아내는 그 이야기를 듣고 선뜻 "되게 솔깃하다! 그런 생각을 기록해 보면 좋지 않을까?"라고 말해 줬다. 그 한마디에 나는 자신감을 얻었다. 사실 샘스 입학을 전혀 생각하고 있지 않던 나에게 입학시험을 볼 수 있는 결정적 용기를 준 사람도 바로 아내였다. (물론, 교환교관님, 함께 수학했던 선배님들, 레븐워쓰 교회 목사님 등 주변에서 용기를 북돋워 주시고 도와주신 감사한 분들이 많다.) 아내는 내가 시험과 면접을 준비하는 과정에서 자료도 찾아봐 주고 면접관 역할도 해 주었다. 그렇게 용기를 얻은 나는 맘 편히 공부할 기회를 1년 더 가질 수 있었다. 또, 그 덕에 이 책을 쓸 수 있게 되었다.

미국 생활 2년 차에 접어들어 본격적인 샘스 수업이 시작되었다. 하루

200여 페이지에 달하는 독서 과제 속에서도 나는 책을 써 내려갔다. 오히려 그 많은 독서량이 책을 쓰는 데 엄청난 내공이 되었다. 목표는 귀국하기 전까지 1년 동안 초안을 완성하는 것이었다. 그리고 귀국 후 1년 이내에 책을 출판할 생각이었다.

그런데 변수가 생겼다. 함께 지참대에 가서 또 함께 샘스에 합격한 선배님이 작전술에 관한 책을 공동으로 써 보자고 제안한 것이다. 고민 끝에 나는 결국 그 제안을 수락했다. 그 덕에 2019년 11월, 『생각의 무기: 작전술의 본질』이란 책이 먼저 세상에 나오게 되었다. 『생각의 무기』를 쓸 기회를 주신 이동필 선배님께도 감사한 마음이다.

『생각의 무기』를 쓰면서도 나는 꾸준히 이 책에 대한 아이디어를 정리했다. 위낙 광범위한 주제를 다루기 때문에 다양한 분야의 책도 많이 읽었다. 한 시간을 읽으면 두 시간을 사색에 잠기곤 했다. 그리고 그 사색의 결과를 정리해 나가다 보니 진도는 매우 더딜 수밖에 없었다. 내가 좋아서 하는 일인데도 그만큼 힘든 시간이었다.

2018년 5월에 귀국한 후 美 8군, 연합사, 3군단 사령부를 거치면서 나는 계속 책을 썼다. 주말에만 만날 수 있었던 우리 가족들은 주말마저 서재에 앉아 있는 나를 보고도 단 한마디 불평하지 않고 오히려 응원해 주었다. 그 덕분에 2020년 7월, 책을 써 내려간 지 3년 만에 강원도 현리 관사에서 마침내 초안이 완성되었다.

마음이 급해졌다. 대대장 취임을 3개월 앞두고 있어 취임 전에 빨리 출간하고 싶었지만 그럴 수 없었다. 초안이 완성되고 나서 출판을 하려면 최소 6개월 이상의 탈고 기간이 필요했다. 육군 장교들에게 대대장 보직은 성말 모든 것을 포기해야 하는 직책이다. 오직 임무와 부대, 부하만을 생각하지 않으면 부대 지휘가 제대로 될 수가 없기에 출판을 미룰 수밖에 없었다. 게다가 최전방 GOP[788]부대에 취임한지라 한 달에 한 번만 가족들을 만나러 내려올 수 있었다. 세상과의 단절 속에서 오직 대대장직을 감당하기에도 버거웠다.

취임 4개월 만에 첫 휴가를 받아 산에서 내려왔다. 오랜만에 가족들을 만나 매우 기뻤다. 그런데 서재의 컴퓨터 모니터가 눈에 들어왔다. 나도 모르게 책상에 앉아 컴퓨터를 켜고 이 책의 초안 파일을 더블클릭했다. 다시 가슴속 열정이 불타올랐다. 그렇게 첫 휴가 3일 동안 나는 초안을 검토하며 지냈다. 옆에서 지켜보며 한숨을 한번 내쉰 아내는 못 말린다는 듯한 표정으로 어깨를 주물러 주었다. 그렇게 매월 휴가 때마다 나는 원고를 수정했다. 한 달에 한 번, 짧은 시간 동안 검토하다 보니 이렇게 출간이 2년 반여나 늦어졌다.

책을 쓰기 시작한 지 벌써 5년 6개월이란 시간이 흘렀다. 그동안 세상은 너무도 많이 변했다. 초안이 완성된 2년 6개월 전에 예측했던 것이 이미 현실로 나타나 버려 이제는 의미가 퇴색된 내용이 많았다. 출간본과 초안을 비교해 보니 정말 많은 변화를 거친 것이 느껴졌다. 매번 휴가 때마다, GOP에서 내려놓았던 공부를 집중해서 다시 해야 했다. 한 달이 지나면 어느덧 낡아 버린 이야기들을 끊임없이 고쳐 나갔다. 그리고 이제야 이 책을 출판하게 되었다.

이 책이 완성되는 지난 5년 6개월여 동안, 이 모든 과정을 함께하고 언제나 나를 믿어 주었던 아내에게 정말 감사하다. 그리고, 마냥 철부지만 같았지만, 어느덧 소녀가 되어 아빠에게 항상 기쁨을 주는 우리 두 딸에게 감사하다.

나를 낳아 주시고 어렵게 길러 주신 우리 어머니께도 감사하다. 육사로 아들을 보내신 후 20년이 넘는 기간 동안 매년 명절조차 찾아뵙지 못하는 불효를 항상 감싸 안아 주셨다. 또, 군인 사위를 얻어 십수 년째 출가한 딸과 손녀들까지 돌봐 주시는 장인어른과 장모님께도 죄송하고 감사할 따름이다.

내가 성장할 수 있도록 도와준 모든 친구들과 전우들에게도 감사하다. 특히, 부족한 후배 장교를 항상 응원해 주시고 이 책의 추천사를 써 주신 김용우 前 육군참모총장님(예비역 육군 대장)께 진심으로 감사드린다. 이 모든 분이 계셨기에 이 책이 탄생하게 되었다. 그들 덕분에 이 책을 읽는 많은 독자가 삶의 지혜와 미래에 대한 혜안을 얻을 수 있으리라 생각한다.


2023. 1. 28.

강원도 인제에서

# 미주

1) Institute for Astronomy, University of HawaⅡ, "Astronomers Map Vast Void in Our Cosmic Neighborhood," 2019. 7. 22.
http://www.ifa.hawaⅡ.edu/info/press-releases/local_void

2) 뉴스1, "지도 거꾸로 놓으면 미래가…해수부, 바다중심 지도 제작", 2017. 8. 8.
https://n.news.naver.com/article/421/0002880488

3) 이러한 거꾸로 세계 지도는 1979년 호주의 스튜어트 맥아더가 최초 제작했고, 한국에는 1996년 길광수 박사가 한반도를 중심으로 한 거꾸로 세계 지도를 제작했다. 2007년에는 국회 의원회관에서 동북아 문화정책연구소 주최 '거꾸로 된 세계 지도' 전시회가 열리기도 했다.

4) Edward Witten, "String Theory Dynamics in Various Dimensions," Nuclear Physics B. 443(1), 1995, pp. 85~126.

5) Max E. Tegmark, "The Mathematical Universe," Foundations of Physics 38(2), 2008, pp. 101~150.

6) 클라우스 슈밥(Klaus Schwab)은 세계경제포럼(World Economic Forum; 일명 '다보스 포럼')의 창립자이자 회장이다. 1938년 독일에서 태어나 하버드대학교 케네디 스쿨에서 행정학 석사, 프리부르 대학교에서 경제학 박사, 스위스 연방공과대학교에서 공학 박사 학위를 받았다. 1972년에는 스위스 제네바대학교에 최연소 교수로 임용되었다. 대표적인 저서로는 『The Fourth Industrial Revolution』(2016), 『The Aftermath of the COVID-19 Pandemic』(2020), 『Stakeholder Capitalism』(2021) 등이 있다.

7) 필립 짐바르도·존 보이드 저, 오정아 역, 『나는 왜 시간에 쫓기는가』, 프런티어, 2016, p. 75.

8) 연합뉴스, "[그래픽] 미국 총격 사건 집계 현황" 2021. 3. 24.
https://n.news.naver.com/article/001/0012279576

9) SBS, "미국 아시아계 혐오 사건 올해 1~2월에만 500건 넘어" 2021. 3. 17.
https://n.news.naver.com/article/055/0000881292

10) Reuters, "Timeline: Turkey's military operations in Iraq and Syria" 2019. 10. 12.
https://www. reuters. com/article/us-syria-security-turkey-operations-time-idUSKBN1WQ274

11) The New York Times, "Demanding Loyalty, China Moves to Overhaul Hong Kong Elections" 2021. 3. 4.
https://www. nytimes. com/articled021/03/14/world/asia/china-hong-kong-election-law. html

12) SBS, "일본 정부, 후쿠시마원전 오염수 해양 방출 결정했다" 2021. 4. 13.
https://n. news. naver. com/article/055/0000887130

13) 신정연, "탈레반 총격에 여성 시위대 2명 사망.. 내각엔 남성들만" MBC, 2021. 9. 8.
https://n. news. naver. com/article/214/0001147031

14) 채인택, "크림반도 삼켰던 '푸틴 병법' 다시 등장" 중앙일보, 2022. 2. 27.
http://www. sisajournal. com/news/articleView. html?idxno=233915

15) 로렌스 프리드먼 저, 조행복 역, 『전쟁의 미래』, 비즈니스북스, 2020, p. 65.

16) J. Boone Bartholomees, "Theory of Victory" Parameters 38, no. 2, 2008, p. 26~28.

17) Walter Isaacson, "Think Different" Simon & Schuster, 2011, pp. 329~330.

18) 연합뉴스, "스티스 잡스의 10가지 명언" 2012. 10. 7.
https://n. news. naver. com/article/001/0005856335

19) Stanford News, "'You've got to find what you love,' Jobs says" 2005. 6. 14.
https://news. stanford. edu/2005/06/14/jobs-061505

20) 채사장, 『지적 대화를 위한 넓고 얕은 지식 0』, 웨일북, 2019, p. 24.

21) 이영직, 『질문형? 학습법! (소크라테스에서 빌 게이츠까지 천재들의 공부습관)』, 스마트주니어, 2010, p. 12~31.

22) Ylber Aliu, "Comparison of Plato's political Philosophy with Aristotle's Political Philosophy" Urban Studies and Public Administration, 1(1), 2018. 4. 18.
https://www. researchgate. net/publication/32459536_Comparison_of_Plato's_political_Philosophy_with_Aristotle's_Political_ Philosophy

23) 라파엘로 산치오(Raffaello Sanzio)가 그린 「아테네 학당」에 화살표 표시만 추가

24) Aliu, "Comparison of Plato's political Philosophy with Aristotle's Political Philosophy."

25) 플라톤, 최광열 역,『플라톤의 국가』, 아름다운날, 2014, pp. 205~235

26) Aristotle, Metaphysics, Book IV.

27) John Lewis Gaddis, 『The Landscape of History: How Historians Map the Past』, Oxford University Press, 2002, pp. 22~29.

28) 국립국어원 표준국어대사전 홈페이지에서 검색
   https://stdict.korean.go.kr/m/main/mai.do

29) IQDOODLE,
   https://school.iqdoodle.com/framework/competencies/constructive-think/

30) 고영성 · 신영준,『일취월장』, 로크미디어, 2017, pp. 116.

31) 국립국어원 표준국어대사전 홈페이지에서 검색
   https://stdict.korean.go.kr/m/main/mai.do

32) Seymour Epstein, 『Constructive Thinking: The Key to Emotional Intelligence』, Praeger Publishers/Greenwood Publishing Group, 1998.

33) David Hutchens, 『The Tip of the Iceburg: Managing the Hidden Forces that Can Make Or Break Your Organization』, Pegasus, 2001, pp. 5~25.

34) Kees Dorst and Nigel Croos, "Creativity in the design process: Coevolution of problem-solution." 《Design Studies》, 22(5), pp. 425~428.

35) 절대우위는『국부론(The Wealth of Nation)』에서 애덤 스미스(Adam Smith)가 말한 절대적 생산비설(theory of absolute cost)의 개념이다.
   애덤 스미스(Adam Smith) 저, 안재욱 역,『한권으로 읽는 국부론』, 박영사, 2018, pp. 173~174.

36) 비교우위 이론은 1815년 로버트 토렌스(Robert Torrens)가 곡물법 논문에서 최초로 도입했다. 그 후 1817년 데이비드 리카르도(David Ricardo)가『정치경제학과 과세개론』이라는 책에서 구체화했다.
   Andrea Maneschi, Comparative Advantage in International Trade: Historical Perspective, Cheltenham: Elgar, 1998, pp. 1~3.

37) 『맨큐의 경제학』에서는 쌀과 고기를 예로 들어 비교우위와 절대우위를 설명했다.

이를 보다 쉽게 설명하기 위해 김밥과 장기자랑의 예를 들어 보았다.

그레고리 맨큐 저, 김경환·김종석 역, 『맨큐의 경제학』, 교보문고, 2012, pp. 71~77.

38) Michael E. Porter, 『Competitive Advantage: Creating and Sustaining Superior Performance』, The Free Press, 1985, pp. 7~25.

39) Ibid., pp. 69~129.

40) 특이점(singularity)이란 나노공학, 로봇공학, 생명공학의 발전으로 인공지능이 인간의 지능을 뛰어넘는 순간을 말한다. 레이 커즈와일(Ray Kurzweil)은 그의 책 『특이점이 온다(The Singularity is Near)』에서 이 특이점의 개념에 대해 설명했다. Ray Kurzweil, 『The Singularity is Near』, Viking Books, 2005, pp. 135~136.

41) 버나드 로 몽고메리 저, 승영조 역, 『전쟁의 역사』, 책세상, 2004.

42) Keith F. Otterbein, "The Origins of War" A Journal of Politics and Society 11(2), 1997, p. 251~277.

43) Arther Ferrill, 『The Origins of War: From the Stone Age to Alexander the Great』, Routledge, 1997, p. 1~17.

44) 유발 하라리 저, 조현욱 역, 『사피엔스』, 김영사, 2015, pp. 44~60.

45) John G. Stoessinger, 『Why Nations Go to War (11th Edition)』, Wadsworth Publishing, 2010, pp. 455~470.

46) 앨빈 토플러 저, 원창엽 역, 『제3의 물결』, 홍신문화사, 2006, pp. 18~32.

47) Bo Graslund, 『The Birth of Prehistoric Chronology. Dating Methods and Dating Systems in Nineteenth-century Scandinavian Archeology』, Cambridge University Press, pp. 19~29.

48) 러시아 아디게야 자치공화국의 마이코프 지역에서 발견되었고, 현재 러시아의 예르미타시 박물관에 전시되어 있다.
EBS 다큐프라임 불의 검, 2018. 4. 30. 방송

49) 아흐마드 학술연구소의 압둘라우프 라히모비치는 예전에 비단길이 있었듯이 그 이전에는 주석길이 있었다고 말했다. 그만큼 주석을 구하기 위해서는 제한적인 경로를 이용하는 수밖에 없었다는 뜻이다. EBS 다큐프라임 불의 검, 2018. 4. 30. 방송

50) KBS 역사저널 그날, 2019. 7. 19. 방송

51) Ibid.

52) 이세환, 『밀리터리 세계사 (1. 고대편)』, 스마트북스, 2020, pp. 12~34.

53) Ibid., pp. 154~177.

54) Victor D. Hanson, 『Hoplites: The Classical Greek Battle Experience』, Routledge, 1993, pp. 66~67.

55) Tonio Andrade, 『The Gunpowder Age: China, Military Innovation, and the Rise of the West in World History』, Princeton University Press, 2016, p. 31.

56) Brenda J. Buchanan, ed. 『Gunpowder, Explosives and the State: A Technological History』, Ashgate, 2006, p. 2.

57) Francis Gies, 『The Knight in History』, Harper Perennial, 2011, p. 1~16.

58) William S. Lind et al, "The Changing Face of War: Into the Fourth Generation" Marine Corps Gazette, Oct 1989, pp. 22~26.

59) Henry Kissinger, 『World Order: Reflections on the Character of Nations and the Course of History』, Penguin Books, 2014, pp. 13~26.

60) William S. Lind, "Understanding Fourth Generation War" Military Review, September-October 2004, p. 12.

61) Donald Stoker: et al. 『Conscription in the Napoleonic Era: A Revolution in Military Affairs』, Routledge, 2008, pp. 24~38.

62) William S. Lind, "Understanding Fourth Generation War" Military Review, September-October 2004, pp. 12~13.

63) Ibid., p. 13.

64) 미국의 상쇄전략(Offset Strategy)은 첨단 군사기술 등을 활용해 상대방의 위협을 무력화하거나 압도하는 것을 말한다. 미국은 제2차 세계대전 이후 지금까지 3차에 걸쳐 상쇄전략을 발표했다. 1차 상쇄전략은 핵탄도미사일, 전략 핵잠수함, 전략 핵폭격기 등으로 대소련 우위를 점하고자 했던 전략이다. (1953년 발표) 2차 상쇄전략은 구 소련의 양적우위에 대응해 정보화 혁명의 첨단 과학기술로 질적 우위를 추구하겠다는 전략이다. (1970년 발표) 끝으로, 3차 상쇄전략은 4차 산업혁

명 기술로 중·러에 군사적 우위를 유지하겠다는 전략이다. (2014년 발표)

조선일보, "[유용원의 군사세계] 북 독침전략에 맞설 한국형 전략 시급하다." 2020.
11. 25.

https://n.news.naver.com/article/023/0003578551

65) Greorge Friedman, "Beyond Fourth Generation Warfare" ROA National Security
Report, September 2007, pp. 57~58.

66) Thomas X. Hammes, 『The Sling and the Stone: On War in the 21st Century』,
Zenith Press, 2004, pp. 207~223.

67) 린드의 아래 논문을 기초로 저자가 작성했다.
William S. Lind et al, "The Changing Face of War: Into the Fourth Generation"
Marine Corps Gazette, Oct 1989.

68) 이수진·박민형 국방대학교 교수에 따르면, 5세대 전쟁에 대한 논의는 2003년 이
라크전쟁 이후 본격적으로 시작되었다.
이수진·박민형, "제5세대 전쟁: 개념과 한국 안보에 대한 함의", 한국군사 제2호,
2017. 12., p. 9.

69) Hammes, 『The Sling and the Stone: On War in the 21st Century』, pp. 289~291.

70) David Axe, "How to Win a 'Fifth-Generation' War" WIRED, 2009. 1. 3.
https://www.wired.com/2009/01/how-to-win-a-fi/

71) Donald J. Reed, "Beyond the War on Terror: Into the Fifth Generation of War
and Conflict" Studies in Conflict & Terrorism, Rountledge, 2008, p. 685.

72) 이수진·박민형, "제5세대 전쟁."

73) 조한승, "4세대 전쟁의 이론과 실제"『국제정치논총』, 제50집 제1호, 한국국제정치
학회, 2010, pp. 217~240.

74) Antulio J. Echevarria, 『Fourth-Generation War and Other Myths』, CreateSpace
Independent Publishing Platform, 2005, pp. 1~8.

75) 김태영, "제4차 산업혁명 시대의 전장(전장)과 군사혁신 방향" 군사평론 제462호,
합동군사대학교, 2019. 12, p. 209.

76) 이수진·박민형, "제5세대 전쟁", pp. 6~8.

77) 원문은 다음과 같다. "The way we make war reflects the way we make wealth." Alvin Toffler and Heidi Toffler, 『War and Anti-War: Making Sense of Today's Global Chaos』, 1993, p. 2.

78) Anthony E. Wrigley, "Reconsidering the Industrial Revolution: England and Wales" Journal of Interdisciplinary History 49(01), 2018, pp. 9~42.

79) Friedrich Engels, 『The Condition of the Working-Class in England in 1844』, Emereo Pty Limited, 2012, pp. 19~22.

80) Arnold Toynbee, 『Lectures on the Industrial Revolution in England』, Kessinger Publishing, 2004, pp. 178~202.

81) 제레미 리프킨 저, 안진환 역, 『3차 산업혁명』, 민음사, 2012, pp. 6~15.

82) Klaus Schwab, "The Fourth Industrial Revolution" Foreign Affairs, 2015. 12. 12. https://www.foreignaffairs.com/articles/2015-12-12/fourth-industrial-revolution

83) Eric J. Hobsbawm, 『The Age of Rebolution: Europe 1789~1848』, Weidenfeld and Nicolson, 1962, p. 27.

84) E. Anthony Wrigley, "Reconsidering the Industrial Revolution" pp. 9~42.

85) Gregory Clark and Anthony Clark, "Common Rights to Land in England, 1475-1839" The Journal of Economic History 61(4), 2001, pp. 1009~1036.

86) Jurg Luterbacher, Daniel Dietrich, Elena Xoplaki, Martin Grosjean, Heinz Wanner, "European Seasonal and Annual Temperature Variability, Trends, and Extremes Since 1500" Science, 303(5663), pp. 1499~1503.

87) Mark Overton, 『Agricultural Revolution in England: The Transformation of the Agrarian Economy 1500-1850』, Cambridge University Press, 1996, pp. 1~4.

88) T. S. 애슈턴 저, 김택현 역, 『산업혁명: 1760-1830』, 삼천리, 2020, pp. 57~64.

89) Stephen Friar, 『The Sutton Companion to Local History』, Sutton Publishing, 2004, pp. 144~146.

90) Michael Joff, "The Root Cause of Economic Growth under Capitalism" Cambridge Journal of Economics 35(5), 2011, pp. 873~896.

91) David S. Landes, 『The Unbound Prometheus』, Press Syndicate of the University

of Cambridge, 1969, p. 40.

92) Alfred. P. Wadsworth and Julia de L. Mann, 『The Cotton Trade and Industrial Lancashire 1600-1780』, Manchester University Press, 1931, p. 451.

93) Geoffrey Timmins, 『Four Centuries of Lancashire Cotton』, Lancashire County Books, 1996, pp. 21~24.

94) Eric J. Hobsbawm, 『Industry and Empire: An Economic History of Britain since 1750』, Weidenfeld and Nicolson, 1968, p. 34.

95) Richard L. Hills, 『James Watt Volume 2: The Years of Toil, 1775-1785』, Landmark Pub., 2005, pp. 58~65.

96) Michae Baker, "French Political Thought at the Accession of Louis XVI" Journal of Modern History 50(2), 1978, pp. 279~303.

97) Edgar Kiser and April Linton, "The Hinges of History: State-making and Revolt in Early Modern France" American Sociological Review 67(6), pp. 889~910.

98) 김복래, 『프랑스역사 다이제스트 100』, 가람기획, 2020, pp. 204~207.

99) Jurgen Habermas, 『The Structural Transformation of the Public Sphere: An Inquiry into a Category of Bourgeois Society』, MIT Press, 1991, pp. 175~177.

100) 김복래, 『프랑스역사 다이제스트100』, pp. 208~211.

101) Ibid., pp. 211~222.

102) 존 린 저, 이내주·박일송 역, 『배틀, 전쟁의 문화사』 청어람 미디어, 2006, pp. 359~370.

103) Michael V. Leggiere, ed., 『Napoleon and the Operational Art of War: Essays in Honor of Donald D. Howard』, Brill, 2016, pp. 135~143.

104) Ibid., pp. 8~36.

105) 나폴레옹은 1769년생, 조미니는 1779년생, 클라우제비츠는 1780년생이다. 조미니는 나폴레옹의 곁에서 지속적인 승리를 향유했던 반면, 클라우제비츠는 프로이센군에서 지속적인 패배를 맛봐야만 했다. 그래서인지 몰라도 저자가 느끼기에 클라우제비츠의 이론은 다소 비관적이고 철학적인 느낌인 반면, 조미니의 이론은 보다 낙관적이고 과학적인 느낌으로 다가온다.

106) Michael I. Handel, 『Masters of War: Classical Strategic Thought』 (Third, Revised

and Expanded Edition), Frank Cass, 2001, pp. 69~101, 126~196.

107) Christopher Bassford, "Jomini and Clausewitz: Their Interaction" Paper presented to the 23th Meeting of the Consortium on Revolutionary Europe at Georgia State University, 26 February 1993, (Copyright Christopher Bassford. Unlimited release), pp. 1~9.
http://www.clausewitz.com/readings/Bassford/Jomini/JOMINIX.htm.

108) Daniel J. Hughes, 『Moltke on the Art of War: Selected Writings』, Presidio Press, 1995, pp. 68~75.

109) 전신(telegraph)은 19세기 미국의 화가이자 발명가 새뮤얼 모스(Samuel F. Morse)에 의해 개발되었다. 그전에도 전신의 기본 원리에 대한 발명은 이루어졌으나, 모스가 이를 본격적으로 발전시키고 상용화시켰다. 그는 프랑스 발명가 끌로드 샤쁘(Claude Chappe)의 수기신호시스템에 영감을 얻어 전신(telegram)을 발명하고 점과 선으로 만든 모스부호를 고안해 냈다. 그는 1844년 마침내 전신기 개통식을 하고 1845년에 마그네틱 전신회사(Magnetic Telegraph Company)를 세웠다. 그 후 전신 기술은 급격히 발전했다.
Daniel W. Howe, 『What Hath God Wrought: The Transformation of America, 1815-1848』, Oxford University Press, 2007, p. 7.

110) Hughes, 『Moltke on the Art of War』, pp. 113~133.

111) 맥스부트 저, 송대범·한태영 역, 『MADE IN WAR: 전쟁이 만든 신세계』, 플래닛미디어, 2016, pp. 242~291.

112) Michael A. Bonura, 『Under the shadow of Napoleon: French Influence on the American Way of Warfare from the War of 1812 to the Outbreak of WW II』, New York University Press, 2012, pp. 11~13.

113) Charles Pierce Roland, 『An American Iliad: The Story of the Civil War』, The University Press of Kentucky, 2002, pp. 89~102.

114) Michael B. Ballard, 『Vicksburg, The Campaign that Opened the Mississippi』, University of North Carolina Press, 2004, pp. 398~411.

115) Kenneth Pomeranz, 『The Great Divergence: China, Europe, and the Making of

the Modern World Economy』, Princeton University Press, 2000, pp. 313~326.

116) Gregory Clark, "Shelter from the Storm: Housing and the Industrial Revolution, 1550-1909" Journal of Economic History 62(2), 2002, pp. 489~511.

117) Clark Nardinelli, "Child Labor and the Factory Acts" The Journal of economic History 40(4), 1980, pp. 739~755.

118) 마르크스와 엥겔스의 공산주의 이론은 『공산당 선언(The Communist Manifesto)』 참고.

칼 마르크스·프리드리히 엥겔스 저, 이진우 역, 『공산당 선언』, 책세상, 2018.

119) Joel Mokyr, 『The Second Industrial Revolution, 1870-1914』, 1998, p. 2~14.

120) 맹성렬, 『현대 문명을 이끈 에디슨·테슬라의 전기혁명』, 지선, 2020, pp. 81~82.

121) Ibid., pp. 141~156.

122) 최초로 전화기의 임시특허를 낸 사람은 이탈리아 출신의 미국 과학자 안토니오 무치(Antonio Meucci)였다. 그는 1871년에 임시 특허를 냈으나 여러 이유로 정 식 특허를 내지 못했다. 그 후 여러 사람이 특허를 신청했으나 결국은 벨이 특허 를 받게 되었다.

Ibid., pp. 114~115.

123) David S. Landes, 『The Unbound Prometheus: Technological Change and Industrial Development in Western Europe from 1750 to the Present』, Press Syndicate of the University of Cambridge, 1969, pp. 217~218.

124) 특허청 공식 블로그, "내연기관으로 알아보는 자동차의 역사" 2021. 5. 13. https://m.blog.naver.com/kipoworld2/222341151078, 검색일: 2022. 1. 7.

125) Henry Ford, William A. Levinson and Samuel Crowther, 『The Expanded and Annotated My Life and Work: Henry Ford's Universal Code for World Class Success』, Productivity Press, 2013, pp. 59~74.

126) John Timbs, 『Wonderful Inventions: From the Mariner's Compass to the Electric Telegraph Cable』, George Routledge & Sons, 1868, p. 270.

127) R. Brightman, "Perkin and the Dyestuffs Industry in Britain" Nature. 177(4514), 1956, pp. 815~821.

128) Thomas Hager, 『The Alchemy of Air』, Three Rivers Press, 2008, p. 86~92.

129) 마이클 하워드 저, 최파일 역, 『제1차 세계대전』, 문학동네, 2019, pp. 17~22.

130) Holger H. Herwig, 『Luxury Fleet', The Imperial German Navy 1888-1918』, The Ashfield Press, 1980, p. 21~23.

131) John Keegan, 『The First World War』, Hutchinson, 1998, p. 52.

132) H. P. Willmott, 『World War I』, Dorling Kindersley, 2003, p. 15.

133) Richard F. Hamilton and Holger H. Herwig, 『War Planning, 1914』, Cambridge University Press, 2010, pp. 21~24.

134) Ibid., pp. 1~46.
    Stoessinger, 『Why Nations Go to War』, pp. 3~25.

135) 투키디데스 함정(Thucydides's Trap): 그레이엄 앨리슨이 『Destined for War(예정된 전쟁)』에서 제시한 표현으로, 신흥 강대국(a rising power)이 기존 패권국(a ruling power)의 지위를 위협할 때 발생하는 자연적이고 불가피한 혼란을 말한다. 이때 발생하는 구조적 스트레스는 폭력적 충돌의 결과를 야기한다.
    Graham T. Allison, 『Destined for War: Can America and China Escape Thucydides's Trap?』, Houghton Mifflin Harcourt, 2017, pp. xv~xvi. 한국에는 『예정된 전쟁』(정혜윤 역, 세종서적, 2018)으로 번역되었다. 이 책에서 그레이엄 앨리슨은 1500년 이후 총 15번의 투키디데스 함정 사례를 제시했으며, 그중 11번이 전쟁으로 이어졌음을 분석했다.

136) Alistair Horne, 『The Price of Glory』, 1964, Penguin, p. 22.

137) 김태형·이동필, 『생각의 무기: 작전술의 본질』, 좋은땅, 2019, pp. 216~221.

138) 미 육사(West Point) 전쟁사 홈페이지
    https://www.westpoint.edu/sites/default/files/inline-images/academics/academic_departments/history/WWI/WWOne03.pdf

139) Specver C. Tucker and Priscilla M. Roberts, 『Encyclopedia of World War I』, ABC-Clio, 2005, pp. 376~378.

140) John Ellis, 『Eye-Deep in Hell-Life in the Trenches 1914-1918』, Fontana, 1977, pp. 10~12.

141) Winston Churchill, 『The World Crisis』, Canada & New York: Macmillan Publishing Company, 1992, p. 316.

142) 독일의 후티어 장군이 개발한 돌파전술로, 적 참호의 가장 약한 부분을 선정하여 보병, 기병, 포병 등 제 병과를 통합 및 집중운용하는 전술이다. 이어서 화력을 적 후방으로 연신하고 예비대를 투입시켜 전과를 확대한다. Bruce Gudmundsson, 『Stormtroop Tactics: Innovation in the German Army, 1914-1918』, Praeger, p. xⅡi.

143) Daniel A. Gross, "Chemical Warfare: From the European Battlefield to the American Laboratory" Distillations. 1(1), pp. 16~23.

144) Dirk Steffen, "The Holtzendorff Memorandum of 22 December 1916 and Germany's Declaration of Unrestricted U-boat Warfare" Journal of Military History 68.1, 2004, pp. 215~224.

145) Christopher Gravett, 『The History of Castles: Fortifications Around the World』, Globe Pequot, 2007, p. 187.

146) Williamson Murray and Alan Millet, 『A War To Be Won』, Belknap Press, 2000, p. 22.

147) Keith Eubank, 『The Origins of World War Ⅱ』, Crowell, 2004, pp. 43~78.

148) Talbot Charles Imlay, "A Reassessment of Anglo-French Strategy during the Phoney War, 1939-1940" English Historical Review, 119(481), pp. 333~372.

149) 독일이 폴란드를 침공할 당시 전차를 활용하여 신속히 진격하는 모습을 가리켜 서구의 기자들이 전격전(Blitzkrieg)이라 처음 명명했다. John Keegan, 『The Second World War』, Penguin Books, 1989, p. 54.

150) 국방일보, 최영진 중앙대 정치국제학 교수, "연합군, 제2차 세계대전 질 수도 있었다?" 2017. 5. 22. https://kookbang.dema.mil.kr/newsWeb/m/20170523/1/BBSMSTR_000000010450/view.do

151) Richard H. O'Kane, 『Clear the Bridge!: The War Patrols of the USS Tang』, Rand McNally, 1977, p. 333.

152) Leslie R. Groves Jr., 『Now It Can be Told: The Story of the Manhattan Project』, Harper & Row, 1962, pp. 61~63.

153) Gerald Segal, 『Guide to the World Today』, The Simon & Schuster, 1988, p. 82.

154) Clayton K. S. Chun, 『Thunder Over the Horizon: From V-2 Rockets to Ballistic Missiles』, Greenwood Publishing Group, 2006, p. 52~58.

155) Claire L. Evans, 『Broad Band: The Untold Story of the Women Who Made the Internet』, Portfolio/Penguin, 2018, p. 23.

156) 1939년 아이오와 주립대학의 아타나소프 교수와 학생 베리에 의해 제작된 ABC(Atanasoff Berry Computer)가 최초의 컴퓨터이고, 에니악은 이 기술을 토대로 개발된 것으로 주장하는 학자도 있다.
Brian Randell, 『The Origins of Digital Computers: Selected Papers』, 1982. pp. 353~368.

157) Brynn Holland, "Human Computers: The Women of NASA" History, 2016. 12. 13.
https://www.history.com/news/human-computers-women-at-nasa

158) Monit Khanna, "World's 1st Computer ENIAC Turns 75 Today, It Was As Big As A Small House" Indiatimes, 2021. 2. 15.
https://www.indiatimes.com/amp/technology/news/eniac-75-years-old-world
-1st-programmable-disital-computer-534387.html

159) Jason D. O'Grady, 『Apple Inc』, ABC-CLIO, 2009, pp. 1~3.

160) Jim Edlin and David Bunnell, "IBM's New Personal Computer: Taking the Measure / Part One" PC Magazine, February-March 1982, p. 42.

161) Joel Garreau, 『Radical Evolution: The Promise and Peril of Enhancing Our Minds, Our Bodies, and What It Means to be Human』, Broadway, 2006, p. 22.

162) Hossein Bidgoli, 『The Internet Encyclopedia, Volume 2(G-O)』, John Wiley & Sons, 2004, p. 39.

163) Laurie Flynn, "Technology; Internet Server Takes a Big Step" The New York Times, 1995. 2. 5.
https://www.nytimes.com/1995/02/05/business/technology-internet-server-

takes-a-big-step.html

164) Caitlin Dewey, "36 Ways the Web Has Changed Us" The Washington Post, 2014.3.12.

https://www.washingtonpost.com/news/arts-and-entertainment/wp/2014/03/12/36-ways-the-web-has-changed-us/?variant=116ae929826d1fd3

165) 토플러, 『제3의 물결』, pp.18~32.

166) Mariana F. Mazzucato, 『The Entrepreneurial State: Debunking Public vs. Private Sector Myths』, Anthem, 2013, pp.88~115.

167) Robert S. McNamara, James G. Blight, Robert K. Brigham, Thomas J. Biersteker, Herbert Schandler, 『Argument Without End: In Search of Answers to the Vietnam Tagedy』, Public Affairs, 1999, p.368.

168) Aleksandr A. Svechin, 『Strategy』, edited by Kent D. Lee, East View Publications, 1992, pp.67~68.

169) Kevin C. M. Benson, 『School of Advanced Military Studies Commemorative History: 1984~2009』, United States Army Command and General Staff College, 2009, p.35.

170) Robert Tomes, "Why the Cold War Offset Strategy was All About Deterrence and Stealth" War on the Tocks, 14 January 2015.

https://warontherocks.com/2015/01/why-the-cold-war-offset-strategy-was-all-about-deterrence-and-stealth/

171) Robert Tomes, "The Cold War Offset Strategy: Assault Breaker and the Beginning og the RSTA Revolution" War on the Tocks, 2014.11.20.

https://warontherocks.com/2014/11/the-cold-war-offset-strategy-assault-breaker-and-the-beginning-of-the-rsta-revolution/

172) Robert Tomes, 『US Defence Strategy from Vietnam to Operation Iraqi Freedom: Military Innovation and the New American Way of War, 1973-2003』, Routledge, 2006, pp.146~173.

173) Matthew J. Morgan, 『The Impact of 9/11 on Politics and War: The Day that

Changed Everything?』, Palgrave Macmillan, 2009, pp. 221~222.

174) "Text: President Bush Addresses the Nation" The Washington Post, 20 September 2001.

175) Thomas X. Hammes, 『The Sling and the Stone: On War in the 21st Century』, Zenith Press, 2004. pp. 153~154.

176) Ibid.. pp. 172~174.

177) 손무 저, 유동환 역, 『손자병법』, 홍익출판사, 2013, pp. 121.

178) Klaus Schwab, "The Fourth Industrial Revolution: What It means and How to Respond" Forien Affairs, 12 December 2015.
https://www.foreignaffairs.com/articles/2015-12-12/fourth-industrial-revolution

179) Bernard Marr, "Why Everyone Must Get Ready For The 4th Industrial Revolution" Forbes, 2016. 4. 5.
https://www.forbes.com/sites/bernardmarr/2016/04/05/why-everyone-must-get-ready-for-4th-industrial-revolution/?sh=66b0b5013f90

180) Schwab, "The Fourth Industrial Revolution."

181) Jeremy Rifkin, "The 2016 World Economic Forum Misfires with its Fourth Industrial Revolution Theme" Industry Week, 2016. 1. 15.
https://www.industryweek.com/technology-and-II ot/information-technology/article/21967057/the-2016-world-economic-forum-misfires-with-its-fourth-industrial-revolution-theme

182) 클라우스 슈밥 저, 송경진 역, 『클라우스 슈밥의 제4차 산업혁명』, 메가스터디북스, 2016, pp. 10~13.

183) Schwab, "The Fourth Industrial Revolution."

184) 슈밥, 『클라우스 슈밥의 제4차 산업혁명』, pp. 29~32.

185) 슈밥, 『클라우스 슈밥의 제4차 산업혁명』, pp. 36~53.

186) 이승환, "로그인(Log In) 메타버스: 인간×공간×시간의 혁명" 소프트웨어정책연구소 이슈 리포트 IS-115, 2021. 3. 17, pp. 2~4.

187) Ibid., p. 4.

188) 신현규, "공기흐름까지 재현한 메타버스, 현실과제 해법될 것" 매일경제, 2021. 6. 2.
https://n.news.naver.com/article/009/0004803326

189) Ibid.

190) "Technology Giants at War: Another Game of Thrones" Economist, 2012. 12. 1.
https://www.economist.com/briefing/2012/12/01/another-game-of-thrones

191) Ngo Minh Tri, "China's A2/AD Challenge in the South China Sea: Securing the Air
From the Ground" The Diplomat, 19 May 2017.
https://thediplomat.com/2017/05/chinas-a2ad-challenge-in-the-south-china-
sea-securing-the-air-from-the-ground/

192) Kenneth G. Lieberthal, "The American Pivot to Asia" Brookings, 21 December
2011.
https://www.brookings.edu/articles/the-american-pivot-to-asia/

193) Sydney J. Freedberg Jr., "Hagel Lists Key Technologies For US Military;
Launches'Offset Strategy" Breaking Defense, 16 November 2014.
https://breakingdefense.com/2014/11/hagel-launches-offset-strategy-lists-key-
technologies/

194) 송승종, "미 육군 미래사령부 창설의 의미" 국방일보, 2018. 9. 10.
https://kookbang.dema.mil.kr/newsWeb/m/20180911/1/
BBSMSTR_000000010056/view.do

195) Mark T. Esper, "Establishment of the United States Army Future Command"
General Order No. 2018-10, 4 June 2018.
https://armypubs.army.mil/ProductMaps/PubForm/Details.aspx?PUB_
ID=1005064

196) Daniel S. Roper and Jessica Grassetti, "Seizing the High Ground - United States
Army Future Command" The Institute of Land Warfare 18-4, 1 October 2018.
https://www.ausa.org/sites/default/files/publications/SL-18-4-Seizing-the-
High-Ground-United-States-Army-Futures-Command.pdf

197) Andrew Feickert, "Defense Primer: Army Multi-Domain Operations(MDO)"

Congressional Research Service, 22 April 2021, pp. 1~3.

https://crsreports.congress.gov/product/details?prodcode=IF11409

198) TRADOC(US Army Training and Doctrine Command), TRADOC Pamphlet 525-3-1 『The U.S. Army in Multi-Domain Operations 2028』, TRADOC, 2018, pp. 23~26.

https://www.army.mil/article/243754/the_u_s_army_in_multi_domain_operations_2028

199) Bridgett Siter, "Soldier Lethality Team Delivers Big Win for AFC" U.S. Army, 8 October 2019.

https://www.army.mil/article/226912

200) 김상윤, "첨단과학기술 구현된 지상전투체계 '아미타이거' 미래 육군 '4세대 전투력' 포효한다" 국방일보, 2021. 4. 15.

https://kookbang.dema.mil.kr/newsWeb/m/20210416/17/BBSMSTR_000000010023/view.do?nav=0&nav2=0

201) Alex Gatopoulos, "The Nagorno-Karabakh Conflict is Ushering in a New Age of Warfare" Aljazeera, 11 October 2020.

https://www.aljazeera.com/features/2020/10/11/nagorno-karabakh-conflict-ushering-in-new-age-of-warfare

202) Schoni Song, "Israel-Palestine Conflict: Military Lessons for South Korea?" The Diplomat, 21 May 2021.

https://thediplomat.com/2021/05/israel-palestine-conflict-military-lessons-for-south-korea/

203) E. H. 카 저, 김택현 역, 『역사란 무엇인가』, 까치, 2015, p. 170.

204) Keimpe A. Algra, Pieter W. van der Horst, David T. Runia, 『Polyhistor: Studies in the History and Historiography of Ancient Philosophy, Presented to Jaap Mansfeld on his Sixtieth Birthday』, Brill Academic Publishers, 1996, pp. 41~59.

205) Ryan Balot, "Aristotle's critique of phaleas: Justice, equality, and pleonexia" Hermes. 129(1), 2001, pp. 32~44.

206) Donald R. Dudley, 『A History of Cynicism from Diogenes to the 6th Century A.D.』, Cambridge, 1937, pp. 17~45.

207) Mattew Sharpe, "Stoic Virtue Ethics" Handbook of Virtue Ethics, 2013, pp. 28~41.

208) Tim O'keefe, 『Epicureanism』, University of California Press, 2010, pp. 117~121.

209) 토마스 홉스, 『원작 그대로 읽는 리바이어던』, 이지컴북스, 2015, Chapter XⅡI. Of the Natural Condition of Mankind as Concerning Their Felicity and Misery ~ XV. Of Other Laws of Nature.

210) 바뤼흐 스피노자 저, 황태연 역, 『에티카』, 비홍출판사, 2014, pp. 158~166.

211) David Hume, 『A Treatise of Human Nature』, John Noon, 1739, p. 415. https://web.archive.org/web/20180712120258/http://www.davidhume.org/texts/thn.html

212) 마이클 센델 저, 이창신 역, 『정의란 무엇인가』, 김영사, 2010, pp. 54~58.

213) 존 스튜어트 밀 저, 서병훈 역, 『공리주의』, 책세상, 2018, pp. 27~37.

214) 센델, 『정의란 무엇인가』, pp. 167~173.

215) 배학수, 『프로이트의 정신분석 입문 강의 읽기』, 세창미디어, 2020, pp. 163~177.

216) 안희남 外, 『행정학』, 법문사, 1997, p. 477~486.

217) Abraham H. Maslow, "A Theory of Human Motivation" Psychological Review. 50(4), 1943, pp. 370~396. https://psychclassics.yorku.ca/Maslow/motivation.htm

218) Frederick Herzberg, "The Motivation-Hygiene Concept and Problems of Manpower" Personnel Administration. (27), January-February 1964, pp. 3~7.

219) Clayton P. Alderfer, "An Empirical Test of a New Theory of Human Needs" Organizational Behavior and Human Performance. 4(2), 1969, pp. 142~175.

220) David Miron and David C. McClelland, "The Effect of Achievement Motivation Training on Small Business" California Management Review. 21, 1979, pp. 13~28.

221) 다음 책을 참조하여 재구성. 최윤경 편저, 『행정학 개론』, 종로패스원, 2019, pp. 275~279.

222) MinHwa Lee et al., "How to Respond to the Fourth Industrial Revolution, or the Second Information Technology Revolution? Dynamic New Combinations between Technology, Market, and Society through Open Innovation" Journal of Open Innovation Technology, Market, and Complexity. 4(3), 2018, p.5.

223) 조벽, 『인성이 실력이다: 성공하고 행복한 삶을 위한 조벽 교수의 제안』, 해냄출판사, 2016, p.283.

224) Yuval Noah Harari, 『Homo Deus: A Brief History of Tomorrow』, Vintage, 2016, p.75~76.

225) 공병훈, 『4차 산업혁명 상식사전』, 길벗, 2018, pp.41~46.

226) Stefan Lorenz Sorgner, "Nietzsche, the Overhuman, and Transhumanism" Jet. 20(1), 2009, pp.29~42.
https://jetpress.org/v20/sorgner.htm

227) 강시철 레오모터스 회장은 2018년 "5차 산업혁명 대예측"이라는 주제로 실시한 세바시(세상을 바꾸는 시간) 강연에서 5차 산업혁명을 통해 미래 인간은 기계적 트랜스 휴먼, 유전적 트랜스 휴먼으로 진화할 것이라고 밝힌바 있다. 이에 저자는 영적 트랜스 휴먼을 추가하여 5차 산업혁명을 통해 인간이 어떻게 플랫폼으로 작용하게 될지를 예측해 보았다.
https://youtu.be/0-AjN6rkUOY

228) 최재붕, 『포노 사피엔스』, 쌤앤파커스, 2019, p.39.

229) Rolfe Winkler, "Elon Musk Launches Neuralink to Connect Brains With Computers" Wall Street Journal, 5 May 2017.
https://www.wsj.com/articles/elon-musk-launches-neuralink-to-connect-brains-with-computers-1490642652

230) 마셜 매클루언 저, 김상호 역, 『미디어의 이해』, 커뮤니케이션북스, 2011, pp.146~147.

231) Greg Wade, "Seeing Things in a Different Light" BBC, 19 January 2005.
https://www.bbc.co.uk/devon/news_features/2005/eyeborg.shtml

232) Sydney Lubkin, "Boston Bomb Victim Dances Her Way Back Despite Prosthetic

Foot" ABC News, 15 April 2014.
https://abcnews.go.com/Health/boston-bomb-victim-dances-back-prosthetic-foot/story?id=23183240

233) Richard J. Davidson and Bruce S. McEwen, "Social Influences on Neuroplasticity: Stress and Interventions to Promote Well-being" Nature Neuroscience. 15(5), 15 April 2012, pp.689~695.
https://www.ncbi.nlm.nih.gov/pmc/articles/PMC3491815/

234) Paola Frati et al., "Smart Drugs and Synthetic Androgens for Cognitive and Physical Enhancement: Revolving Doors of Cosmetic Neurology" Current Neuropharmacology. 13(1), 2015, pp.5~11.
https://www.ncbi.nlm.nih.gov/pmc/articles/PMC4462043/

235) Roche et al., "Current Challenges in Three-Dementional Bioprinting Heart Tissues for Cardiac Surgery" European Journal of Cardio-Thoracic Surgery. 58(3), 2020, pp.500~510.
https://academic.oup.com/ejcts/article/58/3/500/5835731

236) Yoonhee Jin et al., "Skeletal Muscle Regeneration: Functional Skeletal Muscle Regeneration with Thermally Drawn Porous Fibers and Reprogrammed Muscle Progenitors for Volumetric Muscle Injury" Advanced Materials. 33(14), 07 April 2021.
https://doi.org/10.1002/adma.202170104

237) Robert Nellis, "Senescent Cell research Moves into Human Trials" Mayo Clinic, 7 January 2019.
https://newsnetwork.mayoclinic.org/discussion/senescent-cell-research-moves-into-human-trials-2/

238) 김봉수, "몸속 '좀비세포' 제어해 노화 막는다" 아시아경제, 2021.4.29.
https://n.news.naver.com/article/277/0004894226

239) German E. Berrios, "The Origins of Psychosurgery: Shaw, Burckhardt and Moniz" History of Psychiatry. 8(1), 1997, pp.61~81.

https://doi.org/10.1177/0957154X9700802905

240) Antonio Regalado, "Researchers are keeping pig brains alive outside the body" 25 April 2018.

https://www.technologyreview.com/2018/04/25/240742/researchers-are-keeping-pig-brains-alive-outside-the-body/

241) David Z. Morris, "Bioquark Cleared to Try and Revive Dead Brains" Fortune, 7 May 2016.

https://fortune.com/2016/05/07/bioquark-cleared-to-try-and-revive-dead-brains/

242) Walter Veit, "Procreative Beneficence and Genetic Enhancement" Journal of Philosophy. 32(1), 2018, pp.75~92.

https://doi.org/10.13140/RG.2.2.11026.89289

243) Marilynn Marchione, "Chinese Researcher Claims First Gene-edited Babies" AP News, 26 November 2018.

https://apnews.com/article/ap-top-news-international-news-ca-state-wire-genetic-frontiers-health-4997bb7aa36c45449b488e19ac83e86d

244) 케빈 데이비스 저, 제효영 역,『유전자 임팩트』, 브론스테인, 2021, p.39.

245) 하라리,『사피엔스』, pp.44~60.

246) Kurzweil,『The Singularity is Near』, pp.135~136.

247) 신상규, "과학기술의 발전과 포스트 휴먼" 지식의 지평, (15), 2013. 11, pp.128~149.

248) 발달심리학자 하워드 가드너(Howard Gardner)가 제시한 여덟 가지 지능은 언어지능, 인간친화기능, 자연친화지능, 논리수학지능, 신체운동지능, 자기성찰지능, 음악지능, 공간지능이다. 가드너는 이 모든 지능들이 아홉 번째 지능, 즉 영성지능에 의해 균형을 이루고 또 완성될 수 있다고 주장했다. Howard Gardner,『Intelligence Reframed: Multiple Intelligences for the 21st Century』, Basic Books, 1999, p.53.

249) 노자 저, 소준섭 역,『도덕경』, 현대지성, 2019, pp.256~258.

250) 프로이트가 이야기한 초자아(superego)와는 다른 개념이다. 프로이트의 초자아

(superego)는 성격구조의 한 요소로써 도덕적 원리에 지배되는 자아를 말한다. 반면, 여기에서 초자아(hyper-self)는 5차 산업혁명 기술을 토대로 인간이 지닌 한계를 극복한 자아의 상태를 말한다.

251) Daniel Deudney, "Geopolitics as Theory: Historical Security Materialism" European Journal of International Relations. 6(1), March 2000, pp. 77~107.

252) 팀 마샬 저, 김미선 역, 『지리의 힘(지리는 어떻게 개인의 운명을, 세계사를, 세계 경제를 좌우하는가』, 2016.

253) Suban Kumar Chowdhury and Abdullah Hel Kafi, "The Heartland Theory of Sir Halford John Mackinder: Justification of Foreign Policy of the United States and Russia in Central Asia" Journal of Liberty and International Affairs, 1(2), 2015.

254) Mark R. Polelle, 『Raising Cartographic Consciousness: The Social and Foreign Policy Vision of Geopolitics in the Twentieth Century』, Lexington Books, 1999, p. 118.

255) Halford J. Mackinder, "The Geographical Pivot of history" The Geographical Journal. 23, April 1904, pp. 421~437.
https://www.iwp.edu/mackinder-the-geographical-journal/

256) Saul Bernard Cohen, 『Geopolitics of the World System』, Rowman and Littlefield Publishers Inc., pp. 21~23.

257) ColinGray and Geoffrey Sloan, eds., 『Geopolitics, Geography and Strategy』, Frank Cass, 1999, p. 220.

258) Adolf Hitler, 『Mein Kampf』, Houghton Mifflin, 1971, p. 646.

259) Woodruff D. Smith, 『The Ideological Origins of Nazi Imperialism』, Oxford University Press, p. 84.

260) Peter Paret eds, 『Makers of Modern Strategy from Machiavelli to the Nuclear Age』, Prinston University Press, 1986, pp. 444~477.

261) 김동기, 『지정학의 힘: 시파워와 랜드파워의 세계사』, 아카넷, 2020, pp. 73~77.

262) Ibid., pp. 141~143.

263) 조지 케넌(George F. Kennan)은 미국의 외교정책 전문가로 미국의 대공산주의

봉쇄정책의 기초를 마련했다. 그는 소련 주재 미국 대사관에서 근무하던 1946년 당시 봉쇄정책에 관한 전보(통상 'long telegram'이라 부름)를 워싱턴에 보냈으며, 1947년과 1951년에 X라는 필명으로 포린어페어(Forein Affair)지에 두 개의 논문을 게재하면서 이를 더욱 체계화시켰다.

John Lewis Gaddis, 『George F. Kennan: An American Life』, Penguin Books, 2012, pp. 201~224.

264) Isaiah Henderson, "Cold Ambition: The New Geopolitical Faultline" The California Review, 18 July 2019.

https://calrev.org/2019/07/18/cold-ambition-the-new-geopolitical-faultline/?v=38dd815e66db

265) Lily Kuo and Niko Kommenda, "What is China's Belt and Road Initiative?" The Guardian, 5 September 2018.

https://www.theguardian.com/cities/ng-interactive/2018/jul/30/what-china-belt-road-initiative-silk-road-explainer

266) Ming Wan, 『The Asian Infrastructure Investment Bank: The Construction of Power and the Struggle for the East Asian International Order』, Palgrave Macmillan, 2015, p. 70

267) Duco A. Schreuder, 『Vision and Visual Perception』, Archway Publishing, 2014, p. 135.

268) Syed Ramsey, 『Tools of War: History of Weapons in Modern Times』, Vij Books India Pvt Ltd., 2016, p. 89.

269) Michael J. Neufeld, "Wernher von Braun and the Nazis" American Experience, 20 May 2019.

https://www.pbs.org/wgbh/americanexperience/features/chsing-moon-wernher-von-braun-and-nazis/

270) John B. West, "Historical Aspects of the Early Soviet/Russian Crewed Space Program" Journal of Applied Physiology. 91(4), 1 October 2001, pp. 1501~1511.

https://journals.physiology.org/doi/full/10.1152/jappl.2001.91.4.1501

271) Paul Terry, 『Top 10 of Everything』, Octopus Publishing Group Ltd., 2013, p.233.

272) Willy Ley, "The Orbit of Explorer 1" Galaxy Science Fiction, October 1968, pp.93~102.

273) Asif A. Siddiqi, 『Sputnik and the Soviet Space Challenge』, The University of Florida Press, 2003, p.175.

274) Roger D. Launius, "Eisenhower, Sputnik, and the Creation of NASA" Prologue-Quarterly of the National Archives 28(2), 1996, pp.127~143.

275) Brian Harvey, 『Soviet and Russian Lunar Exploration』, Springer, 2007, pp.32~34.

276) Richard Stenger, "Man on the Moon: Kennedy Speech Ignited the Dream" CNN, 25 May 2001.

http://edition.cnn.com/2001/TECH/space/05/25/kennedy.moon/

277) Tom Housden, Paul Sargeant, Lilly Huynh, Gerry Fletcher and Steven Connor, "Apollo 11: Four Things You May Not Know About the First Moon Landing" BBC, 13 July 2019.

https://www.bbc.com/news/science-environment-48907836

278) James Moltz, 『The Politics of Space Security: Strategic Restraint and the Pursuit of National Interests』, Stanford University Press, 2011, p.181.

279) Dennis R. Jenkins, 『Space Shuttle: Developing an Icon - 1972-2013』, Specialty Press, 2016, pp.394~398.

280) Mike Wall, "SpaceX's Very Big Year: A 2020 Filled with Astronaut Launces, Starship Tests and More" Space.com, 28 December 2020.

https://www.space.com/spacex-astronaut-starship-launches-2020-milestones

281) 이승종, "우크라이나 돕는 머스크 '스타링크'… 15,000대 지원" KBS, 2022.6.9.
https://n.news.naver.com/article/056/0011280649?sid=105

282) 원태성, "中, 17일 유인우주선 발사…우주정거장 건설 박차" 뉴스원, 2021.6.15.
https://n.news.naver.com/article/421/0005416380

283) 고광본, "[서울포럼 2021] '한국 우주강국 꿈 크지만 갈 길 멀어, 컨트롤 타워부터 만들어야'" 서울경제, 2021.6.8.

https://n.news.naver.com/article/011/0003920751

284) 최준호, "[비즈니스 현장에 묻다] '국가 안보와 국격이 우주 산업에 달려 있다'" 중앙일보, 2021.6.11.

https://n.news.naver.com/article/025/0003109011

285) 김기혁, "'인구 60만의 작은나라' 룩셈부르크, 우주개발 성공 비결은" 서울경제, 2021.6.9.

https://n.news.naver.com/article/011/0003921132

286) Kenneth Chang, "Obama Promises Renewed Space Program" The New York Times, 15 April 2010.

https://www.nytimes.com/2010/04/16/science/space/16nasa.html

287) Ryan Browne, "With a Signature, Trump Brings Space Force into Being" CNN, 21 December 2019.

https://edition.cnn.com/2019/12/20/politics/trump-creates-space-force/index.html

288) "Strategic Defense Initiative"

https://www.globalsecurity.org/space/systems/sdi.htm

289) Michael Spirtas, eds., 『A Separate Space: Creating a Military Service for Space』, RAND Corporation, 2020, p.12.

290) United State Space Force, SCP(Space Capstone Publication), 『Spacepower』, 2020, p.3.

291) Ibid., pp.33~40.

292) Ibid., pp.53~55.

293) Ibid., pp.5~8.

294) 최준호, "늦었지만 잰걸음 하는 한국의 우주개발 역사" 중앙일보, 2017.8.10.

https://news.joins.com/article/20831170

295) 한국항공우주연구원, "대한민국은 위성 강국…위성 개발 역사를 한눈에" 한국항공우주연구원 공식 블로그, 2021.4.13.

https://blog.naver.com/karipr/222308154468

296) 정빛나, "'미사일주권' 42년 만에 완전회복…중장거리 탄도미사일 개발 가능" 연합뉴스, 2021. 5. 22.

https://n.news.naver.com/article/001/0012409160

297) 최수진, "누리호 발사 성공 … 한국 '세계 7대 우주 강국' 우뚝" 한국경제, 2022. 6. 21.

https://n.news.naver.com/article/015/0004714371?sid=105

298) 홍신영, "'다누리' 궤적수정 성공.. 태양에서 달로 방향전환" MBC News, 2022. 9. 5.

299) David Constantine, "Science Illustrated; They Look Alike, but There's a Little Matter of Size" The New York Times, 2006. 8. 15.

https://www.nytimes.com/2006/08/15/health/science/science-illustrated-they-look-alike-but-theres-a-little.html

300) David C. Aveline, eds., "Obsevation of Bose-Einstein condensates in an Earth-orbiting research lab" Nature, 11 June 2020.

301) Franco Vazza and Alberto Feletti, "The Quantitative Comparison Between the Neuronal Network and the Cosmic Web" Frontiers in Physics, 8(525731), 16 November 2020.

302) David Constantine, "Science Illustrated."

303) Franco Vazza, "The Quantitative Comparison Between the Neuronal Network and the Cosmic Web" p. 6.

304) Bin Yan and Nikolai A Sinitsyn, Los Alamos National Laboratory, "Simulating Quamtum 'time travel' disproves butterfly effect in Quantum realm" Physical Review Letters 125(040605), 2020.

305) 채사장, 『지적 대화를 위한 넓고 얕은 지식』, 한빛비즈, 2015, p. 179

306) 원문은 다음과 같다. "Everything we call real is made of things that cannot be regarded as real."

Karen Barad, 『Meeting the Universe Halfway: Quantum Physics and the Entanglement of Matter and Meaning』, Duke University Press Books, 2007, p. 254.

307) 하라리, 『사피엔스』, pp. 340~342.

308) 로렌스 프리드먼, 『전쟁의 미래』, pp. 10~11.

309) 블랙스완(black swan)은 나심 니콜라스 탈레브가 그의 저서 『The Black Swan: The Impact of the Highly Improbable』에서 서브프라임 모기지 사태를 예언하면서 유명해졌다.

　　　Nassim Nicholas Taleb, 『The Black Swan: The Impact of the Highly Improbable』, Second Edition, Penguin, 2010, p. xxi

310) 그레이 리노(gray rhino)는 세계정책연구소(World Policy Institute)의 대표이사 미셸 부커(Michele Wucker)가 2013년 다보스포럼에서 처음 제시한 개념이었다. 이후 관련 내용이 책으로 출간되었고, 각종 언론에서 그레이 리노 개념을 사용하면서 유명해졌다.

　　　Michele Wucker, 『The Gray Rhino: How to Recognize and Act on the Obvious Dangers We Ignore』, St. Martin's Press, 2016, pp. 15~26.

311) Rene Rohrbeck and Hans Georg Gemunden, "Corporate Foresight: Its Three Roles in Enhancing the Innovation Capacity of a Firm" Technological Forecasting and Social Change. 78(2), 2011, pp. 231~243.

　　　https://www.researchgate.net/profile/Rene_Rohrbeck2/publication/202288905_Corporate_Foresight_Its_Three_Roles_in_Enhancing_the_Innovation_Capacity_of_a_Firm/links/59e12a440f7e9b97fbe2b716/Corporate-Foresight-Its-Three-Roles-in-Enhancing-the-Innovation-Capacity-of-a-Firm.pdf

312) Michael V. Leggiere, ed., 『Napoleon and the Operational Art of War: Essays in Honor of Donald D. Howard』, Brill, 2016, pp. 8~36.

313) Michael I. Handel, 『Masters of War: Classical Strategic Thought』 (Third, Revised and Expanded Edition), Frank Cass, 2001, pp. 69~101, 126~196.

314) Christopher Bassford, "Jomini and Clausewitz: Their Interaction" Paper presented to the 23th Meeting of the Consortium on Revolutionary Europe at Georgia State University, 26 February 1993, (Copyright Christopher Bassford. Unlimited release.), pp. 1~9.

　　　http://www.clausewitz.com/readings/Bassford/Jomini/JOMINIX.htm

315) Daniel J. Hughes, 『Moltke on the Art of War』, pp. 113~133.

316) Lain McCallum, 『Blood Brothers: Hiram and Hudson Maxim-Pioneers of Modern Warfare』, Chatham Publishing, 1999, p. 46~49.

317) Dirk Steffen, "The Holtzendorff Memorandum of 22 December 1916 and Germany's Declaration of Unrestricted U-boat Warfare" Journal of Military History 68. 1, 2004, pp. 215~224.

318) Christopher Gravett, 『The History of Castles: Fortifications Around the World』, Globe Pequot, 2007, p. 187.

319) John Keegan, 『The Second World War』, Penguin Books, 1989, p. 54.

320) Gerald Segal, 『Guide to the World Today』, The Simon & Schuster, 1988, p. 82.

321) Robert Tomes, "Why the Cold War Offset Strategy was All About Deterrence and Stealth" War on the Tocks, 14 January 2015.
https://warontherocks.com/2015/01/why-the-cold-war-offset-strategy-was-all-about-deterrence-and-stealth/

322) Robert Tomes, 『US Defence Strategy from Vietnam to Operation Iraqi Freedom: Military Innovation and the New American Way of War, 1973-2003』, Routledge, 2006, pp. 146~173.

323) Ramon Spaaij, 『Understanding Lone Wolf Terrorism: Global Patterns, Motivations and Prevention』, Springer, 2011, p. 16.

324) Daniel L. Byman, "Why Lone Wolves Fail" Brookings, 16 June 2016.
https://www.brookings.edu/blog/order-from-chaos/2016/06/16/why-lone-wolves-fail/

325) William S. Lind, "The Changing Face of War" pp. 22~26.

326) 박지훈, "4차 산업혁명 시대 한국군 군사혁신 추진방향" 주간국방논단 제1704호, 한국 국방연구원, 2018, pp. 3~4.

327) Rebecca A. Adelman and David Kieran eds., 『Remote Warfare: New Cultures of Violence』, The University of Minnesota Press, 2020, pp. 1~27.

328) 중심(center of gravity)은 '정신적 또는 물리적인 힘, 행동의 자유 및 의지를 획득

하게 하는 피·아 힘의 원천'으로, 중심이 파괴된 쪽은 더는 전쟁을 지속할 수 없게 된다.

329) 정현용, "작전참모 김 소령, 이제 'AI가 맡는다'" 서울신문, 2021.6.13.
https://n.news.naver.com/article/081/0003193648

330) 이진호, 『미래전쟁: 첨단무기와 미래의 전장환경』, 북코리아, 2011, pp.59~60.

331) 박대로, "[군사대로] 다음 한미연합훈련은 우주에서?…우주 군사작전 실현될까" 뉴시스, 2021.4.4.
https://n.news.naver.com/article/003/0010428572

332) Eric Adams, "Rods from God: Space-Launched Darts That Strike Like Meteors" Popular Science, June 2004.
https://www.popsci.com/scitech/artivle/2004-06/rods-god/

333) Geraint Hughes, 『My Enemy's Enemy: Proxy Warfare in International Politics』, Sussex Academic Press, 2014, pp.5~13.

334) Rory Cellan-Jones, "Stephen Hawking Warns Artificial Intelligence Could End Mankind" BBC News, 2 December 2014.
https://www.bbc.com/news/technology-30290540

335) Alex Hern, "Experts Including Elon Musk Call For Research to Avoid AI 'Pitfalls'" The Guardian, 12 January 2015.
https://www.theguardian.com/technology/2015/jan/12/elon-musk-ai-artificial-intelligence-pitfalls

336) Henry Mintzberg, 『Rise and Fall of Strategic Planning』, Simon and Schuster, 1994, pp.24~30.

337) 토마스 라폴트 저, 강민경 역, 『피터 틸: 미래 설계자』, 앵글북스, 2019, p.81.

338) 김유진, "1900년 화가들이 상상한 '2000년의 세상'" 경향신문, 2015.10.6.
https://n.news.naver.com/article/032/0002639727

339) 윤병찬, "50년 전 만화가 현실로…미래를 그리는 만화가" 헤럴드경제, 2015.10.20.
https://n.news.naver.com/article/016/0000882053

340) Arthur B. Evans, "The 'New' Jules Verne" Science-Fiction Studies, XXⅡ:1(65),

1995, pp. 35~46.

341) Peter Ha, "All Time 100 Gadgets: Motorola StarTAC" Time Magazine, 25 October 2010.

https://content.time.com/time/specials/packages/article/0,28804,2023689 _2023708_2023670,00.html

342) Bob Schaller, "The Origin, Nature, and Implications of 'MOORE'S LAW'" Microsoft, 26 September 1996.

https://jimgray.azurewebsites.net/moore_law.html

343) Ray Kurzweil, 『The Age of Spiritual Machines』, Viking Books, 1999, pp. 30~32.

344) Murray Shanahan, 『The Technological Singularity』, MIT Press, 2015, p. 233.

345) Kurzweil, 『The Singularity is Near』, p. 15.

346) 트랜센던스(Transcendence)는 '초월'이란 의미를 가진 영어 단어다. 영화에서는 인공지능 컴퓨터 트랜센던스가 특정 시점에 인간의 지능을 초월하게 되자 벌어 지는 일들을 다루고 있다.

347) Martin Beech, 『The Physics of Invisibility: A Story of Light and Deception』, Springer, 2012, p. 190.

348) Steven Borowiec and Tracey Lien, "AlphaGo Beats Human Go Champ in Milestone for Artificial Intelligence" Los Angeles Times, 12 March 2016.

https://www.latimes.com/world/asia/la-fg-korea-alphago-20160312-story.html

349) 심광현, 유진화, 『인간혁명에서 사회혁명까지: 문명 전환을 위한 지식순환의 철학과 일상혁명 스토리텔링』, 희망읽기, 2020, pp. 53~54.

350) 데이비드 A. 싱클레어, 매슈 D. 러플랜트 저, 이한음 역, 『노화의 종말』, 부키, 2020, p. 220.

351) 이브 헤롤드, 『아무도 죽지 않는 세상: 트랜스휴머니즘의 현재와 미래』, 꿈꿀자유, 2020, p. 316.

352) 조성희, 『뜨겁게 나를 응원한다』, 생각지도, 2021, p. 42.

353) 유발 하라리 저, 전병근 역, 『21세기를 위한 21가지 제언: 더 나은 오늘은 어떻게 가능한가』, 김영사, 2018, pp. 388~403

354) 저자는 유발 하라리의 이 같은 주장에 반만 동의한다. 미래는 예측 불가능하므로 비판적 사고와 창의적 사고가 필요하다는 점은 인정한다. 그러나 변화가 유일한 상수라는 점은 동의하지 않는다. 저자는 인간으로서, 그리고 미래의 리더로서 지녀야 할 변하지 않는 가치가 존재한다고 믿기 때문이다. 이는 제3부에서 다루도록 하겠다.

355) 최진석, 『인간이 그리는 무늬』, 소나무, 2013, pp. 117~118.

356) 최정빈, "시대가 원하는 핵심역량 '비판적 사고'에 관한 소견" 군사평론 제460호, 합동군사대학교, 2019년 8월호, p. 2.

357) Richard Paul and Linda Elder, 『Critical Thinking: Concepts and Tools』, seventh edt., The Foundation for Critical Thinking, 2014, p. 2.

358) Guy Martin, "The Man Behind America's New Spacesuit: How Elon Musk Took Hollywood Costume Designer Jose Fernandez From Batman To NASA" Forbes, 29 May 2020.
https://www.forbes.com/sites/guymartin/2020/05/29/the-man-behind-americas-spiffy-new-spacesuit-how-hollywood-costume-designer-jose-fernandez-got-from-batman-and-daft-punk-to-nasa/

359) 정유정, "「What」테슬라車 방식 터치스크린 조종석… '어벤져스' 디자이너가 우주복 제작" 문화일보, 2020. 6. 10.
https://n.news.naver.com/article/021/0002431072

360) 류준영, "우주복·로켓까지 평범하지 않았던 '괴짜천재의 우주쇼'" 머니투데이, 2021. 6. 2.
https://n.news.naver.com/article/008/0004418360

361) 주희 편저, 김미영 역, 『대학·중용』, 홍익출판사, 2015, p. 78~116.

362) 조한규, "4차 산업혁명시대 군사혁신을 주도할 영관장교 교육방향" 군사평론 제461호, 합동군사대학교, 2019년 10월호., p. 13.

363) "Life of Thomas Alva Edison" Library of Congress, retrieved 15 December 2021.
https://www.loc.gov/collections/edison-company-motion-pictures-and-sound-recordings/articles-and-essays/biography/life-of-thomas-alva-edison/

364) Mariana F. Mazzucato, 『The Entrepreneurial State: Debunking Public vs. Private Sector Myths』, Anthem, 2013, pp. 88~115.

365) 노정화, 『엄마의 부자 습관』, 소울하우스, 2018, pp. 161~166.

366) 티나 실리그 저, 김소희 역, 『인지니어스』, 리더스북, 2017, pp. 1~25.

367) Ibid., pp. 27~42.

368) Ibid., pp. 43~62.

369) Ibid., pp. 109~127.

370) Ibid., pp. 143~180.

371) Ibid., pp. 194~197.

372) Michael E. Porter, 『Competitive Advantage: Creating and Sustaining Superior Performance』, The Free Press, 1985, pp. 7~25.

373) 마이클 포터, 『국가경쟁우위: 글로벌 경쟁력 강화를 위한 경영전략』, 1990, pp. 7~13.

374) 게리 켈러, 제이 파파산 저, 구세희 역, 『원씽』, 비즈니스북스, 2013, pp. 21~26.

375) Ibid., pp. 190~199.

376) 대한민국 국방부 홈페이지
https://www.mnd.go.kr/mbshome/mbs/mnd/subview.jsp?id=mnd_010302010000

377) 대한민국 국방부 홈페이지, 국방정책 배너
https://www.mnd.go.kr/mbshome/mbs/mnd/subview.jsp?id=mnd_010302010000

378) Thomas S. Kuhn, 『The Structure of Scientific Revolutions』, University of Chicago Press, 1970, pp. 23~111.

379) 원문은 '궁즉변 변즉통 통즉구 구즉궁(窮則變 變則通 通則久 久則窮)'이다.
저자 미상, 정진배 역, 『주역 계사전』, 지식을만드는지식, 2014, pp. 79~88.

380) 백종현, 『칸트와 헤겔의 철학』, 아카넷, 2017, pp. 408~413.

381) 재레드 다이아몬드 저, 강주헌 역, 『대변동: 위기, 선택, 변화』, 김영사, 2019, pp. 16~21.

382) 동고동락 블로그, "[M프렌즈] [국방혁신 4.0] 과학기술강군 전환은 '필수',
https://blog.naver.com/mnd9090/222870346618

383) 국방부, 『국방혁신 4.0』 기본계획 수립 가속화", 국방부 보도자료, 대한민국 정책

브리핑 홈페이지

https://www.korea.kr/news/pressReleaseView.do?newsId=156520388

384) 유향(劉向)의 열녀전(列女傳)에 나오는 말로, '맹자(孟子)의 어머니가 맹자 교육을 위해 세 번이나 이사를 한 가르침'이라 뜻이다. 맹자는 어렸을 적부터 흉내내는 기질이 강해 주변 지역의 풍습을 잘 흡수했다고 한다. 그래서 맹자의 어머니가 자식 교육을 위해 세 번이나 이사를 하게 되었다고 한다. 교육 환경의 중요성을 강조하기 위한 표현으로 사용된다.

385) 신영준·주언규, 『인생은 실전이다』, 상상스퀘어, 2021, pp.45~46.

386) 재레드 다이아몬드 저, 김진준 역, 『총, 균, 쇠: 무기·병균·금속은 인류의 운명을 어떻게 바꿨는가』, 문학사상사, 2018(5판 1쇄), pp.101~125.

387) George L. Kelling and Catherine M. Coles, 『Fixing Broken Windows: Restoring Order And Reducing Crime In Our Communities』, Simon & Schuster, 1996, pp.143~144.

388) Commission for Architecture and the Built Environment, 『The Value of Good Design: How Buildings and Spaces Create Economic and Social Value』, 2002, pp.6~7, 14~15.

389) Philop J. Hilts, "Last Rites for a 'Plywood Palace' That Was a Rock of Science" New York Times, 31 March 1998.

https://www.nytimes.com/1998/03/31/science/last-rites-for-a-plywood-palace-that-was-arock-of-science.html

390) 스티븐 존슨 저, 서영조 역, 『탁월한 아이디어는 어디서 오는가』, 한국경제신문사, 2012, pp.74~78.

391) 정재승 저, 『열두 발자국』, 어크로스, 2018, pp.189~218.

392) 노나카 이쿠지로 외 6명 저, 박철현 역, 『일본 제국은 왜 실패하였는가?』, 2009, pp.390~413.

393) 최진기, 『한권으로 정리하는 4차산업혁명』, 이지퍼블리싱, 2018, pp.236~237.

394) Liane Hansen, "The Race for Flight" NPR, 19 October, 2003.

https://www.npr.org/templates/story/story.php?storyId=1469463

395) 사피 바칼 저, 이지연 역, 『룬샷』, 흐름출판, 2020, pp. 13~17.

396) Frederick Deknatel, "Baki Zaki Youssef: Egyptian Military Engineer Who Became a Hero" The National News, 1 July 2018.
https://www.thenationalnews.com/world/mena/baki-zaki-youssef-egyptian-military-engineer-who-became-a-hero-1.745926

397) Joshuah Bearman, "How the CIA Used a Fake Sci-Fi Flick to Rescue Americans From Tehran" Wired, 24 April 2013.
https://www.wired.com/2007/04/feat-cia/

398) Tai L. Chow, 『Gravity, Black Holes, and the Very Early Universe: An Introduction to General Relativity and Cosmology』, Spinger, 2008, p. 211.

399) Carl von Clausewitz, 『On War』, edited and translated by Michael Howard and Peter Paret, Prinston University Press, 1976, pp. 65~67.

400) Ibid., p. 70.

401) Ibid., p. 75.

402) Ibid., pp. 75~77, 579.

403) Ibid., pp. 78~88, 580~581.

404) Ibid., pp. 580~581.

405) Ibid., pp. 89.

406) 김태형·오경택, "클라우제비츠 삼위일체의 현대적 해석" 군사연구 제149집, 육군본부, 2020. 6. 30., p. 143.
https://dlps.nanet.go.kr/SearchDetailView.do?cn=KINX2020130054&sysid=nhn#none

407) Ibid,, pp. 139~142.
삼위일체와 그 현대적 해석에 대한 보다 자세한 내용은 본 논문을 참조하기 바란다.

408) Hew Strachan, "Clausewitz and the Dialectics of War" in the 『Clausewitz in the Twenty-First Century』, edited by Hew Strachan and Andreas Herberg-Rothe, Oxford University Press, 2007, p. 40.

409) 채사장, 『지적 대화를 위한 넓고 얕은 지식』 pp. 173~390.

410) 고대 산스크리트어 'vid'에서 파생된 말로, '알다, 지식, 지혜' 등의 의미를 담고 있다.

411) 『화엄경』에 등장하는 말로 '모든 것은 오로지 마음이 지어내는 것'임을 뜻하는 말이다.

412) Alfonso Montuori, "Systems Approach" in 『Encycolopedia of Creativity』 2nd ed., Academic Press, 2011, pp. 414~421.

413) 우리 군 교리는 대외 공개를 할 수 없기 때문에 우리 군 교리와 유사한 미군 교리를 참고자료로 명시했다. 많은 학자들이 중심 분석 방법을 제시했지만 미군과 우리 군은 조 스트레인지(Joe Strange) 박사의 분석 방법을 채택하여 적용하고 있다. Joe Strange, 『Centers of Gravity and Critical Vulnerabilities: Building on the Clausewitzian Foundation So That We Can All Speak the Same Language』, Marine Corps University Foundation, 1996, pp. 1~4.

414) William H. J. Manthorpe, Jr., "The Emerging Joint System-of-Systems: A Systems Engineering Challenge and Opportunity for APL" Johns Hopkins APL Technical Digest, 17(3), 1996, pp. 305~312.
https://citeseerx.ist.psu.edu/viewdoc/download?doi=10.1.1.456.1478&rep=rep1&type=pdf

415) Edward N. Lorenz, "The Predictability of a Flow which Possesses Many Scales of Motion" Tellus. XXI(3), pp. 289~297.

416) 박신영, 『기획의 정석』, 세종서적, 2013, p. 20.

417) Peter L. Berger and Thomas Luckmann, 『The Social Construction of Reality: A Treatise in the Sociology of Knowledge』, Anchor Books, 1966, pp. 23~48.

418) Daniel Kahneman, 『Thinking, Fast and Slow』, Straus and Giroux, 2013, pp. 3~17.

419) 각각의 휴리스틱과 편향에 대해서는 아래의 책을 참조하기 바란다.
Daniel Kahneman, 『Thinking, Fast and Slow』, Straus and Giroux, 2013, pp. 109~196.

420) 하노 벡 저, 배명자 역, 『부자들의 생각법』, 갤리온, 2013, p. 113~118.

421) David Dunning, Justin Kruger, "Unskilled and Unaware of It: How Difficulties

in Recognizing One's Own Incompetence Lead to Inflted Self-Assessments" Journal of Personality and Social Psychology, 77(6), 1999, pp. 1121~1134. https://citeseerx.ist.psu.edu/viewdoc/download?doi=10.1.1.64.2655&rep1&type=pdf

422) 리처드 탈러·캐스 선스타인 저, 안진환 역, 『넛지: 똑똑한 선택을 이끄는 힘』, 리더스북, 2018, pp. 43~45.

더 많은 예를 알아보려면 위 책의 pp. 37~117을 읽어 보기 바란다.

423) Ibid., pp. 22~26.

424) Ibid., pp. 14~21.

425) 구인환, 『고사성어 따라잡기: 약장 속의 약처럼 꼭 곁에 두어야 할 삶의 지침서』, 신원문화사, 2002, pp. 394~396.

426) 센델, 『정의란 무엇인가』, pp. 40~43. 이 작전에 관한 더 자세한 사항은 아래의 책을 참조하기 바란다.

Marcus Luttrell and Patrick Robinson, 『Lone Survivor: The Eyewitness Account of Operation Redwing and the Lost Heroes of SEAL Team 10』, Back Bay Books. 이 책은 동명의 영화로도 제작되었다. (2013년 작, 감독: 피터 버그, 주연: 마크 월버그)

427) Alexander McKee, 『Dresden 1945: The Devil's Tinderbox』, Books on Tape, 1988, pp. 61~93.

428) Risa Brooks and Elizabeth A. Stanley, 『Creating Military Power: the Sources of Military Effectiveness』, Stanford University Press, 2007, pp. 41~44.

429) Michael Stohl, 『The Politics of Terrorism』, Marcel Dekker, 1979, p. 279.

430) 오정민, "칸트의 『영구평화론』과 그에 대한 현재적 논의" 철학논구 제41집, 2013, pp. 167~171.

431) 칸트의 『영구평화론』은 프랑스혁명 직후인 1795년 발간되었다. 전쟁을 방지하고 영구적인 평화를 유지하기 위한 평화조약 형식으로 구성되어 있다.

432) Clausewitz, 『On War』, pp. 184~186.

433) Michael L. Walzer, 『Just and Unjust Wars: A Moral Argument with Historical

Illustrations』, Basic Books, 2006, pp.1~47. (김태형·이동필, 『생각의 무기』, pp.135~136. 에서 재인용)

434) Rory Cox, "Expanding the History of the Just War: The Ethics of War in Ancient Egypt" International Studies Quarterly. 61(2), p.371.

435) John Fabian Witt, 『Lincoln's Code: The Laws of War in American History』, Free Press, p.148. (김태형·이동필, 『생각의 무기』, pp.132~133. 에서 재인용)

436) Eyal Press, "The Wounds of the Drone Warrior" The New York Times, 13 June 2018. https://www.nytimes.com/2018/06/13/magazine/veterans-ptsd-drone-warrior-wounds.html

437) Geoffrey Wawro, 『The Franco-Prussian War: The German Conquest of France in 1870-1871』, Cambridge University Press, 2005, pp.290~296.

438) Keith Eubank, 『The Origins of World War II』 3rd Edition, Wiley-Blackwell, 2004, pp.3~5.

439) Brad Roberts, 『On Theories of Victory, Red and Blue』, Livermore Papers on Global Security No.7, June 2020, pp.26~41.
https://warontherocks.com/2020/09/on-the-need-for-a-blue-theory-of-victory/

440) Peter M. Senge, 『The Fifth Discipline: The Art and Practice of the Learning Organization』, Doubleday, 2006, pp.57~58.

441) 유발 하라리 저, 전병근 역, 『21세기를 위한 21가지 제언』, 김영사, 2018, pp.256~270.

442) Williamson Murray, 『War, Strategy, and Military Effectiveness』, Cambridge University Press, New York, 2011, p.3.

443) 표준국어대사전

444) Clausewitz, 『On War』, p.100.

445) Michael Howard, 『Clausewitz: A Very Short Introduction』, Oxford University Press, 2002, pp.23~27,

446) Azar Gat, 『A History of Military Thought: From the Enlightenment to the Cold War』, Oxford University Press, 2001, p.232.

447) Antulio J. Echevarria II, 『Clausewitz and Contemporary War』, Oxford

University Press, 2007, pp. 194~195.

448) 독일어 원문을 번역한 류제승의 『전쟁론』 번역본에는 '지력과 기질'을 '이성과 감성'으로 표현했다. 저자는 독일어에 문외한이라 그것이 정확한 번역인지 알 수 없지만, 『전쟁론』 영어 번역본에서 설명하는 군사적 천재의 전체적인 내용을 봤을 때 '지력(intellect)과 기질(temperament)'을 '이성과 감성'으로 보는 것에 동의하는 바이다.

클라우제비츠 저, 류제승 역, 『전쟁론』, 책세상, 2002, p. 72.

449) 물론, 구체적으로 보았을 때 삼위일체의 이성(reason)과 감성(blind natural force)은 여기서 말하는 이성(intellect)과 감성(temperament)과는 차이가 있다. 그러나, 합리성의 측면에서 reason과 intellect는 맥락을 같이 하고 있으며, blind natural force와 temperament는 감정을 기반으로 한다는 점에서 유사점이 있다.

450) Clausewitz, 『On War』, p. 89.

451) Ibid., pp. 76~77.

452) Ibid., p. 89.

453) Ibid., pp. 111~112.

454) 작전술이라는 용어는 1927년 러시아의 스베친이 그의 저서 『전략』에서 최초로 공식 사용했다. 그러나 그는 1924년부터 이미 러시아 군사대학 강단에서 이 용어를 사용하고 있었다. 광활한 러시아와 유럽대륙에서의 대규모 군사작전을 염두에 둔 그는 지극히 예외적인 경우를 제외하고 한 번의 전투를 통해 궁극적인 전략 목표를 달성하기 어려움을 간파했다. 이에 수많은 전술적 성과들과 전략 목표 사이의 간극을 연결하는 개념으로써 작전술을 제시했다.

Aleksandr A. Svechin, 『Strategy』, edited by Kent D. Lee, East View Publications, 1992, pp. 67~69.

455) Operational art is the cognitive approach by commanders and staffs - supported by their skill, knowledge, experience, creativity, and judgement - to develop strategies, campaigns, and operations to organize and employ military forces by integrating ends, ways, means. US Army, Army Doctrinal Publication 5-0, 『The Operational Process』, 2012, p. 6.

456) 이는 작전술을 협의의 관점에서 해석한 것이다. 광의적 개념의 작전술은 전쟁의 수준(전략적, 작전적, 전술적 수준)을 넘나들면서 목표(ends), 방법(ways), 수단(means)과 위험(risks)의 균형을 유지하여 문제를 해결해 나가는 역할을 한다.

457) Clausewitz, 『On War』, pp. 100~101.

458) Ibid., pp. 101, 104.

459) 통찰력(coup d'oeil)이란 단어는 프랑스어로, 클라우제비츠『전쟁론』에서 독일어가 아닌 유일한 단어이다.

Ibid., pp. 101~102.

460) Ibid., p. 103.

461) 김태형·이동필, 『생각의 무기』, pp. 31~32.

462) Clausewitz, 『On War』, p. 111.

463) 니체는『짜라투스트라는 이렇게 말했다』에서 신은 죽었다고 선언했다. 그는 플라톤의 이데아를 부정했고, 기독교를 대중을 위한 플라톤 사상이라고 비판했다. 신과 이데아를 부정해야만이 우리가 존재하고 있는 현재 세계, 즉 우시아의 현실적인 문제들을 해결해 나갈 수 있다고 보았다. 그리고 현실적인 문제를 극복하고 초월하는 자를 위버멘쉬라 칭했다. 하지만 저자는 신을 부정한 니체의 의견에 동의하지 않는다. 그는 인류와 아주 오래전부터 함께 해 온 거대 사상, 역사의 큰 줄거리라고도 볼 수 있는 메타 네러티브를 거부했다고 볼 수 있다. 다만, 저자는 신을 부정하는 것이 아닌, 현실세계의 문제를 극복하는 차원의 위버멘쉬가 되기 위한 노력이 중요하다고 본다. 그 노력을 통해 궁극적으로 우시아를 극복하고 이데아로 나아갈 수 있다고 생각한다.

464) 프리드리히 니체 저, 정동호 역, 『차라투스트라는 이렇게 말했다』, 책세상, 2000, pp. 39, 58, 132.

465) Ibid., p. 39.

466) Ibid., p. 40.

467) Ibid., p. 41.

468) 손무 저, 유동환 역, 『손자병법』, p. 92.

469) US Joint Chiefs of Staff, Joint Publication 2-01.3 『Joint Intelligence Preparation

of the Operational Environment』, 2014, pp. I-1~I-25.

470) US Army, Army Techniques Publication 2-01.3 『Intelligence Preparation of the Battlefield』, 2019, pp. 1-1~1-15.

471) US Joint Chiefs of Staff, Insights and Best Practives Focus Paper 『Commander's Critical Information Requirements』, 2020, pp. 3~4.

472) 요슈타인 가아더 저, 장영은 역, 『소피의 세계 I』, 현암사, 2015, p. 111.

473) 세토 카즈노부 저, 신찬 역, 『나는 죽을 때까지 나답게 살기로 했다.』, 홍익출판미디어그룹, 2021, p. 23.

474) 주현성, 『지금 시작하는 인문학』, 더좋은책, 2012, p. 300.

475) 플라톤 저, 박문재 역, 『소크라테스의 변명』, 현대지성, 2019, pp. 18~20.

476) 리사 손, 『메타인지 학습법』, 21세기북스, 2019, p. 17.

477) 김태형, "육군의 지휘철학 '임무형지휘', 어떻게 야전부대에 적용할 것인가?", 『교리발전』 제5호, 육군 교육사령부, 2022. 12. 30, p. 17.

478) John H. Flavell, "Metacognitive aspects of problem solving", The nature of Intelligence, Hillsdale, pp. 231~236.

479) 오봉근, 『메타인지, 생각의 기술』, 원앤원북스, 2020, p. 29.

480) Ibid., p. 125.

481) 카즈노부, 『나는 죽을 때까지 나답게 살기로 했다.』, p. 23.

482) MBTI는 캐서린 쿡 브릭스(Katharine Cook Briggs)와 그의 딸 이사벨 브릭스 마이어스(Isabel Briggs Myers)가 최초 고안한 검사지표이다. 캐서린은 칼 융(Karl G. Jung)이 1921년 발표한 '심리유형론'을 읽고 평소 자신이 생각하던 아이디어와 비슷함을 느껴 이를 활용하여 자신들만의 이론을 정립하였다. 제2차 세계대전을 겪고 난 후, 자신의 이론이 사람들 상호간 이해도를 증진시켜 갈등을 줄일 수 있을 것이라고 판단한 그녀는 자신이 개발한 초창기 지표를 세상에 공개하였다. 그 후 약 20여 년간 질문 연구를 지속한 끝에 마침내 1962년 현재 모습과 유사한 MBTI 도구를 발표했다. 그 외 MBTI에 대한 자세한 사항은 다음의 홈페이지에서 찾아볼 수 있다.
마이어스 브릭스 컴퍼니 홈페이지

https://eu.themyersbriggs.com/en/tools/MBTI/Myers-Briggs-history

483) 주현성, 『지금 시작하는 인문학』, 더좋은책, 2012, p. 40.

484) US Army, Army Doctrine Reference Publication 5-0 『The Operations Process』, 2012, p. 2-9.

485) US Army, Army Doctrine Reference Publication 6-0 『Mission Command』, 2012, p. 1-3.

486) 국립국어원 표준국어대사전 홈페이지에서 검색 https://stdict.korean.go.kr/m/main/mai.do

487) 미군들은 '디자인'이라고 표현하였는데, 우리 군이 이를 도입하면서 '작전구상'이라 칭하였다.
US Army, Army Doctrine Publication 5-0 『The Operations Process』, 2012, pp. 7~8.

488) Peter Green, 『Alexander of Macedon』, University of California Press, 1991, pp. 58~59.

489) 와카스 아메드 저, 이주만 역, 『폴리매스: 한계를 거부하는 다재다능함의 힘』, 안드로메디안, 2020, pp. 54~55.

490) Ibid., pp. 33~38.

491) Ibid., pp. 73~80.

492) Ibid., pp. 196.

493) Kathryn Murphy, "Robert Burton and the Problems of Polymathy" Renaissance Studies, 28(2), 2014, p. 279.

494) 아메드, 『폴리매스』, pp. 26~28.

495) 다치바나 다카시 저, 이규원 역, 『뇌를 단련하다』, 청어람미디어, 2004, pp. 48~50.

496) Isaiah Berlin, 『Russian Thinkers』, Penguin Classics, 2013, p. 26.

497) 아메드, 『폴리매스』, p. 151.

498) 김용섭, 『프로페셔널 스튜던트』, 퍼블리온, 2021, pp. 66~74.

499) 아메드, 『폴리매스』, pp. 151~157.

500) Ibid., p. 154.

501) 최연구, 『4차 산업혁명과 인간의 미래, 나는 어떤 인재가 되어야 할까』, 살림

FRIENDS, 2018, p. 198.

502) 팀 패리스 저, 박선령·정지현 역,『타이탄의 도구들』, 토네이도, 2018, pp. 115~116.

503) 박정웅,『정주영: 이봐, 해봤어?』, 프리이코노미북스, 2015, pp. 28~33.

504) 다케우치 가즈마사 저, 이수형 역,『엘론 머스크, 대담한 도전』, 비즈니스북스, 2014, pp. 21~49.

505) 아메드,『폴리매스』, pp. 192~207.

506) Ibid., pp. 208~230.

507) 고대 그리스어로 사랑을 뜻하는 'philo'와 학습을 뜻하는 'math'의 합성어로, 학습을 사랑한다는 뜻이다. 이는 철학을 뜻하는 philosophy와는 조금 다른 의미이다. 'sophy'는 지식과 지혜 자체를 의미하는 한편, 'math'는 배움의 과정을 의미한다. 즉, 배움의 과정을 즐기고 다양한 지식과 지혜를 받아들이려는 자세가 중요하다.

508) 아메드,『폴리매스』, pp. 231~240.

509) Ibid., pp. 241~267.

510) Ibid., pp. 268~288.

511) Ibid., pp. 289~310

512) 다이아몬드,『총, 균, 쇠』, pp. 267~268.

513) 아메드,『폴리매스』, p. 374.

514) 김태형·이동필,『생각의 무기』, p. 157.

515) 켄 베인 저, 이영아 역,『최고의 공부』, 와이즈베리, 2013, p. 44.

516) 김태형·이동필,『생각의 무기』, pp. 104~105.

517) 아메드,『폴리매스』, p. 26~28.

518) Ibid., p. 257.

519) 김태형·이동필,『생각의 무기』, pp. 242~243.

520) 로버트 H. 프랭크 저, 정태영 역,『실력과 노력으로 성공했다는 당신에게』, 글항아리, 2018, p. 40.

521) Ibid., pp. 11~25.

522) 앨버트 라슬로 바라바시 저, 홍지수 역,『성공의 공식 포뮬러』, 한국경제신문, 2019, pp. 106~136.

523) 스타니슬라스 드앤 저, 엄성수 역, 『우리의 뇌는 어떻게 배우는가』, 로크미디어, 2021, pp. 18~19.

524) Ibid., p. 196.

525) 나홍식, 『What am I』, 이와우, 2019, pp. 238~239.

526) 엘리에저 스턴버그 저, 조성숙 역, 『뇌가 지어낸 모든 세계』, 다산사이언스, 2019, pp. 369~375.

527) Ibid., pp. 126~130.

528) 테리 도일 저, 강신철 역, 『뇌과학과 학습혁명』, 돋을새김, 2013, p. 132.

529) 캐럴 드웩 저, 김준수 역, 『마인드셋』, 스몰빅라이프, 2017, pp. 15~21.

530) Jason S. Moser, Hans S. Schroder, Carrie Heeter, Tim P. Moran, and Yu-Hao Lee, "Mind Your Errors: Evidence for a Neural Mechanism Linking Growth Mind-set to Adaptive Posterror Adjustments" Psychological Science 22(12), 2011, pp. 1484~1489.
https://www.researchgate.net/publication/51760065_Mind_Your_Errors

531) 드웩, 『마인드셋』, p. 32.

532) 윌바 외스트뷔 저, 안미란 역, 『해마를 찾아서』, 민음사, 2019, p. 201.
실험에 대한 자세한 내용은 다음 논문을 참고하기 바란다.
Eleaner A. Maguire, Richard S. J. Frackowiak, and Christopher D. Frith, "Recalling Routes around London: Activation of the Right Hippocampus in Taxi Drivers" Journal of Neuroscience, 17(18), 1997, pp. 7103~7110.
https://www.ncbi.nlm.nih.gov/pmc/articles/PMC6573257/

533) 보도 섀퍼 저, 박성원 역, 『멘탈의 연금술』, 토네이도, 2020, pp. 45~46, 157.

534) 앤절라 더크워스 저, 김미정 역, 『그릿: IQ, 재능, 환경을 뛰어넘는 열정적 끈기의 힘』, 비즈니스북스, 2018, pp. 35~37.

535) 이미애, 『사막에 숲이 있다』, 서해문집, 2006, pp. 32~73.

536) 더크워스, 『그릿』, pp. 109~114.

537) Ibid., pp. 23~32.

538) 제임스 클리어 저, 이한이 역, 『아주 작은 습관의 힘』, 비즈니스북스, 2019, pp. 153~155.

539) 더크워스, 『그릿』, pp. 62~82.

540) Ibid., p. 67.

541) 베인, 『최고의 공부』, pp. 21~26.

542) 김우태, 『성공으로 이끄는 한마디』, 리스컴, 2021, p. 138.

543) 클리어, 『아주 작은 습관의 힘』, pp. 31~34.

544) 정민, 『미쳐야 미친다』, 푸른역사, 2004, p. 51.

545) 스탠 비첨 저, 차백만 역, 『엘리트 마인드: 세상을 리드하는 사람들의 숨겨진 한 가지』, 비즈페이퍼, 2017, p. 291.

546) 엠제이 드마코 저, 신소영 역, 『부의 추월차선』, 토트, 2014, pp. 41~43.

547) '1만 시간의 법칙(the 10,000 hours rule)'이란 용어는 스웨덴 심리학자 안데르스 에릭슨(Anders Ericsson)이 미국 플로리다 주립대학교 심리학 교수 시절 한 학술지에 실은 논문에 등장한 말이다. 그는 논문에서 어떤 분야의 전문가가 되려면 최소 1만 시간 정도의 노력이 필요하다고 주장했다. 이후 말콤 글래드웰(Malcolm Gladwell)이 책 『아웃라이어(Outliers)』에서 언급하면서 유명해졌다. 이후 한국에서는 이상훈 작가가 『1만 시간의 법칙』이란 책을 발간하면서 사람들에게 더욱 널리 알려지게 되었다.
Anders Ericsson, Ralf T. Krampe, and Clemens Tesch-Roemer, "The Role of Deliberate Practice in the Acquisition of Expert Performance" Psychological Review, 100(3), 1993, pp. 363~460.
말콤 글래드웰 저, 노정태 역, 『아웃라이어』, 김영사, 2009.
이상훈, 『1만 시간의 법칙』, 위즈덤하우스, 2010.

548) 안데르스 에릭슨·로버트 풀 저, 강혜정 역, 『1만 시간의 재발견』, 비즈니스북스, 2016, p. 384.

549) 이나겸, 『나를 조각하는 5가지 방법』, 북퀘이크, 2021, p. 147.

550) 클리어, 『아주 작은 습관의 힘』, pp. 153~155.

551) 에릭슨·풀, 『1만 시간의 재발견』, pp. 39~44.

552) Ibid., pp. 165~166.

553) 이지훈, 『결국 이기는 힘』, 21세기북스, 2018, pp. 91~93.

554) 제이 셰티 저, 이지연 역, 『수도자처럼 생각하기: 목적 있는 삶을 위한 11가지 기술』, 다산북스, 2021, p. 15.

555) 이철, 『인생공부』, 원앤원북스, 2019, pp. 48~49.

556) 도리스 메르틴 저, 배명자 역, 『아비투스』, 다산초당, 2020, p. 310.

557) 윌리엄 안, 『돈 버는 법』, 리드리드출판, 2020, pp. 27~28.

558) 비첨, 『엘리트 마인드』, p. 267.

559) 켈러 · 제이, 『원씽』, pp. 100~102.

560) 야마구치 슈 저, 김윤경 역, 『철학은 어떻게 삶의 무기가 되는가』, 다산북스, 2020, pp. 82~84.

561) 로빈 샤르마 저, 김미정 역, 『5AM클럽』, 한국경제신문, 2019, p. 129.

562) Bernard M. Bass, 『Stogdill's Handbook of Leadership: A Survey of Theory and Research』, The Free Press, 1981, p. 7.

563) G. A. Yukl, 『Leadership in Organization』, 2nd Edition, Prentise-Hall, 1998, pp. 278~280.

564) 최병순, 『군 리더십: 이론과 사례를 중심으로』, 북코리아, 2020, pp. 30~31.

565) United States Army, ADRP 6-22 『Army Leadership』, 2012, p. 1-5.

566) United States Army, ADP 6-0 『Mission Command』, 2019, p. 1-16~1-18.

567) United States Army, ADP 6-0 『Mission Command』, p. 1-19~1-22.

568) 윤병노, "[육군 교육사령부] 혁신과 공감… 육군 리더십 모형 대폭 개선" 국방일보, 2021. 3. 30.
https://kookbang.dema.mil.kr/newsWeb/m/20210331/2/BBSMSTR_000000010023/view.do?nav=0&nav2=0

569) United States Army, ADP 6-0 『Mission Command』, p. 1-19~1-20.

570) United States Army, ADP 3-0, 『Unified Land Operations』, 2011, p. 5.

571) 토머스 맬나이트, 크레이그 맥클레인 저, 홍승훈 역, 『이니셔티브』, 젤리판다, 2018, pp. 123~153.

572) Darrell Aubrey, "The Effects of Toxic Leadership" Air War College, 2012, p. 2.
https://www.au.af.mil/au/awc/awcgate/army-usawc/aubrey_toxic_leadership.pdf

573) 토머스 맬나이트 교수는 이니셔티브를 리더의 주도권, 진취성, 결단력 등으로 표현했다. 저자는 이 기본 개념에 동의하여 이 책에 이니셔티브라는 단어를 사용했다. 맬나이트 교수는 경제적 관점에서 이니셔티브 위너가 지녀야 할 형질을 10가지로 제시했다. 이는 너무 일반적인 이야기이거나 군사적 폴리매스가 지녀야 할 리더십의 요소로 적용이 어려운 내용이 많다. 따라서, 이 책에서는 이니셔티브의 기본 개념만 가져오고 이를 재해석했다.

맬나이트·맥클레인, 『이니셔티브』, pp. 49~97, 123~153.

574) United States Army, ADRP 6-22 『Army Leadership』, p. 10-1~10-5.

575) 원문은 다음과 같다. "Why did you want to climb mount Everest?" "Because it is there." 기사 전체 내용은 아래 링크 주소를 참조하기 바란다.

http://graphics8.nytimes.com/packages/pdf/arts/mallory1923.pdf

576) John P. Kotter, 『Power and Influence Beyond Formal Authority』, Free Press, 1985, pp. 3~19.

577) 김태형·이동필, 『생각의 무기』, p. 259.

578) 거래적 리더십은 리더가 구성원으로부터 과업의 성과를 제공받고 그 대가로 그들이 원하는 보상을 주는 형태의 리더십을 말한다. 한편, 변혁적 리더십은 조직 문화 자체를 변화시켜 리더와 구성원이 서로에게 더 높은 수준의 동기를 부여하는 리더십 형태다. 이를 처음 체계화한 제임스 번스(James M. Burns)는 구성원의 몰입이나 지속적이고 높은 성과를 기대하기 힘든 거래적 리더십의 문제점을 보완하기 위해 변혁적 리더십이 필요함을 주장했다.

James M. Burns, 『Leadership』, Harper Collins, 1978, p. 4.

579) Kotter, 『Power and Influence Beyond Formal Authority』, pp. 43~44.

580) 맬나이트·맥클레인, 『이니셔티브』 p. 55.

581) 하워드 슐츠 저, 안기순 역, 『그라운드 업』 행복한북클럽, 2020, pp. 25~36.

582) 원문은 다음 링크를 참조하기 바란다.

https://global.oup.com/us/companion.websites/fdscontent/uscompanion/us/static/companion.websites/9780199379996/pdf/ch7/Starbucks_Memo.pdf

583) Leslie Wayne, "Starbucks Chairman Fears Tradition Is Fading" The New York

Times, 24 Feb, 2007.

https://www.nytimes.com/2007/02/24/business/24coffee.html

584) 하워드 슐츠·조앤 고든 저, 안진환·장세현 역,『온워드』, 8.0, 2011, p.32, 193.

585) 하워드 슐츠,『그라운드 업』, p.74.

586) 슐츠·고든,『온워드』, pp.309~311.

587) 데이비드 버커스 저, 장진원 역,『경영의 이동』, 한국경제신문사, 2016, p.44~69.

588) 하워드 슐츠,『그라운드 업』, p.56.

589) 유현심·서상훈,『유대인에게 배우는 부모수업』, 성안북스, 2018, pp.32~37.

590) 기독교의 '기독'은 예수 그리스도(Jejus Christ)의 '그리스도'를 한자로 음역한 표현
이다. 유대교는 기독교와 달리 예수를 하나님의 아들로 인정하지 않기 때문에 기
독교의 신약성경은 경전으로 인정하지 않는다.

591) 유현심·서상훈,『유대인에게 배우는 부모수업』, pp.203~211.

592) 시오니즘은 유대인들이 팔레스타인 지역에 유대 국가를 건설하기 위해 19세기
후반부터 펼친 민족주의 운동이다. 유대인들은 팔레스타인 지역을 여호와(또는
야훼)가 주신 젖과 꿀이 흐르는 땅으로 여기고 이를 되찾기 위해 노력했다.

Gideon Biger,『The Boundaries of Modern Palestine, 1840~1947』, Routledge,
2004, pp.58~63.

593) 와이즈만 박사는 1차 세계대전 당시 수소폭탄 제조에 매우 중요한 아세톤 발효공
법을 영국 정부에 이전하는 조건으로 영국 정부의 이스라엘 건국에 대한 지지를
끌어낼 수 있었다.

Jonathan Schneer,『The Balfour Declaration: The Origins of Arab-Israeli
Conflict』, Macmillan, 2014, p.115.

594) 벨푸어 선언(Balfour Declaration)은 1917년 11월 2일 당시 영국 외무장관 아서
벨푸어(Arthur J. Balfour)가 유대인 대표 월터 로스차일드(Walter Rothschild)에
게 보낸 편지에 담긴 내용을 일컫는다. 편지에는 영국 정부가 팔레스타인 지역에
유대 국가 건설을 지지하며 이를 위해 최선의 노력을 다할 것이라는 내용이 담겨
있고 맨 하단부에 벨푸어의 서명이 적혀 있다.

Victor Kattan,『From Coexistence to Conquest: International Law and the

Origins of the Arab-Israeli Conflict, 1891-1949』, Pluto Press, 2009, pp.60~61.

595) 팔레스타인 사람들 입장에서 이스라엘은 나치와 다를 것이 없었다. 이스라엘 역
사학자 일란 파페(Ilan Pappe)는 유대인임에도 반시오니즘(Anti-Zionism) 관점
을 가지고 팔레스타인 사람들에 대한 이스라엘의 만행을 지적했다. 여기서는 그
에 대한 윤리적 판단은 뒤로 접어 두고 유대인들이 공동의 목표를 공유하며 얼마
나 잘 결집했는지에 초점을 두었다. 일란 파페가 이스라엘 건국 과정을 팔레스타
인의 입장에서 해석한 내용은 아래의 책을 참조하기 바란다.

일란 파페 저, 유강은 역, 『팔레스타인 비극사』, 열린책들, 2017, pp.243~249.

596) 김병주, 『시크릿 손자병법』, 플래닛미디어, 2019, pp.113~115.

597) 노석조, 『강한 이스라엘 군대의 비밀』, 메디치, 2018, p.7~8.

598) 지승유오(知勝有五)는 지가이여전 불가이여전자 승(知可以與戰 不可以與戰者
勝), 식중과지용자 승(識衆寡之用者 勝), 상하동욕자 승(上下洞欲者 勝), 이우대
불우자 승(以虞待不虞者 勝), 장능이군불어자 승(將能而君不御者 勝)이다.

손무 저, 유동환 역, 『손자병법』 pp.91~92.

599) Ibid., pp.63~65.

600) 김태형·이동필, 『생각의 무기』 p.95.

601) 이지훈, 『혼, 창, 통』, 쌤앤파커스, 2010, p.20, 291.

602) 박신영, 『기획의 정석』, 세종서적, 2013, p.211.

603) 사이먼 사이넥 저, 이영민 역, 『나는 왜 이일을 하는가』, 타임비즈, 2013, p.67.

604) Ibid., p.63.

605) Ibid., p.88.

606) 이완배, 『삶의 무기가 되는 쓸모 있는 경제학』, 북트리거, 2019, p.77.

607) 사이넥, 『나는 왜 이일을 하는가』 p.36

608) 하워드 베하 저, 김지혜 역, 『사람들은 왜 스타벅스로 가는가?』, 유엑스리뷰, 2019,
p.294.

609) 센델, 『정의란 무엇인가』 pp.36~40.

610) 하정연, 『세상에서 가장 행복한 아이들』, 라이온북스, 2013, p.110.

611) 풍몽룡 저, 김구용 역, 『동주 열국지 4』, 솔, 2015, p.38.

612) 베르벨 바르데츠키 저, 이지혜 역, 『나르시시스트 리더』 와이즈베리, 2018, pp. 14~15.

613) 공손책 저, 이인호 역, 『승리의 길』 뿌리와이파리, 2018, p. 44~46.

614) Darrell Aubrey, "The Effects of Toxic Leadership" Air War College, 2012, p. 2.

615) 맬나이트 · 맥클레인, 『이니셔티브』 p. 103.

616) 이인식, 『마음의 지도』 다산사이언스, 2019, pp. 58~59.

617) 드웩, 『마인드셋』 p. 281.

618) 구맹회, 『공부귀신들』 다산북스, 2018, p. 19.

619) 성경 "요나 1:1 ~ 4:11" 『NIV 한영해설성경』 성서원, 2010, pp. 1287~1290.

620) 장원청 저, 김혜림 역, 『심리학을 만나 행복해졌다』 미디어숲, 2021, p. 92.

621) 조던 피터슨 저, 강주헌 역, 『12가지 인생의 법칙』 메이븐, 2018, pp. 21~40.

622) 짐바르도, 『나는 왜 시간에 쫓기는가』 pp. 38~40.

623) 세라 W. 골드헤이건 저, 윤제원 역, 『공간혁명』 다산사이언스, 2019, p41.

624) 미궁(labyrinth)이란 단어는 그리스 신화에서 유래했다고 한다. 조각가 다이달로스가 반인반수 미노타우로스를 가두기 위해 만든 구조물이 라비린토스(labyrinthos)였다.

625) 박경숙, 『문제는 무기력이다』 와이즈베리, 2013, pp. 155~159.

626) Melonyce McAfee, "Why Olympians Bite Their Medals" CNN, 10 August 2012.
https://www.cnn.com/2012/08/09/living/olympians-bite-medals

627) Victoria H. Medvec, Scott F. Madey, and Thomas Gilovich, "When Less Is More: Counterfactual Thinking and Satisfaction Among Olympic Medalists" Journal of Personality and Social Psychology 69(4), 1995, pp. 603~610.
http://citeseerx.ist.psu.edu/viewdoc/download?doi=10.1.1.523.8536&rep=rep1&type=pdf

628) 조 볼러 저, 이경식 역, 『언락』 다산북스, 2020, p. 70.

629) 존 에이커프 저, 임가영 역, 『피니시』 다산북스, 2017,

630) 사이토 히토리 저, 김윤경 역, 『돈의 진리』 알에이치코리아, 2019, p. 99.

631) 사이토 히토리 저, 하연수 역, 『부자의 운』 다산3.0, 2015, p. 55

632) 바라바시, 『성공의 공식 포뮬러』 pp~106~136.

633) 사이토 히토리 저, 이지수 역,『부자의 행동습관』, 다산북스, 2016, p.18.

634) 박경숙,『문제는 무기력이다』, pp.155~159.

635) Ibid., pp.156.

636) Nicholas G. L. Hammond, "The Battle of the Granicus River" The Journal of Hellenic Studies. vol.100, 1980, pp.73~88.

637) Gregory Daly,『Cannae: The Experience of Battle in the Second Punic War』, Routledge, 2005, p.16.

638) Christopher R. Gabel,『Staff Ride Handbook for the Vicksburg Campaign, December 1862-July 1863』, U.S. Army Command and General Staff College, 2015, pp.30~52.

639) 공자,『논어』11장 "선진"편. 박삼수,『논어 읽기』, 세창미디어, 2013, p.144.

640) 양은우,『워킹 브레인』, 이담북스, 2016, pp.193~196.

641) 최우석,『삼국지 경영학』, 을유문화사, 2007, pp.147~158.

642) 자오위핑 저, 박찬철 역,『자기통제의 승부사 사마의』, 위즈덤하우스, 2013, pp.59~71.

643) 로버트 흐로마스·크리스토퍼 흐로마스 저, 박종성 역,『아인슈타인의 보스』, 더난출판사, 2018, 15~27.

644) 카즈노부,『나는 죽을 때까지 나답게 살기로 했다.』, pp.154~159.

645) 김경민,『가인지경영』, 가인지북스, 2018, pp.193~216.

646) Michael J. Arena and Mary Uhl-Bien, "Complexity Leadership Theory: Shifting from Human Capital to Social Capital" People+Strategy 39, no 2, Spring 2016, pp.22~24.

647) 김태형·이동필,『생각의 무기』, p.269.

648) Michael Howard,『Clausewitz: A Very Short Introduction』, Oxford University Press, 2002, pp.23~27.

649) Louis Snyder,『Frederick the Great』, Prentice-Hall, 1971, p.4.

650) Christopher Duffy,『Frederick the Great: A Military Life』, Routledge & Kegan Paul, 1985, pp.303~309.

651) 디르크 W. 외팅 저, 박정이 역,『임무형 전술의 어제와 오늘』, 백암, 2011, pp. 29~30.

652) H. W. Koch,『A History of Prussia』, Barnes & Noble Books, 1978, p. 160.

653) 외팅,『임무형 전술의 어제와 오늘』, pp. 33,51,63.

654) Ibid., pp. 38~43.

655) Ibid., pp. 89~95.

656) 여기서 또 이니셔티브(initiative)라는 단어가 등장한다. 앞서 리더십의 이니셔티브를 논한 바 있는데, 분야별로 쓰이는 의미는 조금씩 다르지만, 주도적으로 상황을 이끌어 간다는 그 본질은 같다.

657) Robert M. Citino,『The German Way of War: From the Thirty Years' War to the Third Reich』, University Press of Kansas, 2005, pp. 160~173

658) 외팅,『임무형 전술의 어제와 오늘』, pp. 95~102.

659) Prit Buttar,『Collision of Empires, The War on the Eastern Front in 1914』, Osprey Publishing, 2016, pp. 33~43, 143~144.

660) Max von Hoffmann,『The War of Lost Opportunities』, Alfred E. Charmot translated, K. Paul, French, Trubner & Company, 1924, pp. 24~35.

661) Edward Spears,『Liaison 1914: A Narrative of the Great Retreat』, Pen and Sword Military, 2015, pp. 554~555.

662) 외팅,『임무형 전술의 어제와 오늘』, pp. 178~180.

663) Karl-Heinz Frieser,『The Blitzkrieg Legend: The 1940 Campaign in the West』, Naval Institute Press, 2005, 291~292.

664) 외팅,『임무형 전술의 어제와 오늘』, pp. 184~193.

665) 히틀러는 레닌그라드의 상징성에 과도하게 집착하여 약 00개월 동안이나 포위전을 펼쳐 항복을 받아내려 하였다. 그러나 이는 결국 실패로 돌아가고 독일군 주공의 전투력을 약화시키는 결과만 초래했다.

   Olli Vehvilainen,『Finland in the Second World War: between Germany and Russia』, Palgrave Macmillan, 2002, p. 104.

666) Richard J. Evans,『The Third Reich At War』, Penguin Books, 2008, pp. 202~210.

667) 정재웅・상효이재,『네이키드 애자일』, 미래의창, 2019, pp. 129~131.

668) David Richard Palmer, 『Summons of the Trumpet: US-Vietnam in Perspective』, Presidio Press, 1978, p.142.

669) James K. Dunivan, "Enabling Mission Command Through Leader Presence" in 『Mission Command in the 21st Century: Empowering to Win in a Complex World』, The Army Press, US Army, 2016, p.7.

670) US Army, Army Doctrine Reference Publication 6-0 『Mission Command』, p.1-5.

671) 육군본부, 『지휘통제』, p.부록 2-5의 〈도표 부2-3〉 '통제의 수준 결정 시 고려사항 적용(예)'를 참고하여 저자 작성

672) Herbert F. Barber, "Developing Strategic Leadership: The US Army War College Experience" Journal of Management Development, 11(6), 1 June 1992, p.8.

673) Ali Aslan Guemuesay, "Embracing Religions in Moral Theories of Leadership" Academy of Management Perspectives, 33(3), 1 August 2019.
https://journals.aom.org/doi/10.5465/amp.2017.0130

674) 김태형·이동필, 『생각의 무기』, pp.100~103.

675) 김태형·이동필, 『생각의 무기』, p.101.

676) 김관용, "잇딴 해군기지 경계실패, 해병대 임무 조정해 지원키로" 이데일리, 2020. 4.17.
https://n.news.naver.com/article/018/0004622367

677) 이후철, "태안해경, 중국인 밀입국자 21명 전원 검거" 아시아투데이, 2020.8.5.
https://m.asiatoday.co.kr/kn/view.php?key=20200805010002715

678) 김귀근, "또 고개 숙인 군… 탈북민 월북사건 '감시 매뉴얼' 지켰나" 연합뉴스, 2020. 7.28.
https://n.news.naver.com/article/001/0011775190

679) 이원준, "'노크귀순' 육군 22사단, 이번엔 북한 남성에 철책 뚫려" 뉴스원, 2020. 11.4.
https://n.news.naver.com/article/421/0004970321

680) 김형준, "北남성 포착해놓고도 '무사통과'…감시장비 있으나마나" 노컷뉴스, 2021. 2.18.

https://n.news.naver.com/article/079/0003469217

681) 홍진아, 군 "동부전선 월북자 탈북민으로 추정" KBS, 2022. 1. 3.

https://news.kbs.co.kr/news/view.do?ncd=5363310&ref=A

682) 구자홍, "헤엄', '월책' 귀순… 제값 못하는 軍 과학화 경계시스템" 신동아, 2021. 3. 24.

https://n.news.naver.com/article/262/0000014326

683) 에릭 와이너 저, 김하현 역, 『소크라테스 익스프레스』, 어크로스, 2021, pp. 6~7.

684) '지식의 저주(the curse of the knowledge)'는 내가 아는 것을 남도 알고 있을 것 이라고 착각하는 현상을 말한다. 지식의 저주에 빠지면 상대방이 알 것이라 생각 하고 각종 전문용어들을 남발하게 된다.

데이비드 롭슨 저, 이창신 역, 『지능의 함정』, 김영사, 2020, p. 109.

685) 우쥔 저, 이지수 역, 『성장을 꿈꾸는 너에게』, 오월구일, 2021, p. 224.

686) 리처드 파인만·랠프 레이턴 저, 김희봉·홍승우 역, 『클래식 파인만』, 사이언스 북스, 2018, pp. 795~806.

687) 최진석, 『탁월한 사유의 시선』, 21세기북스, 2018, p. 141.

688) 고영성·신영준, 『일취월장』, pp. 116~118.

689) 샤우나 샤피로 저, 박미경 역, 『마음챙김』, 안드로메디안, 2021, pp. 67~68.

690) 스티븐 코비 저, 김경섭 역, 『성공하는 사람들의 7가지 습관』 출간 25주년 뉴에디 션, 김영사, 2017, pp. 215~217.

691) 크리스티안 마두스베르그 저, 김태훈 역, 『센스메이킹』, 위즈덤하우스, 2017, p. 36.

692) Christian Madsbjerg and Mikkel B. Rasmussen, "An Anthropologist Walks into a Bar" Harvard Business Review, March 2014, pp. 4~5.

693) 마두스베르그, 『센스메이킹』, pp. 49, 58.

694) David Hutchens, 『The Tip of the Iceburg: Managing the Hidden Forces that Can Make Or Break Your Organization』, Pegasus, 2001, pp. 5~25.

695) 드마코, 『부의 추월차선』, pp. 146~151.

696) 고영성·신영준, 『일취월장』, pp. 110~112.

697) Peter M. Senge, 『The Fifth Discipline: The Art and Practice of the Learning

Organization』, Doubleday, 2006, pp. 57~58.

698) Kees Dorst and Nigel Croos, "Creativity in the design process: Coevolution of problem-solution." 《Design Studies》 Vol 22(5), pp. 425~428.

699) 책 『에이트』에서는 더그 디츠를 MRI를 개발한 사람으로 소개하고 있다. 그러나 그는 특정 MRI 기계를 디자인한 사람 중 한 명이다. MRI를 처음 개발한 사람은 레이먼드 다마디언(Raymond V. Damadian)이다.
이지성, 『에이트』, 차이정원, 2020, p. 191.

700) Ibid., pp. 191~193.

701) Ibid., pp. 193~199.

702) United States Army ATP(Army Technical Publication) 5-0. 1, 『Army Design Methodology』, 2015, pp. 1-3~1-5.

703) 버나드 로스 저, 신예경 역, 『성취습관』, 알키, 2016, p. 26.

704) 오경문, 『정주영』, 주니어랜덤, 2007, pp. 74~76.

705) Brian Lawson, 『How Designers Think: The Design Process Demystified』, 4th edition, Architectural Press, 2006, pp. 10~14.

706) "There is no one-way or prescribed set of steps to employ Army Design Methodology."
United States Army ATP(Army Technical Publication) 5-0. 1, 『Army Design Methodology』, 2015, p. 1-3.

707) 신태균, 『인재의 반격』, 쌤앤파커스, 2020 pp. 93~95.

708) 애덤 스미스(Adam Smith) 저, 안재욱 역, 『한권으로 읽는 국부론』, 박영사, 2018, pp. 173~174.

709) 토마스 라폴트 저, 강민경 역, 『피터 틸: 미래 설계자』, 앵글북스, 2019, p. 7.

710) 피터 틸·블레이크 매스터스 저, 이지연 역, 『제로 투 원』, 한국경제신문, 2014, p. 49.

711) Ibid., p. 15.

712) Thomas S. Kuhn, 『The Structure of Scientific Revolutions』, University of Chicago Press, 1970, pp. 23~111.

713) Philip Ball, 『The Elements: A Very Short Introduction』, Oxford University Press, 2004, p.33.

714) 아널드 브로디·데이비드 브로디 저, 김은영 역, 『인류사를 바꾼 위대한 과학』, 글담, 2018, pp.71~87.

715) Ibid., pp.169~198.

716) 조던 피터슨, 『12가지 인생의 법칙』, p.133.

717) 칼 세이건 저, 홍승수 역, 『코스모스』, 사이언스북스, 2006, p.550.

718) 베르나르 베르베르 저, 임호경·이세욱 역, 『상상력 사전』, 열린책들, 2011, p.108.

719) 장정법, 『병영독서로 내 인생 바꾸기』, 더로드, 2019, p.74.

720) 짐 퀵 저, 김미정 역, 『마지막 몰입: 나를 넘어서는 힘』, 비즈니스북스, 2021, p.109.

721) 베아타 코리오트 저, 이은미 역, 『미안하지만 스트레스가 아니라 겁이 난 겁니다』, 스노우폭스북스, 2019, pp.70~73.

722) 켈리 맥고니걸 저, 신예경 역, 『스트레스의 힘』, 21세기북스, 2020, p.7.

723) Alia J. Crum and Ellen J. Langer, "Mind-set Matters: Exercise and the Placebo Effect" Psychological Science 18(2), pp.165~171.
http://dx.doi.org/10.1111/j.1467-9280.2007.01867.x

724) Alia J. Crum, Modupe Akinola, Ashley Martin and Sean Fath, "The Role of Stress Mindset in Shaping Cognitive, Emotional, and Physiological Responses to Challenging and Threatening Stress" An International Journal 30(4), 2017, pp.379~395.
http://dx.doi.org/10.1080/10615806.2016.1275585

725) 장원청, 『심리학을 만나 행복해졌다』, pp.127~130.

726) 나태주 엮음, 『시가 나에게 살라고 한다』, 앤드, 2020, pp.58~59.

727) 스티븐 L. 사스 저, 배상규 역, 『문명과 물질』, 위즈덤하우스, 2021, pp.287~294.

728) 맥고니걸, 『스트레스의 힘』, p.110.

729) Ibid., pp.133, 160.

730) Ibid., p.307.

731) 렁청진 저, 김인지 역, 『중국의 지혜』, 시그마북스, 2014, pp.580~585.

732) 강경희, 『나는 불완전한 내가 고맙다』, 동아일보사, 2017, pp. 64~79.

733) 김주환, 『회복탄력성』, 위즈덤하우스, 2015, p. 17.

734) 손빈(孫臏)은 본명이 아니라 그가 빈형(臏刑)을 당해서 붙여진 이름이다. 본명은 알려지지 않았다.

735) 정현우, 『중국 대륙을 지배한 책사의 인간경영』, 명문당, 2018, pp. 144~147.

736) 김태우, 『용의 리더십』, 21세기북스, 2020, p. 305~312.

737) 빅터 프랭클 저, 이시형 역, 『죽음의 수용소에서』, 청아출판사, 2017, pp. 19~20.

738) 김주환, 『회복탄력성』, p. 19.

739) 크리스토프 하우스워스 저, 차광석 역, 『운동수행력 향상을 위한 컨디셔닝 회복 전략』, 라이프사이언스, 2017, pp. 1~7.

740) John. F. Tomera, "Current Knowledge of the Health Benefits and Disadvantages of Wine Consumption" Trends in Food Science & Technology, 10(45), 1999, pp. 129~138.
https://doi.org/10.1016/S0924-2244(99)00035-7

741) 나심 니콜라스 탈레브 저, 안세민 역, 『안티프래질』, 와이즈베리, 2013, p. 62.

742) 이정화, 『내성적 아이의 힘』, 21세기북스, 2018, p. 124.

743) 탈레브, 『안티프래질』, p. 56.

744) 손무 저, 유동환 역, 『손자병법』, pp. 175~177.

745) 탈레브, 『안티프래질』, pp. 247~256.

746) 피터슨, 『12가지 인생의 법칙』, p. 76.

747) 탈레브, 『안티프래질』, pp. 14~16.

748) 울리히 슈나벨 저, 이지윤 역, 『확신은 어떻게 삶을 움직이는가』, 인플루엔셜, 2020, p. 230.

749) 필립 짐바르도, 『나는 왜 시간에 쫓기는가』, p. 75.

750) 폴 센 저, 박병철 역, 『아인슈타인의 냉장고』, 매일경제신문사, 2021, pp. 119~137.

751) 영화 "매트릭스", 워너 브러더스, 1999 (감독: 워쇼스키 형제, 주연: 키아누 리브스, 로렌스 피시번)

752) 야마구치 슈, 『철학은 어떻게 삶의 무기가 되는가』, pp. 276~279.

753) Peter L. Berger and Thomas Luckmann, 『The Social Construction of Reality: A Treatise in the Sociology of Knowledge』, Anchor Books, 1966, pp. 23~48.

754) 야마구치 슈, 『철학은 어떻게 삶의 무기가 되는가』, pp. 161~167.

755) 이동규, 『생각의 차이가 일류를 만든다』, 21세기북스, 2019, pp. 6~7.

756) Kuhn, 『The Structure of Scientific Revolutions』, pp. 23~111.

757) 야마구치 슈, 『철학은 어떻게 삶의 무기가 되는가』, pp. 321~325.

758) 홍성원, 『생각하는 기계 vs 생각하지 않는 인간』, 리드리드출판, 2021, p. 233.

759) Pierre Paul Broca, "Sur Le Siege de la Faculte du Langage Articule" Bulletins et Memoires de la Societe D'Anthropologie de Paris, 6(1), pp. 377~393.

760) Eric R. Kandel, James H. Schwartz, and Thomas M. Jessel, 『Principles of Neural Science』, 4th Edition, McGraw-Hill, 2000, p. 1182.

761) Weiwei Men, Dean Falk, Tao Sun, Weibo Chen, Jianqi Li, Dazhi Yin, Lili Zang, and Mingxia Fan, "The Corpus Callosum of Albert Einstein's Brain: Another Clue to His High Intelligence?" Brain, 137(4), April 2014, pp. e268~e275. https://doi.org/10.1093/brain/awt252

762) 조용민, 『언바운드』, 인플루엔셜, 2021, pp. 78~81.

763) 로렌스 프리드먼 저, 조행복 역, 『전쟁의 미래』, 비즈니스북스, 2020, pp. 427~428.

764) 손무 저, 유동환 역, 『손자병법』, pp. 121.

765) 윤구병 기획, 보리기획 글, 박경진 그림, 『토끼와 거북이』, 보리, 2001, pp. 1~24.

766) 손무 저, 유동환 역, 『손자병법』, p. 97.

767) Ibid., pp. 84~85.

768) 김상욱, 『김상욱의 양자 공부』, 사이언스북스, 2017, p. 28.

769) 홍자성 저, 김성중 역, 『채근담』, 홍익출판사, 2014, pp. 157, 334.

770) 井蛙不可以語於海者 拘於虛也, 夏蟲不可以語於氷者 篤於시也, 曲士不可以語於 道者 束於敎也(정와불가이어어해자 구어허야, 하충불가이어어빙자 독어시야, 곡사불가이어어도자 속어교야)『장자』, '추수' 편. 김태관, 『곁에 두고 읽는 장자』, 홍익출판사, 2015, pp. 37~38.

771) 강신장, 『오리진이 되라』, 쌤앤파커스, 2010, p. 91.

772) 정재승 저,『열두 발자국』, 어크로스, 2018, pp. 22~26.

773) 장원청,『심리학을 만나 행복해졌다』, pp. 115~118.

774) "평화를 원하거든 전쟁에 대비하라"는 베제티우스(Publius Vegetius Renatus)의 저서『군사론(De Re Militari)』제3장에 나오는 문구이다. 원어로 "Si Vis Pacem, Para Bellum"으로 많이 사용되지만 실제 문구는 "Igitur qui desiderat pacem, praeparet bellum(평화를 원하는 사람에게 전쟁을 준비하도록 하라)."이다.
Vegetius, translated and introduction by Nicholas P. Milner,『Vegetius: Epitome of Military Science』, Liverpool University Press, 2001, p. 63.

775) 곽신환,『1583년의 율곡 이이』, 서광사, 2019, pp. 164~168.

776) 채사장,『지적 대화를 위한 넓고 얕은 지식 0』, p. 135.

777) 신영준 · 주언규,『인생은 실전이다』, p. 45.

778) 이는『논어』의 제 4편 '리인(里仁)'에 나오는 말로, 원문은 다음과 같다. "不患莫己知, 求爲可知也(불환막기지, 구위가지야)"
공자 저, 김형찬 역,『논어』, 신개정판 2쇄, 홍익출판사, 2016, pp. 65, 254.

779) 피터 틸 · 블레이크 매스터스,『제로 투 원』, p. 246.

780) 정주영,『하버드 상위 1%의 비밀』, 한국경제신문, 2018, pp. 35~38.

781) 오후,『믿습니까? 믿습니다』, 동아시아, 2021, pp. 115~117.

782) 노자 저, 소준섭 역,『도덕경』, pp. 43~45.

783) 손무 저, 유동환 역,『손자병법』, pp. 121~123.

784) 브랜든 버처드 저, 위선주 역,『백만장자 메신저』, 리더스북, 2018, pp. 16, 68.

785) 애덤 그랜트 저, 윤태준 역,『Give and Take』, 생각연구소, 2013, pp. 23~24.

786) 와카스 아메드,『폴리매스』, p. 17.

787) 아리스토텔레스 저, 강상진 · 김재홍 · 이창우 역,『니코마코스 윤리학』, 길, 2011, p. 385.

788) GOP(General Out Post, 일반전초)는 북한군의 위협에 맞서 최전방 철책을 수호하는 부대를 일컫는 말이다.

# 이기는 생각

© 김태형, 2023

초판 1쇄 발행 2023년 2월 24일

지은이      김태형
펴낸이      이기봉
편집        좋은땅 편집팀
펴낸곳      도서출판 좋은땅
주소        서울특별시 마포구 양화로12길 26 지월드빌딩 (서교동 395-7)
전화        02)374-8616~7
팩스        02)374-8614
이메일      gworldbook@naver.com
홈페이지    www.g-world.co.kr

ISBN    979-11-388-1644-1 (03390)